三沙岛礁植物图鉴

戴好富　段瑞军　黄圣卓　王祝年 等　编著

科 学 出 版 社
北 京

内 容 简 介

三沙包括我国南海的西沙、中沙和南沙。本书通过文字详细描述了三沙岛礁 483 种维管植物的形态特征、分布情况、应用价值；并通过图片直观地对其进行展示，更加方便读者参阅。

本书图文并茂，通俗易懂，信息量大，可作为植物学研究相关人员和植物爱好者的参考书、热带岛礁生态文明建设者和管理者的参考书，也是青少年爱国主义教育材料，对维护我国南海主权具有一定的意义。

图书在版编目(CIP)数据

三沙岛礁植物图鉴 / 戴好富等编著. —北京：科学出版社，2021.12
ISBN 978-7-03-070141-1

Ⅰ. ①三… Ⅱ. ①戴… Ⅲ. ①植物–三沙–图集 Ⅳ. ①Q948.526.63-64

中国版本图书馆CIP数据核字（2021）第212848号

责任编辑：张会格 / 责任校对：王晓茜
责任印制：肖 兴 / 封面设计：刘新新

科学出版社 出版
北京东黄城根北街16号
邮政编码：100717
http: //www. sciencep. com

北京九天鸿程印刷有限责任公司 印刷

科学出版社发行 各地新华书店经销

*

2021年12月第 一 版 开本：889×1194 1/16
2021年12月第一次印刷 印张：31 3/4
字数：1 028 000

定价：498.00元

（如有印装质量问题，我社负责调换）

《三沙岛礁植物图鉴》编著委员会

主要编著者	戴好富	中国热带农业科学院热带生物技术研究所
	段瑞军	中国热带农业科学院热带生物技术研究所
	黄圣卓	中国热带农业科学院热带生物技术研究所
	王祝年	中国热带农业科学院热带作物品种资源研究所
其他编著者	梅文莉	中国热带农业科学院热带生物技术研究所
	刘寿柏	海南大学
	李　薇	中国热带农业科学院热带生物技术研究所
	陈惠琴	中国热带农业科学院热带生物技术研究所
	王　军	中国热带农业科学院热带生物技术研究所
	王　昊	中国热带农业科学院热带生物技术研究所
	杨　衍	中国热带农业科学院热带作物品种资源研究所
	王清隆	中国热带农业科学院热带作物品种资源研究所
	董文化	中国热带农业科学院热带生物技术研究所
	戚志强	中国热带农业科学院热带作物品种资源研究所
	蔡彩虹	中国热带农业科学院热带生物技术研究所
	陈美西	海南省人民医院
	曾　军	中国热带农业科学院热带生物技术研究所
	杜公福	中国热带农业科学院热带作物品种资源研究所
	丁旭坡	中国热带农业科学院热带生物技术研究所
	王　佩	中国热带农业科学院热带生物技术研究所
	杨　理	中国热带农业科学院热带生物技术研究所
	韩　旭	中国热带农业科学院热带作物品种资源研究所
	陈朋伟	中国热带农业科学院热带生物技术研究所
	王宇光	中国热带农业科学院热带生物技术研究所
	盖翠娟	中国热带农业科学院热带生物技术研究所
	王雅丽	中国热带农业科学院热带生物技术研究所
	于　淼	中国热带农业科学院热带生物技术研究所

FOREWORD 

三沙，是中国领土最南端的地级城市，隶属海南省。涉及岛屿面积 13 平方千米，海域面积 200 多万平方千米，是中国面积最大、人口最少的城市。管辖西沙群岛、中沙群岛、南沙群岛的岛礁及其海域。

我国是海洋大国，拥有约 300 万平方千米的主张管辖海域，广阔的海洋活动空间和丰富的海洋资源是我国实现可持续发展的重要空间和资源保障。2018 年 4 月 12 日，习近平总书记在海南考察时指出："建设海洋强国是中国特色社会主义事业的重要组成部分。"党的十九大报告提出："坚持陆海统筹，加快建设海洋强国。"

加快推动海洋经济高质量发展、实现海洋资源有序开发利用空间巨大。维护国家海洋战略利益，也成为维护国家主权、安全、发展利益的重要内容。向海则兴、背海则衰。21 世纪是海洋的世纪，建设海洋强国已成为实现中华民族伟大复兴中国梦的重要力量。

三沙在我国经济建设和国防建设中具有重要的战略地位，在国家建设海洋强国、海南建设海洋强省中发挥着不可替代的作用，使命光荣、责任重大。自古以来，三沙就是我国神圣不可侵犯的领土。2012 年 7 月 24 日，海南省三沙市正式揭牌成立，这是推进海洋强国战略的重要措施，对于维护国家主权和安全、加强南海资源开发保护，对于海南的现代渔业、旅游业的发展，都具有非常重要的历史意义和现实作用。

三沙是 21 世纪"海上丝绸之路"连接东南亚的必经之地，也是最繁忙的国际航道之一，三沙岛礁上的港口能为过往船舶提供停靠修整、船舶维修、避风、物资补给等国际服务；三沙是守卫我国领土完整、国家安全和南海油气等资源的最前沿阵地。因此，三沙生态保护和建设不容忽视。

近年来，随着三沙市建设的推进，人类活动较为频繁，一些岛礁上的植被遭到了一定程度的破坏。为了摸清三沙生态本底现状，稳步推进三沙生态保护、修复、重构相关工作，2018 年，农业农村部实施"南锋专项Ⅱ期"（NFZX2018），开展对三沙岛礁植物资源的全面调查。历经 3 年，科研人员完成了对三沙主要岛礁维管植物资源的普查，并编撰完成《三沙岛礁植物图鉴》。

《三沙岛礁植物图鉴》图文并茂，较全面地记录了我国南海吹沙造岛以来的植物本底数据。该专著的出版，填补了国内该领域探索的空白，为未来三沙岛礁植物研究提供历史数据，为南海热带岛礁生态文明、岛礁绿化美化建设提供参考和指导。

希望此书能让广大民众进一步关心海洋、认识海洋、经略海洋，感悟习近平总书记的"蓝色信念"，树立正确的海洋观，激发爱国主义情感，坚定维护国家海洋权益，共同守护好、开发好这片辽阔的蓝色国土，实现中华民族伟大复兴中国梦。

孙汉董

中国科学院院士

中国科学院昆明植物研究所　研究员

2021 年 4 月

PREFACE 前言

3000多年前，我国渔民便在南海航行和开展捕捞作业，并最先发现了南海诸岛。三沙包括我国南海西沙群岛、中沙群岛、南沙群岛的岛礁及其海域，海域面积200多万平方千米。2012年7月24日三沙市正式成立，向世界再一次宣示三沙是我国神圣不可分割的、无可争议的领土，并将在我国历史上开始书写新的篇章。三沙市是目前我国最南端、总面积最大（含海域）的地级市，是我国神圣不可分割的领土。

我国南海国际航道是“海上丝绸之路”必经航道，为了稳步推进我国“海上丝绸之路”战略，农业农村部批准了“南锋专项Ⅱ期”（NFZX2018），在该专项的支持下，我们对三沙岛礁植物资源进行了全面的调查，摸清了家底。与此同时，通过评估，筛选一批适合南海岛礁环境种植的蔬菜和果树，经试验示范，为今后驻岛军民提供必要的生活保障奠定基础。项目前后历时3年，这是南海吹沙造岛后第一次系统的植物普查，我们有幸成为了历史的见证者。“南锋专项Ⅱ期”项目组全体成员满怀激情，克服困难，创新工作，圆满完成了对南海岛礁植物资源的调查和评价。南沙部分岛礁的植物从无到有，而西沙部分岛礁经过多年的建设，植物种类也有了很大变化，本次调查发现的植物种类远远多于以往的普查结果。在调查过程中我们共记录了483种维管植物，受地理、人为等因素的影响，各种植物在岛礁上的分布差异较大，各岛礁间的植物多样性差异也很大。比较常见的植物有银毛树、草海桐、海滨大戟、海滨木巴戟、细穗草、黑果飘拂草、海岸桐和抗风桐等，这些植物在多数岛礁上都有记录。而国家Ⅱ级重点保护野生植物水芫花则分布较少，在我们调查中仅在晋卿岛和赵述岛有分布。我们对483种植物中的蕨类植物按照秦仁昌1978年系统、裸子植物按照郑万钧1975年系统、被子植物按照哈钦松1934年系统进行排列编纂，形成《三沙岛礁植物图鉴》。本书的出版将为南海岛礁生态保护、植物资源开发利用及人居环境改善提供基础科学数据。

本书图文并茂地描述了各种植物的形态特征及分布情况，也介绍了一些植物的应用情况。本书有一定的专业性，同时也有一定的科普性，内容丰富，文字简洁。主要适合于从事植物学研究的相关人员和植物爱好者、热带岛礁生态文明建设者和管理者，也是青少年爱国主义教育材料，对维护我国南海主权具有一定的意义。

在《三沙岛礁植物图鉴》的完成过程中，全体成员发挥攻坚克难的精神，边调查、边评价、边整理，做到忙而不乱，忙而有序，历经3年，终有所成。在此，对“南锋专项Ⅱ期”全体成员的辛勤付出表示衷心的感谢。另外，本书得以完成，完全依靠“南锋专项Ⅱ期”的支持，在项目的申报和执行期间，得到了农业农村部和中国热带农业科学院的鼎力支持，深表谢意！

虽然本书图像采集、编撰过程都由专业人员完成，但受设备、自然条件、编者水平的限制，难免会出现疏漏和表述不妥之处，恳请广大读者批评指正，不胜感谢！

编著者

2021年1月

CONTENTS 目录

引　言

三沙是我国神圣不可侵犯的领土，守卫着这片疆域的除了我们的子弟兵还有一棵棵绿色植物。

三沙岛礁上没有自生的特有植物，岛礁上的植物都是由附近大陆或岛屿通过海流、鸟类、风、人类传播的。据估计，岛礁上具有人类生产活动之前，植物种类较少，最多不超过50种。自从人类在岛礁上开展生产活动之后，植物种类随之迅速增加，尤其是近年来增加较为明显。人类生产活动已成为三沙岛礁植物传播的主要方式，但同时也对原有植被造成了不同程度的破坏。

三沙岛礁植物大致可以分为两大类型，即原生植物和人工引种植物。原生植物主要有银毛树、草海桐、海岸桐、抗风桐、橙花破布木、海巴戟、海滨大戟、水芫花、红厚壳、铺地刺蒴麻、黑果飘拂草、长管牵牛、海马齿、细穗草等。人工引种植物又可分为人为有意识引种和人为无意识引种两大类。人为有意识引种植物主要包括海岸带防护林植物、园林绿化植物、瓜菜、水果，如木麻黄、椰子、黄槐决明、变叶木、假连翘、福建茶、龙船花、高山榕、细叶结缕草、黄瓜、南瓜、豇豆、青菜、白菜、鹿舌菜、辣椒、杧果、火龙果、葡萄、毛叶枣、洋蒲桃、针叶樱桃等；人为无意识引种植物主要是随土携带的植物，如伞房花耳草、红尾翎、白茅、马齿苋、野苋、莠狗尾草、水蜈蚣、假海马齿、假臭草、飞机草、无根藤、异马唐、无茎粟米草、长梗星粟草、龙爪茅、飞扬草、竹节菜、饭包草等。

三沙各岛礁生态环境相对封闭、脆弱，其上每一棵植物都具有重要的价值。由于人类活动已成为三沙岛礁植物传播的主要途径，引种时需慎重，多加评价和评估，如果引种不慎，将有可能打破脆弱的岛礁生态平衡。三沙的物候条件决定了在其岛礁上成功种植一棵植物的代价是内陆的数倍，一旦生态平衡被打破，要进行修复甚至重构难度将会非常巨大。三沙岛礁无根藤危害就是一个典型例子，目前三沙岛礁上的无根藤危害已引起各方重视。无根藤在三沙各岛礁随处可见，寄主广泛，可寄生到原生植被、园林绿化植被，甚至地被植物厚藤、海刀豆上。无根藤的泛滥，导致寄主长势弱甚至死亡。我们在调查过程中发现，除无根藤危害外，其他对生态危害较大的植物如银胶菊、李花蟛蜞菊、假臭草、飞机草等的潜在危害同样要引起高度重视，有些岛礁这些植物的生物量已较大。

我们要更好地保护守卫着我国南大门的“绿色战士”，就要先认识它们，了解它们！

海金沙科 Lygodiaceae | 海金沙属 *Lygodium* Sw.

海金沙 *Lygodium japonicum* (Thunb.) Sw.

别名 狭叶海金沙

形态特征 攀缘草质藤本，长 1~4 米。叶纸质，两面沿中肋及脉上具短毛；叶轴被短灰毛，具 2 条狭边；羽片多数。不育羽片二回羽状，尖三角形，长宽几相等，10~12 厘米或较狭，柄长 1.5~2 厘米，被短灰毛；一回羽片 2~4 对，互生，柄长 4~8 毫米，小羽轴具狭翅及短毛；基部 1 对卵圆形，一回羽状；向上的一回小羽片近掌状分裂或不分裂，较短，叶缘有不规则的浅圆锯齿，末回裂片短宽；顶生羽片较长，基部楔形或心脏形，先端钝，其顶端的二回叶片较小，波状浅裂；二回小羽片 2~3 对，卵状三角形，具短柄或无柄，互生，掌状三裂；主脉明显，侧脉纤细，从主脉斜伸，1~2 回二叉分歧，直达锯齿。能育羽片卵状三角形，长宽几相等，12~20 厘米，或长稍大于宽，二回羽状；一回小羽片 4~5 对，互生，长圆披针形，长 5~10 厘米，基部宽 4~6 厘米；二回小羽片 3~4 对，卵状三角形，羽状深裂。孢子囊穗长 2~4 毫米，长超过小羽片的中央不育部分；孢子囊排列稀疏，暗褐色，无毛。

分布 日本、斯里兰卡、菲律宾、印度及热带大洋洲国家都有分布。我国产于江苏、浙江、安徽、福建、台湾、广东、香港、广西、海南、湖南、贵州、四川、云南、陕西。目前三沙产于赵述岛、永兴岛，常见，有的攀缘于草坡灌木林，有的攀缘于绿化乔木如小叶榕、高山榕等植物上。

价值 全草入药，具有清利湿热、通淋止痛的功效，用于热淋或是尿道感染、肝炎、肾炎等。

凤尾蕨科 Pteridaceae | 凤尾蕨属 *Pteris* L.

蜈蚣草 *Pteris vittata* L.

别名 蜈蚣蕨

形态特征 多年生草本，高可达 150 厘米。根状茎直立，短而粗壮，木质，密被蓬松的黄褐色鳞片。叶簇生；叶柄坚硬，长 10~30 厘米或更长，深禾秆色至浅褐色，幼时密被与根状茎上同样的鳞片，以后渐变稀疏；叶片倒披针状长圆形，长 20~90 厘米或更长，宽 5~25 厘米或更宽，一回羽状；顶生羽片与侧生羽片同形，侧生羽片多数，可达 40 对，互生或有时近对生，下部羽片较疏离，相距 3~4 厘米，斜展，无柄，不与叶轴合生，向下羽片逐渐缩短，基部羽片仅为耳形，中部羽片最长，狭线形，长 6~15 厘米，宽 5~10 毫米，先端渐尖，基部扩大并呈浅心脏形，其两侧稍呈耳形；主脉下面隆起，侧脉纤细，斜展，单一或分叉；叶轴禾秆色，疏被鳞片。本种成熟的植株除了下部缩短的羽片不育外，其余全部羽片均能育。

分布 旧大陆热带、亚热带地区广布。我国秦岭以南广泛分布。目前三沙产于美济礁、永暑礁、渚碧礁，常见，生长于空旷沙地、乱石堆。

价值 本种有很强的砷富集特性，可作为被重金属污染土壤的生态修复候选植物。

肾蕨科 Nephrolepidaceae | 肾蕨属 *Nephrolepis* Schott

肾蕨 *Nephrolepis cordifolia* (L.) C. Presl

别名 波斯顿蕨、石黄皮

形态特征 多年生草本。根状茎直立，被淡棕色长钻形鳞片，下部具粗铁丝状的匍匐茎向四方横展；匍匐茎棕褐色，径约1毫米，长达30厘米，不分枝，疏被鳞片，有纤细的褐棕色须根；匍匐茎上生有近圆形的块茎，直径1~1.5厘米，密被与根状茎上同样的鳞片。叶簇生，柄长6~11厘米，粗2~3毫米，暗褐色，略有光泽，上部有纵沟，下部圆形，密被淡棕色线形鳞片；叶片线状披针形或狭披针形，长30~70厘米，宽3~5厘米，先端短尖，叶轴两侧被纤维状鳞片；叶硬草质或草质，干后棕绿色或褐棕色，光滑；一回羽状，羽片多数，45~120对，互生，常密集而呈覆瓦状排列，披针形，中部羽片最大，几无柄，以关节着生于叶轴，长约2厘米，宽6~7毫米，先端钝圆或有时为急尖头，基部心脏形，通常不对称，下侧为圆楔形或圆形，上侧为三角状耳形，叶缘有疏浅的钝锯齿，向上部和基部的羽片渐短，常变为卵状三角形，长不及1厘米；叶脉明显，侧脉纤细，自主脉向上斜出，在下部分叉，小脉直达叶边附近，顶端具纺锤形水囊。孢子囊群肾形，少有近圆形，长约1.5毫米，宽不及1毫米，生于每组侧脉的上侧小脉顶端，位于从叶边至主脉的1/3处；囊群盖肾形，褐棕色，边缘色较淡，无毛。

分布 全世界热带、亚热带地区广布。我国产于福建、浙江、台湾、广东、广西、海南、贵州、云南、西藏。目前三沙产于美济礁，少见，生长沙地、乱石堆。

价值 主要的园林观赏蕨类。全草入药，具有清热利湿、宁肺止咳、软坚消积的功效，用于感冒发热、咳嗽、肺结核咯血、痢疾、急性肠炎。块茎富含淀粉，可食。

苏铁科 Cycadaceae | 苏铁属 *Cycas* L.

苏铁 *Cycas revoluta* Thunb.

别名 铁树、凤尾铁、凤尾蕉、凤尾松

形态特征 常绿木本，通常高约2米，少有达8米或以上。茎圆柱形，具有明显螺旋状排列的菱形叶柄残痕。羽状叶从茎的顶部生出，整个羽状叶的轮廓呈倒卵状狭披针形，两侧有齿状刺，水平或略斜上伸展，刺长2~3毫米；羽状裂片达100对以上，条形，厚革质，坚硬，长9~18厘米，宽4~6毫米，先端有刺状尖头，基部窄，两侧不对称，下侧下延生长，上面深绿色有光泽，中央微凹，凹槽内有稍隆起的中脉。雄球花圆柱形，有短梗，小孢子飞叶窄楔形，顶端宽平，其两角近圆形，花药通常3个聚生；大孢子叶长14~22厘米，密生淡黄色或淡灰黄色绒毛，上部的顶片卵形至长卵形，边缘羽状分裂，裂片12~18对，条状钻形，长2.5~6厘米，先端有刺状尖头；胚珠2~6枚，生于大孢子叶柄的两侧，有绒毛。种子红褐色或橘红色，倒卵圆形或卵圆形，稍扁，长2~4厘米，径1.5~3厘米，密生灰黄色短绒毛。花期6~7月，种子10月成熟。

分布 日本、菲律宾和印度尼西亚有分布。我国产于福建、台湾、广东、海南。目前三沙主要岛礁永兴岛、赵述岛、北岛、西沙洲、石岛、晋卿岛、甘泉岛、银屿、羚羊礁、美济礁、渚碧礁、永暑礁等均有栽培，常见，生长于景观绿地、庭园花盆。

价值 为优美的观赏树种。茎内含淀粉，可供食用；种子含油和淀粉，供食用。叶入药，具有收敛止血、解毒止痛的功效，用于各种出血、胃炎、胃溃疡、高血压、神经痛、闭经、癌症。花入药，具有理气止痛、益肾固精的功效，用于胃痛、遗精、白带、痛经。种子入药，具有平肝、降血压的功效，用于高血压。根入药，具有祛风活络、补肾的功效，用于肺结核咯血、肾虚牙痛、腰痛、白带、风湿关节麻木疼痛、跌打损伤。注：种子和茎顶部树心具毒，使用需谨慎。

柏科 Cupressaceae | 侧柏属 *Platycladus* Spach

侧柏 ***Platycladus orientalis*** **(L.) Franco**

别名 扁桧、香柏、黄柏

形态特征 乔木，高可达 20 余米。胸径达 1 米；树皮薄，浅灰褐色，纵裂成条片；枝条向上伸展或斜展，幼树树冠卵状尖塔形，老树树冠则为广圆形；生鳞叶的小枝细，向上直展或斜展，扁平，排成一平面。叶鳞形，长 1~3 毫米，先端微钝；小枝中央的叶的露出部分呈倒卵状菱形或斜方形，背面中间有条状腺槽；两侧的叶船形，先端微内曲，背部有钝脊，尖头的下方有腺点。雄球花黄色，卵圆形，长约 2 毫米；雌球花近球形，径约 2 毫米，蓝绿色，被白粉。球果近卵圆形，长 1.5~2.5 厘米，成熟前近肉质，蓝绿色，被白粉，成熟后木质，开裂，红褐色；中间 2 对种鳞倒卵形或椭圆形，鳞背顶端的下方有一向外弯曲的尖头，上部 1 对种鳞窄长，近柱状，顶端有向上的尖头，下部 1 对种鳞极小，长达 13 毫米，稀退化而不显著。种子卵圆形或近椭圆形，顶端微尖，灰褐色或紫褐色，长 6~8 毫米，稍有棱脊，无翅或有极窄的翅。

分布 朝鲜有分布。我国产于南北各省。目前三沙琛航岛、银屿有栽培，少见，生长于绿化带、空旷沙地。

价值 常栽培作庭园树。干燥枝梢及叶入药，具有凉血止血、生发乌发的功效。种仁入药，具有养心安神、止汗、润肠的功效。

罗汉松科 Podocarpaceae | 罗汉松属 *Podocarpus* L' Hër. ex Persoon

罗汉松 *Podocarpus macrophyllus* (Thunberg) Sweet

别名 土杉、长青罗汉杉、仙柏、罗汉杉

形态特征 乔木，高达 20 米。胸径达 60 厘米；树皮灰色或灰褐色，浅纵裂，呈薄片状脱落；枝开展或斜展，较密。叶螺旋状着生，条状披针形，微弯，长 7~12 厘米，宽 7~10 毫米，先端尖，基部楔形；上面深绿色，有光泽，中脉显著隆起；下面带白色、灰绿色或淡绿色，中脉微隆起。雄球花穗状、腋生，常 3~5 个簇生于极短的总梗上，长 3~5 厘米，基部有数枚三角状苞片；雌球花单生于叶腋，有梗，基部有少数苞片。种子卵圆形，径约 1 厘米，先端圆；熟时肉质假种皮紫黑色，有白粉；种托肉质圆柱形，红色或紫红色，柄长 1~1.5 厘米。

分布 日本有栽培。我国江苏、浙江、福建、安徽、江西、湖南、四川、云南、贵州、广西、广东等省份广泛栽培。目前三沙产于甘泉岛，很少见，生长于庭园花坛。

价值 庭园观赏植物。材质可做家具、器具、文具及农具等用。果入药，具有益气补中的功效，用于心胃气痛、血虚面色萎黄；根皮入药，具活血止痛、杀虫功效，用于跌打损伤，癣。

南洋杉科 Araucariaceae | 南洋杉属 *Araucaria* Juss.

南洋杉 *Araucaria cunninghamii* Sweet

别名 猴子杉、肯氏南洋杉、细叶南洋杉

形态特征 乔木，在原产地高达60~70米。树皮灰褐色或暗灰色，粗糙，横裂；大枝平展或斜伸，幼树冠尖塔形，老则呈平顶状；侧生小枝密生，下垂，近羽状排列。叶二型：幼树和侧枝的叶排列疏松，开展，钻状、针状、镰状或三角状，长7~17毫米，基部宽约2.5毫米，微弯，微具4棱或腹面的棱脊不明显；大树及花果枝上之叶排列紧密而叠盖，斜上伸展，微向上弯，卵形、三角状卵形或三角状，无明显的背脊或下面有纵脊，长6~10毫米，宽约4毫米，基部宽，上部渐窄或微圆，先端尖或钝，中脉明显或不明显，上面灰绿色，有白粉。雄球花单生于枝顶，圆柱形。球果卵形或椭圆形，长6~10厘米，径4.5~7.5厘米；苞鳞楔状倒卵形，两侧具薄翅，先端宽厚，具锐脊，中央有急尖的长尾状尖头，尖头显著地向后反曲；舌状种鳞的先端薄，不肥厚；种子椭圆形，两侧具结合而生的膜质翅。

分布 原产大洋洲东南沿海地区。我国广东、海南、福建等地有栽培，长江以北有盆栽。目前三沙永兴岛、赵述岛、晋卿岛、甘泉岛、渚碧礁、永暑礁、美济礁有栽培，常见，生长于庭园绿地。

价值 木材供建筑、器具、家具等用。露天种植为园林树、纪念树、行道树；室内盆栽为装饰树。

番荔枝科 Annonaceae | 番荔枝属 *Annona* L.

番荔枝 *Annona squamosa* L.

别名 赖球果、佛头果、释迦果、林檎

形态特征 落叶小乔木，高 3~5 米。树皮薄，灰白色，多分枝。叶薄纸质，排成 2 列，椭圆状披针形或长圆形，长 6~17.5 厘米，宽 2~7.5 厘米，顶端急尖或钝，基部阔楔形或圆形，叶背苍白绿色；侧脉每边 8~15 条。花单生或 2~4 朵聚生于枝顶或与叶对生，长约 2 厘米，青黄色，下垂；花蕾披针形；萼片三角形，被微毛；外轮花瓣狭而厚，肉质，长圆形，顶端急尖，被微毛，镊合状排列，内轮花瓣极小，退化成鳞片状，被微毛；雄蕊长圆形，药隔宽，顶端近截形；心皮长圆形，无毛，柱头卵状披针形。聚合果球状或圆锥形，直径 5~10 厘米，无毛，黄绿色，外面被白色粉霜。

分布 原产热带美洲，现全球热带地区有栽培。我国台湾、福建、广东、广西、海南和云南等省份均有栽培。目前三沙永兴岛、赵述岛、甘泉岛、美济礁有栽培，少见，生长于庭园绿化区。

价值 为热带水果。树皮纤维可造纸。根入药，用于急性赤痢、精神抑郁、脊髓骨病；果入药，用于恶疮肿痛、补脾。注：该种为紫胶虫寄主树，在南海岛礁栽培要注意防控。

樟科 Lauraceae | 无根藤属 *Cassytha* L.

无根藤 *Cassytha filiformis* L.

别名 无爷藤、手扎藤、金丝藤、面线藤

形态特征 寄生缠绕草本，借盘状吸根攀附于寄主植物上。茎线形，绿色或绿褐色，稍木质，幼嫩部分被锈色短柔毛，老时毛被稀疏或变无毛。叶退化为微小的鳞片。穗状花序长2~5厘米；苞片和小苞片微小，宽卵圆形，褐色，被缘毛。花小，白色，长不及2毫米，无梗；花被裂片6，排成2轮，外轮3枚小，圆形，有缘毛，内轮3枚较大，卵形，外面有短柔毛，内面几无毛。能育雄蕊9，花药2室；退化雄蕊3，位于最内轮，三角形，具柄。子房卵珠形，几无毛，花柱短，略具棱，柱头小，头状。果小，卵球形，顶端有宿存的花被片。

分布 亚洲、非洲和澳大利亚热带有分布。我国产于云南、贵州、广西、广东、海南、湖南、江西、浙江、福建及台湾等省份。目前三沙产于永兴岛、赵述岛、北岛、西沙洲、石岛、晋卿岛、甘泉岛、美济礁、渚碧礁、永暑礁等，很常见，生长于景观林、草坡、防风林。

价值 全草入药，具有清热利湿、凉血止血的功效，用于感冒发热、疟疾、急性黄疸型肝炎、咯血、衄血、尿血、泌尿系结石、肾炎水肿；外用于皮肤湿疹、多发性疖肿。注：本种含生物碱可引起惊厥，大量摄入可致死。本种为寄生植物，对寄主有害，目前在三沙主要岛礁均有分布，危害较为严重，注意防控。

樟科 Lauraceae | 樟属 *Cinnamomum* Schaeff.

锡兰肉桂 *Cinnamomum verum* J. Presl

别名 斯里兰卡肉桂

形态特征 常绿小乔木，高达 10 米。树皮黑褐色，内皮有强烈的桂醛芳香气；幼枝略为四棱形，灰色而具白斑。叶通常对生，革质或近革质，卵圆形或卵状披针形，长 11~16 厘米，宽 4.5~5.5 厘米，先端渐尖，基部锐尖；叶背淡绿白色，两面无毛，具离基三出脉，叶背具有明显蜂巢状小窝穴；叶柄长 2 厘米，无毛。圆锥花序腋生及顶生，长 10~12 厘米，具梗，总梗及各级序轴被绢状微柔毛。花黄色，长约 6 毫米。花被筒倒锥形，花被裂片 6，长圆形；能育雄蕊 9，花丝近基部有毛。果卵球形，长 10~15 毫米，熟时黑色；果托杯状，增大，具齿裂，齿先端截形或锐尖。

分布 原产斯里兰卡，热带亚洲各国有栽培。我国广东、广西、海南、云南、福建及台湾等省份均有栽培。目前三沙永兴岛有栽培，少见，生长于绿化带。

价值 树皮和桂油是日用品和食品调香的重要香料；叶中的挥发油为天然的定香剂，还可用作多种香精的溶剂。树皮入药，具有温中补肾、散寒止痛的功效；枝入药，具发汗解肌、温通经脉的功效；果实入药，具强心、利尿、止汗的功效。常作为环境绿化树种。

樟科 Lauraceae | 木姜子属 *Litsea* Lam.

潺槁木姜子 *Litsea glutinosa* (Lour.) C. B. Rob.

别名 潺槁树、油槁树、胶樟、青野槁

形态特征 常绿小乔木或乔木，高 3~15 米。树皮灰色或灰褐色。叶互生，倒卵形、倒卵状长圆形或椭圆状披针形，长 6.5~26 厘米，宽 5~11 厘米，先端钝或圆，基部楔形，钝或近圆，革质；羽状脉，侧脉每边 8~12 条，直展；叶柄长 1~2.5 厘米，有灰黄色绒毛。由数朵花组成伞形花序生于小枝上部叶腋，花序单生或几个生于短枝上；花被不完全或缺；能育雄蕊通常 15 枚；花丝长，有灰色柔毛；退化雌蕊椭圆，无毛；子房近圆形，无毛；花柱粗大，柱头漏斗形。果球形，直径约 7 毫米。

分布 越南、菲律宾、印度有分布。我国产于广东、广西、福建、云南、海南。目前三沙产于永兴岛、美济礁，少见，生长于庭园、景观带。

价值 木材可供家具用；所含胶质，可用作黏合剂；种子含油率较高，供制皂及制硬化油。根、皮、叶入药，具清湿热、消肿毒功效，用于腹泻、外敷治疮痈。抗逆性较强，对重金属具有较强的富集能力，是优良的乡土生态修复和景观树种。

睡莲科 Nymphaeaceae | 睡莲属 *Nymphaea* L.

齿叶睡莲 *Nymphaea lotus* L.

别名 埃及白睡莲

形态特征 多年水生草本。根状茎肥厚，匍匐。叶近革质，心状卵形或卵状椭圆形，径 15~26 厘米，基部具深弯缺，上面粗糙，下面带红色，密被柔毛或微柔毛，老叶近无毛，叶缘具三角状锐齿；叶柄长达 50 厘米，近叶缘盾状着生，无毛。花径约 6 厘米，挺水；花梗和叶柄近等长；萼片长圆形，长 5~8 厘米；花瓣 12~14，白、红或粉红色，长圆形，长 5~9 厘米，先端钝圆，具 5 纵条纹。浆果内凹卵形，径约 4 厘米，雄蕊部分宿存。种子球形，具假种皮。

分布 印度、越南、缅甸、泰国分布。我国产于海南、云南、台湾。目前三沙美济礁有栽培，很少见，生长于观光 园水池。

价值 观赏水生植物。全草可作饲料。

防己科 Menispermaceae | 千金藤属 *Stephania* Lour.

粪箕笃 *Stephania longa* Lour.

别名 田鸡草、畚箕草、飞天雷公、犁壁藤、铁板膏药草、蛤乸草、雷砵嘴

形态特征 草质藤本，长1~4米或稍长。除花序外全株无毛；枝纤细，有条纹。叶纸质，三角状卵形，长3~9厘米，宽2~6厘米，顶端钝，有小突尖；基部近截平或微圆，很少微凹；上面深绿色，下面淡绿色，有时粉绿色；掌状脉10~11条，向下的常纤细；叶柄长1~4.5厘米，基部常扭曲。复伞形聚伞花序腋生，总梗长1~4厘米，雄花序较纤细，被短硬毛；雄花萼片8，偶有6，排成2轮，楔形或倒卵形，花瓣4或有时3，绿黄色，通常近圆形，聚药雄蕊长约0.5毫米；雌花萼片和花瓣常4片，子房无毛，柱头裂片平叉。核果红色，长5~6毫米；果核背部有2行小横肋。

分布 分布于我国云南、广西、广东、海南、福建和台湾。目前三沙产于永兴岛，少见，攀缘于花坛植物及建筑物。

价值 全草入药，具有清热解毒、利湿通便、消疮肿的功效，用于热病发狂、黄疸、胃肠炎、痢疾、便秘、尿血、疮痈肿毒。

胡椒科 Piperaceae | 胡椒属 *Piper* L.

假蒟 *Piper sarmentosum* Roxb.

别名 假蒌、蛤蒟、山蒌

形态特征 多年生草本。茎匍匐，逐节生根，长可达 10 余米；小枝近直立，无毛或幼时被短柔毛。叶近膜质，有细腺点，下部叶阔卵形或近圆形，长 7~14 厘米，宽 6~13 厘米，顶端短尖，基部常心形，腹面无毛，背面沿脉上被短柔毛；上部叶小，卵形或卵状披针形，基部常浅心形、圆、截平；叶脉 7 条，网状脉明显；叶柄长 2~10 厘米，被短柔毛；叶鞘长约为叶柄的 1/2。花单性，雌雄异株，聚集成与叶对生的穗状花序；雄花序长 1.5~2 厘米，直径 2~3 毫米；总花梗与花序等长或略短，被短柔毛；花序轴被毛；苞片扁圆形，近无柄，盾状；雄蕊 2，花药近球形，2 裂；花丝长约为花药的 2 倍；雌花序长 6~8 毫米，果期稍延长；总花梗与雄花序相同，花序轴无毛；苞片近圆形，盾状；柱头常 4，被微柔毛。浆果近球形，具 4 角棱，无毛，直径 2.5~3 毫米，基部嵌生于花序轴中并与其合生。

分布 越南、菲律宾、马来西亚、印度尼西亚、印度有分布。我国产于南部各省份。目前三沙渚碧礁有栽培，很少见，生长于菜地。

价值 全草入药，具有温中散寒、祛风利湿、消肿止痛的功效，用于胃肠寒痛、脘腹疼痛、腹泻、风寒咳嗽、水肿、疟疾、牙痛、风湿骨痛、跌打损伤；根入药，用于风湿骨痛、跌打损伤、风寒咳嗽、妊娠和产后水肿；果序入药，用于牙痛、胃痛、腹胀、食欲不振。嫩茎叶可用于调味蔬菜食用。

白花菜科 Cleomaceae | 黄花草属 *Arivela* Raf.

黄花草 *Arivela viscosa* (L.) Raf.

别名 臭矢菜、黄花菜、向天黄、羊角草、野油菜

形态特征 一年生草本，高可达1米。茎基部常木质化，干后黄绿色，有纵细槽纹；全株密被黏质腺毛与淡黄色柔毛；有恶臭气味。叶为具3~7小叶的掌状复叶；小叶薄草质，近无柄，倒披针状椭圆形，中央小叶最大，长1~5厘米，宽5~15毫米，侧生小叶依次减小，全缘但边缘有腺纤毛，侧脉3~7对；叶柄长1~6厘米，无托叶。花单生于茎上部叶腋，近顶端则成总状或伞房状花序；花梗纤细，长1~2厘米；萼片分离，狭椭圆形或倒披针状椭圆形，长6~7毫米，宽1~3毫米，近膜质，有细条纹，内面无毛，背面及边缘有黏质腺毛；花瓣淡黄色或橘黄色，无毛，有数条明显的纵行脉，倒卵形或匙形，长7~12毫米，宽3~5毫米，基部楔形至多少有爪，顶端圆形；雄蕊10~30，花丝比花瓣短；花药背着，长约2毫米；子房无柄，圆柱形，长约8毫米，除花柱与柱头外密被腺毛；柱头头状。果直立，圆柱形，直或稍镰弯，密被腺毛，基部宽阔无柄，顶端渐狭成喙，长6~9厘米，中部直径约3毫米，成熟后果瓣自顶端向下开裂，果瓣宿存；花柱宿存，长约5毫米。种子黑褐色，直径1~1.5毫米，表面具多数横向平行的皱纹。

分布 原产古热带，现在全球热带、亚热带广布。我国产于安徽、浙江、江西、福建、台湾、湖南、广东、广西、海南及云南等省份。目前三沙产于永兴岛、赵述岛、甘泉岛、晋卿岛、西沙洲、北岛、石岛、东岛、广金岛、银屿、羚羊礁、美济礁、渚碧礁、永暑礁，常见，生长于空旷沙地、草坡、绿化带草地。

价值 全草入药，具有散瘀消肿、去腐生肌的功效，用于跌打肿痛、劳伤腰痛；广东、海南有用鲜叶汁加水（或加乳汁）点治眼病。注：本种有小毒，用时需慎重。

白花菜科 Cleomaceae ｜ 鸟足菜属 *Cleome* L.

皱子白花菜 *Cleome rutidosperma* DC.

别名 平伏茎白花菜、成功白花菜、海南皱籽白花菜

形态特征 一年生草本，高达 90 厘米。茎直立、开展或平卧；分枝疏散；茎、叶柄及叶背脉上疏被无腺疏长柔毛，有时近无毛。叶具 3 小叶，叶具短柄，长 2~20 毫米；小叶椭圆状披针形，有时近斜方状椭圆形，顶端急尖或渐尖、钝形或圆形，基部渐狭或楔形，边缘有具纤毛的细齿；中央小叶最大，长 1~2.5 厘米，宽 5~12 毫米，侧生小叶较小，两侧不对称；几无小叶柄。花单生于茎上部叶腋，常 2~3 朵花连续着生于茎上部 2~3 节叶腋，形成具叶且开展的间断花序；花梗纤细，长 1.2~2 厘米，果时长约 3 厘米；萼片 4，绿色，分离，狭披针形，顶端尾状渐尖，长约 4 毫米，背部被短柔毛，边缘有纤毛；花瓣 4，淡紫色，2 个中央花瓣中部有黄色横带，顶端急尖或钝形，有小突尖头，基部渐狭延成短爪，长约 6 毫米，宽约 2 毫米，近倒披针状椭圆形，全缘，两面无毛；花盘不明显；花托长约 1 毫米；雄蕊 6；花丝长 5~7 毫米；花药长 1.5~2 毫米；雌蕊柄长 1.5~2 毫米，果时长 4~6 毫米；子房线柱形，长 5~13 毫米，无毛；花柱短而粗，柱头头状。果线柱形，表面平坦或微呈念珠状，两端变狭，顶端具喙，长 3.5~6 厘米，中部直径 3.5~4.5 毫米；果瓣质薄，有纵向近平行脉，常自两侧开裂。种子近圆形，直径 1.5~1.8 毫米，背部具多数横向脊状皱纹，皱纹上有细乳状突起；爪张开，爪的腹面边缘有 1 条白色假种皮带。

分布 原产几内亚、刚果、安哥拉等热带非洲，现菲律宾、印度尼西亚、新加坡、泰国、缅甸、马来西亚有分布。我国产于云南、台湾、海南等省。目前三沙产于永兴岛、赵述岛、美济礁，少见，生长于草坡、绿化带草地。

价值 不详。

辣木科 Moringaceae | 辣木属 *Moringa* Adans.

辣木 *Moringa oleifera* Lam.

别名 鼓槌树

形态特征 乔木，高3~12米。树皮软木质；枝有明显的皮孔及叶痕，小枝有短柔毛。叶通常为3回羽状复叶，长25~60厘米，在羽片的基部具线形或棍棒状稍弯的腺体；腺体多数脱落，叶柄柔弱，基部鞘状；羽片4~6对；小叶3~9片，薄纸质，卵形、椭圆形或长圆形，长1~2厘米，宽0.5~1.2厘米，通常顶端的1片较大，叶背苍白色，无毛；叶脉不明显；小叶柄纤弱，长1~2毫米，基部的腺体线状，有毛。花序广展，长10~30厘米；苞片小，线形；花具梗，白色，芳香，直径约2厘米，萼片线状披针形，有短柔毛；花瓣匙形；雄蕊和退化雄蕊基部有毛；子房有毛。蒴果细长，长20~50厘米，直径1~3厘米，下垂，3瓣裂，每瓣有肋纹3条；种子近球形，径约8毫米，有3棱，每棱有膜质的翅。

分布 原产印度，现广植热带地区。我国广东、海南、台湾、云南等省有栽培。目前三沙美济礁、渚碧礁有栽培，少见，生长于菜地周围。

价值 供观赏。木材为薪柴；根部为雕刻用材。嫩叶、嫩荚当蔬菜食用；老叶焙炒制成茶叶。种子可榨油，也可制成调味品。

十字花科 Brassicaceae ｜ 芸苔属 *Brassica* L.

白菜 *Brassica rapa* L. var. *glabra* Regel

别名 大白菜、小白菜

形态特征 二年生草本，高可达60厘米。常全株无毛，有时叶下面中脉上有少数刺毛。基生叶多数，大型，倒卵状长圆形至宽倒卵形，长30~60厘米，宽不及长的一半，顶端圆钝，边缘皱缩，波状，有时具不显明牙齿；中脉白色，很宽，有多数粗壮侧脉；叶柄白色，扁平，长5~9厘米，宽2~8厘米，边缘有具缺刻的宽薄翅；上部茎生叶长圆状卵形、长圆披针形至长披针形，长2.5~7厘米，顶端圆钝至短急尖，全缘或有裂齿，有柄或抱茎，有粉霜。花鲜黄色，直径1.2~1.5厘米；花梗长4~6毫米；萼片长圆形或卵状披针形，长4~5毫米，直立，淡绿色至黄色；花瓣倒卵形，长7~8毫米，基部渐窄成爪。长角果较粗短，长3~6厘米，宽约3毫米，两侧压扁，直立，喙长4~10毫米，宽约1毫米，顶端圆；果梗开展或上升，长2.5~3厘米，较粗。种子球形，直径1~1.5毫米，棕色。

分布 原产我国，现世界各地广泛栽培。目前三沙主要岛礁永兴岛、赵述岛、晋卿岛、甘泉岛、银屿、美济礁、渚碧礁、永暑礁、东岛均有栽培，常见，生长于露天菜地、蔬菜大棚。

价值 主要蔬菜品种。老叶或脱落叶可作饲料。

十字花科 Brassicaceae | 芸苔属 *Brassica* L.

青菜 *Brassica rapa* L. var. *chinensis* (L.) Kitam.

别名 油菜、小油菜、塔菜、塌菜、塌棵菜、塌地松、黑菜、乌塌菜、菜薹、菜苔

形态特征 一年或二年生草本，高可达 70 厘米。基生叶倒卵形或宽倒卵形，长 20~30 厘米，坚实，深绿色，有光泽，基部渐狭成宽柄；全缘或有不明显圆齿或波状齿；中脉白色，宽达 1.5 厘米，有多条纵脉；叶柄长 3~5 厘米，有或无窄边；下部茎生叶和基生叶相似，基部渐狭成叶柄；上部茎生叶倒卵形或椭圆形，长 3~7 厘米，宽 1~3.5 厘米，基部抱茎，宽展，两侧有垂耳，全缘，微带粉霜。总状花序顶生，呈圆锥状；花浅黄色，长约 1 厘米，授粉后长达 1.5 厘米；花梗细，与花等长或较短；萼片长圆形，长 3~4 毫米，直立开展，白色或黄色；花瓣长圆形，长约 5 毫米，顶端圆钝，有脉纹，具宽爪。长角果线形，长 2~6 厘米，宽 3~4 毫米，坚硬，无毛，果瓣有明显中脉及网结侧脉；喙顶端细，基部宽，长 8~12 毫米；果梗长 8~30 毫米。种子球形，直径 1~1.5 毫米，紫褐色，有蜂窝纹。

分布 原产亚洲。我国南北各省均有栽培。目前三沙主要岛礁永兴岛、赵述岛、晋卿岛、甘泉岛、银屿、美济礁、渚碧礁、永暑礁、东岛均有栽培，常见，生长于露天菜地、蔬菜大棚。

价值 主要蔬菜品种。

十字花科 Brassicaceae | 芸苔属 *Brassica* L.

芥菜 *Brassica juncea* (L.) Czern. & Coss.

别名 刈菜、紫夜雪里蕻、盖菜、凤尾菜、排菜、苦芥、大叶芥菜、皱叶芥菜、多裂叶芥、油芥菜、雪里蕻

形态特征 一年或二年生草本，高达 1.5 米。茎直立，多分枝，无毛或基部有小刚毛。基生叶宽倒卵形，长 23~25 厘米，宽 18~20 厘米，顶端圆形，基部楔形，边缘有大小不等的牙齿或重锯齿；叶柄长达 20 厘米，有小裂片；中部茎生叶长圆形，长 3~4 厘米，边缘有数个牙齿，无柄；茎上部叶宽线形，基部渐狭，全缘；所有叶皆无毛，带粉霜，少数有刚毛。总状花序有多数花；花黄色，直径 6~8 毫米；花梗长 5~12 毫米，有时带紫色；萼片长圆形，长 5~6 毫米；花瓣倒卵形，长 8~10 毫米，具爪。长角果线形，长 3~4 厘米，宽 1~2 毫米，喙长 3~7 毫米；果梗长 1~1.5 厘米。种子球形，直径约 1 毫米。

分布 原产亚洲，现世界各地广泛栽培。我国各地均有栽培。目前三沙永兴岛、赵述岛、北岛、银屿、美济礁、渚碧礁、东岛有栽培，常见，生长于露天菜地、蔬菜大棚。

价值 主要蔬菜品种。

十字花科 Brassicaceae | 芸苔属 *Brassica* L.

白花甘蓝 *Brassica oleracea* var. *albiflora* Kuntze

别名 芥兰、芥蓝

形态特征 一年生草本，通常高30~40厘米。全株无毛，具粉霜；茎直立，有分枝。基生叶卵形，长可达10厘米，边缘有微不整齐裂齿，或不裂，或基部有小裂片，叶柄长3~7厘米；茎生叶卵形或圆卵形，长5~10厘米，边缘波状或有不整齐尖锐齿，基部耳状，沿叶柄下延，有少数显著裂片；茎上部叶长圆形，长8~15厘米，顶端圆钝，不裂，边缘有粗齿，不下延，叶柄明显。总状花序直立；花白色或淡黄色，径1.5~2厘米；花梗长1~2厘米，开展或上升；萼片披针形，长4~5毫米，边缘透明；花瓣长圆形，顶端全缘或微凹，基部呈爪状，长2~2.5厘米，有显著脉纹。长角果线形，长3~9厘米，顶端急收缩成长5~10毫米的喙。种子凸球形，径约2毫米，红棕色，有微小窝点。

分布 我国南方各省份均有栽培。目前三沙美济礁有栽培，不常见，生长于菜地。

价值 南方常见蔬菜品种。

十字花科 Brassicaceae | 萝卜属 *Raphanus* L.

萝卜 *Raphanus sativus* L.

别名 白萝卜、菜头、莱菔、莱菔子、水萝卜、蓝花子

形态特征 二年或一年生草本，高 20~100 厘米。直根肉质，长圆形、球形或圆锥形，根长大而坚实。基生叶和下部茎生叶大头羽状半裂，长 8~30 厘米，宽 3~5 厘米，有侧裂片 4~6 对，长圆形，顶端裂片卵形，有钝齿，疏生粗毛，上部叶片长圆形，有锯齿或近全缘。总状花序顶生及腋生；花白色或粉红色，直径 1.5~2 厘米；花梗长 5~15 毫米；萼片长圆形，长 5~7 毫米；花瓣倒卵形，长 1~1.5 厘米，具紫纹，下部有长 5 毫米的爪。长角果圆柱形，不开裂，长 3~6 厘米，宽 10~12 毫米，种子间缢缩，形成海绵质横隔；顶端喙长 1~1.5 厘米；果梗长 1~1.5 厘米。种子 1~6 粒，卵形，微扁，长约 3 毫米，红棕色，有细网纹。

分布 原产地中海地区，世界各地广泛栽培。我国各地普遍栽培。目前三沙永兴岛、赵述岛、北岛、银屿、美济礁、渚碧礁、东岛有栽培，常见，生长于露天菜地、蔬菜大棚。

价值 常见蔬菜。萝卜具有清热生津、凉血止血、下气宽中、消食化滞、开胃健脾、顺气化痰的功效，用于肺痿、肺热、便秘、吐血、气胀、食滞、消化不良、痰多、大小便不通畅等。

景天科 Crassulaceae | 落地生根属 *Bryophyllum* Salisb.

落地生根 *Bryophyllum pinnatum* (L.f.) Oken

别名 打不死、不死鸟、墨西哥斗笠、灯笼花、花蝴蝶、叶爆芽、天灯笼、倒吊莲

形态特征 多年生草本，高 40~150 厘米。茎有分枝。羽状复叶，长 10~30 厘米，小叶长圆形至椭圆形，长 6~8 厘米，宽 3~5 厘米，先端钝，边缘有圆齿，圆齿底部容易生芽，芽长大后落地即成一新植物；小叶柄长 2~4 厘米。圆锥花序顶生，长 10~40 厘米；花下垂，花萼圆柱形，长 2~4 厘米；花冠高脚碟形，长达 5 厘米，基部稍膨大，向上呈管状；裂片 4，卵状披针形，淡红色或紫红色；雄蕊 8，着生于花冠基部，花丝长；鳞片近长方形；心皮 4。蓇葖包在花萼及花冠内。种子小，有条纹。

分布 原产非洲。我国产于云南、广西、广东、福建、台湾、海南。目前三沙永兴岛有栽培，不常见，生长于庭园花坛、花盆。

价值 栽培作观赏用。全草入药，具有消肿、活血止痛、拔毒生肌的功效，外用于痈肿疮毒、乳痈、丹毒、中耳炎、痄腮、外伤出血、跌打损伤、骨折、烧伤、烫伤。

景天科 Crassulaceae | 费菜属 *Phedimus* Raf.

费菜 *Phedimus aizoon* (L.) 't Hart

别名 旱三七、土三七、三七景天、景天三七、养心草、四季还阳、长生景天、金不换、田三七

形态特征 多年生草本，高 20~50 厘米。有 1~3 条茎，直立，无毛，不分枝。叶互生，狭披针形、椭圆状披针形至卵状倒披针形，长 3.5~8 厘米，宽 1.2~2 厘米，先端渐尖，基部楔形，边缘有不整齐的锯齿；叶坚实，近革质。聚伞花序有多花，水平分枝，平展，下托以苞叶；萼片 5，线形，肉质，不等长，长 3~5 毫米，先端钝；花瓣 5，黄色，长圆形至椭圆状披针形，长 6~10 毫米，有短尖；雄蕊 10，较花瓣短；鳞片 5，近正方形，长 0.3 毫米；心皮 5，卵状长圆形，基部合生，腹面凸出，花柱长钻形。蓇葖星芒状排列，长 7 毫米。种子椭圆形，长约 1 毫米。

分布 俄罗斯、蒙古国、日本、朝鲜有分布。我国产于四川、湖北、江西、安徽、浙江、江苏、青海、宁夏、甘肃、内蒙古、宁夏、河南、山西、陕西、河北、山东、辽宁、吉林、黑龙江。目前三沙美济礁有栽培，少见，生长于菜地。

价值 作地面绿覆盖。全草入药，具活血、止血、宁心、利湿、消肿、解毒，用于跌打损伤、咳血、吐血、便血、心悸、痈肿。

石竹科 Caryophyllaceae | 荷莲豆草属 *Drymaria* Willd. ex Schult.

荷莲豆草 *Drymaria cordata* (L.) Willd. ex Schult.

别名 穿线蛇、水青草、青蛇子、有米菜

形态特征 一年生草本。茎匍匐，丛生，纤细，无毛，基部分枝，节常生不定根。叶片卵状心形，长1~1.5厘米，宽1~1.5厘米，顶端突尖，具3~5基出脉；叶柄短；托叶数片，小型，白色，刚毛状。聚伞花序顶生；苞片针状披针形，边缘膜质；花梗细弱，短于花萼，被白色腺毛；萼片披针状卵形，长2~3.5毫米，草质，边缘膜质，具3条脉，被腺柔毛；花瓣白色，倒卵状楔形，长约2.5毫米，稍短于萼片，顶端2深裂；雄蕊稍短于萼片，花丝基部渐宽，花药黄色，圆形；子房卵圆形；花柱3，基部合生。蒴果卵形，长2.5毫米，宽1.3毫米，3瓣裂。种子近圆形，长1.5毫米，宽1.3毫米，表面具小疣。

分布 热带亚洲、非洲、美洲有分布。我国产于浙江、福建、台湾、广东、海南、广西、贵州、四川、湖南、云南、西藏。目前三沙产于永兴岛、赵述岛，常见，生长于花坛、草地。

价值 全草入药，具有清热解毒、利尿通便、活血消肿、退翳的功效，用于急性肝炎、胃痛、疟疾、翼状胬肉、腹水、便秘;外用治骨折、疮痈、蛇咬伤。

粟米草科 Molluginaceae ｜ 星粟草属 *Glinus* L.

长梗星粟草 *Glinus oppositifolius* (L.) A. DC.

别名 簇花粟米草、假繁缕

形态特征 一年生草本，高 10~40 厘米。分枝多，铺散；被微柔毛或近无毛。叶 3~6 片假轮生或对生，叶片匙状倒披针形或椭圆形，长 1~2.5 厘米，宽 3~6 毫米，顶端钝或急尖，基部狭长，边缘中部以上有疏离小齿。花通常 2~7 朵簇生，绿白色、淡黄色或乳白色；花梗纤细，长 5~14 毫米；花被片 5，长圆形，长 3~4 毫米，3 脉，边缘膜质；雄蕊 3~5，花丝线形；花柱 3。蒴果椭圆形，稍短于宿存花被。种子栗褐色，近肾形，具多数颗粒状突起，假种皮较小，长约为种子的 1/5，围绕种柄稍膨大呈棒状；种阜线形，白色。

分布 热带亚洲、非洲及澳大利亚有分布。我国产于台湾和海南。目前三沙产于永兴岛、赵述岛、北岛、晋卿岛、甘泉岛、银屿、石岛、东岛，常见，生长于空旷沙地、草地。

价值 可作干旱沙地绿覆盖植物。

粟米草科 Molluginaceae | 粟米草属 *Mollugo* L.

无茎粟米草 *Mollugo nudicaulis* Lam.

别名 裸茎粟米草

形态特征 一年生草本。全株无毛。叶全部基生，叶片椭圆状匙形或倒卵状匙形，长1~5厘米，宽8~15毫米，顶端钝，基部渐狭；叶柄长，可达1厘米。二歧聚伞花序自基生叶丛中长出，扩展，花序梗和花梗细而坚硬；花黄白色；花被片5，长圆形，长2~3毫米，钝头；雄蕊3~5，花丝线形，基部不变宽；子房近圆球形，3室；花柱3，极短，外翻。蒴果近圆形或稍呈椭圆形，与宿存花被几等长。种子多数，栗黑色，近肾形，具多数颗粒状突起。

分布 热带非洲、南美洲、大洋洲的新喀里多尼亚，以及亚洲的阿富汗、印度、巴基斯坦、斯里兰卡有分布。我国产于海南、广东。目前三沙产于晋卿岛，少见，生长于空旷沙地。

价值 不详。

番杏科 Aizoaceae | 海马齿属 *Sesuvium* L.

海马齿 *Sesuvium portulacastrum* (L.) L.

形态特征 多年生肉质草本。茎平卧或匍匐，绿色或红色，有白色瘤状小点，多分枝，常节上生根，长 20~50 厘米。叶片厚，肉质，线状倒披针形或线形，长 1.5~5 厘米，顶端钝，中部以下渐狭成短柄状，基部变宽，边缘膜质，抱茎。花小，单生于叶腋；花梗长 5~15 毫米；花被长 6~8 毫米，筒长约 2 毫米，裂片 5，卵状披针形，外面绿色，里面红色，边缘膜质，顶端急尖；雄蕊 15~40，着生于花被筒顶部，花丝分离或近中部以下合生；子房卵圆形，无毛，花柱 3，稀 4 或 5。蒴果卵形，长不超过花被，中部以下环裂。种子小，亮黑色，卵形，顶端突起。

分布 广布全球热带、亚热带海岸。我国产于海南、广东、福建、台湾。目前三沙产于永兴岛、赵述岛、北岛、西沙洲、南岛、南沙洲、中岛、石岛、石屿、银屿、羚羊礁、鸭公岛、广金岛、甘泉岛、东岛，很常见，生长于海岸礁石、海边沙地、绿化带草地。

价值 可作为热带滨海、岛礁防风固沙、防浪固堤植物；海水养殖净化水体植物；滨海、岛礁沙地绿化美化植物。

番杏科 Aizoaceae | 假海马齿属 *Trianthema* L.

假海马齿 ***Trianthema portulacastrum*** **L.**

别名 沙漠似马齿苋

形态特征 一年生草本。茎匍匐或直立，近圆柱形或稍具棱，无毛或有细柔毛，常多分枝。叶片薄肉质，无毛，卵形、倒卵形或倒心形，大小变化较大，顶端钝，微凹、截形或微尖，基部楔形；叶柄长 0.4~3 厘米，基部膨大并具鞘；托叶长 2~2.5 毫米。花无梗，单生于叶腋；花被长 4~5 毫米，5 裂，通常淡粉红色，稀白色，花被筒和 1 或 2 个叶柄基部贴生，形成一漏斗状囊，裂片稍钝，在中肋顶端具短尖头；雄蕊 10~25，花丝白色，无毛；花柱 1，长约 3 毫米。蒴果顶端截形，2 裂，上部肉质，不开裂，基部壁薄。内含种子 2~9 粒；种子肾形，宽 1~2.5 毫米，暗黑色，表面具螺射状皱纹。

分布 全世界热带海滨地区均有分布。我国产于海南、广东、台湾。目前三沙产于永兴岛、赵述岛、晋卿岛、北岛、羚羊礁、美济礁、永暑礁、渚碧礁，常见，生长于空旷沙地。

价值 不详。

番杏科 Aizoaceae | 番杏属 *Tetragonia* L.

番杏 *Tetragonia tetragonioides* (Pall.) Kuntze

别名 新西兰菠菜、法国菠菜

形态特征 一年生肉质草本，高 40~60 厘米。全株无毛，表皮细胞内有针状结晶体，呈颗粒状突起。茎初直立，后平卧上升，淡绿色，基部分枝。叶片卵状菱形或卵状三角形，长 4~10 厘米，宽 2.5~5.5 厘米，边缘波状；叶柄肥粗，长 5~25 毫米。花单生或 2~3 朵簇生于叶腋；花梗长 2 毫米；花被筒长 2~3 毫米，裂片 3~5，常 4，内面黄绿色；雄蕊 4~13。坚果陀螺形，长约 5 毫米，具钝棱，有 4~5 角，附有宿存花被，具数粒种子。

分布 亚洲东部、大洋洲、南美洲、非洲有分布。我国山东、河北、福建、台湾、浙江、江苏、云南、海南等省有引种栽培。目前三沙美济礁有栽培，生长于菜地、干旱沙地。

价值 嫩茎叶作蔬菜食用。

马齿苋科 Portulacaceae | 马齿苋属 *Portulaca* L.

多毛马齿苋 *Portulaca pilosa* L.

别名 毛马齿苋

形态特征 一年生或多年生草本，高 5~20 厘米。茎密丛生，铺散，多分枝。叶互生，叶片近圆柱状线形或钻状狭披针形，长 1~2 厘米，宽 1~4 毫米，腋内有长疏柔毛，茎上部较密。花直径约 2 厘米，无梗，围以 6~9 片轮生叶，密生长柔毛；萼片长圆形，渐尖或急尖；花瓣 5，膜质，红紫色，宽倒卵形，顶端钝或微凹，基部合生；雄蕊 20~30，花丝洋红色，基部不连合；花柱短，柱头 3~6 裂。蒴果卵球形，蜡黄色，有光泽，盖裂。种子小，深褐黑色，有小瘤体。

分布 世界热带地区广布。我国产于福建、台湾、广东、海南、广西、云南。目前三沙永兴岛、赵述岛、晋卿岛、东岛、石岛、银屿、鸭公岛、羚羊礁、甘泉岛、西沙洲、北岛、美济礁、渚碧礁、永暑礁均有栽培，很常见，生长于空旷沙地、花坛。

价值 园林观赏植物，可用于岛礁沙地、花坛美化。作刀伤药，将叶捣烂贴伤处。

马齿苋科 Portulacaceae | 马齿苋属 *Portulaca* L.

大花马齿苋 *Portulaca grandiflora* Hook.

别名 太阳花、半支莲、松叶牡丹、龙须牡丹、金丝杜鹃、洋马齿

形态特征 一年生草本，高 10~30 厘米。茎平卧或斜升，紫红色，多分枝，节上丛生毛。叶密集枝端，较下的叶分开，不规则互生，叶片细圆柱形，有时微弯，长 1~2.5 厘米，直径 2~3 毫米，顶端圆钝，无毛；叶柄极短或近无柄，叶腋常生一撮白色长柔毛。花单生或数朵簇生于枝端，直径 2.5~4 厘米，日开夜闭；总苞 8~9 片，叶状，轮生，具白色长柔毛；萼片 2，淡黄绿色，卵状三角形，长 5~7 毫米，顶端急尖，多少具龙骨状突起，两面均无毛；花瓣 5 或重瓣，倒卵形，顶端微凹，长 12~30 毫米，红色、紫色或黄白色；雄蕊多数，长 5~8 毫米，花丝紫色，基部合生；花柱与雄蕊近等长，柱头 5~9 裂，线形。蒴果近椭圆形，盖裂。种子细小，多数，圆肾形，直径不及 1 毫米，铅灰色、灰褐色或灰黑色，有珍珠光泽，表面有小瘤状突起。

分布 原产巴西。我国各地均有栽培。目前三沙永兴岛、赵述岛、晋卿岛、美济礁、东岛、石岛、渚碧礁、永暑礁、北岛有栽培，常见，生长于庭园花坛、盆栽，偶见生长于空旷沙地。

价值 全草入药，具有散瘀止痛、清热、解毒消肿的功效，用于咽喉肿痛、烫伤、跌打损伤、疮疖肿毒。重要观赏植物。抗逆性强，可作为南海岛礁绿化美化地被植物之一。

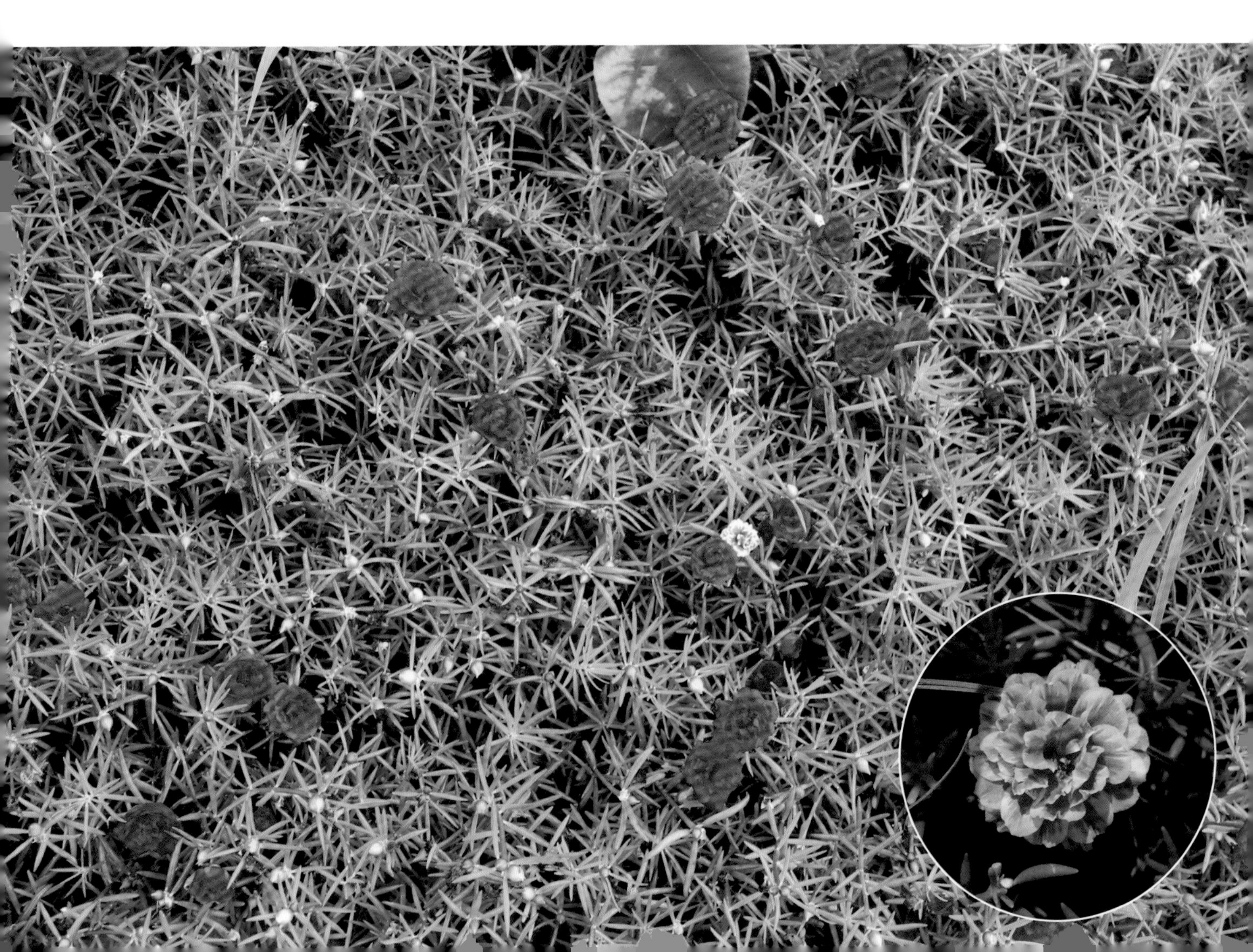

马齿苋科 Portulacaceae | 马齿苋属 *Portulaca* L.

沙生马齿苋 *Portulaca psammotropha* Hance

别名 海南马齿苋

形态特征 多年生、铺散草本，高 5~10 厘米。根肉质，粗 4~8 毫米。茎肉质，直径 1~1.5 毫米，基部分枝。叶互生，叶片扁平，稍肉质，倒卵形或线状匙形，长 5~10 毫米，宽 2~4 毫米，顶端钝，基部渐狭成一扁平、淡黄色的短柄，干时有白色小点，叶腋有长柔毛。花小，无梗，黄色或淡黄色，单个顶生，围以 4~6 片轮生叶；萼片 2，卵状三角形，长约 2.5 毫米，具纤细脉；花瓣椭圆形，与萼片等长；雄蕊 25~30；子房宽卵形，中部以上有一突起环纹，花柱顶部扩大呈漏斗状，5 裂。蒴果宽卵形，扁压，长 3.5~4 毫米，宽约 3 毫米，下半部灰色，上半部稻秆黄色，有光泽。种子多数，黑色，圆肾形。

分布 分布于海南。目前三沙产于石岛，少见，生于干旱沙地。

价值 岛礁防风固沙、绿化美化先锋植物。

马齿苋科 Portulacaceae ｜ 马齿苋属 *Portulaca* L.

马齿苋 *Portulaca oleracea* L.

别名 马苋、五行草、长命菜、五方草、瓜子菜、麻绳菜、马齿草、马苋菜、蚂蚱菜、马齿菜、瓜米菜、马蛇子菜、蚂蚁菜、猪母菜、瓠子菜、狮岳菜、酸菜、五行菜、猪肥菜

形态特征 一年生草本。全株无毛。茎平卧或斜倚，伏地铺散，多分枝，圆柱形，长10~15厘米，淡绿色或带暗红色。叶互生，有时近对生，叶片扁平，肥厚，倒卵形，似马齿状，长1~3厘米，宽0.6~1.5厘米，顶端圆钝或平截，有时微凹，基部楔形，全缘，上面暗绿色，下面淡绿色或带暗红色，中脉微隆起；叶柄粗短。花无梗，直径4~5毫米，常3~5朵簇生于枝端，午时盛开；苞片2~6，叶状，膜质，近轮生；萼片2，对生，绿色，盔形，左右压扁，长约4毫米，顶端急尖，背部具龙骨状突起，基部合生；花瓣5，稀4，黄色，倒卵形，长3~5毫米，顶端微凹，基部合生；雄蕊通常8，或更多，长约12毫米，花药黄色；子房无毛，花柱比雄蕊稍长，柱头4~6裂，线形。蒴果卵球形，长约5毫米，盖裂。种子细小，多数，偏斜球形，黑褐色，有光泽，直径不及1毫米，具小疣状突起。

分布 全球温带、热带地区广布。我国南北各地均产。目前三沙产于永兴岛、赵述岛、石岛、晋卿岛、甘泉岛、羚羊礁、银屿、东岛、西沙洲、北岛、美济礁、永暑礁、渚碧礁等岛礁，很常见，生长于空旷沙地、林缘、花坛、菜地。

价值 地上部分入药，具有清热解毒、凉血止血、止痢的功效，用于热毒血痢、痈肿疔疮、湿疹、丹毒、蛇虫咬伤、便血、痔血、崩漏下血。嫩茎叶可作蔬菜。

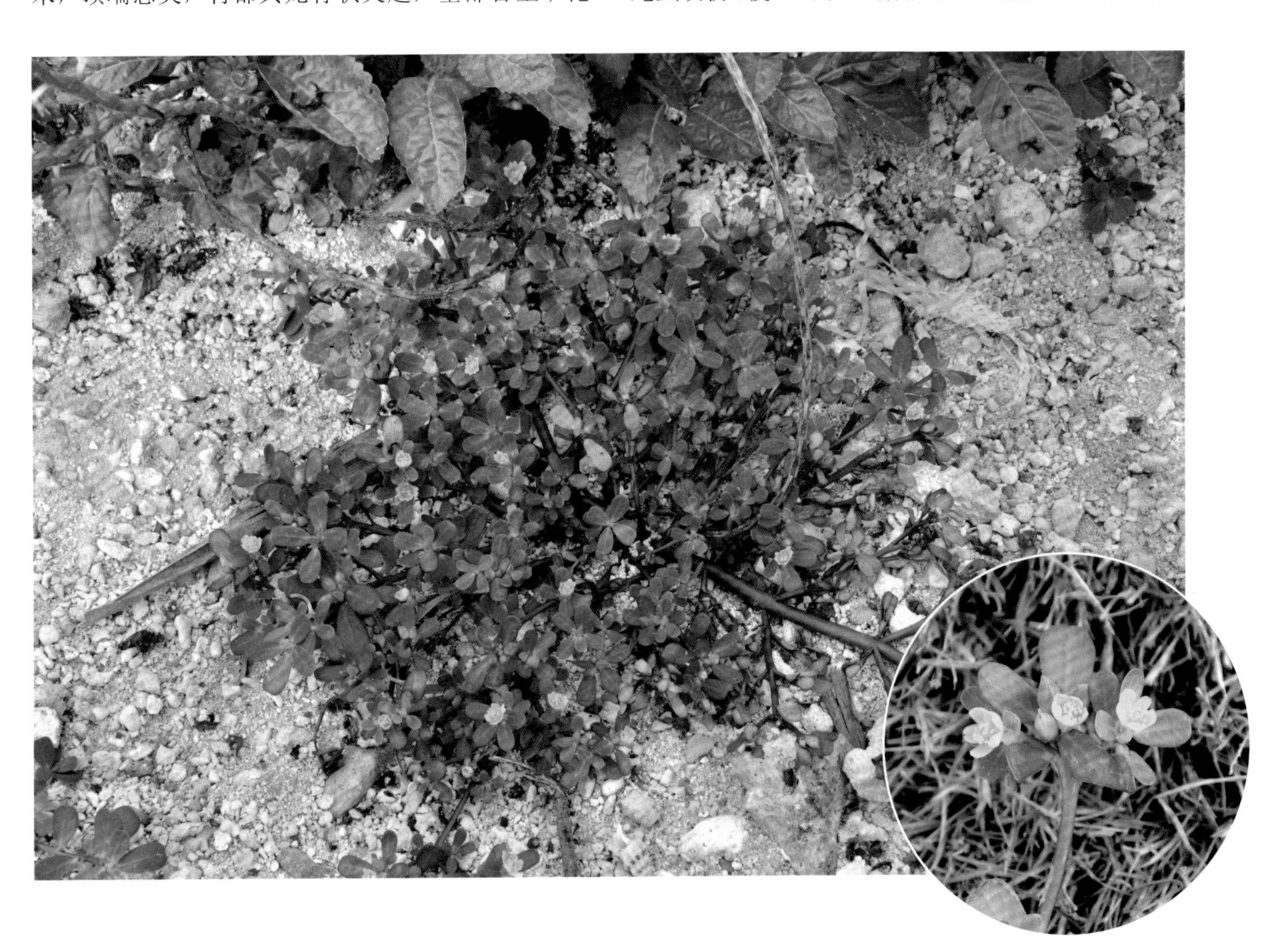

马齿苋科 Portulacaceae ｜ 马齿苋属 *Portulaca* L.

环翅马齿苋 *Portulaca umbraticola* Kunth

别名 阔叶半枝莲

形态特征 一年生草本，高 5~30 厘米。茎密丛生，铺散，多分枝；茎肉质。叶片肉质，椭圆至倒卵形，绿色，叶缘可泛红褐色。花单生于枝顶，直径 1.5~3 厘米，无梗，围以 6~9 片轮生叶；花瓣 5，长 1.5~3 厘米，膜质，宽倒卵形，顶端钝或微凹，基部合生，花色有白、红、粉红、桃红、橘黄、黄色等，花型有单瓣、重瓣、半重瓣；雄蕊 7~30，花丝洋红色，基部不连合；花柱短，柱头 3~18 裂。蒴果卵球形，蜡黄色，有光泽，盖裂。种子小，深褐黑色，种皮具星状长结节。

分布 原产美洲。我国各省有栽培。目前三沙永暑礁、美济礁和永兴岛有栽培，少见，生长于庭园花盆。

价值 作为园林观赏、绿化美化植物。

马齿苋科 Portulacaceae | 土人参属 *Talinum* Adans.

土人参 *Talinum paniculatum* (Jacq.) Gaertn.

别名 栌兰、假人参、参草、土高丽参、红参、紫人参、煮饭花、力参、波世兰、土洋参、福参、申时花

形态特征 一年生或多年生草本，高可达 1 米。全株无毛。主根粗壮，圆锥形，有少数分枝，皮黑褐色，断面乳白色。茎直立，肉质，基部近木质，多少分枝，圆柱形，有时具槽。叶互生或近对生，短柄或近无柄；叶片稍肉质，倒卵形或倒卵状长椭圆形，长 5~10 厘米，宽 2.5~5 厘米，顶端急尖，有时微凹，短尖头，基部狭楔形，全缘。圆锥花序顶生或腋生，较大型，常二叉分枝，具长花序梗；花小，直径约 6 毫米；总苞片绿色或近红色，圆形，顶端圆钝，长 3~4 毫米；苞片 2，膜质，披针形，顶端急尖，长约 1 毫米；花梗长 5~10 毫米；萼片卵形，紫红色，早落；花瓣粉红色或淡紫红色，长椭圆形、倒卵形或椭圆形，长 6~12 毫米，顶端圆钝，稀微凹；雄蕊 10~20，比花瓣短；花柱线形，长约 2 毫米，基部具关节；柱头 3 裂，稍开展；子房卵球形，长约 2 毫米。蒴果近球形，直径约 4 毫米，3 瓣裂，坚纸质。种子多数，扁圆形，直径约 1 毫米，黑褐色或黑色，有光泽。

分布 原产热带美洲。我国主要产于长江以南。目前三沙永兴岛、赵述岛、晋卿岛、美济礁有栽培，不常见，生长于菜地、庭园花盆，偶见逸生于林缘、沙地。

价值 可作插花材料。嫩茎叶作为蔬菜；根可凉拌，宜与肉类炖汤，药膳两用。根入药，具有健脾润肺、止咳、调经的功效，用于脾虚劳倦、泄泻、肺痨咳痰带血、眩晕潮热、盗汗自汗、月经不调、带下。

马齿苋科 Portulacaceae | 土人参属 *Talinum* Adans.

棱轴土人参 *Talinum fruticosum* (L.) Juss.

别名 棱轴假人参、人参菜、菲菠菜

形态特征 植株与土人参相近，株高 30~60cm。叶互生，倒披针状长椭圆形，全缘。圆锥花序顶生；花茎 3 棱；小花 5 瓣，花冠紫红色，花色娇艳。

分布 原产美洲热带等地。我国南方各省少量栽培。目前三沙美济礁有栽培，少见，生长于菜地。

价值 与土人参相似。

商陆科 Phytolaccaceae | 商陆属 *Phytolacca* L.

垂序商陆 *Phytolacca americana* L.

别名 洋商陆、美国商陆、美洲商陆、美商陆、见肿消、红籽

形态特征 多年生草本，高可达 2 米。茎直立，圆柱形，有时带紫红色。叶片椭圆状卵形或卵状披针形，长 9~18 厘米，宽 5~10 厘米，顶端急尖，基部楔形；叶柄长 1~4 厘米。总状花序顶生或与叶对生，长 5~20 厘米，花较稀少；花梗长 6~8 毫米；花白色，微带红晕，直径约 6 毫米；花被片 5，雄蕊、心皮及花柱通常均为 10，心皮合生。果序下垂；浆果扁球形，熟时紫黑色。种子肾圆形，直径约 3 毫米。

分布 原产北美。我国河北、陕西、山东、江苏、浙江、江西、福建、河南、湖北、广东、四川、云南等省有栽培。目前三沙产于永兴岛，少见，生长于景观带花坛。

价值 根入药，具有祛痰、平喘、镇咳、抗菌、抗炎、利尿的功效，用于水肿、胀满、脚气、喉痹、痈肿、恶疮。注：现已列入我国外来入侵物种编目，岛礁要注意防控。

藜科 Chenopodiaceae | 藜属 *Chenopodium* L.

小藜 *Chenopodium ficifolium* Sm.

别名 苦落藜、灰菜

形态特征 一年生草本，高20~50厘米。茎直立，具条棱及绿色条纹。叶片卵状矩圆形，长2.5~5厘米，宽1~3.5厘米，通常三浅裂；中裂片两边近平行，先端钝或急尖并具短尖头，边缘具深波状锯齿；侧裂片位于中部以下，通常各具2浅裂齿。花两性，数个团集，排列于上部的枝上形成较开展的顶生圆锥状花序；花被近球形，5深裂，裂片宽卵形，不开展，背面具微纵隆脊并有密粉；雄蕊5，开花时外伸；柱头2，丝形。胞果包在花被内，果皮与种子贴生。种子双凸镜状，黑色，有光泽，直径约1毫米，边缘微钝，表面具六角形细洼。

分布 亚洲、欧洲、北美洲有分布。我国各地广布。目前三沙产于美济礁，少见，生长于空旷沙地。

价值 抗逆性强，可作为南海岛礁绿化、防风固沙先锋植物，但容易蔓延产生危害，因此要利用、防控相结合。

苋科 Amaranthaceae | 牛膝属 *Achyranthes* L.

土牛膝 *Achyranthes aspera* L.

别名 倒钩草、倒梗草

形态特征 多年生草本，高 20~120 厘米。茎四棱形，有柔毛；节部稍膨大；分枝对生。叶片纸质，宽卵状倒卵形或椭圆状矩圆形，长 1.5~7 厘米，宽 0.4~4 厘米，顶端圆钝，具突尖，基部楔形或圆形，全缘或波状缘，两面密生柔毛；叶柄长 5~15 毫米，密生柔毛或近无毛。穗状花序顶生，直立，长 10~30 厘米，花期后反折；总花梗具棱角，粗壮，坚硬，密生白色伏贴或开展柔毛；花长 3~4 毫米，疏生；苞片披针形，小苞片刺状，坚硬，光亮，常带紫色，基部两侧各有 1 个薄膜质翅；花被片披针形，长渐尖，具 1 脉；雄蕊长 2.5~3.5 毫米；退化雄蕊顶端截状或细圆齿状。胞果卵形，长 2.5~3 毫米。种子卵形，不扁压，长约 2 毫米，棕色。

分布 亚洲、非洲、欧洲广布。我国产于湖南、江西、浙江、湖北、福建、台湾、广东、广西、四川、云南、贵州、海南。目前三沙产于永兴岛、赵述岛、北岛、西沙洲、甘泉岛、晋卿岛、东岛、美济礁、永暑礁、渚碧礁，常见，生长于空旷沙地、草地、林缘。

价值 根茎入药，具有活血祛瘀、泻火解毒、利尿通淋的功效，用于闭经、跌打损伤、风湿关节痛、痢疾、白喉、咽喉肿痛、疮痈、淋证、水肿等。

苋科 Amaranthaceae | 牛膝属 *Achyranthes* L.

钝叶土牛膝 *Achyranthes aspera* var. *indica* L.

别名 倒挂刺、牛磕膝、粗毛牛膝、倒梗草、钩草、倒扣草

形态特征 与土牛膝相似，主要区别是茎密生白色或黄色长柔毛。叶片倒卵形，长 1.5~6.5 厘米，宽 2~4 厘米，顶端圆钝，常有突尖，基部宽楔形，边缘波状，两面密生柔毛。

分布 印度、斯里兰卡有分布。我国产于广东、四川、台湾、云南、海南。目前三沙产于永兴岛、美济礁，少见，生长于草地。

价值 根入药，具有活血祛瘀、利尿祛湿的功效，用于尿血、经闭、症瘕、跌打损伤、痹证、脚气、水肿。

苋科 Amaranthaceae | 莲子草属 *Alternanthera* Forssk.

锦绣苋 *Alternanthera bettzickiana* (Regel) G. Nicholson

别名 五色草、红草、红节节草、红莲子草

形态特征 多年生草本，高20~50厘米。茎直立或基部匍匐，多分枝，上部四棱形，下部圆柱形，两侧各有1纵沟，在顶端及节部有贴生柔毛。叶片矩圆形、矩圆倒卵形或匙形，长1~6厘米，宽0.5~2厘米，顶端急尖或圆钝，有突尖，基部渐狭，边缘皱波状，绿色或红色，杂以红色或黄色斑纹；叶柄长1~4厘米。头状花序顶生或腋生，2~5个丛生，无总花梗；苞片及小苞片卵状披针形，顶端渐尖，无毛或脊部有长柔毛；花被片卵状矩圆形，白色，外面2片长3~4毫米，凹形，中间1片较短，稍凹或近扁平，内面2片极凹，稍短且较窄；雄蕊5，花丝长1~2毫米，花药条形，其中1或2个较短且不育；退化雄蕊带状；子房无毛，花柱长约0.5毫米。

分布 原产巴西。我国各地有栽培。目前三沙永兴岛、赵述岛有栽培，常见，生长于花坛、菜地。

价值 本种叶片颜色多样，可作花坛布景，排成各种图案；也可作为花坛、阳台、窗台的观赏植物。全草入药，具有清热解毒、凉血止血、消积逐瘀、清肝明目的功效，用于结膜炎、便血、痢疾。嫩茎叶可作蔬菜。

苋科 Amaranthaceae | 莲子草属 *Alternanthera* Forssk.

红龙草 *Alternanthera dentata* (Moech) Stuchl. cv. *Rubiginosa*

别名 紫杯苋、大叶红草

形态特征 多年生草本，高 15~20 厘米。叶对生，叶色紫红至紫黑色。头状花序密聚成粉色小球，无花瓣。

分布 原产南美洲，世界热带、亚热带地区广泛栽培。我国华南各地有栽培。目前三沙永兴岛、赵述岛、美济礁有栽培，常见，生长于景观带花坛。

价值 花台、庭园的重要景观植物之一。

苋科 Amaranthaceae ｜ 莲子草属 *Alternanthera* Forssk.

喜旱莲子草 *Alternanthera philoxeroides* (Mart.) Griseb.

别名 空心莲子草、空心苋、水蕹菜

形态特征 多年生草本。茎基部匍匐，上部上升，管状，不明显4棱；具分枝，幼茎及叶腋有白色或锈色柔毛，茎老时无毛，仅在两侧纵沟内保留。叶片矩圆形、矩圆状倒卵形或倒卵状披针形，长2.5~5厘米，宽7~20毫米，顶端急尖或圆钝，具短尖，基部渐狭，全缘，叶背有颗粒状突起；叶柄长3~10毫米。花密生，呈具总花梗的头状花序，单生于叶腋，球形；苞片及小苞片白色，顶端渐尖，具1脉；苞片卵形，小苞片披针形；花被片矩圆形，长5~6毫米，白色，光亮，无毛，顶端急尖，背部侧扁；雄蕊花丝长2.5~3毫米，基部连合成杯状；退化雄蕊矩圆状条形，与雄蕊约等长，顶端裂成窄条；子房倒卵形，具短柄，背面侧扁，顶端圆形。

分布 原产南美洲。我国产于海南、广西、江苏、浙江、江西、湖南、福建、湖北、台湾、四川、北京。目前三沙产于永兴岛、赵述岛，常见，生长于草地、菜地周围。

价值 全草入药，具有清热凉血、解毒、利尿的功效，用于咳血、尿血、感冒发热、麻疹、乙型脑炎、淋浊、湿疹、痈肿疖疮、毒蛇咬伤。可作饲料、肥料和沼气原料等。注：本种为外来入侵种，注意防控。

苋科 Amaranthaceae | 莲子草属 *Alternanthera* Forssk.

线叶虾钳菜 *Alternanthera nodiflora* R. Br.

别名 线叶莲子草

形态特征 一年生草本。茎细长；节间两侧具1行柔毛；节上具白色毛。叶对生，线形或线状长圆形，具1中脉。头状花序1~3个腋生，近球形，白色；花序轴无毛；无总花梗；苞片无毛；小苞片披针形，无毛，白色；萼片5，具中脉，白色，无毛；雄蕊3；退化雄蕊钻形；子房无毛。胞果倒心形，近扁平。种子暗褐色。

分布 分布于全球亚热带地区。我国产于海南、广东、香港、台湾、福建。目前三沙产于永兴岛，很少见，生长于绿化带草地。

价值 不详。

苋科 Amaranthaceae | 莲子草属 *Alternanthera* Forssk.

莲子草 *Alternanthera sessilis* (L.) DC.

别名 满天星、虾钳菜、节节花、白花仔、水牛膝

形态特征 多年生草本。茎上升或匍匐，绿色或稍带紫色，有条纹及纵沟，沟内有柔毛，在节处有1行横生柔毛。叶片条状披针形、矩圆形、倒卵形或卵状矩圆形，长1~8厘米，宽2~20毫米，顶端急尖、圆形或圆钝，基部渐狭，全缘或有不明显锯齿，两面无毛或疏生柔毛；叶柄长1~4毫米。头状花序1~4个，腋生，无总花梗，初为球形，后渐呈圆柱形，直径3~6毫米；花密生，花轴密生白色柔毛；苞片及小苞片白色，顶端短渐尖，无毛；苞片卵状披针形，苞片钻形；花被片卵形，白色，顶端渐尖或急尖，无毛，具1脉；雄蕊3，花丝基部连合成杯状，花药矩圆形；退化雄蕊三角状钻形，比正常雄蕊短；花柱极短。胞果倒心形，侧扁，翅状，深棕色，包在宿存花被片内。种子卵球形。

分布 印度、缅甸、不丹、尼泊尔、越南、马来西亚、菲律宾等地有分布。我国产于长江以南各地。目前三沙产于永兴岛、赵述岛、晋卿岛、美济礁、渚碧礁、永暑礁，常见，生长于草地、菜地周边。

价值 全草入药，具有清热凉血、利湿消肿、拔毒止痒的功效，用于痢疾、鼻衄、咯血、便血、尿道炎、咽炎、乳腺炎、小便不利；外用于疮疖肿毒、湿疹、皮炎、体癣、毒蛇咬伤。嫩茎叶作为野菜。本种可作饲料。

苋科 Amaranthaceae | 苋属 *Amaranthus* L.

苋 *Amaranthus tricolor* L.

别名 雁来红、老少年、老来少、三色苋、苋菜

形态特征 一年生草本，高可达 150 厘米。茎粗壮，常分枝。叶片卵形、菱状卵形或披针形，长 4~10 厘米，宽 2~7 厘米，绿色、红色、紫色、黄色，或部分绿色加杂其他颜色，顶端圆钝或尖凹，具突尖，基部楔形，全缘或波状缘，无毛；叶柄长 2~6 厘米。花簇腋生，直到下部叶，或同时具顶生花簇，成下垂的穗状花序；花簇球形，雄花和雌花混生；苞片及小苞片卵状披针形，长 2.5~3 毫米，透明，顶端有 1 长芒尖；花被片矩圆形，长 3~4 毫米，绿色或黄绿色，顶端有 1 长芒尖；雄蕊比花被片长或短。胞果卵状矩圆形，长 2~2.5 毫米，环状横裂，包裹在宿存花被片内。种子近圆形或倒卵形，直径约 1 毫米，黑色或黑棕色，边缘钝。

分布 原产热带亚洲。我国各地均有分布。目前三沙产于永兴岛、赵述岛、北岛、甘泉岛、晋卿岛、东岛、美济礁、永暑礁、渚碧礁，常见，生长于菜地。

价值 种子、茎叶入药，具有清肝明目、通利二便、清热解毒的功效，用于盲翳障、视物昏暗、白浊血尿、二便不利、痢疾、蛇虫蜇伤、疮毒。嫩茎叶可作为蔬菜食用。

苋科 Amaranthaceae | 苋属 *Amaranthus* L.

凹头苋 *Amaranthus blitum* L.

别名 野苋、人情菜

形态特征 一年生草本，高10~30厘米。全体无毛。茎伏卧而上升，从基部分枝，淡绿色或紫红色。叶片卵形或菱状卵形，长1.5~4.5厘米，宽1~3厘米，顶端凹缺，有1芒尖，或微小不显，基部宽楔形，全缘或稍呈波状；叶柄长1~3.5厘米。花成腋生花簇，直至下部叶腋，生在茎端和枝端者成直立穗状花序或圆锥花序；苞片及小苞片矩圆形，长不及1毫米；花被片矩圆形或披针形，长1.2~1.5毫米，淡绿色，顶端急尖，边缘内曲，背部有1隆起中脉；雄蕊比花被片稍短；柱头3或2，果熟时脱落。胞果扁卵形，长3毫米，不裂，微皱缩而近平滑，超出宿存花被片。种子环形，直径约12毫米，黑色至黑褐色，边缘具环状边。

分布 亚洲东南部、欧洲、非洲北部及南美洲有分布。我国各地广布。目前三沙产于永兴岛、赵述岛、晋卿岛、甘泉岛、北岛、美济礁，常见，生长于菜地、空旷沙地、路边、花坛、草地。

价值 优质牧草。种子入药，具有明目、利大小便、祛寒热等功效，用于跌打损伤、骨折肿痛、恶疮肿毒等症；鲜根有清热解毒作用。抗逆性强，可用于盐碱地的修复和绿化。

苋科 Amaranthaceae | 苋属 *Amaranthus* L.

皱果苋 *Amaranthus viridis* L.

别名 绿苋、野苋

形态特征 一年生草本，高40~80厘米。全体无毛。茎直立，有不明显棱角，稍有分枝，绿色或带紫色。叶片卵形、卵状矩圆形或卵状椭圆形，长3~9厘米，宽2.5~6厘米，顶端尖凹或凹缺，少数圆钝，有1芒尖，基部宽楔形或近截形，全缘或微呈波状缘；叶柄长3~6厘米，绿色或带紫红色。圆锥花序顶生，有分枝，由穗状花序形成，圆柱形，细长，直立；总花梗长2~2.5厘米；苞片及小苞片披针形，顶端具突尖；花被片矩圆形或宽倒披针形，内曲，顶端急尖，背部有1绿色隆起中脉；雄蕊比花被片短；柱头3或2。胞果扁球形，直径约2毫米，绿色，不裂，极皱缩，超出花被片。种子近球形，直径约1毫米，黑色或黑褐色，具薄且锐的环状边缘。

分布 亚热带、热带地区均有分布。我国产于除西藏和西北外的大部分地区。目前三沙产于永兴岛、赵述岛、晋卿岛、甘泉岛、北岛、羚羊礁、银屿、西沙洲、美济礁、渚碧礁、永暑礁，常见，生长于菜地、空旷沙地、路边、花坛、草地。

价值 幼苗和嫩茎叶作蔬菜，也是优质饲草。全草入药，具有清热解毒、利尿止痛的功效。

苋科 Amaranthaceae | 苋属 *Amaranthus* L.

刺苋 ***Amaranthus spinosus* L.**

形态特征　一年生草本，高可达 100 厘米。茎直立，圆柱形或钝棱形；多分枝，有纵条纹，绿色或带紫色，无毛或稍有柔毛。叶片菱状卵形或卵状披针形，长 3~12 厘米，宽 1~5.5 厘米，顶端圆钝，具微凸头，基部楔形，全缘，无毛或幼时沿叶脉稍有柔毛；叶柄长 1~8 厘米，无毛，在其旁有 2 刺。圆锥花序腋生及顶生，下部顶生花穗常全部为雄花；苞片在腋生花簇及顶生花穗的基部者变成尖锐直刺，在顶生花穗的上部者狭披针形，顶端急尖，具突尖，中脉绿色；小苞片狭披针形；花被片绿色，顶端急尖，具突尖，边缘透明，中脉绿色或带紫色，在雄花者矩圆形，长 2~2.5 毫米，在雌花者矩圆状匙形，长 1.5 毫米；雄蕊花丝略与花被片等长或较短；柱头 3，有时 2。胞果矩圆形，长 1~1.2 毫米，在中部以下不规则横裂，包裹在宿存花被片内。种子近球形，直径约 1 毫米，黑色或带棕黑色。

分布　东南亚、美洲有分布。我国产于华南、华中、西南。目前三沙产于美济礁，少见，生长于空旷沙地、草地。

价值　嫩茎叶可作野菜食用。全草入药，具有清热解毒、散血消肿的功效。注：本种已被列入中国第二批外来入侵物种名单，岛礁要注意防控。

苋科 Amaranthaceae | 青葙属 *Celosia* L.

青葙 *Celosia argentea* L.

别名 百日红、狗尾草、鸡冠苋

形态特征 一年生草本，高达1米。全体无毛。茎直立，有分枝，绿色或红色，具明显条纹。叶片矩圆披针形、披针形或披针状条形，少数卵状矩圆形，长5~8厘米，宽1~3厘米，绿色常带红色，顶端急尖或渐尖，具小芒尖，基部渐狭；叶柄长2~15毫米，或无叶柄。花多数，密生，在茎端或枝端成单一、无分枝的塔状或圆柱状穗状花序；苞片及小苞片披针形，白色，光亮，顶端渐尖，延长成细芒；花被片矩圆状披针形，长6~10毫米，初为白色顶端带红色，或全部粉红色，后呈白色，顶端渐尖，具1中脉，在背面突起；花丝长5~6毫米，花药紫色；子房有短柄，花柱紫色。胞果卵形，长3~3.5毫米，包裹在宿存花被片内。种子凸透镜状肾形，直径约1.5毫米。

分布 不丹、柬埔寨、日本、韩国、印度、老挝、马来西亚、缅甸、尼泊尔、菲律宾、俄罗斯、泰国、越南及热带非洲国家有分布。我国各地均产。目前三沙产于永兴岛、赵述岛、晋卿岛、甘泉岛、北岛、羚羊礁、银屿、西沙洲、美济礁、渚碧礁、永暑礁，常见，生长于空旷沙地、路边。

价值 种子入药，具有清肝明目、降压的功效，用于目赤肿痛、障翳、高血压、鼻衄、皮肤风热瘙痒、疥癞；花入药，具有清肝凉血、明目退翳的功效，用于吐血、头风、目赤、血淋、月经不调、带下；茎叶及根入药，具有燥湿清热、止血、杀虫的功效，用于风热身痒、疮疥、痔疮、外伤出血、目赤肿痛、角膜炎、眩晕、皮肤风热瘙痒。嫩茎叶可作蔬菜食用，也可作饲料。

苋科 Amaranthaceae | 藤棉苋属 *Hebanthe* Mart.

南美苋 *Hebanthe eriantha* (Poir.) Pedersen

别名 巴西人参、巴西仙草、巴西肺宝、苏马、珐菲亚

形态特征 多年生草本，高150~200厘米。根通常3~5条，圆柱形，呈黄色。茎秆中空并由若干节组成，节结处呈膝状膨大；侧枝对生。单叶长卵形，对生，无托叶。小花密集簇生于茎的顶端，穗状花序，呈辐射对称。果黄褐色，瘦小。种子分批成熟，易脱落。

分布 原产南美，分布于巴西、阿根廷、巴拉圭。我国有引种栽培。目前三沙美济礁有栽培，少见，生长于菜地。

价值 根入药，具有壮阳、镇静、抗肿瘤，以及治疗溃疡、风湿性关节炎和降血糖的功效。全草提取物用于制作化妆品。

落葵科 Basellaceae | 落葵属 *Basella* L.

落葵 *Basella alba* L.

别名 木耳菜、藤芭菜、胭脂菜、紫葵、豆腐菜、潺菜

形态特征 一年生缠绕草本。茎长可达数米，无毛，肉质，绿色或略带紫红色。叶片卵形或近圆形，长3~9厘米，宽2~8厘米，顶端渐尖，基部微心形或圆形，下延成柄，全缘，背面叶脉微突起；叶柄长1~3厘米，上有凹槽。穗状花序腋生，长3~20厘米；苞片极小，早落；小苞片2，萼状，长圆形，宿存；花被片淡红色或淡紫色，卵状长圆形，全缘，顶端钝圆，内褶，下部白色，连合成筒；雄蕊着生于花被筒口，花丝短，基部扁宽，白色，花药淡黄色；柱头椭圆形。果实球形，直径5~6毫米，红色至深红色或黑色，多汁液，外包宿存小苞片及花被。

分布 原产亚洲热带地区。我国各地均有栽培。目前三沙产于永兴岛、赵述岛、晋卿岛、甘泉岛、北岛、银屿、美济礁、渚碧礁、永暑礁，常见，生长于菜地，有的逸生于花坛、房前屋后。

价值 蔬菜品种之一。全草入药，具有清热、滑肠、凉血、解毒的功效，用于大便秘结、小便短涩、痢疾、便血、斑疹、疔疮；花汁具有清血解毒的功效，用于解痘毒，外敷治痈毒及乳头破裂。果汁可作无害的食品着色剂。

蒺藜科 Zygophyllaceae | 蒺藜属 *Tribulus* L.

大花蒺藜 *Tribulus cistoides* L.

形态特征 多年生草本。枝平卧地面或上升，长30~60 厘米或更长，密被柔毛；老枝有节，具纵裂沟槽。托叶对生，长 2.5~4.5 厘米；小叶 4~7 对，近无柄，矩圆形或倒卵状矩圆形，长 6~15 毫米，宽3~6 毫米，先端圆钝或锐尖，基部偏斜，表面疏被柔毛，背面密被长柔毛。花单生于叶腋，黄色，直径约 3 厘米；花梗与叶近等长；萼片披针形，长约8 毫米，表面被长柔毛；花瓣倒卵状矩圆形，长约20 毫米；子房被淡黄色硬毛。果径约 1 厘米，分果瓣长 8~12 毫米，有小瘤体和锐刺 2~4 枚。

分布 世界热带地区。我国产于广东、海南、云南。目前三沙产于永兴岛、石岛、晋卿岛、西沙洲，常见，生长于空旷沙地、草地。

价值 果实入药，具有清肝明目、解毒疗疮的功效，用于肝火所致的目赤肿痛、巅顶头痛、皮肤疮疖痈肿、红肿热痛。

酢浆草科 Oxalidaceae | 酢浆草属 *Oxalis* L.

酢浆草 *Oxalis corniculata* L.

别名 酸味草、鸠酸、酸醋酱

形态特征 草本，高 10~35 厘米。全株被柔毛。茎细弱，多分枝，直立或匍匐，匍匐茎节上生根。叶基生或茎上互生；托叶小，长圆形或卵形，边缘被密长柔毛，基部与叶柄合生，或同一植株下部托叶明显而上部托叶不明显；叶柄长 1~13 厘米，基部具关节；小叶 3，无柄，倒心形，长 4~16 毫米，宽 4~22 毫米，先端凹入，基部宽楔形。花单生或数朵集为伞形花序状，腋生，总花梗淡红色；花梗长 4~15 毫米；小苞片 2，披针形，膜质；萼片 5，披针形或长圆状披针形，长 3~5 毫米，背面和边缘被柔毛，宿存；花瓣 5，黄色，长圆状倒卵形，长 6~8 毫米，宽 4~5 毫米；雄蕊 10，花丝白色半透明，有时被疏短柔毛，基部合生，长、短互间，长者花药较大且早熟；子房长圆形，5 室，被短伏毛，花柱 5，柱头头状。蒴果长圆柱形，长 1~2.5 厘米，5 棱。种子长卵形，长 1~1.5 毫米，褐色或红棕色，具横向肋状网纹。

分布 全世界热带至温带地区均有分布。我国产于大部分省份。目前三沙产于永兴岛、赵述岛、晋卿岛、甘泉岛、北岛、美济礁、渚碧礁、永暑礁，常见，生长于菜地、草地、花坛、花盆。

价值 全草入药，具有清热利湿、凉血散瘀、解毒消肿的功效，用于湿热泄泻、痢疾、黄疸、淋证、带下、吐血、衄血、尿血、月经不调、跌打损伤、咽喉肿痛、痈肿疔疮、丹毒、湿疹、疥癣、痔疮、麻疹、火烫伤、蛇虫咬伤。茎叶含草酸，可用于磨镜或擦铜器。注：牛羊食其过多可中毒致死。

酢浆草科 Oxalidaceae | 阳桃属 *Averrhoa* L.

阳桃 *Averrhoa carambola* L.

别名 洋桃、五稔、五棱果、五敛子、杨桃

形态特征 乔木，高可达12米。分枝甚多；树皮暗灰色，内皮淡黄色。奇数羽状复叶，互生，全缘，卵形或椭圆形。花小，微香，数朵至多朵组成聚伞花序或圆锥花序，自叶腋出或着生于枝干上，花枝和花蕾深红色。浆果肉质，下垂。种子黑褐色。

分布 原产于马来西亚。我国广东、广西、福建、台湾、云南、海南有栽培。目前三沙美济礁、永兴岛有栽培，少见，生长于绿化带。

价值 木材用于小农具。果为热带水果。根具有涩精、止血、止痛的功效，用于遗精、鼻衄、慢性头痛、关节疼痛；枝、叶具有祛风利湿、消肿止痛的功效，用于风热感冒、急性胃肠炎、小便不利、产后浮肿、跌打肿痛、痈疽肿毒；花具有清热功效，用于寒热往来；果具有生津止咳的功效，用于风热咳嗽、咽喉痛、疟母。

千屈菜科 Lythraceae | 萼距花属 *Cuphea* P. Browne

细叶萼距花 *Cuphea hyssopifolia* Kunth

别名 紫花满天星

形态特征 灌木，高 20~50 厘米。多分枝。叶小，对生或近对生，纸质，狭长圆形至披针形，顶端稍钝或略尖，基部钝，稍不等侧，全缘。单花生于叶腋；紫色或紫红色；花瓣 6。蒴果近长圆形。

分布 原产墨西哥。我国华南各地有栽培。目前三沙永兴岛、赵述岛、晋卿岛、甘泉岛、美济礁有栽培，常见，生长于花坛。

价值 广泛应用于园林绿化植物，适宜作地被植物，种植于花坛、林下、林缘用于点缀。

千屈菜科 Lythraceae | 紫薇属 *Lagerstroemia* L.

紫薇 *Lagerstroemia indica* L.

别名 痒痒花、痒痒树、紫金花、紫兰花、蚊子花、西洋水杨梅、百日红、无皮树

形态特征 落叶灌木或小乔木，高可达 7 米。树皮平滑，灰色或灰褐色；枝干多扭曲，小枝纤细，具 4 棱，略呈翅状。叶互生或有时对生，纸质，椭圆形、阔矩圆形或倒卵形，长 2.5~7 厘米，宽 1.5~4 厘米，顶端短尖或钝形，有时微凹，基部阔楔形或近圆形，无毛或下面沿中脉有微柔毛；侧脉 3~7 对，小脉不明显；无柄或叶柄很短。花淡红色或紫色、白色，直径 3~4 厘米，常组成 7~20 厘米的顶生圆锥花序；花梗长 3~15 毫米，中轴及花梗均被柔毛；花萼长 7~10 毫米，外面平滑无棱，但鲜时萼筒有微突起短棱，两面无毛，裂片 6，三角形，直立，无附属体；花瓣 6，皱缩，长 12~20 毫米，具长爪；雄蕊 36~42，外面 6 枚着生于花萼上，比其余的长得多；子房 3~6 室，无毛。蒴果椭圆状球形或阔椭圆形，长 1~1.3 厘米，幼时绿色至黄色，成熟时或干燥时呈紫黑色，室背开裂；种子有翅，长约 8 毫米。

分布 原产亚洲，现广植于热带、亚热带地区。我国西南、中部、东部和北部有分布。目前三沙永兴岛、美济礁有栽培，少见，生长于庭园、绿化带。

价值 庭园观赏植物；盆景材料。木材可做农具、家具、建筑材料等。树皮、叶、花、根入药，具有清热解毒、利湿祛风、散瘀止血的功效，用于无名肿毒、丹毒、乳痈、咽喉肿痛、肝炎、疥癣、鹤膝风、跌打损伤、内外伤出血、崩漏带下。

千屈菜科 Lythraceae | 紫薇属 *Lagerstroemia* L.

大花紫薇 *Lagerstroemia speciosa* (L.) Pers.

别名 大叶紫薇、百日红、巴拿巴、五里香、红薇花、百日红、佛泪花

形态特征 落叶乔木，高7~25m。树皮灰色，平滑。枝圆柱形，无毛。叶互生或近对生；叶柄长8~10mm，粗壮；叶片革质，椭圆形或卵状椭圆形，稀披针形，长10~25cm，宽6~12cm，先端钝形或短尖，基部阔楔形至圆形，两面均无毛；侧脉7~17对，在叶缘连接。花淡红色或紫色，直径5cm；顶生圆锥花序长15~25cm，排成分塔形；花梗长1~1.5cm，密生黄褐色毡绒毛；花萼有12条纵棱或纵槽，着生糠秕状毛，长约13mm，裂片三角形，反曲，内面无毛；花瓣6，近圆形或倒卵形，长2.5~3.5cm，有短爪，长约5mm；雄蕊多数，多达100~200，着生于萼管中下部；子房球形，4~6室，无毛，花柱长2~3cm，比雄蕊长。蒴果倒卵形或球形，长2~3.8cm，直径约2cm，褐灰色，6裂。种子多数，长10~15mm。

分布 分布于斯里兰卡、印度、马来西亚、越南及菲律宾。我国华南及福建栽培。目前三沙永兴岛、美济礁有栽培，常见，生长于绿化带、花坛。

价值 作行道树或庭园观赏树。木材价值较高，用于家具、舟车、桥梁、电杆、枕木、建筑及水中用材。树皮及叶可作泻药；种子具有麻醉性；根可作收敛剂。

千屈菜科 Lythraceae | 水芫花属 *Pemphis* Forst.

水芫花 *Pemphis acidula* J. R. & Forst.

别名 海芙蓉、水金惊、海纸钱鲁

形态特征 多分枝小灌木，高约 1 米；有时呈小乔木状，高可达 11 米。小枝、幼叶和花序均被灰色短柔毛。叶对生，厚，肉质，椭圆形、倒卵状矩圆形或线状披针形，长 1~3 厘米，宽 5~15 毫米；无叶柄或叶柄仅长 2 毫米。花腋生，花梗长 5~13 毫米，苞片长约 4 毫米，花二型，花萼长 4 ~7 毫米，有 12 棱，6 浅裂，裂片直立；花瓣 6，白色或粉红色，倒卵形至近圆形，与萼等长或更长；雄蕊 12，6 长 6 短，长短相间排列；花柱与子房等长或较短；子房球形。蒴果革质，近乎被宿存萼管包围，倒卵形，长约 6 毫米。种子多数，红色，光亮，长 2 毫米，有棱角。

分布 分布于东半球热带。我国产于台湾、海南。目前三沙产于赵述岛、晋卿岛、东岛，很少见，生长于海岸礁石、沙地。

价值 木材可制作工具把柄，制锚、木钉等。海岸防护优良树种。天然的优良盆景材料。水芫花的提取物具有抗肿瘤、消炎、抗氧化和抑菌等活性。

千屈菜科 Lythraceae | 海桑属 *Sonneratia* L. f.

拟海桑 *Sonneratia* × *gulngai* N. C. Duke & B. R. Jackes

形态特征 常绿大乔木，高可达 10 米。全部无毛。树皮灰色，有不规则条纹。基部有放射状木栓质的笋状根；小枝粗壮，上部有不明显钝棱，下部圆柱形。叶对生，革质，椭圆形或阔椭圆形，长 5~11 厘米，宽 4~6 厘米，顶端钝或近圆形，基部阔楔形，全缘，叶脉不明显，仅中脉在叶片背面微凸；叶柄绿色，短而粗，长 3~5 毫米。花大而美丽，单生于枝顶；花梗粗壮，长 3~4 毫米，近基部有关节；萼管杯形，萼檐 6 裂，裂片披针形，厚革质，顶端短尖；花瓣 6，剑形或带形，鲜红色，长 4~5 厘米，宽 2 厘米；雄蕊多数着生于萼管喉部，花丝上部白色，下部红色，子房近球形，全部沉没在萼管内；花柱宿存，微弯，柱头头状。浆果扁球形，直径 3~3.5 厘米，有宿存的萼檐裂片。种子少数，具棱，长 7~10 毫米，宽约 5 毫米，棕色。

分布 马来西亚、印度尼西亚、澳大利亚有分布。我国产于海南。目前三沙美济礁有栽培，很少见，生长于人工育苗苗圃。

价值 为红树林树种，是入海口、海岸带保护重要树种，可用于南海岛礁防护林建设。

瑞香科 Thymelaeaceae | 沉香属 *Aquilaria* Lam.

土沉香 *Aquilaria sinensis* (Lour.) Spreng.

别名 芫香、崖香、青桂香、牙香树、女儿香、栈香、沉香、香材、白木香

形态特征 乔木，高可达 15 米。树皮暗灰色，几平滑，纤维坚韧。小枝圆柱形，具皱纹，幼时被疏柔毛，后逐渐脱落，无毛或近无毛。叶革质，圆形、椭圆形至长圆形，有时近倒卵形，长 5~9 厘米，宽 2.8~6 厘米，先端锐尖或急尖而具短尖头，基部宽楔形，侧脉每边 15~20 条；叶柄长 5~7 毫米，被毛。花芳香，黄绿色，多朵组成伞形花序；花梗长 5~6 毫米，密被黄灰色短柔毛；萼筒浅钟状，长 5~6 毫米，5 裂，裂片卵形；花瓣 10，鳞片状，着生于花萼筒喉部，密被毛；雄蕊 10，排成 1 轮，花丝长约 1 毫米，花药长圆形，长约 4 毫米；子房卵形，花柱极短或无，柱头头状。蒴果果梗短，卵球形，幼时绿色，长 2~3 厘米，直径约 2 厘米，顶端具短尖头，基部渐狭，密被黄色短柔毛，2 瓣裂。种子褐色，卵球形，长约 1 厘米，宽约 5.5 毫米，疏被柔毛，基部具有附属体，上端宽扁，下端呈柄状。

分布 东南亚有分布。我国产于广东、海南、广西、福建。目前三沙永兴岛、美济礁、渚碧礁有栽培，很少见，生长于庭园、路旁。

价值 老茎受伤后所积得的树脂，俗称沉香。沉香入药，具有行气止痛、温中降逆、纳气平喘的功效，用于脘腹冷痛、气逆喘促、胃寒呕吐呃逆、腰膝虚冷、大肠虚秘、小便气淋。树皮可作造纸及人造棉原料。木质部可提取芳香油。花可制浸膏。

紫茉莉科 Nyctaginaceae | 黄细心属 *Boerhavia* L.

红细心 *Boerhavia coccinea* Miller

别名 鸡骨藤

形态特征 一年生或多年生草本。茎直立或平卧；枝开展，有时具腺。叶对生，常不等，叶片全缘或波状，具柄。花小，两性，集成聚伞圆锥花序；花梗短；小苞片细，常凋落，稀成轮而具小总苞；花被合生，上半部钟状，顶端截形或皱褶，边缘5裂，花后脱落，下半部管形或卵形，在子房之上缢缩，包围子房；雄蕊1~5，伸出，花丝基部合生；花柱单生，柱头盾状或头状。果实小，倒卵球形、陀螺形、棍棒状或圆柱状，具5棱或深5角，常粗糙，具黏腺。

分布 分布于东南亚、非洲及美洲。我国产于广东、海南。目前三沙产于永兴岛、赵述岛、晋卿岛、北岛，常见，生长于空旷沙地。

价值 抗逆性强，匍匐根茎发达，是热带岛礁防风固沙的理想材料。

紫茉莉科 Nyctaginaceae | 黄细心属 *Boerhavia* L.

黄细心 *Boerhavia diffusa* L.

别名 沙参、黄寿丹、老来青、还少丹

形态特征 多年生蔓性草本，长可达 2 米。根肥粗，肉质。茎无毛或被疏短柔毛。叶片卵形，长 1~5 厘米，宽 1~4 厘米，顶端钝或急尖，基部圆形或楔形，边缘微波状，两面被疏柔毛，下面灰黄色，干时有皱纹；叶柄长 4~20 毫米。头状聚伞圆锥花序顶生；花序梗纤细，被疏柔毛；花梗短或近无梗；苞片小，披针形，被柔毛；花被淡红色或亮紫色，长 2.5~3 毫米，花被筒上部钟形，长 1.5~2 毫米，薄而微透明，被疏柔毛，具 5 肋，顶端皱褶，浅 5 裂，下部倒卵形，长 1~1.2 毫米，具 5 肋，被疏柔毛及黏腺；雄蕊 1~3，稀 4 或 5，不外露或微外露，花丝细长；子房倒卵形，花柱细长，柱头浅帽状。果实棍棒状，长 3~3.5 毫米，具 5 棱，有黏腺和疏柔毛。

分布 东南亚、大洋洲、美洲及非洲有分布。我国产于福建、台湾、广东、海南、广西、四川、贵州、云南。目前三沙产于永兴岛、赵述岛、晋卿岛、北岛、东岛、美济礁，常见，生长于空旷沙地。

价值 根入药，具有活血散瘀、调经止带、健脾消疳的功效，用于筋骨疼痛、月经不调、白带、胃纳不佳、脾肾虚、水肿、小儿疳积；叶入药，具有利尿、催吐、祛痰的功效，用于气喘、黄疸病。

紫茉莉科 Nyctaginaceae | 黄细心属 *Boerhavia* L.

白花黄细心 *Boerhavia tetrandra* G. Forst.

形态特征 一年生至多年生草本。茎匍匐；基部分枝，向四周延展，长可达 1.5 米。主根膨大成人参状。叶卵形，革质。聚伞圆锥花序，腋生，总花梗长达 10 厘米，花序分枝长短不一，每小枝有花 5~10 朵，近头状；花白色。

分布 澳大利亚、基里巴斯等国有分布。我国产于三沙赵述岛、北岛、东岛，常见，生长于空旷沙地。

价值 抗逆性强，匍匐根茎发达，是热带岛礁防风固沙的理想材料。

紫茉莉科 Nyctaginaceae | 叶子花属 *Bougainvillea* Comm. ex Juss.

光叶子花 ***Bougainvillea glabra*** **Choisy**

别名 紫三角、紫亚兰、三角花、三角梅、小叶九重葛、宝巾

形态特征 藤状灌木。茎粗壮，枝下垂，无毛或疏生柔毛；刺腋生，长5~15毫米。叶片纸质，卵形或卵状披针形，长5~13厘米，宽3~6厘米，顶端急尖或渐尖，基部圆形或宽楔形，上面无毛，下面被微柔毛；叶柄长1厘米。花顶生于枝端的3个苞片内，花与苞片近等长；花梗与苞片中脉贴生，每个苞片上生1朵花；苞片叶状，紫色或洋红色，长圆形或椭圆形，长2.5~3.5厘米，宽约2厘米，纸质；花被管长约2厘米，淡绿色，疏生柔毛，有棱，顶端5浅裂；雄蕊6~8；花柱侧生，线形，边缘扩展成薄片状，柱头尖；花盘基部合生呈环状，上部撕裂状。

分布 原产巴西。我国南方各地均有栽培。目前三沙永兴岛、赵述岛、晋卿岛、甘泉岛、北岛、东岛、西沙洲、石岛、羚羊礁、银屿、鸭公岛、美济礁、渚碧礁、永暑礁均有栽培，常见，生长于花坛、绿化带。

价值 常见观赏植物。花入药，具有活血调经、化湿止带的功效，用于血瘀经闭、月经不调、赤白带下。

紫茉莉科 Nyctaginaceae | 叶子花属 *Bougainvillea* Comm. ex Juss.

叶子花 *Bougainvillea spectabilis* Willd.

别名 三角梅、三角花、毛宝巾、室中花、九重葛、贺春红、勒杜鹃

形态特征 藤状灌木。枝、叶密生柔毛。刺腋生、下弯。叶片椭圆形或卵形，基部圆形，有柄。花序腋生或顶生；花短于苞片；苞片椭圆状卵形，基部圆形至心形，长2.5~6.5厘米，宽1.5~4厘米，暗红色或淡紫红色；花被管狭筒形，长1.6~2.4厘米，绿色，密被柔毛，顶端5~6裂，裂片开展，黄色，长3.5~5毫米；雄蕊通常8；子房具柄。果实长1~1.5厘米，密生毛。

分布 原产热带美洲。我国南方各地均有栽培。目前三沙永兴岛、赵述岛、晋卿岛、甘泉岛、北岛、东岛、西沙洲、石岛、羚羊礁、银屿、鸭公岛、美济礁、渚碧礁、永暑礁均有栽培，常见，生长于花坛、绿化带。

价值 常见观赏植物。花入药，具有解毒清热、调和气血的功效，用于妇女月经不调、疽毒。

紫茉莉科 Nyctaginaceae | 腺果藤属 *Pisonia* L.

抗风桐 *Pisonia grandis* R. Br.

别名 白避霜花、麻枫桐、无刺藤

形态特征 常绿无刺乔木，高达 14 米。树干具明显的沟和大叶痕，被微柔毛或几无毛，树皮灰白色，皮孔明显。叶对生，叶片纸质或膜质，椭圆形、长圆形或卵形，长 7~30 厘米，宽 4~20 厘米，被微毛或几无毛，顶端急尖至渐尖，基部圆形或微心形，常偏斜，全缘，侧脉 8~10 对；叶柄长 1~8 厘米。聚伞花序顶生或腋生；花序梗长约 1.5 厘米，被淡褐色毛；花梗长 1~1.5 毫米，顶部有 2~4 枚长圆形小苞片；花被筒漏斗状，长约 4 毫米，5 齿裂，有 5 列黑色腺体；花两性；雄蕊 6~10，伸出；柱头流苏状，不伸出。果实棍棒状，长约 12 毫米，宽约 2.5 毫米，5 棱，沿棱具 1 列短皮刺，棱间有毛。种子长 9~10 毫米，宽 1.5~2 毫米。

分布 印度、斯里兰卡、马尔代夫、马达加斯加、马来西亚、印度尼西亚、澳大利亚及太平洋岛屿有分布。我国分布于台湾、海南。目前三沙产于永兴岛、赵述岛、甘泉岛、北岛、东岛、西沙洲、石岛、羚羊礁、银屿、鸭公岛、美济礁、渚碧礁、永暑礁，很常见，生长于岛礁防护林。

价值 热带岛礁防护林主要树种之一。叶可作为猪饲料。

西番莲科 Passifloraceae | 西番莲属 *Passiflora* L.

鸡蛋果 ***Passiflora edulis* Sims**

别名 百香果、紫果西番莲、洋石榴

形态特征 草质藤本。茎具细条纹，无毛，长约6米。叶纸质，长6~13厘米，宽8~13厘米；基部楔形或心形，掌状3深裂，中间裂片卵形，两侧裂片卵状长圆形，裂片边缘有内弯细锯齿，近裂片缺弯的基部有1或2个杯状小腺体，无毛。聚伞花序退化仅存1花，与卷须对生；花芳香，直径约4厘米；花梗长4~4.5厘米；苞片绿色，宽卵形或菱形，长1~1.2厘米，边缘有不规则细锯齿；萼片5，外面绿色，内面绿白色，长2.5~3厘米，外面顶端具1角状附属器；花瓣5，与萼片等长；外副花冠裂片4~5轮，外2轮裂片丝状，约与花瓣近等长，基部淡绿色，中部紫色，顶部白色，内3轮裂片窄三角形，长约2毫米；内副花冠非褶状，顶端全缘或为不规则撕裂状，高1~1.2毫米；花盘膜质，高约4毫米；雌雄蕊柄长1~1.2厘米；雄蕊5，花丝分离，基部合生，长5~6毫米，扁平；花药长圆形，长5~6毫米，淡黄绿色；子房倒卵球形，长约8毫米，被短柔毛；花柱3，扁棒状，柱头肾形。浆果卵球形，直径3~4厘米，无毛，熟时有的品种紫色，有的品种黄色。种子多数，卵形，长5~6毫米。

分布 原产美洲，现广植于热带、亚热带地区。我国广西、广东、云南、福建有栽培。目前三沙永兴岛、美济礁有栽培，少见，生长于菜地周围、庭园。

价值 果主要作为水果，也可入药，具有清肺润燥、安神止痛、和血止痢的功效，用于咳嗽、咽干、声嘶、大便秘结、失眠、痛经、关节痛、痢疾。

西番莲科 Passifloraceae | 西番莲属 *Passiflora* L.

龙珠果 *Passiflora foetida* L.

别名 香花果、天仙果、野仙桃、肉果、龙珠草、龙须果、假苦果、龙眼果

形态特征 草质藤本。有臭味；茎具条纹并被平展柔毛。叶膜质，宽卵形至长圆状卵形，长4.5~13厘米，宽4~12厘米；先端3浅裂，基部心形，边缘呈不规则波状，通常具缘毛；叶面被丝状伏毛，叶背被毛且上部有较多腺体；叶脉羽状，侧脉4~5对，网脉横出；叶柄长2~6厘米，密被平展柔毛和腺毛，不具腺体；托叶半抱茎，深裂，裂片顶端具腺毛。聚伞花序退化仅存1花，与卷须对生；花白色或淡紫色，具白斑，直径2~3厘米；苞片3，一至三回羽状分裂，裂片丝状，顶端具腺毛；萼片5，长1.5厘米，外面近顶端具1角状附属器；花瓣5，与萼片等长；外副花冠裂片3~5轮，丝状，外2轮裂片长4~5毫米，内3轮裂片长约2.5毫米；内副花冠非褶状，膜质，高1~1.5毫米；具花盘，杯状，高1~2毫米；雌雄蕊柄长5~7毫米；雄蕊5，花丝基部合生，扁平；花药长圆形，长约4毫米；子房椭圆球形，长约6毫米，具短柄；花柱3~4，长5~6毫米，柱头头状。浆果卵圆球形，直径2~3厘米，无毛，生时绿色，熟时黄色。种子椭圆形，长约3毫米。

分布 原产南美洲。我国华南及福建、云南、台湾有栽培或逸为野生。目前三沙产于永兴岛、赵述岛、晋卿岛、北岛、石岛、美济礁，常见，生长于林缘、绿化带。

价值 果味甜可食；鲜叶晒干可泡水饮用。全草入药，具有清热解毒、清肺止咳的功效，用于肺热咳嗽、小便混浊、痈疮肿毒、外伤性眼角膜炎、淋巴结炎。

葫芦科 Cucurbitaceae | 冬瓜属 *Benincasa* Savi

冬瓜 *Benincasa hispida* (Thunb.) Cogn.

别名 广瓜、枕瓜、白瓜、瓠子、节瓜、白东瓜皮、白冬瓜、白瓜皮、白瓜子、地芝

形态特征 一年生蔓生或攀缘草本。茎被黄褐色硬毛及长柔毛，有棱沟。叶柄粗壮，长5~20厘米，被黄褐色的硬毛和长柔毛；叶片肾状近圆形，叶面深绿色，稍粗糙，有疏柔毛，老后变近无毛，叶背粗糙，灰白色，有粗硬毛，叶背叶脉密被毛，长宽均为15~30厘米，5~7浅裂或有时中裂，裂片宽三角形或卵形，先端急尖，边缘有小齿，基部深心形，弯缺张开。卷须2~3歧，被粗硬毛和长柔毛。雌雄同株；雄花单生，花梗长5~15厘米，密被黄褐色短刚毛和长柔毛，花梗基部常具1苞片，苞片卵形或宽长圆形，长6~10毫米，先端急尖，有短柔毛，花萼筒宽钟形，宽12~15毫米，密生刚毛状长柔毛，裂片披针形，长8~12毫米，有锯齿，反折，花冠黄色，辐状，裂片宽倒卵形，长3~6厘米，宽2.5~3.5厘米，两面有稀疏的柔毛，先端钝圆，具5脉，雄蕊3，离生，花丝短，基部膨大，被毛；雌花单生，花梗长通常小于5厘米，密生黄褐色硬毛和长柔毛，子房卵形或圆筒形，密生黄褐色绒毛状硬毛，长2~4厘米，花柱长2~3毫米，柱头3，2裂。果实长圆柱状、近球状，有硬毛和白霜，长25~60厘米，径10~25厘米。种子卵形，白色或淡黄色，压扁，有边缘，长10~11毫米，宽5~7毫米。

分布 热带、亚热带地区广泛栽培。我国各地有栽培。目前三沙永兴岛、赵述岛、北岛、晋卿岛、甘泉岛、银屿、东岛、美济礁、渚碧礁、永暑礁有栽培，常见，生长于菜地。

价值 冬瓜是一种耐储蔬菜；是现代化农产品加工的良好原料，广泛用于食品及保健品的加工。冬瓜肉及瓤有利尿、清热、化痰、解渴等功效，用于水肿、痰喘、暑热、痔疮等症；果皮和种子入药，有消炎、利尿、消肿的功效；冬瓜含钠量较低，对动脉硬化症、肝硬化腹水、冠心病、高血压、肾炎、水肿膨胀等疾病有良好的辅助治疗作用；冬瓜还有解鱼毒等功能。

葫芦科 Cucurbitaceae | 西瓜属 *Citrullus* Schrad.

西瓜 *Citrullus lanatus* (Thunb.) Matsum. & Nakai

别名 寒瓜、夏瓜、青门绿玉房

形态特征 一年生蔓生藤本。茎枝粗壮，具明显的棱沟，被长而密的白色或淡黄褐色长柔毛。卷须较粗壮，2歧，具短柔毛。叶柄具不明显的沟纹，密被柔毛，长3~12厘米，粗0.2~0.4厘米；叶片纸质，三角状卵形，稍显白绿色，长8~20厘米，宽5~15厘米，两面具短硬毛，脉上和背面较多，3深裂，中裂片较长，倒卵形、长圆状披针形或披针形，顶端急尖或渐尖，叶片基部心形，有时形成半圆形的弯缺。雌雄同株，均单生于叶腋；雄花花梗长3~4厘米，密被黄褐色长柔毛，花萼筒宽钟形，密被长柔毛，花萼裂片狭披针形，与花萼筒近等长，花冠淡黄色，径2.5~3厘米，外面带绿色，被长柔毛，裂片卵状长圆形，长1~1.5厘米，宽0.5~0.8厘米，顶端钝或稍尖，脉黄褐色，被毛，雄蕊3，花丝短；雌花花萼和花冠与雄花相近，子房卵形，长0.5~0.8厘米，宽0.4厘米，密被长柔毛，花柱长4~5毫米，柱头3。果实近球形或椭圆形，肉质，多汁，果皮光滑，色泽及纹饰各式。种子多数，卵形，黑色、红色、白色、黄色、淡绿色或有斑纹，两面平滑，基部钝圆，通常边缘稍拱起，长1~1.5厘米，宽0.5~0.8厘米。

分布 原种可能来自非洲，广泛栽培于世界热带到温带地区。我国各地有栽培。目前三沙永兴岛、赵述岛、北岛、晋卿岛、甘泉岛、美济礁、渚碧礁、永暑礁有栽培，常见，生长于菜地，偶见逸生于空旷沙地。

价值 主要夏季水果之一；种子可作消遣食品。果皮具有清热解暑、止渴、利小便的功效，用于暑热烦渴、水肿、口舌生疮；中果皮具有清热解暑、利尿的功效，用于暑热烦渴、浮肿、小便淋痛；完整西瓜皮加工成的西瓜黑霜，用于慢性肾炎、水肿、肝病腹水；瓤具有清热解暑、解烦止渴、利尿的功效，用于暑热烦渴、热盛津伤、小便淋痛；种皮用于吐血、肠风下血；种仁具有清热润肠的功效；未成熟的果实与皮硝的加工品用于热性咽喉肿痛。

葫芦科 Cucurbitaceae | 红瓜属 *Coccinia* Wight & Arn.

红瓜 *Coccinia grandis* (L.) Voigt

别名 金瓜、老鸦菜、山黄瓜

形态特征 多年生攀缘草本。茎纤细，多分枝，有棱，光滑无毛。叶柄细，有纵条纹，长2~5厘米；叶片阔心形，长、宽均5~10厘米，常有5个角，两面均布有颗粒状小突点，先端钝圆，基部有数个腺体。卷须纤细，无毛，不分歧。雌雄异株；雄花单生，花梗细弱，长2~4厘米，光滑无毛，花萼筒宽钟形，裂片线状披针形，长约3毫米，花冠白色或稍带黄色，5中裂，裂片卵形，外面无毛，内面有柔毛，雄蕊3，花药近球形；雌花单生，梗纤细，长1~3毫米，子房纺锤形，花柱纤细，无毛，柱头3。浆果纺锤形或近圆矩形，径2~3厘米，成熟时深红色。种子黄色，长圆形，两面密布小疣点，顶端圆。

分布 非洲、亚洲热带地区有分布。我国产于广东、广西、云南、海南。目前三沙产于永兴岛，常见，有的铺撒生长于草地，有的攀缘于路边灌木林。

价值 嫩茎叶可作蔬菜。红瓜新鲜叶汁可退烧、解渴、解毒；根可退烧；果实可治糖尿病。红瓜耐高温、高湿，可作为南海岛礁叶用蔬菜开发。

葫芦科 Cucurbitaceae | 黄瓜属 *Cucumis* L.

甜瓜 *Cucumis melo* L.

别名 甘瓜、香瓜、梨瓜、哈密瓜、白兰瓜、华莱士瓜、马包、小马泡

形态特征 一年生匍匐或攀缘草本。茎、枝有棱，被黄褐色或白色的糙硬毛，具疣状突起。卷须纤细，不分歧，被微柔毛。叶柄长8~12厘米，具槽沟及短刚毛；叶片厚纸质，近圆形或肾形，长、宽均8~15厘米，叶面粗糙，被白色糙硬毛，背面沿脉密被糙硬毛，边缘不分裂或3~7浅裂，裂片先端圆钝，有锯齿，基部截形或具半圆形的弯缺，具掌状脉。雌雄同株；雄花数朵簇生于叶腋，花梗纤细，长0.5~2厘米，被柔毛，花萼筒狭钟形，密被白色长柔毛，长6~8毫米，裂片近钻形，直立或开展，比筒部短，花冠黄色，长2厘米，裂片卵状长圆形，急尖，雄蕊3，花丝极短；雌花单生，花梗粗糙，被柔毛，子房长椭圆形，密被长柔毛和长糙硬毛，花柱长1~2毫米，柱头靠合，长约2毫米。果实多样，果皮平滑，无刺状突起，果肉颜色有白色、黄色或绿色，有香甜味。种子污白色或黄白色，卵形或长圆形，先端尖，基部钝，表面光滑，无边缘。

分布 原产几内亚，世界温带至热带地区也广泛栽培。我国各地有栽培。目前三沙永兴岛、晋卿岛、赵述岛、北岛、美济礁、渚碧礁有栽培，常见，生长于菜地。

价值 夏季消暑瓜果；可加工成瓜干、瓜脯、瓜汁。全草药用，具有祛炎败毒、催吐、除湿、退黄疸等功效。

葫芦科 Cucurbitaceae | 黄瓜属 *Cucumis* L.

黄瓜 *Cucumis sativus* L.

别名 胡瓜、刺瓜、王瓜、勤瓜、青瓜、唐瓜、吊瓜

形态特征 一年生蔓生或攀缘草本。茎、枝有棱沟，被白色的糙硬毛。卷须细，不分歧，具白色柔毛。叶柄有糙硬毛，长10~20厘米；叶片宽卵状心形，膜质，长、宽均7~20厘米，两面甚粗糙，被糙硬毛，具3~5个角或浅裂，裂片三角形，有齿，有时边缘有缘毛，先端急尖或渐尖，基部弯缺半圆形。雌雄同株；雄花常数朵簇生于叶腋，花梗纤细，长0.5~1.5厘米，被微柔毛，花萼筒狭钟状或近圆筒状，长8~10毫米，密被白色的长柔毛，花萼裂片钻形，开展，与花萼筒近等长，花冠黄白色，长约2厘米，花冠裂片长圆状披针形，急尖，雄蕊3，花丝极短，花药长3~4毫米；雌花单生，稀簇生，花梗粗壮，被柔毛，长1~2厘米，子房纺锤形，粗糙，有小刺状突起。果实长圆形或圆柱形，长10~50厘米，初时绿色，熟时黄绿色，表面粗糙，具刺尖的瘤状突起，稀有平滑。种子小，狭卵形，白色，无边缘，两端近急尖，长5~10毫米。

分布 原产印度，世界温带、热带地区广泛种植。我国各地普遍栽培。目前三沙永兴岛、赵述岛、北岛、晋卿岛、甘泉岛、美济礁、渚碧礁、永暑礁有栽培，常见，生长于菜地。

价值 主要菜蔬之一。果具有除热、利水利尿、清热解毒的功效，用于烦渴、咽喉肿痛、火眼、火烫伤；种子用于高热惊狂、腿部红肿疼痛；根、茎用于胸腹胀痛、月经不调、跌打损伤。

葫芦科 Cucurbitaceae | 南瓜属 *Cucurbita* L.

南瓜 *Cucurbita moschata* (Duch. ex Lam.) Duch. ex Poiret

别名 倭瓜、番瓜、饭瓜、番南瓜、北瓜

形态特征 一年生蔓生草本。茎长达2~5米，密被白色短刚毛，节常生根。叶柄粗壮，长8~19厘米，被短刚毛；叶片宽卵形或卵圆形，长12~25厘米，宽20~30厘米，质稍柔软，边缘有小而密的细齿，叶面密被黄白色刚毛和绒毛，常有白斑，叶背色较淡，毛更明显，有5浅裂，中间裂片较大，三角形，侧裂片较小，各裂片的中脉常延伸至顶端，成一小尖头。卷须稍粗壮，被短刚毛和绒毛，3~5歧。雌雄同株;雄花单生，花萼筒钟形，裂片条形，被柔毛，上部扩大成叶状，花冠黄色，钟状，长8厘米，径6厘米，5中裂，裂片边缘反卷，具皱褶，先端急尖，雄蕊3，花丝腺体状，花药靠合；雌花单生，子房球形至长卵形，花柱短，柱头3，膨大，顶端2裂。果梗粗壮，有棱和槽，长5~7厘米，瓜蒂扩大成喇叭状；瓠果外面常有数条纵沟或无，形状、大小因品种不同而异。种子多数，长卵形或长圆形，灰白色。

分布 原产墨西哥至中美洲一带，现世界各地普遍栽培。我国南北各地广泛种植。目前三沙永兴岛、赵述岛、北岛、晋卿岛、甘泉岛、东岛、美济礁、渚碧礁、永暑礁有栽培，常见，生长于菜地。

价值 果实、嫩茎叶作蔬菜；果实也可作救荒粮。全株各部可供药用；果柄用于咽喉肿痛、吞咽困难、毒蛇咬伤、疟疾、溃疡、牙痛；果实用于咽喉肿痛、吞咽困难、溃疡、补中益气、解毒杀虫；种子具有清热除湿、驱虫的功效，对血吸虫有控制和杀灭的作用；藤蔓具有清热的功效;叶用于刀伤、小儿疳积、痢疾。

葫芦科 Cucurbitaceae ｜ 葫芦属 *Lagenaria* Ser.

葫芦 ***Lagenaria siceraria* (Molina) Standl.**

别名 葫芦壳、抽葫芦、壶芦、蒲芦、瓠、瓠瓜、大葫芦、小葫芦

形态特征 一年生攀缘草本。茎、枝具沟纹，嫩时被黏质长柔毛，老后变近无毛。叶柄纤细，长16~20厘米，被黏质长柔毛，顶端有2腺体；叶片卵状心形或肾状卵形，长、宽均10~35厘米，不分裂或3~5裂，具5~7掌状脉，先端锐尖，边缘有不规则的齿，基部心形，弯缺开张，半圆形或近圆形，两面均被微柔毛，叶背及脉上较密。卷须纤细，2歧，初时有微柔毛，后变光滑无毛。雌雄同株；雄花单生，花梗细，被微柔毛，比叶柄稍长，花梗、花萼、花冠均被微柔毛，花萼筒漏斗状，长约2厘米，被微柔毛，裂片披针形，长5毫米，花冠黄色，被微柔毛，具5脉，裂片皱波状，长3~4厘米，宽2~3厘米，先端微缺而顶端有小尖头，雄蕊3，花丝短，花药长圆形；雌花单生，花萼、花冠与雄花相似，花萼筒长2~3毫米，子房中间缢细，密生黏质长柔毛，花柱粗短，柱头3，膨大，2裂。果实初为绿色，后变白色至带黄色，果形多样，因品种不同而异，成熟后果皮变木质。种子白色，倒卵形或三角形，顶端截形或2齿裂，稀圆，长约20毫米。

分布 世界热带地区广泛种植。我国各地有栽培。目前三沙赵述岛有栽培，少见，生长于菜地。

价值 果幼嫩时可作蔬菜;成熟后外壳木质化,中空,可做各种容器、玩具、装饰品。种子入药，具有止泻、引吐、利尿、消肿、散结的功效，用于热痢、肺病、皮疹、水肿、腹水、颈淋巴结结核。

葫芦科 Cucurbitaceae | 葫芦属 *Lagenaria* Ser.

瓠子 *Lagenaria siceraria* (Molina) Standl. var. *hispida* (Thunb.) Hara

别名 甘瓠、甜瓠、瓠瓜、净街槌、龙密瓜、天瓜、长瓠、扁蒲

形态特征 一年生攀缘草本。茎、枝具沟纹，嫩时被黏质长柔毛，老后变近无毛。叶柄纤细，长16~20厘米，被黏质长柔毛，顶端有2腺体；叶片卵状心形或肾状卵形，长、宽均10~35厘米，不分裂或3~5裂，具5~7掌状脉，先端锐尖，边缘有不规则的齿，基部心形，弯缺开张，半圆形或近圆形，两面均被微柔毛，叶背及脉上较密。卷须纤细，2歧，初时有微柔毛，后变光滑无毛。雌雄同株；雄花单生，花梗细，被微柔毛，比叶柄稍长，花梗、花萼、花冠均被微柔毛，花萼筒漏斗状，长约2厘米，被微柔毛，裂片披针形，长5毫米，花冠黄色，被微柔毛，具5脉，裂片皱波状，长3~4厘米，宽2~3厘米，先端微缺而顶端有小尖头，雄蕊3，花丝短，花药长圆形；雌花单生，花萼、花冠与雄花相似，花萼筒长2~3毫米，子房圆柱形，密生黏质长柔毛，花柱粗短，柱头3，膨大，2裂。果实初为绿色，后变白色至带黄色，果实粗细匀称而呈圆柱状，直或稍弓曲，长可达60~80厘米，绿白色，果肉白色。种子白色，倒卵形或三角形，顶端截形或2齿裂，稀圆，长约20毫米。

分布 世界热带到温带地区广泛种植。我国各地有栽培。目前三沙赵述岛有栽培，少见，生长于菜地。

价值 果嫩时可作蔬菜。果实入药，具有利水、清热、止渴、除烦等功效，用于水肿腹胀、烦热口渴、疮毒。

葫芦科 Cucurbitaceae | 丝瓜属 *Luffa* Mill.

广东丝瓜 *Luffa acutangula* (L.) Roxb.

别名 棱角丝瓜、角瓜

形态特征 一年生草质攀缘藤本。茎稍粗壮，具明显的棱角，被短柔毛;卷须粗壮，下部具棱，常3歧，有短柔毛。叶柄粗壮，具棱且被柔毛，长8~12厘米；叶片近圆形，膜质，上面深绿色，粗糙，下面苍绿色，两面脉上有短柔毛，长、宽均为15~20厘米，常为5~7浅裂，中间裂片宽三角形，稍长，其余的裂片不等大，基部裂片最小，基部弯缺近圆形。雌雄同株；雄花长10~15厘米，通常15~20朵花生于花序梗上部，被柔毛，花梗长1~4厘米，有白色短柔毛，花萼筒钟形，长0.5~0.8厘米，外面有短柔毛，裂片披针形，长0.4~0.6厘米，宽0.2~0.3厘米，顶端渐尖，稍向外反折，里面密被白色短柔毛，具1脉，基部有3个明显的瘤状突起，花冠黄色，辐状，裂片倒心形，长1.5~2.5厘米，宽1~2厘米，顶端凹陷，两面近无毛，外面具3条隆起脉，脉上有短柔毛，雄蕊3，离生，花丝长4~5毫米，基部有髯毛，花药有短柔毛；雌花单生，与雄花序生于同一叶腋，子房棍棒状，具10条纵棱，花柱粗而短，柱头3，膨大，2裂。果实圆柱状或棍棒状，具8~10条纵向的锐棱和沟，没有瘤状突起，无毛，长15~30厘米，径6~10厘米。种子卵形，黑色，有网状纹饰，无狭翼状边缘，基部2浅裂，长11~12毫米，宽7~8毫米，厚约1.5毫米。

分布 世界热带地区有栽培。我国南部诸省常见栽培，北部各省少见。目前三沙永兴岛、赵述岛、北岛、晋卿岛、甘泉岛、美济礁、渚碧礁、永暑礁有栽培，常见，生长于菜地。

价值 果嫩时作菜蔬。瓜络具有通经和络、清热化痰的功效，用于风湿骨痛、肺热咳嗽。

葫芦科 Cucurbitaceae | 丝瓜属 *Luffa* Mill.

丝瓜 *Luffa cylindrica* (L.) Roem.

别名 胜瓜、菜瓜

形态特征 一年生攀缘藤本。茎、枝粗糙，有棱沟，被微柔毛；卷须稍粗壮，通常2~4歧，被短柔毛。叶柄粗糙，长10~12厘米，具不明显的沟，近无毛；叶片三角形或近圆形，长、宽均10~20厘米，上面深绿色，粗糙，有疣点，下面浅绿色，有短柔毛，脉掌状，具白色的短柔毛，通常掌状5~7裂，裂片三角形，中间的较长，长8~12厘米，顶端急尖或渐尖，边缘有锯齿，基部深心形。雌雄同株；雄花为总状花序，长12~14厘米，通常15~20朵花生于花序梗上部，被柔毛，花梗长1~2厘米，花萼筒宽钟形，被短柔毛，裂片卵状披针形或近三角形，上端向外反折，长0.8~1.3厘米，宽0.4~0.7厘米，里面密被短柔毛，边缘尤为明显，外面毛被较少，先端渐尖，具3脉，花冠黄色，辐状，开展时直径5~9厘米，裂片长圆形，长2~4厘米，宽2~2.8厘米，里面基部密被黄白色长柔毛，外面具3~5条突起的脉，脉上密被短柔毛，顶端钝圆，基部狭窄，雄蕊通常5，稀3，花丝长6~8毫米，基部有白色短柔毛；雌花单生，花梗长2~10厘米，子房长圆柱状，有柔毛，柱头3，膨大。果实圆柱状，直或稍弯，长15~30厘米，直径5~8厘米，表面平滑，通常有深色纵条纹，未熟时肉质，成熟后干燥，里面呈网状纤维，由顶端盖裂。种子多数，黑色，卵形，扁，平滑，边缘狭翼状。

分布 广泛栽培于世界温带、热带地区。我国南、北各地均有栽培。目前三沙永兴岛、赵述岛、北岛、晋卿岛、甘泉岛、美济礁、渚碧礁、永暑礁有栽培，常见，生长于菜地。

价值 蔬菜品种之一。丝瓜络用作洗刷灶具及家具。根入药，具有活血、通络、消肿的功效，用于鼻塞流涕；藤入药，具有通经络、止咳化痰的功效，用于腰痛、咳嗽、鼻塞流涕；叶入药，具有止血、化痰止咳、清热解毒的功效，用于顿咳、咳嗽、暑热口渴、创伤出血、疥癣、天疱疮、痱子；瓜络入药，具有清热解毒、活血通络、利尿消肿的功效，用于筋骨痛、胸胁痛、经闭、乳汁不通、乳痈、水肿；果柄入药，用于小儿痘疹、咽喉肿痛；果皮入药，用于金疮、疔疮、臀疮；种子入药，具有清热化痰、润燥、驱虫的功效，用于咳嗽痰多、驱虫、便秘。

葫芦科 Cucurbitaceae | 苦瓜属 *Momordica* L.

苦瓜 *Momordica charantia* L.

别名 凉瓜、癞葡萄

形态特征 一年生攀缘状草本。茎、枝被柔毛；卷须纤细，不分歧，长达20厘米，具微柔毛。叶柄细，初时被白色柔毛，后变近无毛，长4~6厘米；叶片卵状肾形或近圆形，膜质，长、宽均为4~12厘米，叶面绿色，叶背淡绿色，叶脉掌状，脉上密被明显的微柔毛，其余毛较稀疏，5~7深裂，裂片卵状长圆形，边缘具粗齿或有不规则小裂片，先端常钝圆形，基部弯缺半圆形。雌雄同株；雄花单生于叶腋，花梗纤细，被微柔毛，长3~7厘米，中部或下部具1绿色、肾形或圆形苞片，苞片全缘，稍有缘毛，两面被疏柔毛，长、宽均5~15毫米，花萼裂片卵状披针形，被白色柔毛，长4~6毫米，宽2~3毫米，急尖，花冠黄色，裂片倒卵形，先端急尖、钝或微凹，长1.5~2厘米，宽0.8~1.2厘米，被柔毛，雄蕊3，离生；雌花单生，花梗被微柔毛，长10~12厘米，基部常具1苞片，子房纺锤形，密生瘤状突起，柱头3，膨大，2裂。果实纺锤形或圆柱形，多瘤皱，长10~20厘米，幼时绿色，成熟后为橙黄色。种子多数，长圆形，具红色假种皮，两端各具3小齿，两面有刻纹，长1.5~2厘米，宽1~1.5厘米。

分布 世界热带至温带地区广泛栽培。我国南北各省均普遍栽培。目前三沙永兴岛、赵述岛、北岛、晋卿岛、甘泉岛、美济礁、渚碧礁、永暑礁有栽培，常见，生长于菜地。

价值 嫩果为常见蔬菜之一。根、藤、叶及果入药，具有清热解毒、明目的功效，用于中暑发热、牙痛、泄泻、痢疾、便血。

葫芦科 Cucurbitaceae ｜ 美洲马瓟儿属 *Melothria* L.

美洲马瓟儿 *Melothria pendula* L.

别名 垂瓜果、拇指西瓜

形态特征 一年生攀缘或平卧草本。茎、枝纤细，具棱沟，被柔毛。卷须纤细，不分歧。叶柄细；叶膜质，常掌状浅裂，裂片边缘具粗齿或有不规则小裂片，叶面绿色，叶背淡绿色，叶脉掌状。花冠黄色，裂片椭圆形，被柔毛。果实椭圆形，两端钝，长约2厘米，有不明显的绿色条纹，幼时绿色，成熟后为白色。

分布 原产北美洲。我国广东、海南、福建等省有分布。目前三沙产于晋卿岛，不常见，生长于绿化草地。

价值 果可食用。

番木瓜科 Caricaceae | 番木瓜属 *Carica* L.

番木瓜 *Carica papaya* L.

别名 木瓜、万寿果、番瓜

形态特征 常绿小乔木，高达8~10米。具乳汁；茎常不分枝，具螺旋状排列的托叶痕。叶大，聚生于茎顶端，近盾形，直径可达60厘米，通常5~9深裂，每裂片再为羽状分裂；叶柄中空，长达60~100厘米。花单性或两性，有些品种在雄株上偶尔产生两性花或雌花，并结成果实，亦有时在雌株上出现少数雄花，植株有雄株、雌株和两性株；雄花排列成圆锥花序，长达1米，下垂，花无梗，萼片基部连合，花冠乳黄色，冠管细管状，长1.6~2.5厘米，花冠裂片5，披针形，长约1.8厘米，宽4.5毫米，雄蕊10，5长5短，短的几无花丝，长的花丝白色，被白色绒毛，子房退化；雌花单生或由数朵排列成伞房花序，着生于叶腋内，具短梗或近无梗，萼片5，长约1厘米，中部以下合生，花冠裂片5，分离，乳黄色或黄白色，长圆形或披针形，长5~6.2厘米，宽1.2~2厘米，子房卵球形，无柄，花柱5，柱头数裂，近流苏状；两性花雄蕊5，着生于近子房基部极短的花冠管上，或为10枚着生于较长的花冠管上，排列成2轮，冠管长1.9~2.5厘米，花冠裂片长圆形，长约2.8厘米，宽9毫米，子房比雌花子房小。浆果肉质，成熟时橙黄色或黄色，长圆球形、倒卵状长圆球形、梨形或近圆球形，长10~30厘米或更长，果肉柔软多汁，味香甜。种子多数，卵球形，成熟时黑色，外种皮肉质，内种皮木质，具皱纹。

分布 原产热带美洲，现世界热带、较温暖的亚热带地区普遍种植。我国华南及云南、台湾等省份常见栽培。目前三沙永兴岛、赵述岛、北岛、西沙洲、晋卿岛、甘泉岛、石岛、银屿、东岛、美济礁、渚碧礁、永暑礁有栽培，常见，生长于菜地、房前屋后。

价值 果实入药，具有健胃消食、滋补催乳、舒筋通络的功效。成熟果实为热带水果，未成熟的果实可作蔬菜。

仙人掌科 Cactaceae | 金琥属 *Echinocactus* Link & Otto

金琥 *Echinocactus grusonii* Hildm.

别名 象牙球、金琥仙人球

形态特征 多年生常绿肉质草本。茎圆球形，单生或成丛，高可达 1.3 米，直径可达 80 厘米或更大；球顶密被金黄色绵毛；有棱 21~37，显著；刺座很大，密生硬刺，刺金黄色，少见白色；有辐射刺 8~10，长 3 厘米，中刺 3~5，较粗，稍弯曲，长 5 厘米。花生于球顶部绵毛丛中，钟形，长 4~6 厘米，黄色，花筒被尖鳞片。

分布 原产墨西哥中部炎热干燥沙漠地区。中国南北各地均有引种栽培。目前三沙永兴岛有栽培，少见，生长于庭园花坛。

价值 观赏植物。

仙人掌科 Cactaceae ｜ 量天尺属 *Hylocereus* (A. Berger) Britton & Rose

量天尺 *Hylocereus undatus* (Haw.) Britt. & Rose

别名 龙骨花、霸王鞭、三角柱、三棱箭、火龙果、青龙果、仙蜜果、玉龙果

形态特征 攀缘肉质灌木，长3~15米。具气根；分枝多数，延伸，具3棱，棱常翅状，边缘波状或圆齿状，深绿色至淡蓝绿色，无毛，老枝边缘常胼胝状，淡褐色，骨质。小窠沿棱排列，相距3~5厘米；每小窠具1~3根开展的硬刺；刺锥形，长2~10毫米，灰褐色至黑色。花漏斗状，长25~30厘米，直径15~25厘米，于夜间开放；花托及花托筒密被淡绿色或黄绿色鳞片，鳞片卵状披针形至披针形，长2~5厘米，宽0.7~1厘米；萼状花被片黄绿色，线形至线状披针形，长10~15厘米，宽0.3~0.7厘米，先端渐尖，有短尖头，边缘全缘，通常反曲；瓣状花被片白色，长圆状倒披针形，长12~15厘米，宽4~5.5厘米，先端急尖，具1芒尖，边缘全缘或啮蚀状，开展；花丝黄白色，长5~7.5厘米；花药长4.5~5毫米，淡黄色；花柱黄白色，长17.5~20厘米；柱头20~24，线形，先端长渐尖，开展，黄白色。浆果红色，长球形，长7~12厘米，直径5~10厘米，果肉白色、红色，少见黄色。种子多数，倒卵形，长2毫米，宽1毫米，黑色。

分布 原产墨西哥至中美洲，世界各地广泛栽培。我国各地常见栽培，在广西、福建、广东、海南、台湾常见逸为野生。目前三沙永兴岛、美济礁有栽培，少见，生长于干旱沙地或攀缘于建筑物上。

价值 作砧木。花可作蔬菜。火龙果为本种的变种为主栽品种，其果为主要热带水果。

仙人掌科 Cactaceae | 仙人掌属 *Opuntia* Mill.

仙人掌 *Opuntia dillenii* (Ker Gawl.) Haw.

别名 仙巴掌、霸王树、火焰、火掌、牛舌头

形态特征 丛生肉质灌木，高可达3米。上部分枝宽倒卵形、倒卵状椭圆形或近圆形，长10~40厘米，宽7~25厘米，厚达1~2厘米，先端圆形，边缘通常不规则波状，基部楔形或渐狭，绿色至蓝绿色，无毛。小窠疏生，明显凸出，成长后刺常增粗并增多，每小窠具1~20根刺，密生短绵毛和倒刺刚毛；刺黄色，有淡褐色横纹，粗钻形，多少开展并内弯，基部扁，坚硬，长1.2~6厘米，宽1~1.5毫米；倒刺刚毛暗褐色，长2~5毫米，直立，多少宿存；短绵毛灰色，短于倒刺刚毛，宿存。叶钻形，长4~6毫米，绿色，早落。花辐状，直径5~6.5厘米；花托倒卵形，长3.3~3.5厘米，直径1.7~2.2厘米，顶端截形并凹陷，基部渐狭，绿色，疏生凸出的小窠，小窠具短绵毛、倒刺刚毛和钻形刺；萼状花被片宽倒卵形至狭倒卵形，长10~25毫米，宽6~12毫米，先端急尖或圆形，具小尖头，黄色，具绿色中肋；瓣状花被片倒卵形或匙状倒卵形，长25~30毫米，宽12~23毫米，先端圆形、截形或微凹，边缘全缘或浅啮蚀状；花丝淡黄色，长9~11毫米；花药黄色；花柱长11~18毫米，淡黄色；柱头5，黄白色。浆果倒卵球形，顶端凹陷，基部多少狭缩成柄状，长4~6厘米，直径2.5~4厘米，表面平滑无毛，紫红色，每侧具5~10个突起的小窠，小窠具短绵毛、倒刺刚毛和钻形刺。种子多数，扁圆形，长4~6毫米，宽4~4.5毫米，边缘稍不规则，无毛，淡黄褐色。

分布 原产中美洲。我国南方常见栽培，华南及云南、四川等地常见逸为野生。目前三沙永兴岛、赵述岛、北岛、西沙洲、晋卿岛、甘泉岛、鸭公岛、羚羊礁、石岛、银屿、东岛、美济礁、渚碧礁、永暑礁均有栽培，常见，生长于空旷沙地、房前屋后、石堆。

价值 作围篱。浆果可食。茎入药，具有行气活血、清热解毒、消肿止痛、健脾止泻、安神利尿的功效，用于疔疮肿毒、胃痛、痞块腹痛、急性痢疾、肠痔泻血、哮喘等。茎可作饲料；防治鸡瘟。

桃金娘科 Myrtaceae | 番樱桃属 *Eugenia* L.

红果仔 *Eugenia uniflora* L.

别名 巴西红果、番樱桃、蒲红果、棱果蒲桃

形态特征 灌木或小乔木，高可达5米。全株无毛。叶片纸质，卵形至卵状披针形，长3.2~4.2厘米，宽2.3~3厘米，先端渐尖或短尖，钝头，基部圆形或微心形，上面绿色发亮，下面颜色较浅，两面无毛，有无数透明腺点，侧脉每边约5条，稍明显，边缘汇成边脉；叶柄极短，长约1.5毫米。花白色，稍芳香，单生或数朵聚生于叶腋，短于叶；萼片4，长椭圆形，向外反折。浆果球形，直径1~2厘米，有8棱，熟时深红色。内含种子1~2粒。

分布 原产巴西。在我国华南及福建、台湾、四川、云南有栽培。目前三沙甘泉岛有栽培，很少见，生长于庭园花坛。

价值 果可食；制软糖的原料。作为观果、观叶植物。

桃金娘科 Myrtaceae | 白千层属 *Melaleuca* L.

金千层 ***Melaleuca bracteata*** **F. Muell.**

别名 黄金香柳

形态特征 常绿乔木，树高可达 8 米。冠幅锥形；主干直立；枝条密集、细长、柔软，嫩枝红色；树皮纵裂。叶互生，金黄色，窄卵形至卵形，长 10~28 毫米，宽 1.5~3 毫米，叶脉 5~11，叶尖锐尖到尖，叶无毛或偶有软毛，无叶柄，具芳香味。穗状花序，花序由少到多个尖状花组成，长 1.5~3.5 厘米，花轴被软毛，同一苞片内有 1~3 个白色花，花瓣近圆柱形，长 1.5~2 毫米；每束雄蕊 16~25 个；花瓣绿白色。果实为蒴果，近球形，径 2~3 毫米，具有一个 2 毫米直径的孔，萼片宿存。

分布 原产澳大利亚、新西兰。我国华南及台湾、福建有栽培。目前三沙永兴岛有栽培，少见，生长于绿化带。

价值 景观植物。树皮、叶入药，具有镇静神经的功效。枝叶含芳香油，可以提取精油，供药用及防腐剂。

桃金娘科 Myrtaceae | 番石榴属 *Psidium* L.

番石榴 *Psidium guajava* L.

别名 芭乐、鸡屎果、拔子、喇叭番石榴

形态特征 乔木，高可达 13 米。树皮平滑，灰色，片状剥落；嫩枝有棱，被毛。叶片革质，长圆形至椭圆形，长 6~12 厘米，宽 3.5~6 厘米，先端急尖或钝，基部近圆形，上面稍粗糙，下面有毛，侧脉 12~15 对，常下陷，网脉明显；叶柄长 5 毫米。花单生或 2~3 朵排成聚伞花序；萼管钟形，长 5 毫米，有毛，萼帽近圆形，长 7~8 毫米，不规则裂开；花瓣长 1~1.4 厘米，白色；雄蕊长 6~9 毫米；子房与萼合生；花柱与雄蕊同长。浆果球形、卵圆形或梨形，长 3~8 厘米，顶端有宿存萼片；果肉白色或淡黄色。种子多数。

分布 原产南美洲热带地区。我国华南及福建、台湾、贵州、云南、四川等地有栽培。目前三沙产于永兴岛、赵述岛、甘泉岛、晋卿岛、东岛、美济礁、永暑礁、渚碧礁，尤其是甘泉岛有成片逸为野生，常见，生长于绿化带、林缘，有的与防护林混生。

价值 果为热带水果。叶、果实入药，具有收敛止泻、止血的功效，用于泄泻、痢疾、小儿消化不良。

桃金娘科 Myrtaceae | 蒲桃属 *Syzygium* Gaertn.

钟花蒲桃 *Syzygium campanulatum* Korth.

别名 红车木、鸿运当头、红车

形态特征 常绿小乔木，高可达20米。叶片革质，狭椭圆形至椭圆形，长3~8厘米，芳香，新叶亮红色至橘红色，渐变为粉红色，成熟叶深绿色。圆锥花序腋生，花多数；花白色，花丝细长；花蕾倒卵形至近圆形；花瓣连成钟状。果实球形，径约6毫米。

分布 原产热带亚洲。我国香港、澳门、广东、广西、海南、福建、云南等地有引种栽培。目前三沙永兴岛、赵述岛、晋卿岛、美济礁、永暑礁、渚碧礁有栽培，常见，生长于花坛、绿化带。

价值 作行道树或庭园彩叶观赏树。本种适应性、抗逆性强，可作为岛礁绿化美化、防风固沙的优选材料。

桃金娘科 Myrtaceae | 蒲桃属 *Syzygium* Gaertn.

洋蒲桃 *Syzygium samarangense* Merr. & Perry

别名 天桃、莲雾、琏雾、爪哇蒲桃

形态特征 乔木，高可达 12 米。嫩枝压扁。叶片薄革质，椭圆形至长圆形，长 10~22 厘米，宽 5~8 厘米，先端钝或稍尖，基部变狭，圆形或微心形，上面干后变黄褐色，下面多细小腺点，侧脉 14~19 对，边缘结合成边脉，另在靠近边缘处有 1 条附加边脉，侧脉间相隔 6~10 毫米，有明显网脉；叶柄极短，长不过 4 毫米，有时近无柄。聚伞花序顶生或腋生，长 5~6 厘米，有花数朵；花白色，花梗长约 5 毫米；萼管倒圆锥形，长 7~8 毫米，宽 6~7 毫米，萼齿 4，半圆形，长 4 毫米，宽 8 毫米；雄蕊极多，长约 1.5 厘米；花柱长 2.5~3 厘米。果实梨形或圆锥形，肉质，洋红色，发亮，长 4~5 厘米，顶部凹陷，有宿存的肉质萼片。种子 1 粒。

分布 原产马来西亚、印度、印度尼西亚、泰国、新几内亚。我国华南及福建、台湾、四川、云南有栽培。目前三沙永兴岛、晋卿岛、美济礁、永暑礁、渚碧礁有栽培，常见，生长于绿化带、庭园。

价值 果实为水果。植株为园林绿化植物。果实入药，具有润肺、止咳、除痰、凉血、收敛的功效。

使君子科 Combretaceae | 使君子属 *Quisqualis* L.

使君子 *Quisqualis indica* L.

别名 史君子、四君子

形态特征 攀缘灌木，高2~8米。小枝被棕黄色短柔毛。叶对生或近对生，叶片膜质，卵形或椭圆形，长5~11厘米，宽2.5~5.5厘米，先端短渐尖，基部钝圆，表面无毛，背面有时疏被棕色柔毛，侧脉7或8对；叶柄长5~8毫米，无关节，幼时密生锈色柔毛。顶生穗状花序，组成伞房花序式；苞片卵形至线状披针形，被毛；萼管长5~9厘米，被黄色柔毛，先端具广展、外弯、小型的萼齿5枚；花瓣5，长1.8~2.4厘米，宽4~10毫米，先端钝圆，初为白色，后转淡红色；雄蕊10，不凸出冠外，外轮着生于花冠基部，内轮着生于萼管中部，花药长约1.5毫米；子房下位，胚珠3颗。果卵形，短尖，长2.7~4厘米，径1.2~2.3厘米，无毛，具明显的锐棱角5条，成熟时外果皮脆薄，呈青黑色或栗色。种子1粒，白色，长2.5厘米，径约1厘米，圆柱状纺锤形。

分布 印度、缅甸、菲律宾有分布。我国产于长江以南各省。目前三沙永兴岛有栽培，常见，生长于庭园花坛。

价值 作观赏藤蔓植物栽培。种子入药，具有杀虫、消积、健脾的功效，用于蛔虫腹痛、小儿疳积、乳食停滞、腹胀、泻痢。

使君子科 Combretaceae | 诃子属 *Terminalia* L.

榄仁树 *Terminalia catappa* L.

别名 山枇杷、大叶榄仁、榄仁

形态特征 大乔木，高可达 15 米或更高。树皮褐黑色，纵裂而剥落状。枝平展，近顶部密被棕黄色的绒毛，具密而明显的叶痕。叶大，互生，常密集于枝顶，叶片倒卵形，长 12~22 厘米，宽 8~15 厘米，先端钝圆或短尖，中部以下渐狭，基部截形或狭心形，两面无毛或幼时背面疏被软毛，全缘，稀微波状，主脉粗壮，上面下陷而成一浅槽，背面突起，且于基部近叶柄处被绒毛，侧脉 10~12 对，网脉稠密；叶柄短而粗壮，长 10~15 毫米，被毛。穗状花序长而纤细，腋生，长 15~20 厘米，雄花生于上部，两性花生于下部；苞片小，早落；花多数，绿色或白色，长约 10 毫米；花瓣缺；萼筒杯状，长 8 毫米，外面无毛，内面被白色柔毛，萼齿 5，三角形，与萼筒近等长；雄蕊 10，伸出萼外；花盘由 5 个腺体组成，被白色粗毛；子房圆锥形，幼时被毛，成熟时近无毛；花柱单一，粗壮。果椭圆形，常稍压扁；具 2 棱，棱上具翅状的狭边；两端稍渐尖；果皮木质，坚硬，无毛，成熟时青黑色。种子 1 粒，矩圆形，含油质。

分布 东南亚、太平洋群岛、大洋洲、南美洲热带海岸有分布。我国产于华南各省份及台湾、云南。目前三沙产于永兴岛、赵述岛、晋卿岛、甘泉岛、石岛、北岛、西沙洲、东岛、银屿、鸭公岛、羚羊礁、美济礁、永暑礁、渚碧礁，常见，生长于花坛、绿化带、防护林、庭园。

价值 作为防风、防污染、净水、海滨绿化、园林景观、庭园观赏、行道树种。木材可为舟船、家具等用材。树皮、根、未成熟的果壳可提取单宁；叶可提取黑色染料，也可作养蚕饲料。种子含食用油，可生食或炒食。树皮、叶入药，具有化痰止咳的功效，用于支气管炎。

使君子科 Combretaceae | 诃子属 *Terminalia* L.

小叶榄仁 *Terminalia neotaliala* Capuron

别名 细叶榄仁、非洲榄仁、雨伞树

形态特征 落叶大乔木，株高10~15米。主干直立，冠幅2~5米；侧枝轮生呈水平展开，树冠层伞形，层次分明，质感轻细。叶小，长3~8厘米，宽2~3厘米，提琴状倒卵形，全缘，具4~6对羽状脉，4~7叶轮生，深绿色，冬季落叶前变红或紫红色。穗状花序腋生，花两性，花萼5裂，无花瓣；雄蕊10，2轮排列，着生于萼管上；子房下位，花柱单生伸出。核果纺锤形。种子1粒。

分布 原产马达加斯加。我国广东、海南、福建、台湾有引种栽培。目前三沙永兴岛、赵述岛、晋卿岛、石岛、北岛、西沙洲、美济礁、永暑礁、渚碧礁有栽培，常见，生长于花坛、绿化带。

价值 常栽培作行道树或庭园观赏树。

使君子科 Combretaceae | 诃子属 *Terminalia* L.

毗黎勒 *Terminalia bellirica* (Gaertn.) Roxb.

别名 油榄仁

形态特征 乔木，高18~35米。胸径可达1米；枝灰色，具纵纹及明显的螺旋状上升的叶痕；小枝、幼叶及叶柄基部常具锈色绒毛。叶螺旋状聚生于枝顶，叶片阔卵形或倒卵形，纸质，长18~26厘米，宽6~12厘米，全缘，边缘微波状，先端钝或短尖，基部渐狭或钝圆，两面无毛，较疏生白色细瘤点，具光泽，侧脉5~8对，背面网脉细密，瘤点较少；叶柄长3~9厘米，常于中上部有2腺体。穗状花序腋生，在茎上部常聚成伞房状，长5~12厘米，密被红褐色的丝状毛，上部为雄花，基部为两性花；花基数为5，淡黄色，无柄;萼管杯状，5裂，裂片三角形，长约3毫米，被绒毛;花瓣缺；雄蕊10，着生于被毛的花盘外；花盘仅出现在两性花上，10裂，被红褐色髯毛；花柱棒状，下部粗壮，被疏生的长绒毛，上部纤细，微弯。假核果卵形，密被锈色绒毛，长2~3厘米，径1.8~2.5厘米，具明显的5棱。种子1粒。

分布 越南、老挝、泰国、柬埔寨、缅甸、印度、马来西亚、印度尼西亚有分布。我国云南、海南有引种栽培。目前三沙永兴岛有栽培，很少见，生长于绿化带、花坛。

价值 木材可为舟船、家具等用材。果皮用于鞣革及制黑色染料。果皮入药用于风虚热气；未成熟果实用于通便；成熟果实为收敛剂。核仁可食，但多食有麻醉作用。

红树科 Rhizophoraceae | 红树属 *Rhizophora* L.

红树 *Rhizophora apiculata* Bl.

别名 鸡笼答、五足驴

形态特征 乔木或灌木，高 2~4 米。树皮黑褐色。叶椭圆形至矩圆状椭圆形，长 7~16 厘米，宽 3~6 厘米，顶端短尖或突尖，基部阔楔形，中脉下面红色，侧脉干燥后在上面稍明显；叶柄粗壮，淡红色，长 1.5~2.5 厘米；托叶长 5~7 厘米。总花梗着生于已落叶的叶腋，比叶柄短，有花 2 朵；无花梗，有杯状小苞片；花萼裂片长三角形，短尖，长 10~12 毫米；花瓣膜质，长 6~8 毫米，无毛；雄蕊约 12，4 枚瓣上着生，8 枚萼上着生，短于花瓣；子房上部钝圆锥形，长 1.5~2.5 毫米，为花盘包围;花柱极不明显，柱头 2 浅裂。果实倒梨形，略粗糙，长 2~2.5 厘米，直径 1.2~1.5 厘米；胚轴圆柱形，略弯曲，绿紫色，长 20~40 厘米。

分布 分布于东南亚、美拉尼西亚群岛、密克罗尼西亚群岛及大洋洲热带地区。我国产于海南。目前三沙美济礁有栽培，极少见，生长于人工育苗苗圃。

价值 木材作把柄、车轴和其他强度大的小件用材；是一种良好的薪炭材。胚轴脱涩可供食用或作饲料。可用于南海岛礁防护林建设；是吸收、固定和储存二氧化碳的重要树种。

藤黄科 Guttiferae | 红厚壳属 *Calophyllum* L.

红厚壳 *Calophyllum inophyllum* L.

别名 胡桐、琼崖海棠树、海棠木、海棠果、君子树

形态特征 乔木，高 5~12 米。树皮厚，灰褐色或暗褐色，有纵裂缝，创伤处常渗出透明树脂。幼枝具纵条纹。叶片厚革质，宽椭圆形或倒卵状椭圆形，稀长圆形，长 8~15 厘米，宽 4~8 厘米，顶端圆或微缺，基部钝圆或宽楔形，两面具光泽；中脉在上面下陷，下面隆起，侧脉多数，几与中脉垂直，两面隆起；叶柄粗壮，长 1~2.5 厘米。总状花序或圆锥花序近顶生，花 7~11 朵，花序长常 10 厘米以上；花两性，白色，微香，直径 2~2.5 厘米；花梗长 1.5~4 厘米；花萼裂片 4，外方 2 枚较小，近圆形，顶端凹陷，长约 8 毫米，内方 2 枚较大，倒卵形，花瓣状；花瓣 4，倒披针形，长约 11 毫米，顶端近平截或浑圆，内弯；雄蕊极多数，花丝基部合生成 4 束；子房近圆球形；花柱细长，蜿蜒状，柱头盾形。果圆球形，直径约 2.5 厘米，成熟时黄色。

分布 分布于东南亚、南亚、大洋洲和马达加斯加岛。我国产于广东、台湾、海南。目前三沙产于永兴岛、赵述岛、晋卿岛、东岛、甘泉岛、西沙洲、美济礁、永暑礁、渚碧礁，常见，生长于花坛、绿化带、防风林，尤其是晋卿岛有百年红厚壳古树分布。

价值 优良园林绿化树种；高产油料树种。木材为制作器械和农具的良材。树皮可作鞣料原料。树脂可作漆油的防脆剂和印刷用墨的胶料。根、叶可入药，具有祛疗止痛的功效，用于风湿疼痛、跌打损伤、痛经、外伤出血；树皮、果实入药，用于鼻出血、鼻塞、耳聋；种子油入药，用于皮肤病。

藤黄科 Guttiferae | 藤黄属 *Garcinia* L.

莽吉柿 *Garcinia mangostana* L.

别名 山竹子、山竹、山竺、倒捻子

形态特征 小乔木，高 12~20 米。分枝多而密集，交互对生，小枝具明显的纵棱条。叶片厚革质，具光泽，椭圆形或椭圆状矩圆形，长 14~25 厘米，宽 5~10 厘米，顶端短渐尖，基部宽楔形或近圆形，中脉两面隆起，侧脉密集，多达 40~50 对，在边缘内联结；叶柄粗壮，长约 2 厘米，干时具密的横皱纹。雄花 2~9 朵簇生于枝条顶端，花梗短，雄蕊合生成 4 束，退化雌蕊圆锥形；雌花单生或成对，着生于枝条顶端，比雄花稍大，直径 4.5~5 厘米，花梗长 1.2 厘米；几无花柱，柱头 5~6 深裂。果成熟时紫红色，间有黄褐色斑块，光滑。种子 4~5 粒，假种皮瓢状多汁，白色。

分布 原产印度尼西亚，现亚洲、非洲热带地区广泛栽培。我国海南、台湾、福建、广东、广西和云南有栽培。目前三沙永兴岛有栽培，很少见，生长于花坛。

价值 热带水果，可生食或制果脯。干叶可泡茶。外果皮中的红色素可用来制染料。果入药，具有清热降火、美容肌肤的功效，用于痢疾、腹泻、膀胱炎、淋病、慢性尿道炎、腹痛、感染性创伤、化脓、慢性溃疡等疾病；树皮入药，用于小溃疡或鹅口疮；树叶入药，用于小溃疡或鹅口疮、退热；根入药，用于月经不调。

椴树科 Tiliaceae | 黄麻属 *Corchorus* L.

甜麻 *Corchorus aestuans* L.

别名 假黄麻、针筒草

形态特征 一年生草本。茎红褐色，稍被淡黄色柔毛；枝细长，披散。叶卵形或阔卵形，长4.5~6.5厘米，宽3~4厘米，顶端短渐尖或急尖，基部圆形，两面均有稀疏的长粗毛，边缘有锯齿，近基部1对锯齿往往延伸成尾状的小裂片，基出5~7脉；叶柄长1~1.5厘米，被淡黄色的长粗毛。花单独或数朵组成聚伞花序生于叶腋或腋外，花序柄或花柄均极短或近无；萼片5，狭窄长圆形，长约5毫米，上部半凹陷如舟状，顶端具角，外面紫红色；花瓣5，与萼片近等长，倒卵形，黄色；雄蕊多数，长约3毫米，黄色；子房长圆柱形，被柔毛，花柱圆棒状，柱头如喙，5齿裂。蒴果长筒形，长约2.5厘米，直径约5毫米，具6条纵棱，其中3~4棱呈翅状突起，顶端有3~4条向外延伸的角，角二叉；成熟时3~4瓣裂，果瓣有浅横隔。种子多数。

分布 亚洲、中美洲及非洲热带有分布。我国产于长江以南各省。目前三沙产于美济礁，少见，生长于空旷沙地、草坡。

椴树科 Tiliaceae | 文定果属 *Muntingia* L.

文定果 *Muntingia calabura* L.

别名 南美假樱桃

形态特征 常绿小乔木，高达 5~8 米。树皮光滑较薄，灰褐色；小枝及叶被短腺毛。叶片纸质，单叶互生，长圆状卵形，长 4~10 厘米，宽 1.5~4 厘米；掌状，先端渐尖，基部斜心形，3~5 主脉，叶缘中上部有疏齿，两面有星状绒毛。花两性，单生或成对着生于上部小枝的叶腋；花萼合生，萼片 5，分离，长 10~12 毫米，宽约 3 毫米，两侧边缘内折而呈舟状，先端有长尾尖，花时花萼反折；花瓣 5，长 10~11 毫米，宽约 9 毫米，白色，倒阔卵形，具有瓣柄，全缘，先端边缘波状；雄蕊多数；子房无毛；柱头 5~6 浅裂，宿存；花盘杯状。浆果球形或近球形，直径约 1 厘米，成熟时为红色，无毛。种子椭圆形，极细小。

分布 原产热带美洲。我国产于海南、广东、福建、台湾等地。目前三沙产于永兴岛、美济礁，少见，生长于空旷沙地、林缘。

价值 作行道、庭园栽培的观赏树种。果作为水果。

椴树科 Tiliaceae | 刺蒴麻属 *Triumfetta* L.

铺地刺蒴麻 *Triumfetta procumbens* Forst. f.

形态特征 木质草本。茎匍匐；嫩枝被黄褐色星状短绒毛。叶厚纸质，卵圆形，有时3浅裂，长2~4.5厘米，宽1.5~4厘米，先端圆钝，基部心形，上面有星状短绒毛，下面被黄褐色厚绒毛，基出5~7脉，边缘有钝齿；叶柄长1~5厘米，被短绒毛。聚伞花序腋生，花序柄长约1厘米；花柄长2~3毫米；花萼5，淡黄色，条状长椭圆形，背面密被柔毛，顶端膜质急尖；花被5，黄色，椭圆形，顶端平截或圆；花丝多数，淡黄色；花药黄色。果实球形，直径1.5厘米，干后不开裂；针刺长3~4毫米，有时更长些，粗壮，先端弯曲，有柔毛。种子4~8粒。

分布 大洋洲及西南太平洋各岛屿有分布。我国产于海南。目前三沙产于永兴岛、赵述岛、晋卿岛、甘泉岛、东岛、石岛、西沙洲、北岛、北沙洲、南岛、南沙洲、中岛、中沙洲、广金岛、美济礁，很常见，生长于空旷干旱沙地，偶见生长于草坡。

价值 本种抗逆性强，根、茎发达，可作为防风固沙、生态建设的先锋植物。

梧桐科 Sterculiaceae | 银叶树属 *Heritiera* Aiton

银叶树 *Heritiera littoralis* Dryand.

别名 银叶板根、大白叶仔

形态特征 常绿乔木，高约 10 米。树皮灰黑色；小枝幼时被白色鳞秕。叶革质，矩圆状披针形、椭圆形或卵形，长 10~20 厘米，宽 5~10 厘米，顶端锐尖或钝，基部钝，上面无毛或几无毛，下面密被银白色鳞秕；叶柄长 1~2 厘米；托叶披针形，早落。圆锥花序腋生，长约 8 厘米，密被星状毛和鳞秕；花红褐色；萼钟状，长 4~6 毫米，两面均被星状毛，5 浅裂，裂片三角形，长约 2 毫米；雄花的花盘较薄，有乳头状突起；雌雄蕊柄短而无毛，花药 4~5 个在雌雄蕊柄顶端排成 1 环；雌花的心皮 4~5 枚；柱头 4~5 枚且短而向下弯。果木质，坚果状，近椭圆形，光滑，干时黄褐色，长约 6 厘米，宽约 3.5 厘米，背部有龙骨状突起。种子卵形，长 2 厘米。

分布 印度、日本、澳大利亚及东南亚、非洲国家有分布。我国产于华南及台湾。目前三沙美济礁有栽培，少见，生长于防风林、苗圃。

价值 木材为建筑、造船和制家具的良材。种子可榨油。树皮入药，用于血尿症、腹泻和赤痢等。热带海岸带绿化美化及防护林树种。

梧桐科 Sterculiaceae | 马松子属 *Melochia* L.

马松子 *Melochia corchorifolia* L.

别名 野路葵

形态特征 半灌木状草本，高不及1米。枝黄褐色，略被星状短柔毛。叶薄纸质，卵形、矩圆状卵形或披针形，偶见具不明显的3浅裂；叶片长2.5~7厘米，宽1~1.5厘米，顶端急尖或钝，基部圆形或心形，边缘有锯齿；叶面近无毛，叶背略被短柔毛；基生脉5条；叶柄长5~25毫米；托叶条形，长2~4毫米。花排成顶生或腋生的密聚伞花序或团伞花序；小苞片条形，混生在花序内；萼钟状，5浅裂，外面被长柔毛和刚毛，内面无毛，裂片三角形；花瓣5，白色，后变为淡红色，矩圆形，长约6毫米，基部收缩；雄蕊5，下部连合成筒，与花瓣对生；子房无柄，密被柔毛；花柱5，线状。蒴果圆球形，有5棱，直径5~6毫米，被长柔毛。种子卵圆形，略呈三角状，褐黑色，长2~3毫米。

分布 广布全球亚热带地区。我国产于华南、华东各省份。目前三沙产于永兴岛、赵述岛，不常见，生长于草地。

价值 茎皮富含纤维，可作制麻袋原料之一。全草入药，具有止痒退疹的功效，用于皮肤瘙痒、癣症、瘾疹、湿疮、湿疹等症。

梧桐科 Sterculiaceae | 蛇婆子属 *Waltheria* L.

蛇婆子 *Waltheria indica* L.

别名 和他草

形态特征 半灌木，长达 1 米。多分枝，小枝密被短柔毛。叶卵形或长椭圆状卵形，长 2.5~4.5 厘米，宽 1.5~3 厘米，顶端钝，基部圆形或浅心形，边缘有小齿，两面均密被短柔毛；叶柄长 0.5~1 厘米。聚伞花序腋生，头状，近无轴或有长约 1.5 厘米的花序轴；小苞片狭披针形，长约 4 毫米；萼筒状，5 裂，长 3~4 毫米，裂片三角形，远比萼筒长；花瓣 5，淡黄色，匙形，顶端截形，比萼略长；雄蕊 5，花丝合生成筒状，包围着雌蕊；子房无柄，被短柔毛；花柱偏生，柱头流苏状。蒴果倒卵形，长约 3 毫米，二瓣裂，被毛，为宿存的萼所包围。种子 1 粒，倒卵形。

分布 越南、泰国、印度尼西亚、印度有分布。我国产于海南、广东、广西、云南等省份。目前三沙产于永兴岛、赵述岛、晋卿岛、甘泉岛、西沙洲、美济礁，常见，生长于空旷沙地、草地。

价值 茎皮纤维可织麻袋。抗逆性强，可作为热带岛礁绿化、防风固沙的先锋植物。全草入药，具有祛风利湿、清热解毒的功效，用于风湿痹症、咽喉肿痛、湿热带下、痈肿瘰疬。

木棉科 Bombacaceae ｜ 木棉属 *Bombax* L.

木棉 *Bombax ceiba* L.

别名 红棉、英雄树、攀枝花、斑芝棉、斑芝树

形态特征 落叶大乔木，高可达 25 米。树皮灰白色。幼树的树干通常有圆锥状的粗刺；分枝平展。掌状复叶，小叶 5~7 片，长圆形至长圆状披针形，长 10~16 厘米，宽 3.5~5.5 厘米，顶端渐尖，基部阔或渐狭，全缘，两面均无毛；羽状侧脉 15~17 对，上举，网脉极细密，两面微突起；叶柄长 10~20 厘米；小叶柄长 1.5~4 厘米；托叶小。花单生于枝顶叶腋，通常红色，有时橙红色，直径约 10 厘米；萼杯状，长 2~3 厘米，外面无毛，内面密被淡黄色短绢毛，萼齿 3~5，半圆形，高 1.5 厘米，宽 2.3 厘米；花瓣肉质，倒卵状长圆形，长 8~10 厘米，宽 3~4 厘米，两面被星状柔毛；雄蕊管短，花丝较粗，基部粗，向上渐细，内轮部分花丝上部分 2 叉，中间 10 枚雄蕊较短，不分叉，外轮雄蕊多数，集成 5 束，每束花丝 10 枚以上，较长；花柱长于雄蕊。蒴果长圆形，长 10~15 厘米，粗 4.5~5 厘米，密被灰白色长柔毛和星状柔毛。种子倒卵形，光滑，多数。

分布 印度、斯里兰卡、中南半岛、马来西亚、印度尼西亚、菲律宾、澳大利亚有分布。我国产于广东、广西、海南、云南、四川、贵州、江西、福建、台湾等省份。目前三沙羚羊礁、美济礁有栽培，很少见，生长于花坛，长势较差。

价值 作行道树或庭园观赏树。花可作蔬菜食用。花入药，具有清热除湿的功效，用于菌痢、肠炎、胃痛；根皮入药，具有清热利湿、收敛止血的功效，用于慢性胃炎、胃溃疡、赤痢、瘰疬、跌打扭伤。果内绵毛可作枕、褥、救生圈等填充材料。种子油可制作润滑油、制肥皂。木材轻软，可用作蒸笼、箱板、火柴梗、造纸等用。

木棉科 Bombacaceae | 吉贝属 *Ceiba* Miller

美丽异木棉 *Ceiba speciosa* St. Hih.

别名 美丽木棉

形态特征 落叶乔木，高 12~18 米。树干挺拔；树皮绿色或绿褐色，光滑，韧皮纤维发达，具圆锥状尖刺，罕见无刺；成年树下部膨大呈酒瓶状。大枝轮生，水平伸展或斜举，树冠伞形。掌状复叶，互生，小叶 3~7，常为 5，倒卵状长椭圆形或椭圆形，中央小叶较大，长 7~14 厘米，上半部边缘有锯齿，先端突尖或渐尖，基部楔形。花大，1~3 朵腋生或数朵聚生于枝端，具芳香味；花萼杯状，绿色；花瓣 5，粉红色或红色，基部黄色或白色带紫斑，也有全白色而内带黄色的，边缘波状而略反卷；花丝合生成雄蕊管；花药连成圆块状；花柱略伸出。蒴果纺锤形，内有柔毛。种子多数，近球形。

分布 原产南美洲，现世界热带地区广泛栽培。我国广东、福建、广西、海南、云南、四川等省份有引种栽培。目前三沙赵述岛有栽培，少见，生长于绿化带。

价值 作庭园、道路、公园绿化美化、造景优良树种。果内绵毛可作枕、褥、救生圈等填充材料。

木棉科 Bombacaceae | 瓜栗属 *Pachira* Aubl.

瓜栗 *Pachira aquatica* Aubl.

别名 发财树、马拉巴栗、中美木棉、鹅掌钱

形态特征 小乔木，高4~5米。树冠较松散。幼枝栗褐色，无毛。掌状复叶；小叶5~11，具短柄或近无柄，长圆形至倒卵状长圆形，渐尖，基部楔形，全缘；叶面无毛，叶背及叶柄被锈色星状绒毛；中央小叶长13~24厘米，宽4.5~8厘米，外侧小叶渐小；中肋表面平坦，背面强烈隆起，侧脉16~20对，几平展，至边缘附近联结为1圈波状集合脉；网脉细密，均于背面隆起；叶柄长11~15厘米。花单生于枝顶叶腋；花梗粗壮，长2厘米，被黄色星状绒毛，脱落；萼杯状，近革质，高1.5厘米，直径1.3厘米，疏被星状柔毛，内面无毛，截平或具3~6枚不明显的浅齿，宿存，基部有2~3枚圆形腺体；花瓣淡黄绿色，狭披针形至线形，长达15厘米，上半部反卷；雄蕊管较短，分裂为多数雄蕊束，每束再分裂为7~10枚细长的花丝，花丝连雄蕊管长13~15厘米，下部黄色，向上变红色；花药狭线形，长2~3毫米；花柱长于雄蕊，深红色；柱头小，5浅裂。蒴果近梨形，长9~10厘米，直径4~6厘米，果皮厚，木质，熟后近黄褐色，开裂，外面无毛，内面密被长绵毛。种子不规则梯状楔形，长2~2.5厘米，宽1~1.5厘米，表皮暗褐色，有白色螺纹。

分布 原产墨西哥至哥斯达黎加一带。我国华南各省份有引种栽培。目前三沙永兴岛、赵述岛、晋卿岛、北岛、石岛、美济礁、渚碧礁、永暑礁有栽培，常见，生长于庭园、室内花盆。

价值 庭园、室内观赏植物。果皮未熟时可食；种子可炒食。

锦葵科 Malvaceae | 秋葵属 *Abelmoschus* Medik.

咖啡黄葵 *Abelmoschus esculentus* (L.) Moench

别名 黄秋葵、补肾菜、秋葵、糊麻、羊角豆、越南芝麻、洋辣椒、咖啡葵

形态特征 一年生草本，高 1~2 米。茎圆柱形，疏生散刺。叶掌状 3~7 裂，直径 10~30 厘米，裂片阔至狭，边缘具粗齿及凹缺，两面均被疏硬毛；叶柄长 7~15 厘米，被长硬毛；托叶线形，长 7~10 毫米，被疏硬毛。花单生于叶腋；花梗长 1~2 厘米，疏被糙硬毛；小苞片 8~10，线形，长约 1.5 厘米，疏被硬毛；花萼钟形，长于小苞片，密被星状短绒毛；花黄色，漏斗形，内面基部紫色，直径 5~7 厘米；花瓣 5，倒卵形，长 4~5 厘米；雄蕊柱较花冠为短，基部具花药；花柱 5 裂。蒴果筒状尖塔形，长 10~25 厘米，直径 1.5~2 厘米，顶端具长喙，疏被糙硬毛，成熟后室背开裂。种子球形，多数，直径 4~5 毫米，具毛脉纹，熟后黑色。

分布 原产印度，热带、亚热带地区广泛栽培。我国南方各省有栽培。目前三沙永兴岛、赵述岛、晋卿岛、美济礁、渚碧礁、永暑礁等有栽培，常见，生长于菜地。

价值 嫩荚作为蔬菜。庭园观赏花卉。种子含油 15%~20%，油脂含少量棉籽酚，有微毒，经高温处理后可食用或供工业用。全草入药，清热解毒、润燥滑肠；根入药，止咳；茎皮入药，通经；种子入药，催乳。

锦葵科 Malvaceae | 苘麻属 *Abutilon* Mill.

磨盘草 *Abutilon indicum* (L.) Sweet

别名 金花草、磨挡草、耳响草、磨子树、磨谷子、磨龙子、石磨子、磨盆草、印度苘麻、白麻

形态特征 亚灌木状草本植物，高达 1~2.5 米。多分枝，全株均被灰色短柔毛。叶互生，具长柄，被灰色短柔毛和疏丝状长毛；托叶钻形，外弯；叶圆卵形至近圆形，长 3~9 厘米，宽 2~7 厘米，先端短尖或渐尖，基部心形，叶缘有不规则的锯齿，两面皆被灰色星状柔毛。花单生于叶腋，黄色，花瓣 5，直径 2~2.5 厘米，花梗长达 4 厘米，近顶端有节；花萼盘状，5 深裂，绿色，密被灰色小柔毛，裂片阔卵形，先端短尖；雄蕊多数，花丝基部连成短筒。果圆形似磨盘，直径约 1.5 厘米，黑色，分果爿 15~20，先端截形，具短芒，被星状长硬毛。种子肾形，被星状疏柔毛。

分布 原产美洲墨西哥。我国各地有栽培或逸为野生。目前三沙产于永兴岛、赵述岛、北岛、晋卿岛、东岛、石岛、美济礁、渚碧礁，常见，生长于林缘、沙地、路边。

价值 本种皮层纤维可作为麻类的代用品，供织麻布、搓绳索和加工成人造棉供织物和垫充料。全草入药，具有疏风清热、益气通窍、祛痰利尿的功效，用于感冒、久热不退、流行性腮腺炎、耳鸣、耳聋、肺结核、小便不利。

锦葵科 Malvaceae ｜ 棉属 *Gossypium* L.

陆地棉 *Gossypium hirsutum* L.

别名 美棉、墨西哥棉、美洲棉、大陆棉、高地棉

形态特征 一年生草本。小枝疏被长毛。叶阔卵形，长、宽近相等，5~12 厘米，常 3 浅裂，很少为 5 裂，中裂片常深裂达叶片的一半，裂片宽三角状卵形，先端突渐尖，基部宽，叶基部心形或心状截头形，叶面近无毛，沿脉被粗毛，叶面疏被长柔毛；叶柄长 3~15 厘米，疏被柔毛；托叶卵状镰形，长 5~8 毫米，早落。花单生于叶腋，花梗通常短于叶柄；小苞片 3，分离，基部心形，具腺体 1 个，边缘具 7~9 齿，被长硬毛和纤毛；花萼杯状，裂片 5，三角形，具缘毛；花白色或淡黄色，后变淡红色或紫色。蒴果卵圆形，长 3.5~5 厘米，具喙。种子分离，卵圆形，具白色长棉毛和灰白色不易剥离的短棉毛。

分布 原产美洲墨西哥。我国各地有栽培。目前三沙产于永兴岛、赵述岛、北岛、晋卿岛、渚碧礁，常见，生长于林缘、沙地、路边，尤其是永兴岛分布较多。

价值 轻纺工业的主要原料。抗逆性强，喜沙，可作为我国热带岛礁的绿化植物之一。

锦葵科 Malvaceae | 泡果苘属 *Herissantia* Medik.

泡果苘 *Herissantia crispa* (L.) Brizicky

形态特征 一年生或多年生草本。茎直立或披散，高可达 1.5 米。枝被白色长毛和星状细柔毛。叶心形，长 2~7 厘米，先端渐尖，边缘具圆锯齿，两面均被星状长柔毛；叶柄长 0.2~5 厘米，被星状长柔毛；托叶线形，长 3~7 毫米，被柔毛。花黄色，花梗丝形，长 2~4 厘米，被长柔毛，近端处具节，在节处膝曲；花萼碟状，长 4~5 毫米，外面被长柔毛，裂片 5，卵形，先端渐尖；花冠直径约 1 厘米，花瓣 5，倒卵形，长 6~10 毫米。蒴果球形或扁球形，膨胀呈灯笼状，疏被长柔毛，直径 0.9~1.3 厘米；分果瓣 8~15，成熟时，室背开裂，果瓣脱落，宿存花托长约 2 毫米。种子肾形，黑色。

分布 原产美洲热带、亚热带地区。我国产于广东、海南。目前三沙产于渚碧礁，少见，生长于林缘沙地。

价值 不详。

锦葵科 Malvaceae | 木槿属 *Hibiscus* L.

木槿 *Hibiscus syriacus* L.

别名 喇叭花、荆条、木棉、朝开暮落花、白花木槿、鸡肉花、白饭花、篱障花、大红花

形态特征 落叶灌木，高 3~4 米。小枝密被黄色星状绒毛。叶菱形至三角状卵形，长 3~10 厘米，宽 2~4 厘米，具深浅不同的 3 裂或不裂，先端钝，基部楔形，边缘具不整齐齿缺，叶背沿叶脉微被毛或近无毛；叶柄长 5~25 毫米，被星状柔毛；托叶线形，长约 6 毫米，疏被柔毛。花单生于枝端叶腋，花梗长 4~14 毫米，被星状短绒毛；小苞片 6~8，线形，长 6~15 毫米，宽 1~2 毫米，密被星状疏绒毛；花萼钟形，长 14~20 毫米，密被星状短绒毛，裂片 5，三角形；花钟形，淡紫色，直径 5~6 厘米，花瓣倒卵形，长 3.5~4.5 厘米，外面疏被纤毛和星状长柔毛；雄蕊柱长约 3 厘米，花药多数，生于柱顶；花柱 5 裂，无毛，柱头头状。蒴果卵圆形，直径约 12 毫米，密被黄色星状绒毛，胞背开裂成 5 果爿。种子肾形，背部被黄白色长柔毛。

分布 原产我国中部各省，福建、广东、广西、海南、云南、贵州、四川、湖南、湖北、安徽、江西、浙江、江苏、山东、河北、河南、陕西、台湾等省份均有栽培。目前三沙永兴岛、赵述岛有栽培，少见，生长于绿化带。

价值 作观赏、绿篱植物。茎皮富含纤维，供造纸原料。木槿花可食用。全草入药，具有防治病毒性疾病和降低胆固醇的作用；花外用，可用于疮疖肿。

锦葵科 Malvaceae | 木槿属 *Hibiscus* L.

朱槿 *Hibiscus rosa-sinensis* L.

别名 状元红、桑槿、大红花、佛桑、扶桑、花叶朱槿、中国蔷薇

形态特征 常绿灌木，高 1~3 米。小枝圆柱形，疏被星状柔毛。叶互生，掌状脉，阔卵形或狭卵形，长 4~9 厘米，宽 2~5 厘米，先端渐尖，基部圆形或楔形，边缘具粗齿或缺刻，两面除背面沿脉上有少许疏毛外均无毛；叶柄长 5~20 毫米，被长柔毛；托叶线形，长 5~12 毫米，被毛。花单生于上部叶腋，常下垂；花梗长 3~7 厘米，疏被星状柔毛或近平滑无毛，中上部具节；小苞片 6~7，线形，长 8~15 毫米，疏被星状柔毛，基部合生；萼钟形，长约 2 厘米，被星状柔毛，裂片 5，卵形至披针形；花冠漏斗形，直径 6~10 厘米，玫瑰红色、淡红色、淡黄色等，花瓣倒卵形，先端圆，外面疏被柔毛；雄蕊柱长 4~8 厘米，平滑无毛；花药多数；花柱 5 裂，柱头头状。蒴果卵形，长约 2.5 厘米，平滑无毛，有喙，熟后开裂成 5 果爿。种子肾形。

分布 长江流域以南各地有栽培。目前三沙永兴岛、赵述岛、甘泉岛、北岛、西沙洲、晋卿岛、石岛、银屿、美济礁、渚碧礁、永暑礁等有栽培，很常见，生长于花坛、绿地、庭园。

价值 园林主要观花植物之一。全草入药，具有清热利水、解毒消肿的功效。

锦葵科 Malvaceae | 木槿属 *Hibiscus* L.

黄槿 *Hibiscus tiliaceus* L.

别名 糕仔树、桐花、盐水面头果、朴仔、榄麻、海麻、海罗树、弓背树、右纳、万年春

形态特征 灌木或小乔木，高 4~10 米，胸径达 60 厘米。树皮灰白色；小枝无毛或近无毛。叶互生，革质，近圆形或广卵形，直径 8~15 厘米，先端突尖，有时短渐尖，基部心形，全缘或具不明显细圆齿，叶面嫩时被极细星状毛，逐渐变平滑无毛，叶背密被灰白色星状柔毛；叶脉 7 或 9 条；叶柄长 3~8 厘米；托叶叶状，长圆形，长约 2 厘米，宽约 12 毫米，先端圆，早落，被星状疏柔毛。花序顶生或腋生，常数朵排列成聚散花序，总花梗长 4~5 厘米；花梗长 1~3 厘米，基部有 1 对叶状、长圆形苞片；小苞片 7~10，线状披针形，被绒毛，中部以下连合成杯状；花萼长 1.5~2.5 厘米，5 裂，基部 1/3~1/4 处合生，裂片披针形，被绒毛；花冠钟形，直径 6~7 厘米，内面基部暗紫色，花瓣 5，黄色，倒卵形，长约 4.5 厘米，外面密被黄色星状柔毛；雄蕊柱基部与花瓣合生，长约 3 厘米，平滑无毛；花药多数；花柱 5 裂，被细腺毛；柱头头状。蒴果卵圆形，长约 2 厘米，被绒毛，成熟后胞背开裂成木质的 5 果爿。种子光滑，肾形。

分布 分布于热带、亚热带地区。我国产于广东、广西、海南、福建、台湾等省份。目前三沙永兴岛、赵述岛、甘泉岛、北岛、西沙洲、晋卿岛、石岛、东岛、银屿、鸭公岛、羚羊礁、美济礁、渚碧礁、永暑礁有栽培，很常见，生长于花坛、绿地、庭园、海防林。

价值 树皮纤维供制绳索；嫩枝叶供蔬食；木材坚硬致密，耐朽力强，适于建筑、造船及家具等用。作为道路、庭园、公园的绿化重要树种之一。海防林、沿海生态景观林树种之一。在三沙岛礁作为岛礁绿化美化、防风固沙的主要树种。

锦葵科 Malvaceae | 赛葵属 *Malvastrum* A. Gray

赛葵 *Malvastrum coromandelianum* (L.) Gurcke

别名 黄花棉、山黄麻、大叶黄花猛、山桃仔、黄花草

形态特征 多年生亚灌木状草本，高可达 1 米。茎直立，疏被单毛和星状粗毛。叶卵状披针形或卵形，长 3~6 厘米，宽 1~3 厘米，先端微尖，基部宽楔形至圆形，边缘具粗锯齿，上面疏被长毛，下面疏被长毛和星状长毛；叶柄长 1~3 厘米，密被长毛；托叶披针形，长约 5 毫米。花单生于叶腋，花梗长约 5 毫米，被长毛；小苞片 3，线形，疏被长毛；花萼浅杯状，5 裂，裂片卵形，渐尖头，基部合生，外面有糙毛；花黄色，花瓣 5，倒卵形；雄蕊柱无毛；柱头头状。果直径约 6 毫米；分果爿 8~12，肾形，上部有硬毛，扁，具 2 芒刺。

分布 世界热带地区广布。我国产于广东、广西、海南、福建、台湾、云南。目前三沙产于永兴岛、赵述岛、晋卿岛、东岛、渚碧礁、永暑礁、美济礁，常见，生长于花坛、草地、空旷沙地。

价值 全草入药，具有清热利湿、解毒散瘀的功效，用于感冒肠炎、痢疾、黄疸型肝炎、风湿关节痛；外用治跌打损伤、疔疮、痈肿。可作为青饲料。

锦葵科 Malvaceae | 黄花稔属 *Sida* L.

桤叶黄花稔 *Sida alnifolia* L.

别名 黄花母、黄花草、拔脓膏、脓见愁、黄花稔、小柴胡、地马桩、地膏药、牛筋麻、糯米药、砂宁根、地旁草

形态特征 直立亚灌木或灌木，高1~2米。小枝细瘦，被星状柔毛。叶倒卵形、卵形、卵状披针形至近圆形，长2~5厘米，宽8~30毫米，先端尖或圆，基部圆至楔形，边缘具锯齿，腹面被星状柔毛，背面密被星状长柔毛；叶柄长2~8毫米，被星状柔毛；托叶钻形，常短于叶柄。花单生于叶腋，花梗长1~3厘米，中部以上具节，密被星状绒毛；萼杯状，长6~8毫米，被星状绒毛，裂片5，三角形；花黄色，直径约1厘米，花瓣倒卵形，长约1厘米；雄蕊柱长4~5毫米，被长硬毛。果近球形，分果爿6~8，具2芒，被长柔毛。

分布 印度、越南有分布。我国产于海南、广东、广西、福建、台湾、云南。目前三沙产于永兴岛、赵述岛、晋卿岛、美济礁、渚碧礁、永暑礁，常见，生长于花坛、空旷沙地。

价值 茎皮富含韧皮纤维，是编织绳索、加工人造棉的优良原料。抗逆性强，在我国南海岛礁常见生长良好，可作为防风固沙、岛礁绿化先锋植物。叶、根入药，具有清热利湿、解毒消肿的功效，用于湿热泻痢、黄疸、咽喉肿痛、痈肿疮毒、毒蜂螫伤。注：孕妇慎服。

锦葵科 Malvaceae | 黄花稔属 *Sida* L.

中华黄花稔 *Sida chinensis* Retz.

形态特征 多年生直立亚灌木，高可达70厘米。分枝多，密被星状柔毛。叶倒卵形、长圆形或近圆形，长5~20毫米，宽3~10毫米，先端圆，基部楔形至圆形，具细圆锯齿，上面疏被星状柔毛或几乎无毛，下面被星状柔毛；叶柄长2~4毫米，被星状柔毛；托叶钻形。花单生于叶腋，花梗长约1厘米，被星状柔毛，中部具节；花萼钟形，直径约6毫米，绿色，5齿裂，裂片三角形，密被星状柔毛；花直径约1厘米，花瓣黄色，5瓣，倒卵形，长约6毫米；雄蕊柱被硬毛，花丝细，花药黄色。果圆球形，直径约4毫米，分果爿7~8，平滑而无芒，顶端疏被柔毛，包藏于宿萼内。

分布 我国台湾、广东、海南和云南有分布。目前三沙产于永兴岛、赵述岛、甘泉岛、北岛、西沙洲、晋卿岛、石岛、银屿、羚羊礁、南沙洲、中沙洲、石岛、美济礁、渚碧礁、永暑礁，很常见，生长于绿化带、花坛、草地、空旷沙地。

价值 全草入药，具有清热利湿、排脓止痛的功效，用于感冒发热、细菌性痢疾、泌尿系统结石、痢疾、腹中疼痛；外用治痈疖疔疮等病症。茎皮富含韧皮纤维，是编织绳索、加工人造棉的优良原料。抗逆性强，在三沙岛礁常见，生长良好，可作为防风固沙、岛礁绿化先锋植物。

锦葵科 Malvaceae | 黄花稔属 *Sida* L.

圆叶黄花稔 *Sida alnifolia* L. var. *orbiculata* S. Y. Hu

形态特征 多年生亚灌木。小枝细瘦，被星状柔毛。叶圆形或近圆形，直径5~13毫米，边缘具圆齿，两面被星状长硬毛；叶柄长约5毫米，密被星状柔毛；托叶钻形，长约2毫米。花单生于叶腋，花梗长约3厘米，中部以上具节，密被星状绒毛；萼杯状，长6~8毫米，被星状绒毛，裂片5，三角形，裂片顶端被纤毛；花黄色，直径约1厘米，花瓣倒卵形；雄蕊柱长4~5毫米，被长硬毛。果近球形，分果爿6~8，长约3毫米，具2芒，被长柔毛。

分布 亚洲热带、亚热带地区广泛分布。我国产于广东、广西、海南、台湾、贵州、云南。目前三沙产于永兴岛、赵述岛、甘泉岛、北岛、西沙洲、晋卿岛、东岛、石岛、银屿、羚羊礁、南沙洲、中沙洲、石岛、美济礁、渚碧礁、永暑礁，很常见，生长于花坛、空旷沙地。

价值 茎皮富含韧皮纤维，是编织绳索、加工人造棉的优良原料。抗逆性强，在三沙岛礁常见，生长良好，可作为防风固沙、岛礁绿化先锋植物。

锦葵科 Malvaceae | 黄花稔属 *Sida* L.

白背黄花稔 *Sida rhombifolia* L.

别名 菱叶拔毒散、麻笔、地膏药、疔疮药、黄花地桃花、黄花母、黄花稔、金午时花、裂叶雪麻头、菱叶黄花稔、枚叶草、坡麻、千斤坠、山鸡绸、生扯拢、素花草、塘罗达、土黄芪、细迷马桩棵、哑憨闷、亚母头

形态特征 直立亚灌木，高约1米。分枝多，枝被星状绵毛。叶菱形或长圆状披针形，长2.5~4.5厘米，宽0.6~2厘米，先端浑圆至短尖，基部宽楔形，边缘具锯齿，上面疏被星状柔毛至近无毛，下面被灰白色星状柔毛；叶柄短，长约4毫米，被星状柔毛；托叶纤细，刺毛状，长约4毫米。花单生于叶腋，花梗长1~2厘米，密被星状柔毛，中部以上具节；萼杯形，被星状短绵毛，裂片5，三角形；花黄色，直径约1厘米，花瓣倒卵形，先端圆，基部狭；雄蕊柱无毛，疏被腺状乳突；花柱分枝8~10。果半球形，直径6~7毫米，分果爿8~10，被星状柔毛，顶端具2短芒。

分布 世界热带地区广布。我国产于华南、西南、东南。目前三沙产于永兴岛、甘泉岛、美济礁，少见，生长于草地、空旷沙地。

价值 全草入药，具有清热利湿、排脓止痛的功效，用于感冒发热、扁桃体炎、泌尿系统结石、黄疸、痢疾、腹中疼痛；外用治痈疖疔疮。茎皮富含韧皮纤维，是编织绳索、加工人造棉的优良原料。

锦葵科 Malvaceae | 黄花稔属 *Sida* L.

心叶黄花稔 *Sida cordifolia* L.

形态特征 直立亚灌木，高约1米。小枝密被星状柔毛并混生长柔毛，毛长3毫米。叶卵形，长1.5~5厘米，宽1~4厘米，先端钝或圆，基部微心形或圆，边缘具钝齿，两面均密被星状柔毛，下面脉上混生长柔毛；叶柄长1~2.5厘米，密被星状柔毛和混生长柔毛；托叶线形，长约5毫米，密被星状柔毛。花单生或簇生于叶腋或枝端，花梗长5~15毫米，密被星状柔毛和混生长柔毛，上端具节；萼杯状，裂片5，三角形，长5~6毫米，密被星状柔毛并混生长柔毛；花黄色，直径约1.5厘米，花瓣长圆形，长6~8毫米；雄蕊柱长约6毫米，被长硬毛。蒴果直径6~8毫米，分果爿10，顶端具2长芒，芒长3~4毫米，凸出于萼外，被倒生刚毛。种子长卵形，顶端具短毛。

分布 亚洲、非洲热带、亚热带地区有分布。我国产于台湾、福建、广东、广西、海南、四川和云南。目前三沙美济礁有分布，少见，生长于草坡。

价值 茎皮富含韧皮纤维，是编织绳索、加工人造棉的优良原料。

锦葵科 Malvaceae | 黄花稔属 *Sida* L.

黄花稔 *Sida acuta* Burm. f.

别名 小本黄花草、吸血仔、四吻草、索血草、山鸡、拔毒散、脓见消、单鞭救主、梅肉草、柑仔蜜、蛇总管、四米草、尖叶嗽血草、白素子、麻芡麻、灶江、扫把麻、亚罕闷

形态特征 直立亚灌木状草本，高可达2米。分枝多，小枝被柔毛至近无毛。叶披针形，长2~5厘米，宽4~10毫米，先端短尖或渐尖，基部圆或钝，具锯齿，两面均无毛或疏被星状柔毛，上面偶被单毛；叶柄长4~6毫米，疏被柔毛；托叶线形，与叶柄近等长，常宿存。花单朵或成对生于叶腋，花梗长4~12毫米，被柔毛，中部具节；萼浅杯状，无毛，长约6毫米，下半部合生，裂片5，尾状渐尖；花黄色，直径8~10毫米，花瓣倒卵形，先端圆，基部狭，长6~7毫米，被纤毛；雄蕊柱长约4毫米，疏被硬毛。蒴果近圆球形，分果爿4~9，通常为5~6，长约3.5毫米，顶端具2短芒，果皮具网状皱纹。

分布 原产印度、越南、老挝。我国产于台湾、福建、广东、广西、海南、云南。目前三沙产于美济礁、永兴岛，少见，生长于草坡。

价值 茎皮纤维供绳索料。全草入药，具清热利湿、解毒消肿、活血止痛、排脓止痛的功效，用于湿热泻痢、乳痈、痔疮、疮疡肿毒、跌打损伤、骨折、感冒发热、扁桃体炎、细菌性痢疾、泌尿系统结石、黄疸、腹中疼痛；外用治痈疖疔疮、外伤出血。

锦葵科 Malvaceae | 桐棉属 *Thespesia* Sol. ex Corr.

桐棉 *Thespesia populnea* (L.) Sol. ex Corr.

别名 杨叶肖槿、长梗肖槿、长梗桐棉、伞杨

形态特征 常绿乔木，高约 6 米。小枝具褐色盾形细鳞秕。单叶互生，卵状心形，长 7~18 厘米，宽 4.5~11 厘米，先端长尾状，基部心形，全缘，叶面无毛，叶背被稀疏鳞秕；叶柄长 4~10 厘米，具鳞秕；托叶线状披针形，长约 7 毫米。花单生于叶腋；花梗长 2.5~6 厘米，密被鳞秕；小苞片 3~4，线状披针形，被鳞秕，长 8~10 毫米，常早落；花萼杯状，顶端截形，直径约 15 毫米，具 5 尖齿，密被鳞秕；花冠钟形，长约 5 厘米，内面基部具紫色块，花瓣 5，黄色；雄蕊柱长约 2.5 厘米；花药多数，黄色；花柱棒状，顶端具 5 槽纹，柱头粗而黏合。蒴果梨形，直径约 5 厘米，木质，熟后胞背开裂。种子三角状卵形，长约 9 毫米，被褐色纤毛。

分布 分布于越南、柬埔寨、斯里兰卡、印度、泰国、菲律宾及非洲热带国家。我国产于广东、广西、海南、台湾。目前三沙永兴岛、赵述岛、美济礁、渚碧礁有栽培，常见，生长于花坛、道路两旁、防护林。

价值 为一种半红树植物，作为沿海城市绿化和防护林建设树种。全株入药，具有清热解毒、消肿止痛的功效，用于脑膜炎、痢疾、痔疮、睾丸肿痛、疥癣。

锦葵科 Malvaceae | 梵天花属 *Urena* L.

地桃花 *Urena lobata* L.

别名 毛桐子、牛毛七、石松毛、红孩儿、千下槌、半边月、迷马桩、野鸡花、厚皮菜、粘油子、大叶马松子、藕头婆、田芙蓉、野棉花、肖梵天花

形态特征 直立亚灌木状草本，高可达 1 米。小枝被星状绒毛。茎下部叶近圆形，长 4~5 厘米，宽 5~6 厘米，先端浅 3 裂，基部圆形或近心形，边缘具锯齿；中部叶卵形，长 5~7 厘米，宽 3~6.5 厘米；上部叶长圆形至披针形，长 4~7 厘米，宽 1.5~3 厘米；叶面被柔毛，叶背被灰白色星状绒毛；叶柄长 1~4 厘米，被灰白色星状毛；托叶线形，长约 2 毫米，早落。花腋生，单生或丛生，淡红色，直径约 15 毫米；花梗长约 3 毫米，被绵毛；小苞片 5，长约 6 毫米，基部 1/3 合生，被星状柔毛；花萼杯状，裂片 5，略短于小苞片，被星状柔毛；花瓣 5，倒卵形，长约 15 毫米，外被星状柔毛；雄蕊柱长约 15 毫米，无毛；花药多数；花柱分枝 10，反曲，微被长硬毛。果扁球形，直径约 1 厘米，分果爿被星状短柔毛和钩刺，不开裂。种子倒卵状三棱形或肾形，无毛。

分布 世界热带地区广布。我国产于长江以南各省。目前三沙产于永兴岛、美济礁、渚碧礁，少见，生长于草地、空旷沙地。

价值 根或全草入药，具有祛风利湿、活血消肿、清热解毒的功效，用于感冒、风湿痹痛、痢疾、泄泻、淋证、带下、月经不调、跌打肿痛、喉痹、乳痈、疮疖、毒蛇咬伤。

金虎尾科 Malpighiaceae | 金虎尾属 *Malpighia* Plum. ex L.

光叶金虎尾 *Malpighia glabra* L.

别名 西印度樱桃、针叶樱桃

形态特征 多年生常绿灌木，高可达约 4 米。树干短；分枝较低，小枝对生，小枝条细长，呈水平展开，枝上有明显的皮孔，嫩枝密被软绒毛。叶对生，长椭圆状卵形，革质，表面浓绿色，背面浅绿色，表面粗糙，两面无毛，叶基部不对称，叶缘具齿缺；叶柄短；托叶细小；叶脉在叶面凸出，侧脉 4~6 对。花浅粉红色或深红色，两性，聚伞花序或有时单花腋生；花瓣 5，全缘，无毛，具长柄；雄蕊 10。核果未熟果绿色，成熟果红色；有 3 浅沟，微呈三瓣状；果皮薄；果肉黄色。种子有 3~5 粒。

分布 原产中南美洲，世界热带、亚热带地区有栽培。我国广东、海南、云南和台湾有栽培。目前三沙永兴岛、赵述岛、北岛、晋卿岛、甘泉岛、美济礁有栽培，常见，生长于绿地、庭园。

价值 树形优美，常年绿，花期长，果实鲜艳，是庭园、公园、绿地观赏植物。果是各种加工产品如果汁、蜜饯、果酱、果冻、布丁及维生素 C 片等的原料；果入药，对痢疾、腹泻、肝病等有较好的辅助疗效；果可作为水果食。树皮约含 20% 鞣酸，可用于鞣革。

大戟科 Euphorbiaceae | 铁苋菜属 *Acalypha* L.

铁苋菜 *Acalypha australis* L.

别名 蛤蜊花、海蚌含珠、蚌壳草

形态特征 一年生草本，高0.2~0.5米。小枝细长，被贴柔毛，毛逐渐稀疏。叶膜质，长卵形、近菱状卵形或阔披针形，长3~9厘米，宽1~5厘米，顶端短渐尖，基部楔形，稀圆钝，边缘具圆锯齿，上面无毛，下面沿中脉具柔毛；基出3脉，侧脉3对；叶柄长2~6厘米，具短柔毛；托叶披针形，长1.5~2毫米，具短柔毛。雌雄花同序，花序腋生，稀顶生，长1.5~5厘米，花序梗长0.5~3厘米，花序轴具短毛；雌花苞片1~4，卵状心形，花后增大，长1.4~2.5厘米，宽1~2厘米，边缘具三角形齿，外面沿掌状脉具疏柔毛，苞腋具雌花1~3朵，花梗无，萼片3，长卵形，长0.5~1毫米，具疏毛，子房具疏毛，花柱3，长约2毫米，撕裂5~7条；雄花生于花序上部，排列呈穗状或头状，雄花苞片卵形，长约0. 5毫米，苞腋具雄花5~7朵，簇生，花梗长0.5毫米，花蕾时近球形，无毛，花萼裂片4，卵形，长约0.5毫米，雄蕊7~8。蒴果直径4毫米，具3个分果爿，果皮具疏生毛和毛基变厚的小瘤体。种子近卵状，长1.5~2毫米，种皮平滑；假种阜细长。

分布 俄罗斯、朝鲜、日本、菲律宾、越南、老挝有分布。我国除西部高原或干燥地区外，大部分省份均产。目前三沙产于永兴岛，少见，生长于菜地、房前屋后草地。

价值 全草入药，具有清热解毒、利湿消积、收敛止血的功效，用于肠炎、细菌性痢疾、阿米巴痢疾、小儿疳积、吐血、衄血、尿血、便血、子宫出血、痈疖疮疡、外伤出血、湿疹、皮炎、毒蛇咬伤等。嫩叶可作蔬菜。

大戟科 Euphorbiaceae | 铁苋菜属 *Acalypha* L.

热带铁苋菜 *Acalypha indica* L.

形态特征 一年生直立草本，高可达1米。嫩枝具紧贴的柔毛。叶膜质，菱状卵形或近卵形，长2~3.5厘米，宽1.5~2.5厘米，顶端急尖，基部楔形；上半部边缘具锯齿；两面沿叶脉具短柔毛；基出5脉；叶柄细长，长1.5~3.5厘米，具柔毛；托叶狭三角形。雌雄花同序，花序1~2个腋生，长2~7厘米，花序梗和花序轴均具短柔毛；雌花苞片3~7，圆心形，长约5毫米，上部边缘具浅钝齿，缘毛稀疏，掌状脉明显，苞腋具雌花1~2朵，萼片3，狭三角形，具疏缘毛，子房被毛，花柱3，撕裂5条，花梗几无；雄花生于花序的上部，排列呈短穗状，苞片卵状三角形或阔三角形，长约0.5毫米，苞腋具雄花5~7朵，排成团伞花序，花蕾时近球形，花萼裂片4，长卵形，雄蕊8，花梗很短；异形雌花1朵生于花序轴顶端，萼片4，子房近心形，顶部两侧具撕裂，花柱1，位于子房基部，撕裂。蒴果直径约2毫米，具3个分果爿，具短柔毛。种子卵状，长约1.5毫米，种皮具细小颗粒体；假种阜细小。

分布 亚洲、非洲热带地区有分布。我国产于海南、台湾。目前三沙产于永兴岛、赵述岛、晋卿岛、西沙洲、甘泉岛、石岛、北岛、银屿、美济礁、渚碧礁、永暑礁，很常见，生长于空旷沙地、草坡。

价值 不详。

大戟科 Euphorbiaceae | 铁苋菜属 *Acalypha* L.

麻叶铁苋菜 *Acalypha lanceolata* Willd.

形态特征 一年生直立草本，高0.4~0.7米。嫩枝密生黄褐色柔毛及疏生的粗毛。叶膜质，菱状卵形或长卵形，长4~8厘米，宽2~4厘米，顶端渐尖，基部楔形或阔楔形，边缘具锯齿，两面具疏毛；基出5脉；叶柄长2~5.5厘米，具柔毛；托叶披针形，长约4毫米。雌雄花同序，花序1~3个腋生，长1~2.5厘米，花序梗几无，花序轴被短柔毛；雌花苞片3~9，半圆形，长2.5~4毫米，宽5~6毫米，具约11枚短尖齿，边缘散生具头的腺毛，外面被柔毛，掌状脉明显，苞腋具雌花1朵，花梗无，萼片3，狭三角形，长约0.5毫米，子房具柔毛，花柱3，长约2毫米，撕裂各5条；雄花生于花序的上部，排列呈短穗状，苞片披针形，长约0.5毫米，苞腋具簇生的雄花5~7朵，花梗长约1毫米，花萼裂片4，雄蕊8，花梗长约0.5毫米。异形雌花1~3朵生于花序轴的顶部或中部，萼片4，披针形，长约0.7毫米。蒴果直径约2.5毫米，具3个分果爿，具柔毛。种子卵状，长约1.8毫米，种皮平滑；假种阜小。

分布 东亚、南亚热带地区及太平洋岛屿有分布。我国产于海南。目前三沙永兴岛有分布，不常见，生长于房前屋后草地、菜地。

价值 不详。

大戟科 Euphorbiaceae ｜ 铁苋菜属 *Acalypha* L.

红桑 *Acalypha wilkesiana* Muell. Arg.

别名 血见愁、海蚌念珠、叶里藏珠

形态特征 灌木，高可达4米。嫩枝被短毛。叶纸质，阔卵形，古铜绿色或浅红色，常有不规则的红色或紫色斑块，长10~18厘米，宽6~12厘米，顶端渐尖，基部圆钝，边缘具粗圆锯齿，下面沿叶脉具疏毛；基出3~5脉；叶柄长2~3厘米，具疏毛；托叶狭三角形，长约8毫米，基部宽2~3毫米，具短毛。雌雄同株，通常雌雄花异序；雄花序长10~20厘米，各部均被微柔毛，苞片卵形，长约1毫米，苞腋具雄花9~17朵，排成团伞花序；花萼裂片4，长卵形，长约0.7毫米；雄蕊8；花梗长约1毫米；雌花序长5~10厘米，花序梗长约2厘米，雌花苞片阔卵形，长5毫米，宽约8毫米，具粗齿7~11枚，苞腋具雌花1~2朵；花梗无；萼片3~4，长卵形或三角状卵形，长0.5~1毫米，具缘毛；子房密生毛，花柱3，长6~7毫米，撕裂9~15条。蒴果直径约4毫米，具3个分果爿，疏生具基的长毛。种子球形，直径约2毫米，平滑。

分布 原产于太平洋岛屿，现广泛栽培于全球热带、亚热带地区。我国海南、广东、福建、广西、云南和台湾有栽培。目前三沙永兴岛有栽培，不常见，生长于绿化带、花坛。

价值 热带庭园绿化的优良植物。叶入药，具有清热消肿的功效，用于跌打损伤肿痛、烧烫伤、痈肿疮毒。

大戟科 Euphorbiaceae | 五月茶属 *Antidesma* L.

五月茶 *Antidesma bunius* (L.) Spreng.

别名 五味子、酸味树、五味菜

形态特征 乔木，高达 10 米。小枝有明显皮孔；除叶背中脉、叶柄、花萼两面和退化雌蕊被短柔毛或柔毛外，其余均无毛。叶片纸质，长椭圆形、倒卵形或长倒卵形，长 8~23 厘米，宽 3~10 厘米，顶端急尖至圆，有短尖头，基部宽楔形或楔形，叶面深绿色，常有光泽，叶背绿色；侧脉每边 7~11 条，在叶面扁平，干后突起，在叶背稍突起；叶柄长 3~10 毫米；托叶线形，早落。雄花序为顶生的穗状花序，长 6~17 厘米，雄花花萼杯状，顶端 3~4 分裂，裂片卵状三角形，雄蕊 3~4，长 2.5 毫米，着生于花盘内面，花盘杯状，全缘或不规则分裂，退化雌蕊棒状；雌花序为顶生的总状花序，长 5~18 厘米，雌花花萼和花盘与雄花同，雌蕊稍长于萼片，子房宽卵圆形，花柱顶生，柱头短而宽，顶端微凹缺。核果近球形或椭圆形，长 8~10 毫米，直径 8 毫米，成熟时红色。

分布 亚洲热带地区、大洋洲有分布。我国产于海南、广东、广西、福建、江西、湖南、贵州、云南和西藏等省份。目前三沙永兴岛有栽培，很少见，生长于庭园。

价值 观赏树种之一，用于行道树、庭园绿化美化。果可食用或做果酱。木材结构细，材质软，可作箱板用料。全株入药，具有健脾生津、活血解毒的功效，用于食少泄泻、津伤口渴、跌打损伤、痈肿疮毒。

大戟科 Euphorbiaceae | 秋枫木属 *Bischofia* Bl.

秋枫 *Bischofia javanica* Bl.

别名 万年青树、加冬、赤木、秋风子、茄冬、木梁木、加当、大秋枫、红桐、过冬梨、朱桐树、乌杨

形态特征 常绿或半常绿大乔木，高达 40 米，胸径可达 2.5 米。树干圆满通直，但分枝低，主干较短；树皮灰褐色至棕褐色，厚约 1 厘米，近平滑，老树皮粗糙，内皮纤维质，稍脆；砍伤树皮后流出红色汁液，干凝后变瘀血状；木材鲜时有酸味，干后无味，表面槽棱突起；小枝无毛。三出复叶，稀 5 小叶，总叶柄长 8~20 厘米；小叶片纸质，卵形、椭圆形、倒卵形或椭圆状卵形，长 7~15 厘米，宽 4~8 厘米，顶端急尖或短尾状渐尖，基部宽楔形至钝，边缘有浅锯齿，幼时仅叶脉上被疏短柔毛，老渐无毛；顶生小叶柄长 2~5 厘米，侧生小叶柄长 5~20 毫米；托叶膜质，披针形，长约 8 毫米，早落。雌雄异株；花小，多朵组成腋生的圆锥花序；雄花花序长 8~13 厘米，被微柔毛至无毛，萼片膜质，半圆形，内面凹成勺状，外面被疏微柔毛，花丝短，退化雌蕊小，盾状，被短柔毛；雌花花序长 15~27 厘米，下垂，萼片长圆状卵形，内面凹成勺状，外面被疏微柔毛，边缘膜质，子房光滑无毛，3~4 室，花柱 3~4，线形，顶端不分裂。果实浆果状，圆球形或近圆球形，直径 6~13 毫米，熟后淡褐色。种子长圆形，长约 5 毫米。

分布 印度、缅甸、泰国、老挝、柬埔寨、越南、马来西亚、印度尼西亚、菲律宾、日本、澳大利亚和波利尼西亚有分布。我国产于陕西、江苏、安徽、浙江、江西、福建、台湾、河南、湖北、湖南、广东、海南、广西、四川、贵州、云南等省份。目前三沙永兴岛、赵述岛、美济礁有栽培，常见，生长于道路两旁、庭园绿化带。

价值 绿化观赏植物，常作庭园绿化树、行道树。材质优良，坚硬耐用，深红褐色，可作工业、建筑用材。果可酿酒；种子含油量高，可供食用，也可作润滑油；树皮可提取红色染料；叶可作绿肥。根、树皮及叶入药，具有行气活血、消肿解毒的功效，用于风湿骨痛、食道癌、胃癌、传染性肝炎、小儿疳积、肺炎、咽喉炎；外用治痈疽、疮疡。

大戟科 Euphorbiaceae | 变叶木属 *Codiaeum* A. Juss.

变叶木 *Codiaeum variegatum* (L.) A. Juss.

别名 变色月桂、洒金榕

形态特征 灌木或小乔木，高可达 2 米。枝条无毛，有明显叶痕。叶薄革质，形状大小变异很大，线形、线状披针形、长圆形、椭圆形、披针形、卵形、匙形、提琴形至倒卵形，有时由长的中脉把叶片间断成上下两片；叶长 5~30 厘米，宽 0.3~8 厘米，顶端短尖、渐尖至圆钝，基部楔形、短尖至钝，边全缘、浅裂至深裂，两面无毛，绿色、淡绿色、紫红色、紫红与黄色相间、黄色与绿色相间或有时在绿色叶片上散生黄色或金黄色斑点或斑纹；叶柄长 0.2~2.5 厘米。总状花序腋生，雌雄同株异序，长 8~30 厘米；雄花白色，萼片 5，花瓣 5，远较萼片小，腺体 5，雄蕊 20~30，花梗纤细；雌花淡黄色，萼片卵状三角形，无花瓣，花盘环状，子房 3 室，花往外弯，不分裂，花梗稍粗。蒴果近球形，稍扁，无毛，直径约 9 毫米。种子长约 6 毫米。

分布 原产马来半岛、大洋洲，现广泛栽培于世界热带地区。我国南方各省份有栽培。目前三沙永兴岛、赵述岛、西沙洲、北岛、石岛、晋卿岛、甘泉岛、银屿、鸭公岛、羚羊礁、美济礁、渚碧礁、永暑礁有栽培，常见，生长于绿化带、花坛。

价值 热带和亚热带主要的园林绿化树种。注：乳汁有毒，人畜误食易引起中毒。

大戟科 Euphorbiaceae ｜ 大戟属 *Euphorbia* L.

火殃勒 *Euphorbia antiquorum* L.

别名 火殃簕、金刚纂、霸王鞭

形态特征 肉质灌木，高可达 8 米，径 5~7 厘米。乳汁丰富；上部多分枝；茎、枝具 1~2 厘米宽的 3 棱脊，宽棱脊边缘具三角状齿。叶互生，少而稀，常生于嫩枝顶部，倒卵形或倒卵状长圆形，长 2~5 厘米，先端圆，基部渐窄，全缘，两面无毛，叶脉肉质；叶柄极短，托叶刺状，长 2~5 毫米，宿存。苞叶 2，下部结合，紧贴花序，膜质，与花序近等大；花序单生于叶腋，梗长 2~3 毫米；总苞宽钟状，边缘 5 裂，裂片半圆形，具小齿，绿色，腺体 5，全缘；雄花多数；雌花 1，花梗较长，常伸出总苞；子房柄基部具 3 枚退化花被片；子房无毛，花柱分离。蒴果三棱状扁球形，径 4~5 毫米。种子近球形，平滑。

分布 原产印度。我国各省均有栽培。目前三沙永兴岛、赵述岛、晋卿岛、甘泉岛、美济礁有栽培，常见，生长于庭园花坛。

价值 观赏植物。全草入药，具有散瘀消炎、清热解毒之效。其乳胶可以用作催吐剂、泻药、利尿剂。注：其乳汁有毒，用时需谨慎。

大戟科 Euphorbiaceae | 大戟属 *Euphorbia* L.

海滨大戟 *Euphorbia atoto* Forst. f.

别名 林氏大戟、滨大戟、线叶大戟

形态特征 多年生亚灌木状草本。茎斜展或近匍匐，多分枝，分枝向上呈二歧分枝，高达 40 厘米。叶对生，长椭圆形或卵状长椭圆形，长 1~3 厘米，先端钝圆，常具极短小尖头，基部偏斜，近圆或圆心形，全缘；叶柄长 1~3 毫米；托叶三角形，边缘撕裂。花序单生于多歧聚伞状分枝顶端；总苞杯状，边缘 4~5 裂，裂片二角状卵形，边缘撕裂，腺体 4，浅盘状，边缘具白色窄椭圆形附属物；雄花数枚，微伸出总苞；苞片披针形，边缘撕裂；雌花 1，伸出总苞；子房无毛，花柱分离，易脱落。蒴果三棱状，径约 3.5 毫米。种子球形，细小，淡黄色，腹面具不明显淡褐色条纹；无种阜。

分布 日本、泰国、斯里兰卡、印度、印度尼西亚诸岛屿、太平洋诸岛屿、澳大利亚有分布。我国产于广东、海南和台湾。目前三沙产于永兴岛、赵述岛、西沙洲、北岛、石岛、晋卿岛、甘泉岛，常见，生长于海边沙地、林缘。

价值 南海岛礁生态建设重要地被植物。

大戟科 Euphorbiaceae ｜ 大戟属 *Euphorbia* L.

猩猩草 *Euphorbia cyathophora* Murr.

别名 草本一品红、叶上花、老来娇、草本象牙红

形态特征 一年生或多年生草本，高可达1米。茎上部多分枝，无毛。叶互生，卵形、椭圆形或卵状椭圆形，先端尖或圆，基部窄，长3~10厘米，边缘波状分裂或具波状齿或全缘，无毛；叶柄长1~3厘米，托叶腺体状；苞叶与茎生叶同形，长2~5厘米，淡红色或基部红色。花序数枚聚伞状排列于分枝顶端，总苞钟状，绿色，边缘5裂，裂片三角形，常齿状分裂，腺体常1~2枚，扁杯状，近两唇形，黄色；雄花多枚，常伸出总苞；雌花1，子房柄伸出总苞；子房无毛，花柱分离。蒴果三棱状球形，长4.5~5毫米。种子卵圆形，黑色。

分布 原产中南美洲。我国分布于南方。目前三沙永兴岛、赵述岛、西沙洲、北岛、石岛、晋卿岛、甘泉岛、美济礁有栽培，有的逸为野生，常见，生长于绿化带、花坛、空旷沙地。

价值 绿化美化植物，也是鲜切花材料。全草入药，用于调经止血、接骨消肿。

大戟科 Euphorbiaceae | 大戟属 *Euphorbia* L.

白苞猩猩草 *Euphorbia heterophylla* L.

别名 台湾大戟、柳叶大戟

形态特征 多年生草本，高达1米。茎直立；被柔毛。叶互生，卵形至披针形，长3~12厘米，宽1~6厘米，先端尖或渐尖，基部钝至圆，边缘具锯齿或全缘，两面被柔毛；叶柄长4~12毫米；苞叶与茎生叶同形，较小，长2~5厘米，宽5~15毫米，绿色或基部白色。花序单生，基部具柄，无毛；总苞钟状，高2~3毫米，直径1.5~5毫米，边缘5裂，裂片卵形至锯齿状，边缘具毛；腺体常1枚，偶2枚，杯状，直径0.5~1毫米。雄花多枚；苞片线形至倒披针形。雌花1，子房柄不伸出总苞外；子房被疏柔毛；花柱3；中部以下合生；柱头2裂。蒴果卵球状，长5~5.5毫米，直径3.5~4.0毫米，被柔毛。种子棱状卵形，长2.5~3.0毫米，被瘤状突起，灰色至褐色；无种阜。

分布 原产美洲，现广布世界热带地区。我国分布于江苏、浙江、福建、安徽、广西、湖南、湖北、贵州、云南、四川、河南、河北、山东、广东、台湾、海南。目前三沙产于渚碧礁，常见，生长于空旷沙地。

价值 全草入药，具有调经、止血、止咳、接骨、消肿的功效，用于月经过多、跌打损伤、骨折、咳嗽。

大戟科 Euphorbiaceae | 大戟属 *Euphorbia* L.

飞扬草 *Euphorbia hirta* L.

别名 乳籽草、飞相草、大飞扬、大乳汁草、节节花

形态特征 一年生草本，高可达70厘米。茎自中部向上分枝或不分枝，被褐色或黄褐色粗硬毛。叶对生，披针状长圆形、长椭圆状卵形或卵状披针形，长1~5厘米，中上部有细齿，中下部较少或全缘，下面有时具紫斑，两面被柔毛；叶柄极短。花序多数，于叶腋处密集成头状，无梗或具极短梗，被柔毛；总苞钟状，被柔毛，边缘5裂，裂片三角状卵形，腺体4，近杯状，边缘具白色倒三角形附属物；雄花数枚，微达总苞边缘；雌花1，具短梗，伸出总苞；子房三棱状，被疏柔毛；花柱分离。蒴果三棱状，长1~1.5毫米，被短柔毛。种子近圆形，具4棱；无种阜。

分布 广布于全球热带、亚热带地区。我国产于江西、湖南、福建、台湾、广东、广西、海南、四川、贵州和云南等省份。目前三沙产于永兴岛、赵述岛、西沙洲、北岛、石岛、晋卿岛、甘泉岛、东岛、银屿、鸭公岛、羚羊礁、美济礁、渚碧礁、永暑礁，很常见，生长于绿地草坪、林缘、空旷沙地。

价值 全草入药，具有清热解毒、利湿止痒、通乳的功效，用于肺痈、乳痈、疔疮肿毒、牙疳、痢疾、泄泻、热淋、血尿、湿疹、脚癣、皮肤瘙痒、产后少乳。

大戟科 Euphorbiaceae | 大戟属 *Euphorbia* L.

通奶草 *Euphorbia hypericifolia* L.

别名 小飞扬草

形态特征 一年生草本，高 15~30 厘米。茎直立，径 1~3 毫米；自基部分枝或不分枝，无毛或被少许短柔毛。叶对生，狭长圆形或倒卵形，长 1~2.5 厘米，宽 4~8 毫米，先端钝或圆，基部圆形，通常偏斜，不对称，边缘全缘或基部以上具细锯齿，上面深绿色，下面淡绿色，有时略带紫红色，两面被稀疏的柔毛，或上面的毛早脱落；叶柄极短；托叶三角形，分离或合生。苞叶 2，与茎生叶同形。花序数个簇生于叶腋或枝顶，每个花序基部具纤细的柄，柄长 3~5 毫米；总苞陀螺状，高与直径各约 1 毫米；边缘 5 裂，裂片卵状三角形；腺体 4，边缘具白色或淡粉色附属物；雄花数枚，微伸出总苞外；雌花 1，子房柄长于总苞；子房三棱状，无毛；花柱 3，分离；柱头 2 浅裂。蒴果三棱状，长约 1.5 毫米，直径约 2 毫米，无毛，成熟时分裂为 3 个分果爿。种子卵棱状，长约 1.2 毫米；无种阜。

分布 广布于世界热带、亚热带地区。我国产于江西、台湾、湖南、广东、广西、海南、四川、贵州和云南等省份。目前三沙产于永兴岛、美济礁，少见，生长于绿化带草地、花坛。

价值 全草入药，具有清热利湿、收敛止痒、通乳的功效，用于细菌性痢疾、肠炎腹泻、痔疮出血、产后少乳；外用于湿疹、过敏性皮炎、皮肤瘙痒。

大戟科 Euphorbiaceae | 大戟属 *Euphorbia* L.

金刚纂 *Euphorbia neriifolia* L.

别名 五楞金刚、霸王鞭

形态特征 肉质灌木，高可达 8 米。乳汁丰富；茎圆柱状，直径 6~15 厘米；上部多分枝；具不明显 5 条隆起且呈螺旋状排列的脊，绿色。叶常互生，少而稀疏，肉质，常呈 5 列生于嫩枝顶端脊上，倒卵形、倒卵状长圆形至匙形，长 4.5~12 厘米，宽 1.3~3.8 厘米，顶端钝圆，具小突尖，基部渐狭；叶脉不明显；叶柄短；托叶呈刺状。杯状聚伞花序组成复聚伞花序呈二歧分枝，腋生，基部具柄，长约 3 毫米；苞叶 2，膜质，早落；总苞阔钟状，高约 4 毫米，直径 5~6 毫米，边缘 5 裂，裂片半圆形，边缘具缘毛，内弯；腺体 5，肉质，边缘厚，全缘；雄花多枚；苞片丝状；雌花 1。

分布 原产印度。我国各地均有栽培。目前三沙永兴岛、赵述岛有栽培，不常见，生长于庭园、绿地花坛。

价值 常作观赏植物栽培。茎、叶入药，捣烂外敷用于痈疖、疥癣。注：本种有毒，慎用。

大戟科 Euphorbiaceae | 大戟属 *Euphorbia* L.

千根草 *Euphorbia thymifolia* L.

别名 小飞扬、细叶小锦草、苍蝇翅、地锦、痢疾草、小奶浆草、小乳汁草

形态特征 一年生草本。茎纤细，常呈匍匐状，自基部极多分枝，长可达10~20厘米，被稀疏柔毛。叶对生，椭圆形、长圆形或倒卵形，长4~8毫米，宽2~5毫米，先端圆，基部偏斜，不对称，呈圆形或近心形，边缘有细锯齿，稀全缘，两面常被稀疏柔毛，稀无毛；叶柄极短，长约1毫米；托叶披针形或线形，长1~1.5毫米，易脱落。花序单生或数个簇生于叶腋，具短柄，被稀疏柔毛；总苞狭钟状至陀螺状，外部被稀疏的短柔毛，边缘5裂，裂片卵形；腺体4，被白色附属物；雄花少数，微伸出总苞边缘；雌花1；子房被贴伏的短柔毛；子房柄极短；花柱3，分离；柱头2裂。蒴果卵状三棱形，被贴伏的短柔毛，熟后裂为3个分果爿。种子长卵状四棱形，长约0.7毫米，暗红色，每个棱面具4~5个横沟；无种阜。

分布 广布于世界热带、亚热带。我国产于湖南、江苏、浙江、台湾、江西、福建、广东、广西、海南和云南。目前三沙产于永兴岛、赵述岛、晋卿岛、北岛、东岛、美济礁、永暑礁、渚碧礁，常见，生长于沙地、草坡、绿化带草地、花坛、菜地。

价值 全草入药，具有清热解毒、健脾消食、利水、止血、收敛止痒的功效，用于小儿疳积、痢疾、肠炎、腹泻、皮炎、湿疹、乳腺炎。抗逆性强，根系发达，易形成成片小居群，可作为热带岛礁防风固沙地被植物。

大戟科 Euphorbiaceae ｜ 大戟属 *Euphorbia* L.

匍匐大戟 *Euphorbia prostrata* Ait.

别名 铺地草

形态特征 草本。茎匍匐状，自基部多分枝，长15~20厘米，通常呈淡红色或红色，无毛或被少许柔毛。叶对生，椭圆形至倒卵形，长3~8毫米，宽2~5毫米，先端圆，基部偏斜，不对称，边缘全缘或具不规则的细锯齿；叶面绿色，叶背有时略呈淡红色或红色；叶柄极短或近无；托叶长三角形，易脱落。花序常单生于叶腋，少为数个簇生于小枝顶端，具短柄；总苞陀螺状，较小，径约1毫米，无毛或少被稀疏的柔毛；边缘5裂，裂片三角形或半圆形；腺体4。雄花数朵，常不伸出总苞外；雌花1，子房柄较长，常伸出总苞之外；子房于脊上被稀疏的白色柔毛；花柱3，近基部合生；柱头2裂。蒴果三棱状，径约1.5毫米，果棱被白色疏毛，其他无毛。种子卵状四棱形，小，黄色；无种阜。

分布 全球热带、亚热带地区有分布。我国产于广东、湖北、福建、台湾、江苏、云南、海南。目前三沙产于永兴岛、赵述岛、北岛，少见，生长于绿化带、空旷沙地。

价值 全草入药，民间用于痢疾、肠炎、咽喉炎、子宫出血、痛风及风湿病等。

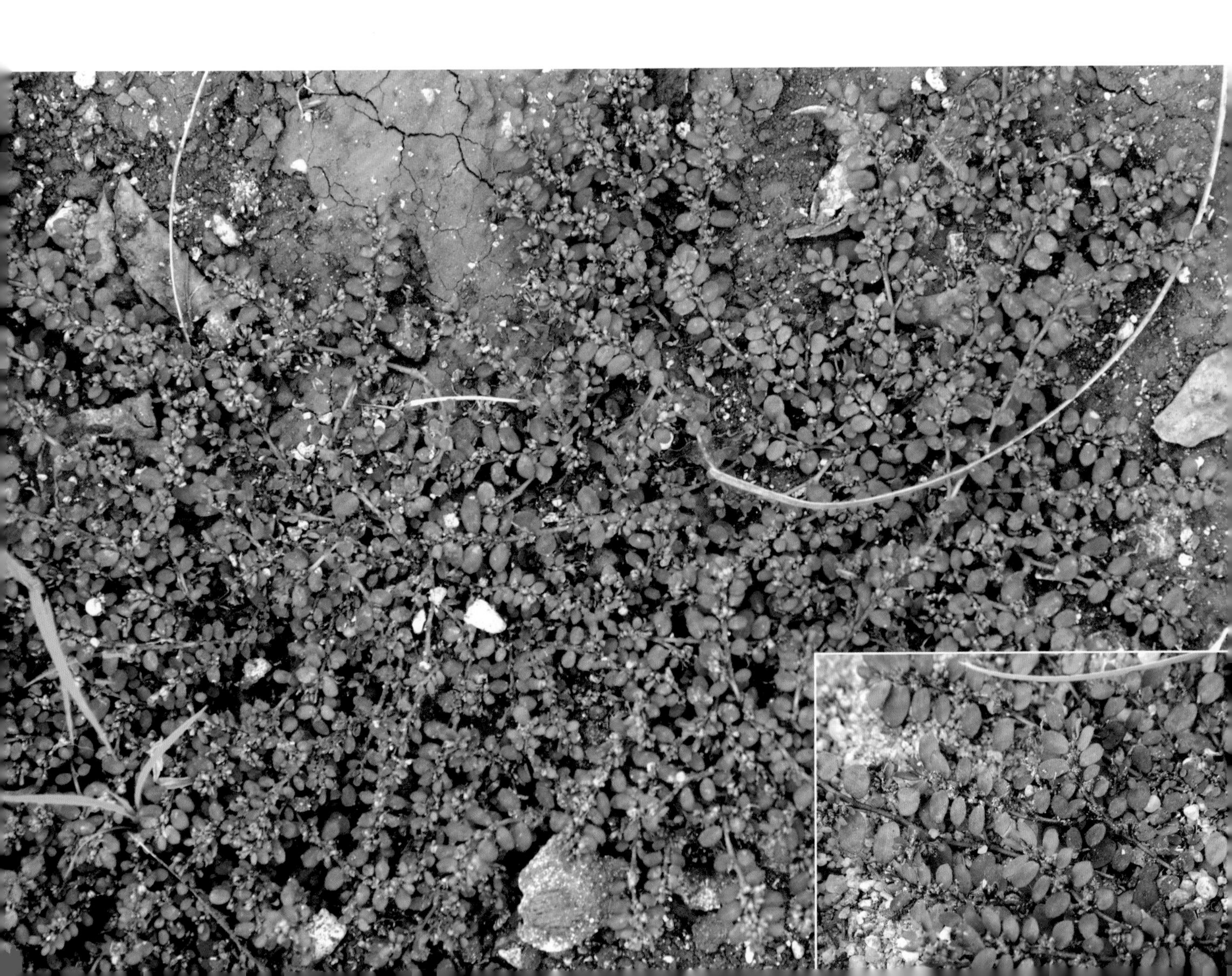

大戟科 Euphorbiaceae | 大戟属 *Euphorbia* L.

一品红 *Euphorbia pulcherrima* Willd. & Kl.

别名 圣诞花、老来娇、猩猩木、象牙红

形态特征 灌木，高可达 4 米。茎直立，无毛。叶互生，卵状椭圆形、长椭圆形或披针形，长 6~25 厘米，先端渐尖或尖，基部楔形，绿色，全缘、浅裂或波状浅裂，下面被柔毛；叶柄长 2~5 厘米，无毛；托叶腺体状。苞叶 5~7，窄椭圆形，长 3~7 厘米，全缘，稀浅波状分裂，朱红色；柄长 2~6 厘米。花序数个聚伞排列于枝顶；花序梗长 3~4 毫米；总苞坛状，淡绿色，齿状 5 裂，裂片三角形，无毛，腺体 1~2，黄色，两唇状；雄花多数，常伸出总苞；雌花 1，子房柄伸出总苞，无毛；花柱中下部合生。蒴果，三棱状圆形，长 1.5~2 厘米，平滑。种子卵圆形，长约 1 厘米，灰色或淡灰色，近平滑；无种阜。

分布 原产中美洲，现广泛栽培于热带、亚热带地区。我国绝大部分省份均有栽培。目前三沙永兴岛、晋卿岛有栽培，少见，生长于绿化带、花坛。

价值 观赏植物，常见栽培于公园、庭园花坛，盆栽装点室内。全草入药，具有调经止血、接骨、消肿的功效，用于月经过多、跌打损伤、外伤出血、骨折。

大戟科 Euphorbiaceae | 海漆属 *Excoecaria* L.

海漆 *Excoecaria agallocha* L.

形态特征 常绿乔木，高常达 3 米或更高。枝无毛，具多数皮孔。叶互生，厚，近革质，叶片椭圆形或阔椭圆形，少有卵状长圆形，长 6~8 厘米，宽 3~4.2 厘米，顶端短尖，尖头钝，基部钝圆或阔楔形，边全缘或有不明显的疏细齿，干时略背卷，两面均无毛，腹面光滑；中脉粗壮，在腹面凹入，背面显著突起，侧脉约 10 对，纤细，斜伸，离缘 2~5 毫米弯拱连接，网脉不明显；叶柄粗壮，长 1.5~3 厘米，无毛，顶端有 2 圆形的腺体；托叶卵形，顶端尖，长 1.5~2 毫米。花单性，雌雄异株，聚集成腋生、单生或双生的总状花序；雄花花序长 3~4.5 厘米，苞片阔卵形，肉质，长和宽近相等，约 2 毫米，顶端截平或略凸，基部腹面两侧各具 1 腺体，每一苞片内含 1 朵花，小苞片 2，披针形，长约 2 毫米，宽约 0.6 毫米，基部两侧各具 1 腺体，花梗粗短或近无花梗，萼片 3，线状渐尖，长约 1.2 毫米，雄蕊 3，常伸出于萼片之外，花丝向基部渐粗；雌花花序较短，苞片和小苞片与雄花的相同，花梗比雄花的略长，萼片阔卵形或三角形，顶端尖，基部稍连合，子房卵形，花柱 3，分离，顶端外卷。蒴果球形，具 3 沟槽，长 7~8 毫米，宽约 10 毫米；分果爿尖卵形，顶端具喙。种子球形，直径约 4 毫米。

分布 印度、斯里兰卡、泰国、柬埔寨、越南、菲律宾，以及大洋洲国家有分布。我国产于海南、广东、广西和台湾。目前三沙产于晋卿岛，非常少见，生长于海边林缘。

价值 海岸带防风林树种之一。马来西亚的沙捞越地区用作箭毒或毒鱼。注：本种属于有毒植物，乳汁有毒性，可引起皮肤红肿、发炎；入眼引起暂时失明，严重的可致永久失明。

大戟科 Euphorbiaceae | 海漆属 *Excoecaria* L.

红背桂 *Excoecaria cochinchinensis* Lour.

别名 红背桂花、红紫木、紫背桂、青紫桂、东洋桂花

形态特征 常绿灌木，高达1米以上。枝无毛，具多数皮孔。叶对生，稀兼有互生或近3片轮生，纸质，叶片狭椭圆形或长圆形，长6~14厘米，宽1.2~4厘米，顶端长渐尖，基部渐狭，边缘有疏细齿，齿间距3~10毫米，两面均无毛，腹面绿色，背面紫红或血红色；中脉于两面均突起，侧脉8~12对，弧曲上升，离缘弯拱连接，网脉不明显；叶柄长3~10毫米，无腺体；托叶卵形，顶端尖，长约1毫米。花单性，雌雄异株，聚集成腋生或稀兼有顶生的总状花序；雄花花序长1~2厘米，花梗短，苞片阔卵形，长和宽近相等，约1.7毫米，顶端突尖而具细齿，基部于腹面两侧各具1腺体，每一苞片仅有1朵花，小苞片2，线形，长约1.5毫米，顶端尖，上部具撕裂状细齿，基部两侧亦各具1腺体，萼片3，披针形，长约1.2毫米，顶端有细齿，雄蕊长，伸出于萼片之外，花药圆形，略短于花丝；雌花花序由3~5朵花组成，略短于雄花序，花梗粗壮，苞片和小苞片与雄花的相同，萼片3，基部稍连合，卵形，长1.8毫米，宽近1.2毫米；子房球形，无毛，花柱3，分离或基部多少合生，长约2.2毫米。蒴果球形，直径约8毫米，基部截平，顶端凹陷。种子近球形，直径约2.5毫米。

分布 东南亚各国有分布。我国海南、广东、广西、云南、台湾有栽培。目前三沙美济礁有栽培，不常见，生长于花坛。

价值 园林观赏植物。全草入药，具有通经活络、止痛的功效，用于麻疹、腮腺炎、扁桃体炎、心绞痛、肾绞痛、腰肌劳损。

大戟科 Euphorbiaceae | 白饭树属 *Flueggea* Willd.

白饭树 *Flueggea virosa* (Roxb. ex Willd.) Voigt

别名 金柑藤、密花叶底株、白倍子

形态特征 灌木，高可达6米。小枝具纵棱槽，有皮孔；全株无毛。叶片纸质，椭圆形、长圆形、倒卵形或近圆形，长2~5厘米，宽1~3厘米，顶端圆至急尖，有小尖头，基部钝至楔形，全缘，下面白绿色；侧脉每边5~8条；叶柄长2~9毫米；托叶披针形，长约2.5毫米，边缘全缘或微撕裂。雌雄异株；花小，淡黄色，多朵簇生于叶腋；苞片鳞片状；雄花花梗纤细，长3~6毫米，萼片5，卵形，全缘或有不明显的细齿，雄蕊5，花丝长1~3毫米，花药椭圆形，长约0.5毫米，伸出萼片之外，花盘腺体5，与雄蕊互生，退化雌蕊通常3深裂，顶端弯曲；雌花3~10朵簇生，有时单生，花梗长可达12毫米，萼片与雄花的相同，花盘环状，顶端全缘，围绕子房基部，子房卵圆形，花柱3，基部合生，顶部2裂，裂片外弯。蒴果浆果状，近圆球形，直径3~5毫米，成熟时呈淡白色，不开裂。种子栗褐色，具光泽，有小疣状突起及网纹，种皮厚；种脐略圆形，腹部内陷。

分布 广布于非洲、大洋洲和亚洲的东部及东南部。我国产于华东、华南及西南各省。目前三沙美济礁有分布，生长于草坡、林缘。

价值 全株入药，具有清热解毒、消肿止痛、止痒止血的功效，用于风湿痹痛、湿疹瘙痒。外用于湿疹，脓疱疮，过敏性皮炎，疮疖，烧、烫伤。

大戟科 Euphorbiaceae | 麻风树属 *Jatropha* L.

琴叶珊瑚 *Jatropha integerrima* Jacq.

别名 变叶珊瑚花、南洋樱花、日日樱、南洋樱、琴叶樱

形态特征 常绿或半常绿灌木，高可达 3 米。具乳汁。单叶互生，纸质，常丛生于枝条顶端；叶形多样，卵形、倒卵形、长圆形或提琴形，长 4~8cm，宽 2~5cm，顶端急尖或渐尖，基部钝圆，近基部叶缘常具数枚疏生尖齿，叶面为浓绿色且平滑，叶背为紫绿色，叶基有 2~3 对锐刺；叶柄具绒毛。花单性，雌雄同株；花冠红色或粉红色；二歧聚伞花序，花序中央 1 朵雌花先开，两侧分枝上的雄花后开，雌、雄花不同时开放。蒴果成熟时呈黑褐色。

分布 原产西印度群岛。我国海南、广东、福建等省有栽培。目前三沙永兴岛、赵述岛、晋卿岛、甘泉岛、美济礁、渚碧礁、永暑礁有栽培，常见，生长于绿化带、花坛。

价值 热带地区重要的观赏植物，适合孤植、丛植于公园、庭园、花坛，也可盆栽观赏。注：本种乳汁有毒，用时需谨慎。

大戟科 Euphorbiaceae | 血桐属 *Macaranga* Thouars

血桐 *Macaranga tanarius* var. *tomentosa* (Blume) Müller Arg.

别名 流血桐、帐篷树、橙栏、橙桐、面头果、大有树

形态特征 乔木，高可达 10 米。雄株嫩枝、嫩叶、托叶均被黄褐色柔毛，雌株嫩叶常无毛。小枝粗壮，无毛，被白霜。叶纸质或薄纸质，近圆形或卵圆形，长 17~30 厘米，宽 14~24 厘米，顶端渐尖，基部钝圆，盾状着生，全缘或叶缘具浅波状小齿，上面无毛，下面密生颗粒状腺体，沿脉序被柔毛；掌状脉 9~11 条，侧脉 8~9 对；叶柄长 14~30 厘米；托叶膜质，长三角形或阔三角形，长 1.5~3 厘米，宽 0.7~2 厘米，稍后凋落。雌雄异株；雄花花序圆锥状，长 5~14 厘米，花序轴无毛或被柔毛，苞片卵圆形，长 3~5 毫米，宽 3~4.5 毫米，顶端渐尖，基部兜状，边缘流苏状，被柔毛，苞腋具花约 11 朵，萼片 3，长约 1 毫米，具疏生柔毛，雄蕊 4~10，花梗短，近无毛；雌花花序圆锥状，长 5~15 厘米，花序轴疏生柔毛，苞片卵形、叶状，长 1~1.5 厘米，顶端渐尖，基部骤狭呈柄状，边缘篦齿状条裂，被柔毛，花萼长约 2 毫米，2~3 裂，被短柔毛，子房近脊部具软刺数枚，花柱 2~3，长约 6 毫米，稍舌状，疏生小乳头。蒴果具 2~3 个分果爿，长 8 毫米，宽 12 毫米，密被颗粒状腺体和数枚软刺；果梗长 5~7 毫米，具微柔毛。种子近球形，直径约 5 毫米。

分布 日本、越南、泰国、缅甸、马来西亚、印度尼西亚、澳大利亚有分布。我国广东、台湾、海南有引种栽培。目前三沙西沙洲有栽培，少见，生长于庭园花坛。

价值 速生树种，木材可供建筑用材；树皮及叶片的粉末可充当防腐剂；树叶可当家畜饲草。园林绿化植物，作行道树或住宅旁遮阴树。叶入药，具有泻下通便、抗癌的功效，用于大便秘结、恶性肿瘤、神经系统及心血管系统疾病。

大戟科 Euphorbiaceae | 木薯属 *Manihot* Mill.

木薯 *Manihot esculenta* Crantz

别名 树葛

形态特征 直立灌木，高 1.5~3 米。叶纸质，轮廓近圆形，长 10~20 厘米，掌状深裂几达基部，裂片 3~7 片，倒披针形至狭椭圆形，长 8~18 厘米，宽 1.5~4 厘米，顶端渐尖，全缘，侧脉 5~15 条；叶柄长 8~ 22 厘米，稍盾状着生，具不明显细棱；托叶三角状披针形，长 5~7 毫米，全缘或具 1~2 条刚毛状细裂。圆锥花序顶生或腋生，长 5~8 厘米，苞片条状披针形；花萼带紫红色且有白粉霜；雄花花萼长约 7 毫米，裂片长卵形，近等大，长 3~4 毫米，宽 2.5 毫米，内面被毛，雄蕊长 6~7 毫米，花药顶部被白色短毛；雌花花萼长约 10 毫米，裂片长圆状披针形，长约 8 毫米，宽约 3 毫米，子房卵形，具 6 条纵棱，柱头外弯，褶扇状。蒴果椭圆状，长 1.5~1.8 厘米，直径 1~1.5 厘米，表面粗糙，具 6 条狭而波状纵翅。种子长约 1 厘米，多少具三棱，种皮硬壳质，具斑纹，光滑。

分布 原产巴西，现全世界热带地区广泛栽培。我国海南、广东、广西、福建、台湾、贵州及云南等省份有栽培。目前三沙产于永兴岛、赵述岛、晋卿岛、甘泉岛、北岛、美济礁、渚碧礁、永暑礁，常见，生长于房前屋后、林缘沙地。

价值 木薯为世界三大薯类之一，主要用途为食用、饲用和工业上开发利用。叶入药，具消肿解毒的功效，用于痈疽疮疡、瘀肿疼痛、跌打损伤、外伤肿痛、疥疮、顽癣等症。

大戟科 Euphorbiaceae | 小果木属 *Micrococca* Benth.

小果木 ***Micrococca mercurialis* (L.) Benth.**

形态特征 草本或亚灌木，高可达 60 厘米。多分枝；茎被疏毛，有时无毛。叶片卵形到椭圆形，长 1.8~5.3 厘米，宽 1~2.6 厘米，先端渐尖，基部渐狭至圆形，具 2 个腺体；叶缘具圆齿，常在齿缺处有腺体和毛；侧脉常 5 对；叶柄长 0.5~2 厘米，稍有毛，基部具腺体；托叶长 0.3~1.8 毫米，宿存。雌雄同株，总状花序腋生，长 1.5~7 厘米；花梗长 0.5~4.5 厘米，无毛；苞片卵形至椭圆形，无毛；雄花直径 0.5~1.5 毫米，花梗长 0.5~2 毫米，无毛，萼片卵形，长 0.3~1 毫米，宽 0.3~0.7 毫米，外面无毛或稍有疏毛，雄蕊 3~4，花丝长 0.1~0.3 毫米；雌花直径 1~2 毫米，多毛，花梗长 0.1~1.5 厘米，多毛，萼片卵形，长 1~1.7 毫米，宽 0.7~0.8 毫米，外面被毛，花盘裂片长 0.5~1 毫米、宽 0.1~0.25 毫米，子房球状，被毛，柱头不分裂，平滑或具乳突。蒴果三棱球状或近球形，直径 3~5 毫米，无毛至疏生毛。种子球形，直径 1.5~2 毫米。

分布 非洲热带国家及也门、马达加斯加、澳大利亚、印度、泰国、斯里兰卡、马来西亚和新加坡有分布。我国产于海南。目前三沙产于永兴岛，常见，生长于绿化带草地、林下空旷沙地、路边。

价值 嫩茎叶可作野生蔬菜。茎、叶入药，用于发烧头痛、眼睛丝虫病、中耳炎。

大戟科 Euphorbiaceae | 地杨桃属 *Microstachys* A. Juss.

地杨桃 *Microstachys chamaelea* (L.) Müller Arg.

别名 荔枝草、坡荔枝

形态特征 多年生草本，高可达60厘米。茎基部多少木质化，多分枝，分枝常呈2歧式，纤细，先外倾而后上升，具锐纵棱，无毛或幼嫩部分被柔毛。叶互生，厚纸质；叶片线形或线状披针形，长2~6厘米，宽2~10毫米，顶端钝，基部略狭，边缘有密细齿，基部两侧边缘上常有小腺体，背面被柔毛；中脉两面均突起，侧脉不明显；叶柄短，长约2毫米，常被柔毛；托叶卵形，宿存，长约1毫米，顶端渐尖，具缘毛。花单性，雌雄同株，聚集成侧生或顶生的纤弱穗状花序；雄花多数，螺旋排列于被毛的花序轴上部，苞片卵形，长约1毫米，顶端尖，具细齿，基部两侧各具1顶端钝而近匙形的腺体，每一苞片内有花1~2朵，萼片3，卵形，长约1毫米，顶端短尖，边缘具细齿，雄蕊3，花药球形，花丝远短于花药；雌花1或数朵着生于花序轴下部或有时单独侧生，苞片披针形，大小与雄花的相似，具齿，两侧腺体长圆形，顶端钝，萼片3，比雄花的略大，阔卵形，边缘具撕裂状的小齿，基部向轴面有小腺体，子房三棱状球形，无毛，有皮刺，花柱3，分离。蒴果三棱状球形，直径3~4毫米，分果爿背部具2纵列的小皮刺，中轴宿存。种子近圆柱形，光滑，长约3毫米。

分布 印度、斯里兰卡、缅甸、泰国、越南、柬埔寨、马来西亚、印度尼西亚和菲律宾有分布。我国产于海南、广东和广西。目前三沙产于晋卿岛、美济礁，少见，生长于林下空旷沙地。

价值 全草入药，用于眩晕和头痛疾病。

大戟科 Euphorbiaceae | 红雀珊瑚属 *Pedilanthus* Neck. ex Poit.

红雀珊瑚 *Pedilanthus tithymaloides* (L.) Poit.

别名 扭曲草、洋珊瑚、拖鞋花、百足草、玉带根

形态特征 亚灌木，高可达 70 厘米。茎、枝粗壮，肉质，作“之”字状扭曲，无毛或嫩时被短柔毛。叶肉质，近无柄或具短柄，叶片卵形或长卵形，长 3.5~8 厘米，宽 2.5~5 厘米，顶端短尖至渐尖，基部钝、圆，两面被短柔毛，毛随叶变老而逐渐脱落；中脉在背面突起，侧脉 7~9 对，远离边缘网结，网脉略明显；托叶为 1 圆形的腺体。聚伞花序丛生于枝顶或上部叶腋内；每一花序具 1 鞋状总苞，其内含多数雄花和 1 朵雌花；总苞鲜红或紫红色，仰卧，无毛，两侧对称，长约 1 厘米，顶端近唇状不等大 2 裂，小裂片，长圆形，长约 6 毫米，顶端具 3 细齿，大裂片，舟状，长约 1 厘米，顶端 2 深裂；雄花每花仅具 1 雄蕊，花梗纤细，长 2.5~4 毫米，无毛，其与花丝极相似，为关节所连接，花药球形，略短于花丝；雌花着生于总苞中央而斜伸出总苞之外，花梗远粗于雄花花梗，长 6~8 毫米，无毛，子房纺锤形，花柱大部分合生，柱头 3，2 裂。

分布 原产中美洲、西印度群岛。我国海南、广东、广西、云南有栽培。目前三沙永兴岛、赵述岛、晋卿岛、甘泉岛、美济礁有引种栽培，常见，生长于花盆、庭园花坛。

价值 观赏植物。全草入药，多鲜用，用于清热解毒、止血、散瘀消炎和跌打损伤等。注：乳汁有毒，用时慎重。

大戟科 Euphorbiaceae ｜ 叶下珠属 *Phyllanthus* L.

苦味叶下珠 *Phyllanthus amarus* Shumacher & Thonning

别名 月下珠、霸贝菜、小返魂、蛇仔草

形态特征 一年生或二年生，少有多年生草本，高达10~170厘米。直立或平卧；全株无毛。茎基部稍木质化，淡黄色或略带褐红色；通常自中上部分枝，枝圆柱形，绿色。叶片薄纸质，长椭圆形，长3~10毫米，宽2~5毫米，顶端钝、圆或近截形，有时具不明显的锐尖头，基部偏斜；侧脉每边4~7条；叶柄极短；托叶披针形，长1~2毫米，膜质透明。通常1朵雄花和1朵雌花双生于每一叶腋内，有时只有1朵雌花腋生；雄花花梗长0.5~1毫米，萼片5，倒卵形或宽卵形，长约0.5毫米，宽约0.2毫米，顶端钝或圆，中部黄绿色，基部有时淡红色，边缘膜质，花盘腺体5，雄蕊2或3，花丝完全合生成柱，长0.2~0.3毫米；雌花花梗长0.6~1毫米，萼片5，不等大，宽椭圆形或倒卵形，长0.8~1毫米，宽0.4~6毫米，顶端钝或圆，中部绿色，边缘略带黄白色，膜质，花盘盘状，5深裂，子房圆球状三角形。蒴果扁球状，直径约3毫米，褐红色，平滑，成熟后开裂为3个2裂的分果爿，轴柱及萼片宿存。种子锐三角形，长约1毫米，宽约0.8毫米，淡褐色或黄褐色，有小颗粒状排成的纵条纹5或6条。

分布 印度、泰国、缅甸、柬埔寨、老挝、越南、马来西亚、菲律宾及热带美洲国家有分布。我国产于海南、广东、广西、云南、台湾等省份。目前三沙产于永兴岛、赵述岛、晋卿岛、甘泉岛、西沙洲、北岛、银屿、羚羊礁、鸭公岛、石岛、东岛、美济礁、渚碧礁、永暑礁，很常见，生长于空旷沙地、草坡。

价值 全株入药，具有止咳祛痰的功效。

大戟科 Euphorbiaceae | 叶下珠属 *Phyllanthus* L.

无毛小果叶下珠 *Phyllanthus reticulatus* Poir. var. *glaber* Müll. Arg.

形态特征 灌木，高达4米。枝条淡褐色；幼枝、叶和花梗均无毛。叶片膜质至纸质，椭圆形、卵形至圆形，长1~5厘米，宽0.7~3厘米，顶端急尖、钝至圆，基部钝至圆，下面有时灰白色；叶脉通常两面明显，侧脉每边5~7条；叶柄长2~5毫米；托叶钻状三角形，长达1.7毫米，干后变硬刺状，褐色。通常2~10朵雄花和1朵雌花簇生于叶腋，偶见组成聚伞花序；雄花直径约2毫米，花梗纤细，长5~10毫米，萼片5~6，呈2轮分布，卵形或倒卵形，不等大，全缘，雄蕊5，直立，其中，3枚较长而花丝合生，2枚较短而花丝离生，花药三角形，花盘腺体5，鳞片状；雌花花梗长4~8毫米，纤细，萼片5~6，2轮，不等大，宽卵形，外面基部被微柔毛，花盘腺体5~6，长圆形或倒卵形，子房圆球形，花柱分离，顶端2裂，裂片线形卷曲平贴于子房顶端。蒴果呈浆果状，球形或近球形，直径约6毫米，红色，干后灰黑色，不分裂。种子三棱形，长1.6~2毫米，褐色。

分布 印度、斯里兰卡和印度尼西亚等有分布。我国产于台湾、广东、海南、广西、贵州和云南等省份。目前三沙永兴岛有栽培，很少见，生长于庭园花坛。

价值 根、叶入药，用于驳骨、跌打。

大戟科 Euphorbiaceae | 叶下珠属 *Phyllanthus* L.

叶下珠 *Phyllanthus urinaria* L.

别名 珠仔草、假油甘、含羞草、五时合、龙珠草、企枝叶下珠、小里草、油甘草、田合、夜合草、田青仔、叶后珠、珍珠草、十字珍珠、日开夜合、夜合珍珠、阴阳草、老鸦珠、叶底珠

形态特征 一年生草本，高可达 60 厘米。茎通常直立，基部多分枝，枝倾卧而后上升；枝具翅状纵棱，上部被柔毛。叶片纸质，因叶柄扭转而呈羽状排列，长圆形或倒卵形，长 4~10 毫米，宽 2~5 毫米，顶端圆、钝或急尖而有小尖头，下面灰绿色，近边缘或边缘有 1~3 列短粗毛；侧脉每边 4~5 条，明显；叶柄极短；托叶卵状披针形，长约 1.5 毫米。雌雄同株，花直径约 4 毫米；雄花 2~4 朵簇生于叶腋，通常仅上面 1 朵开花，下面的很小，花梗极短，基部有苞片 1~2，萼片 6，倒卵形，顶端钝，雄蕊 3，花丝全部合生成柱状，花盘腺体 6，分离，与萼片互生；雌花单生于小枝中下部的叶腋内，花梗极短，萼片 6，近相等，卵状披针形，边缘膜质，黄白色，花盘圆盘状，边全缘；子房卵状，有鳞片状突起，花柱分离，顶端 2 裂，裂片弯卷。蒴果圆球状，直径 1~2 毫米，红色，表面具小凸刺，有宿存的花柱和萼片，开裂后轴柱宿存。种子长 1.2 毫米，橙黄色。

分布 印度、斯里兰卡、日本、马来西亚、印度尼西亚及中南半岛各国和南美各国有分布。我国产于华东、华中、华南、西南等省。目前三沙产于永兴岛、赵述岛、晋卿岛、甘泉岛、北岛、东岛、美济礁，很常见，生长于空旷沙地、草坡。

价值 全草入药，具有明目、解毒、消炎、清热止泻、利尿的功效，用于肾炎水肿、泌尿系统感染、结石、肠炎、痢疾、小儿疳积、眼角膜炎、黄疸型肝炎；外用于青竹蛇咬伤。

大戟科 Euphorbiaceae | 蓖麻属 *Ricinus* L.

蓖麻 *Ricinus communis* L.

别名 大麻子、草麻、老麻子

形态特征 一年生或多年生草本，在热带地区常成多年生灌木或小乔木，高可达 5 米。茎多液汁；小枝。叶盾状圆形，被白霜，长和宽可达 40 厘米或更大，掌状 7~11 裂，裂缺几达中部，裂片卵状长圆形或披针形，顶端急尖或渐尖，边缘具锯齿；掌状脉 7~11 条，网脉明显；叶柄粗壮，中空，长可达 40 厘米，顶端具 2 枚盘状腺体，基部具盘状腺体；托叶长三角形，长 2~3 厘米，早落。总状花序或圆锥花序，被白霜，长 15~30 厘米或更长；苞片阔三角形，膜质，早落；雄花花萼裂片卵状三角形，长 7~10 毫米，雄蕊束众多；雌花萼片卵状披针形，长 5~8 毫米，凋落，子房卵状，直径约 5 毫米，密生软刺或无刺，花柱红色，长约 4 毫米，顶部 2 裂，密生乳头状突起。蒴果卵球形或近球形，长 1.5~2.5 厘米，果皮具软刺或平滑。种子椭圆形，微扁平，长 8~18 毫米，平滑，斑纹淡褐色或灰白色；种阜大。

分布 原产地可能在非洲东北部的肯尼亚或索马里，现广布于全球热带至温带各国。我国产于华南和西南地区。目前三沙永兴岛、赵述岛、晋卿岛、西沙洲、北岛、美济礁有分布，常见，生长于空旷沙地、草坡。

价值 蓖麻油作为工业原料，在医药上作缓泻剂；叶入药，具有消肿拔毒、止痒的功效，鲜品捣烂外敷，用于疮疡肿毒；煎水外洗，用于湿疹搔痒；叶可灭蛆、杀孑孓。根入药，具有祛风活血、止痛镇静的效果，用于风湿关节痛、破伤风、癫痫、精神分裂症。注：叶、种子有毒，用时需慎重。

蔷薇科 Rosaceae | 蔷薇属 *Rosa* L.

月季花 *Rosa chinensis* Jacq.

别名 月月红、月月花、长春花、四季花、胜春

形态特征 直立灌木，高可达 2 米。小枝粗壮，圆柱形，近无毛，有短粗的钩状皮刺。叶互生，奇数羽状复叶，小叶 3~7，连叶柄长 5~11 厘米，小叶片宽卵形至卵状长圆形，长 2.5~6 厘米，宽 1~3 厘米，先端长渐尖或渐尖，基部近圆形或宽楔形，边缘有锐锯齿，两面近无毛，上面暗绿色，常带光泽，下面颜色较浅；顶生小叶片有柄，侧生小叶片近无柄；总叶柄较长，有散生皮刺和腺毛；托叶大部贴生于叶柄，仅顶端分离部分呈耳状，边缘常有腺毛。花几朵集生，稀单生，直径 4~5 厘米；花梗长 2.5~6 厘米，近无毛或有腺毛；萼片 5，卵形，覆瓦状排列，先端尾状渐尖，有时呈叶状，边缘常有羽状裂片，稀全缘，外面无毛，内面密被长柔毛；花瓣重瓣至半重瓣，红色、粉红色至白色，倒卵形，先端有凹缺，基部楔形；花柱离生，伸出萼筒口外，约与雄蕊等长。果卵球形或梨形，长 1~2 厘米，红色。

分布 原产我国，各地普遍栽培。目前三沙永兴岛有栽培，少见，生长于庭园花盆、花坛。

价值 是重要的园林绿化植物。花可提取香料。根、叶、花入药，具有活血消肿、消炎解毒的功效，用于月经不调、痛经等病症。

含羞草科 Mimosaceae | 相思树属 *Acacia* Mill.

台湾相思 *Acacia confusa* Merr.

别名 相思仔、台湾柳、相思树

形态特征 常绿乔木，高 6~15 米。枝灰色或褐色，无刺，小枝纤细。苗期第一片真叶为羽状复叶，长大后小叶退化，叶柄变为叶状柄，叶状柄革质，披针形，长 6~10 厘米，宽 5~13 毫米，直或微呈弯镰状，两端渐狭，先端略钝，两面无毛，有明显的纵脉 3~8 条。头状花序球形，单生或 2~3 个簇生于叶腋，直径约 1 厘米；总花梗纤弱，长 8~10 毫米；花金黄色，有微香；花萼长约为花冠之半；花瓣淡绿色，长约 2 毫米；雄蕊多数，明显超出花冠之外；子房被黄褐色柔毛，花柱长约 4 毫米。荚果扁平，长 4~12 厘米，宽 7~10 毫米，干时深褐色，有光泽，于种子间微缢缩，顶端钝，具凸头，基部楔形。种子 2~8 颗，椭圆形，压扁，长 5~7 毫米。

分布 菲律宾、印度尼西亚、斐济有分布。我国产于台湾、福建、广东、广西、云南、海南。目前三沙永兴岛、甘泉岛、美济礁、渚碧礁有栽培，常见，生长于绿化带、防护林。

价值 荒山造林、水土保持和沿海防护林的重要树种。木材纹理美观坚硬，可用于制作家具和生产工具。树皮含单宁；花含芳香油，可作调香原料。嫩芽治跌打损伤。

含羞草科 Mimosaceae | 相思树属 *Acacia* Mill.

大叶相思 *Acacia auriculiformis* A. Cunn. ex Benth

别名 耳叶相思

形态特征 常绿乔木。枝条下垂；树皮平滑，灰白色；小枝无毛，皮孔显著。叶状柄镰状长圆形，长10~20厘米，宽1.5~6厘米，两端渐狭，比较显著的主脉有3~7条。穗状花序长3.5~8厘米，1至数枝簇生于叶腋或枝顶。花橙黄色；花萼长0.5~1毫米，顶端浅齿裂;花瓣长圆形，长1.5~2毫米;花丝长2.5~4毫米。荚果成熟时旋卷，长5~8厘米，宽8~12毫米，果瓣木质。每一荚内有种子约12粒；种子黑色，围以折叠的珠柄。

分布 原产澳大利亚北部及新西兰。我国海南、广东、广西、福建有引种栽培。目前三沙永兴岛、美济礁有栽培，少见，生长于绿化带。

价值 木材可制作农具和家具；是一种优良的薪炭材树种；可造纸。植物生长迅速，根系发达，且具有固氮能力，是防风固沙、改良土壤的优良树种。

含羞草科 Mimosaceae | 相思树属 *Acacia* Mill.

马占相思 *Acacia mangium* Willd.

别名 马占

形态特征 常绿乔木，高达18米。主干通直，树型整齐，树皮粗糙，小枝有棱。叶大，生长迅速；叶柄纺锤形，长12~15厘米，中部宽，两端收窄，纵向平行脉4条。穗状花序腋生，下垂；花淡黄白色。荚果扭曲。

分布 原产澳大利亚东北部，巴布亚新几内亚和印度尼西亚等热带地区。我国海南、广东、广西、福建等省份有栽培。目前三沙永兴岛、赵述岛、美济礁、渚碧礁有栽培，少见，生长于绿化带。

价值 木材可制作农具和家具；是一种优良的薪炭材树种；可造纸。植物生长迅速，根系发达，且具有固氮能力，是防风固沙、改良土壤的优良树种。

含羞草科 Mimosaceae | 雨树属 *Samanea* Merr.

雨树 *Samanea saman* (Jacq.) Merr.

别名 雨豆树

形态特征 大乔木，高可达 25 米。树冠极广展；分枝甚低；幼嫩部分被黄色短绒毛。羽片 3~6 对，长达 15 厘米；总叶柄长 15~40 厘米，羽片及叶片间常有腺体；小叶 3~8 对，由上往下逐渐变小，斜长圆形，长 2~4 厘米，宽 1~1.8 厘米，上面光亮，下面被短柔毛。花玫瑰红色，组成单生或簇生、直径 5~6 厘米的头状花序，生于叶腋；总花梗长 5~9 厘米；花萼长 6 毫米；花冠长 12 毫米；雄蕊 20，长 5 厘米。荚果长圆形，长 10~20 厘米，宽 1.2~2.5 厘米，直或稍弯，不裂，无柄，通常扁压，边缘增厚，在黑色的缝线上有淡色的条纹；果瓣厚，绿色，肉质，成熟时变成近木质，黑色。种子约 25 粒。

分布 原产热带美洲，现广植于全球热带地区。我国台湾、海南、广东、云南有引种栽培。目前三沙永兴岛、赵述岛、美济礁有栽培，不常见，生长于绿化带、花坛。

价值 庭园绿化树种；是香草兰、咖啡、可可、胡椒和肉豆蔻等热带经济作物的遮阴树种及紫胶虫寄主树种。木材用于造纸，制家具、雕刻、门、窗、箱板等。果作饲料，也可制酒精；叶作绿肥。

含羞草科 Mimosaceae ｜ 银合欢属 *Leucaena* Benth.

银合欢 *Leucaena leucocephala* (Lam.) de Wit

别名 白合欢

形态特征 灌木或小乔木，高可达 6 米。幼枝被短柔毛，无刺；老枝无毛，具褐色皮孔，主干、侧枝具刺。托叶三角形，小；二回羽状复叶，羽片 4~8 对，长 5~16 厘米，叶轴被柔毛，在最下 1 对羽片着生处有黑色腺体 1 枚；小叶 5~15 对，线状长圆形，长 7~13 毫米，宽 1.5~3 毫米，先端急尖，基部楔形，边缘被短柔毛，中脉偏向小叶上缘，两侧不等宽。头状花序通常 1~2 个腋生，直径 2~3 厘米；苞片紧贴，被毛，早落；总花梗长 2~4 厘米；花白色；花萼长约 3 毫米，顶端具 5 细齿，外面被柔毛；花瓣狭倒披针形，长约 5 毫米，背被疏柔毛；雄蕊 10，通常被疏柔毛，长约 7 毫米；子房具短柄，上部被柔毛，柱头凹下呈杯状。荚果带状，长 10~18 厘米，宽 1.4~2 厘米，顶端突尖，基部有柄，纵裂，被微柔毛。种子 6~25 粒，卵形，长约 7.5 毫米，褐色，扁平，光亮。

分布 原产热带美洲，现广布于世界各热带地区。我国产于海南、广东、广西、台湾、福建和云南。目前三沙永兴岛、美济礁、渚碧礁有栽培，常见，生长于林缘、草坡、路旁或独立成为小群落。

价值 抗逆性强，可作荒山、岛礁造林树种。叶可作绿肥及家畜饲料。木材可作薪材。花、果、皮均可入药，具有消肿排脓、收敛止血的功效，用于肺结核、疖疮浓肿、风湿性关节炎等症。

含羞草科 Mimosaceae | 含羞草属 *Mimosa* L.

光荚含羞草 *Mimosa bimucronata* (DC.) O. Kuntze

别名 簕仔树

形态特征 落叶灌木，高可达6米。小枝通常无刺，密被黄色绒毛；老枝疏生直刺。二回羽状复叶，羽片6~7对，长2~6厘米，叶轴无刺，被短柔毛，小叶12~16对，线形，长5~7毫米，宽1~1.5毫米，革质，先端具小尖头，除边缘疏具缘毛外，余无毛，中脉略偏上缘。头状花序球形；花白色；花萼杯状，极小；花瓣长圆形，长约2毫米，仅基部连合；雄蕊8，花丝长4~5毫米。荚果带状，劲直，长3.5~4.5厘米，宽约6毫米，无刺毛，褐色，通常有5~7个荚节，成熟时荚节脱落而残留荚缘。

分布 原产热带美洲。我国产于广东、海南。目前三沙产于美济礁，很少见，生长于草坡。

价值 可作为护坡、护岸堤、篱笆植物；可作热带退化地或绿地恢复材料；可作薪材。注：本种再生能力很强，生长迅速，在较短时间内形成优势群落，排挤本土植被，已列为1级中国外来入侵植物，南海岛礁要注意防控。

含羞草科 Mimosaceae | 含羞草属 *Mimosa* L.

巴西含羞草 *Mimosa diplotricha* C. Wright

别名 含羞草、美洲含羞草

形态特征 亚灌木状草本。茎攀缘或平卧，长达 60 厘米，五棱柱状，沿棱上密生钩刺，其余被疏长毛，老时毛脱落。二回羽状复叶，长 10~15 厘米；总叶柄及叶轴有钩刺 4~5 列；羽片 4~8 对，长 2~4 厘米；小叶 12~30 对，线状长圆形，长 3~5 毫米，宽约 1 毫米，被白色长柔毛。头状花序直径约 1 厘米，1 或 2 个生于叶腋，总花梗长 5~10 毫米；花紫红色，花萼极小，4 齿裂；花冠钟状，长 2.5 毫米，中部以上 4 瓣裂，外面稍被毛；雄蕊 8，花丝长为花冠的数倍；子房圆柱状，花柱细长。荚果长圆形，长 2~2.5 厘米，宽 4~5 毫米，边缘及荚节有刺毛。

分布 原产巴西。我国海南、广东、台湾和云南有栽培或逸为野生。目前三沙产于永兴岛、赵述岛、北岛、西沙洲、晋卿岛、美济礁，常见，生长于草坡、绿化带。

价值 作园林绿化植物。注：本种被列为 2 级中国外来入侵植物，南海岛礁生态脆弱，要注意防控。

含羞草科 Mimosaceae | 含羞草属 *Mimosa* L.

无刺巴西含羞草 *Mimosa diplotricha* C. Wright ex Sauvalle var. *inermis* (Adelb.) Verdk.

形态特征 与原变种巴西含羞草的不同之处在于茎上无钩刺，荚果边缘及荚节上无刺毛。

分布 原产热带美洲。我国产于海南、广东、福建和云南。目前三沙产于永兴岛、美济礁，少见，生长于草坡。

价值 本变种可作覆盖植物。注：全株有毒，牛误食能致死。本种被列为 2 级中国外来入侵植物。

含羞草科 Mimosaceae | 含羞草属 *Mimosa* L.

含羞草 *Mimosa pudica* L.

别名 怕羞草、害羞草、知羞草、感应草、呼喝草、怕丑草

形态特征 披散、亚灌木状草本，高可达 1 米。茎圆柱状，具分枝，有散生、下弯的钩刺及倒生刺毛。羽片和小叶触之即闭合而下垂；羽片通常 2 对，指状排列于总叶柄之顶端，长 3~8 厘米；小叶 10~20 对，线状长圆形，长 8~13 毫米，宽 1.5~2.5 毫米，先端急尖，边缘具刚毛；托叶披针形，长 5~10 毫米，有刚毛。头状花序圆球形，直径约 1 厘米，具长总花梗，单生或 2~3 个生于叶腋；花小，淡红色，多数；苞片线形；花萼极小；花冠钟状，裂片 4，外面被短柔毛；雄蕊 4，伸出于花冠之外；子房有短柄，无毛；花柱丝状，柱头小。荚果长圆形，长 1~2 厘米，宽约 5 毫米，扁平，稍弯曲，荚缘波状，具刺毛，成熟时荚节脱落，荚缘宿存。种子卵形，长约 3.5 毫米。

分布 原产热带美洲，现广布于世界热带地区。我国产于海南、广东、广西、台湾、福建、云南等省份。目前三沙产于永兴岛、赵述岛、西沙洲、北岛、甘泉岛、石岛、东岛、晋卿岛、银屿、美济礁、渚碧礁、永暑礁，常见，生长于空旷沙地、草坡、绿化带。

价值 全草入药，具有凉血解毒、清热利湿、镇静安神的功效，用于吐泻、失眠、小儿疳积、目赤肿痛、深部脓肿、带状疱疹；根入药，具有止咳化痰、利湿通络、和胃、消积的功效，用于咳嗽痰喘、风湿关节痛、小儿消化不良。注：根有毒，用时需慎重。本种被列为 2 级中国外来入侵植物，三沙岛礁要注意防控。

苏木科 Caesalpiniaceae | 山扁豆属 *Chamaecrista* Moench

山扁豆 ***Chamaecrista mimosoides* (L.) Greene**

别名 还瞳子、黄瓜香、梦草、含羞草决明

形态特征 一年生或多年生亚灌木状草本，高30~60厘米。多分枝，枝条纤细，被微柔毛。叶互生，偶数羽状复叶，叶长4~8厘米；小叶20~50对，线状镰形，长约3.5毫米，宽约1毫米，顶端短急尖，两侧不对称，中脉靠近叶的上缘；托叶线状锥形，长4~7毫米，有明显肋条，宿存。花序腋生，1或数朵聚生排列成总状花序，总花梗顶端有2枚小苞片，长约3毫米；萼长6~8毫米，裂片5，披针形，顶端急尖，外被黄色疏柔毛；花瓣黄色，花瓣5，不等大，具短柄，略长于萼片；雄蕊8~10，5长5短相间而生。荚果镰形，扁平，长2.5~5厘米，宽约4毫米；果柄长1.5~2厘米。种子10~16粒。

分布 原产热带美洲。我国南部各省有分布。目前三沙产于永暑礁，少见，生长于潮湿草坡。

价值 全草入药，具有清热解毒、健脾利湿、通便的功效，用于黄疸、暑热吐泻、小儿疳积、水肿、小便不利、习惯性便秘、疔疮痈肿、蛇毒咬伤。

苏木科 Caesalpiniaceae | 番泻决明属 *Senna* Mill.

望江南 *Senna occidentalis* (L.) Link

别名 羊角豆、野扁豆

形态特征 亚灌木或灌木，高可达 1.5 米。枝带草质，有棱；根黑色。叶长约 20 厘米；叶柄近基部有大而带褐色、圆锥形的腺体 1 枚；小叶 4~5 对，膜质，卵形至卵状披针形，长 4~9 厘米，宽 2~3.5 厘米，顶端渐尖，有小缘毛；小叶柄长 1~1.5 毫米，揉之有腐败气味；托叶膜质，卵状披针形，早落。花数朵组成伞房状总状花序，腋生和顶生，长约 5 厘米；苞片线状披针形或长卵形，长渐尖，早脱；花长约 2 厘米；萼片不等大，外生的近圆形，长 6 毫米，内生的卵形，长 8~9 毫米；花瓣黄色，外生的卵形，长约 15 毫米，宽 9~10 毫米，其余可长达 20 毫米，宽 15 毫米，顶端圆形，均有短狭的瓣柄；雄蕊 7 枚发育，3 枚不育，无花药。荚果带状镰形，褐色，压扁，长 10~13 厘米，宽 8~9 毫米，稍弯曲，边较淡色，加厚，有尖头；果柄长 1~1.5 厘米。种子 30~40 粒，种子间有薄隔膜。

分布 原产美洲热带地区，现广布于全世界热带、亚热带地区。我国产于东南部、南部及西南部各省。目前三沙永兴岛、赵述岛有分布，少见，生长于草坡。

价值 种子入药，具有清肝明目、健胃、通便、解毒的功效。

苏木科 Caesalpiniaceae | 番泻决明属 *Senna* Mill.

决明 *Senna tora* (L.) Roxburgh

别名 马蹄决明、假绿豆、草决明

形态特征 一年生亚灌木状草本，高可达 2 米。叶长 4~8 厘米；叶轴上每对小叶间有棒状的腺体 1 枚；小叶 3 对，膜质，倒卵形或倒卵状长椭圆形，长 2~6 厘米，宽 1.5~2.5 厘米，顶端圆钝而有小尖头，基部渐狭，偏斜，上面被稀疏柔毛，下面被柔毛；小叶柄长 1.5~2 毫米；托叶线状，被柔毛，早落。花腋生，通常 2 朵聚生；总花梗长 6~10 毫米；花梗长 1~1.5 厘米，丝状；萼片稍不等大，卵形或卵状长圆形，膜质，外面被柔毛，长约 8 毫米；花瓣黄色，下面 2 片略长，长 12~15 毫米，宽 5~7 毫米；能育雄蕊 7，花药四方形，顶孔开裂，长约 4 毫米，花丝短于花药。荚果纤细，近四棱形，两端渐尖，长达 15 厘米，宽 3~4 毫米。每荚具种子约 25 粒，种子菱形，光亮。

分布 原产美洲热带地区，现全球热带、亚热带地区广布。我国产于长江以南各省。目前三沙产于永兴岛、赵述岛、美济礁，不常见，生长于空旷沙地、草坡。

价值 可提取蓝色染料。幼苗叶和嫩果可作蔬菜。是水土保持良好材料。种子入药，具有清肝、明目、通便的功效，用于头痛眩晕、大便秘结等症。注：孕妇忌服，脾胃虚寒、气血不足者不宜服用。

苏木科 Caesalpiniaceae | 番泻决明属 *Senna* Mill.

黄槐决明 *Senna surattensis* (Burm. f.) H. S. Irwin & Barneby

别名 黄槐

形态特征 灌木或小乔木，高可达 7 米。分枝多，小枝有肋条；树皮颇光滑，灰褐色；嫩枝、叶轴、叶柄被微柔毛。叶长 10~15 厘米；叶轴及叶柄呈扁四方形，在叶轴上面最下 2 对或 3 对小叶之间和叶柄上部有棍棒状腺体 2~3 枚；小叶 7~9 对，长椭圆形或卵形，长 2~5 厘米，宽 1~1.5 厘米，下面粉白色，被疏散、紧贴的长柔毛，边全缘；小叶柄长 1~1.5 毫米，被柔毛；托叶线形，弯曲，长约 1 厘米，早落。总状花序生于枝条上部的叶腋内；苞片卵状长圆形，外被微柔毛，长 5~8 毫米；萼片卵圆形，大小不等，内生的长 6~8 毫米，外生的长 3~4 毫米，有 3~5 脉；花瓣鲜黄至深黄色，卵形至倒卵形，长 1.5~2 厘米；雄蕊 10，全部能育，最下 2 枚花丝较长，花药长椭圆形，2 侧裂；子房线形，被毛。荚果扁平，带状，开裂，长 7~10 厘米，宽 8~12 毫米，顶端具细长的喙，果颈长约 5 毫米，果柄明显。每荚含种子 10~12 粒，有光泽。

分布 原产印度、斯里兰卡、印度尼西亚、菲律宾、澳大利亚和波利尼西亚等国。我国广东、广西、海南、福建、台湾等省份有栽培。目前三沙永兴岛、赵述岛、晋卿岛、美济礁有栽培，常见，生长于绿化带、花坛。

价值 园林绿化植物。花入药，具有清热去火的功效，用于润肺、止血。

苏木科 Caesalpiniaceae | 槐属 *Sophora* L.

绒毛槐 *Sophora tomentosa* L.

别名 岭南槐树、海南槐

形态特征 灌木或小乔木，高可达4米。枝被灰白色短绒毛。羽状复叶长12~18厘米；无托叶；小叶5~9对，近革质，宽椭圆形或近圆形，长2~5厘米，宽2~4厘米，先端圆形或微缺，基部圆形，稍偏斜，上面灰绿色，无毛，具光泽，下面密被灰白色短绒毛；中脉上面稍凹陷，侧脉不明显。花较密，常为总状花序，有时分枝呈圆锥状，顶生，长10~20厘米，被灰白色短绒毛；花梗长约16毫米；苞片线形；花萼钟状，长约5毫米，被灰白色短绒毛，幼时具5萼齿，成熟时檐部偏斜，近截平，萼下有1关节；花冠淡黄色或近白色，旗瓣阔卵形，长约17毫米，宽约10毫米，边缘反卷，柄长约3毫米，翼瓣长椭圆形，与旗瓣近等长，具钝圆形单耳，柄纤细，长约5毫米，龙骨瓣与翼瓣相似，稍短，背部明显呈龙骨状互相盖叠；雄蕊10，分离；子房密被灰白色短柔毛；花柱短。荚果为典型串珠状，长7~10厘米，径约10毫米，表面被短绒毛，成熟时近无毛。内含种子多数，种子球形，褐色，具光泽。

分布 广布于全球热带海岸带及岛屿。我国产于台湾、广东、海南。目前三沙产于甘泉岛，很少见，生长于防护林。

价值 抗逆性强，是南海岛礁防护林建设的候选材料之一。

苏木科 Caesalpiniaceae | 酸豆属 *Tamarindus* L.

酸豆 *Tamarindus indica* L.

别名 罗望子、酸角、酸梅、通血图、通血香、木罕、曼姆、酸饺

形态特征 乔木，高可达 25 米。胸径可达 90 厘米；树皮暗灰色，不规则纵裂。小叶小，长圆形，长 1.3~2.8 厘米，宽 5~9 毫米，先端圆钝或微凹，基部圆而偏斜，无毛。花黄色或杂以紫红色条纹，少数；总花梗和花梗被黄绿色短柔毛；小苞片 2，长约 1 厘米，开花前紧包着花蕾；萼管长约 7 毫米，檐部裂片披针状长圆形，长约 1.2 厘米，花后反折；花瓣倒卵形，与萼裂片近等长，边缘波状，皱折；雄蕊长 1.2~1.5 厘米，近基部被柔毛，花丝分离部分长约 7 毫米，花药椭圆形，长 2.5 毫米；子房圆柱形，长约 8 毫米，微弯，被毛。荚果圆柱状长圆形，肿胀，棕褐色，长 5~14 厘米，直或弯拱，常不规则地缢缩。每荚含种子 3~14 粒，种子褐色，有光泽。

分布 原产非洲，现世界热带地区广泛栽培。我国广东、广西、海南、台湾、福建和云南有栽培。目前三沙甘泉岛、永暑礁有栽培，少见，生长于林缘沙地、房前屋后。

价值 果实入药，具有清热解暑、生津止渴、消食化积的功效。果肉味酸甜，可生食、熟食及加工食品；种子可榨油、制作多糖产品。

苏木科 Caesalpiniaceae ｜ 云实属 *Caesalpinia* L.

刺果苏木 *Caesalpinia bonduc* (L.) Roxb.

别名 大托叶云实、忙果钉

形态特征 灌木。全株具直或弯刺；各部均被黄色柔毛。二回羽状复叶；叶长30~45厘米；叶轴具钩刺；羽片对生，6~9对；小叶6~12对，膜质，长圆形，长1.5~4厘米，宽1.5~2厘米，先端圆钝具小突尖，基部斜，两面均被黄色柔毛，在小叶着生处常有托叶状小钩刺1对；托叶大，叶状，常分裂，脱落。总状花序腋生，具长梗，上部稠密，下部稀疏；花梗长约4毫米；苞片锥状，长约7毫米，被毛，外折，开花时渐脱落；花托凹陷；萼片5，长约8毫米，内外均被锈色毛；花瓣黄色，最上面1片有红色斑点，倒披针形，有柄，长不及萼片，具爪；花丝短，基部被绵毛；子房被毛。荚果革质，长圆形，长约6厘米，宽约4厘米，顶端有喙，膨胀，外面具细长针刺。内含种子2~3粒，种子近球形，铅灰色，有光泽。

分布 世界热带地区有分布。我国产于广东、广西、海南和台湾。目前三沙永兴岛、晋卿岛有分布，少见，生长于海岸带防护林。

价值 叶入药，具有祛瘀止痛、清热解毒的功效，用于急慢性胃炎、胃溃疡、痈疮疖肿。热带岛礁防护林建设树种之一。

苏木科 Caesalpiniaceae | 凤凰木属 *Delonix* Raf.

凤凰木 *Delonix regia* (Boj.) Raf.

别名 火凤凰、红花楹、凤凰花

形态特征 落叶乔木，高达 20 余米。胸径可达 1 米；全株无刺。树皮粗糙，灰褐色。树冠扁圆形，分枝多而开展；小枝常被短柔毛并有明显的皮孔。叶为二回偶数羽状复叶，长 20~60 厘米，具托叶；下部的托叶明显地羽状分裂，上部的呈刚毛状；叶柄长 7~12 厘米，光滑至被短柔毛，上面具槽，基部膨大呈垫状；羽片对生，15~20 对，长达 5~10 厘米；小叶 25 对，密集对生，长圆形，长 4~8 毫米，宽 3~4 毫米，两面被绢毛，先端钝，基部偏斜，边全缘；中脉明显；小叶柄短。伞房状总状花序顶生或腋生；直径 7~10 厘米，鲜红至橙红色，具 4~10 厘米长的花梗；花托盘状或短陀螺状；萼片 5，里面红色，边缘绿黄色；花瓣 5，匙形，红色，具黄及白色花斑，长 5~7 厘米，宽 3.7~4 厘米，开花后向花萼反卷，瓣柄细长，长约 2 厘米；雄蕊 10，红色，长短不等，长 3~6 厘米，向上弯，花丝粗，下半部被绵毛，花药红色，长约 5 毫米；子房长约 1.3 厘米，黄色，被柔毛，无柄或具短柄，花柱长 3~4 厘米，柱头小，截形。荚果带形，扁平，长 30~60 厘米，宽 3.5~5 厘米，稍弯曲，暗红褐色，成熟时黑褐色，顶端有宿存花柱。种子 20~40 粒，横长圆形，平滑，坚硬，黄色染有褐斑，长约 15 毫米，宽约 7 毫米。

分布 原产马达加斯加，现世界热带地区均有栽培。我国海南、广东、广西、福建、云南、台湾等省份有栽培。目前三沙永兴岛、赵述岛、晋卿岛、甘泉岛、石岛、北岛、美济礁、永暑礁有栽培，常见，生长于绿化带、花坛。

价值 树皮入药，具有平肝潜阳的功效，用于肝热型高血压、眩晕、心烦不宁。公园、庭园绿化美化树种之一。

苏木科 Caesalpiniaceae | 羊蹄甲属 *Bauhinia* L.

洋紫荆 *Bauhinia variegata* L.

别名 红花紫荆、红紫荆、羊蹄甲

形态特征 落叶乔木。树皮暗褐色，近光滑。幼枝常被灰色短柔毛；枝广展，硬而稍呈“之”字形曲折，无毛。叶近革质，广卵形至近圆形，宽度常超过长度，长5~9厘米，宽7~11厘米，基部浅至深心形，有时近截形，先端2裂达叶长的1/3，裂片阔，钝头或圆，两面无毛或下面略被灰色短柔毛；基出9~13脉；叶柄长2.5~3.5厘米，被毛或近无毛。总状花序侧生或顶生，极短缩，多少呈伞房花序式，少花，被灰色短柔毛；总花梗短而粗；苞片和小苞片卵形，极早落；花大，近无梗；花蕾纺锤形；萼佛焰苞状，被短柔毛，一侧开裂为一广卵形、长2~3厘米的裂片；花托长12毫米；花瓣倒卵形或倒披针形，长4~5厘米，具瓣柄，紫红色或淡红色，杂以黄绿色及暗紫色的斑纹，近轴1片较阔；能育雄蕊5，花丝纤细，无毛，长约4厘米；退化雄蕊1~5，丝状，较短；子房被柔毛，尤以缝线上被毛较密，柱头小。荚果带状，扁平，长15~25厘米，宽1.5~2厘米，具长柄及喙。每荚含种子10~15粒，种子近圆形，扁平，直径约1厘米。

分布 印度、中南半岛各国有分布。我国南方广泛栽培。目前三沙永兴岛、赵述岛、晋卿岛、北岛、西沙洲、石岛、银屿、羚羊礁、美济礁、永暑礁、渚碧礁有栽培，常见，生长于绿化带、道路花坛。

价值 根皮入药，用于消化不良。花芽、嫩叶和幼果可食。绿化美化及蜜源植物。

蝶形花科 Papilionaceae | 山蚂蝗属 *Desmodium* Desv.

三点金 *Desmodium triflorum* (L.) DC.

别名 蝇翅草、三点金草、三脚虎、六月雪、纱帽草、斑鸠窝、品字草、三点桃、哮灵草

形态特征 多年生草本，高可达 50 厘米。茎纤细，平卧，多分枝，被开展柔毛。叶为羽状三出复叶，小叶 3；托叶披针形，膜质，长 3~4 毫米，宽 1~1.5 毫米，外面无毛，边缘疏生丝状毛；叶柄长约 5 毫米，被柔毛；小叶纸质，顶生小叶倒心形、倒三角形或倒卵形，长和宽均为 2.5~10 毫米，先端宽截平而微凹入，基部楔形，上面无毛，下面被白色柔毛，老时近无毛，叶脉每边 4~5 条，不达叶缘；小托叶狭卵形，长 0.5~0.8 毫米，被柔毛；小叶柄长 0.5~2 毫米，被柔毛。花单生或 2~3 朵簇生于叶腋；苞片狭卵形，长约 4 毫米，宽约 1.3 毫米，外面散生贴伏柔毛；花梗长 3~8 毫米，结果时延长达 13 毫米，全部或顶部有开展柔毛；花萼长约 3 毫米，密被白色长柔毛，5 深裂，裂片狭披针形，较萼筒长；花冠紫红色，与萼近相等，旗瓣倒心形，基部渐狭，具长瓣柄，翼瓣椭圆形，具短瓣柄，龙骨瓣略呈镰刀形，较翼瓣长，弯曲，具长瓣柄；雄蕊二体；雌蕊长约 4 毫米，子房线形，多少被毛，花柱内弯，无毛。荚果扁平，狭长圆形，略呈镰刀状，长 5~12 毫米，宽 2.5 毫米，腹缝线直，背缝线波状；有荚节 3~5，荚节近方形，被钩状短毛，具网脉。

分布 印度、斯里兰卡、尼泊尔、缅甸、泰国、越南、马来西亚、太平洋群岛、大洋洲国家和美洲热带国家有分布。我国产于海南、广东、广西、浙江、福建、江西、云南、台湾等省份。目前三沙产于永兴岛、赵述岛、晋卿岛、北岛、西沙洲、石岛、美济礁、永暑礁、渚碧礁，常见，生长于绿地草坪。

价值 全草入药，具有行气止痛、温经散寒、解毒的功效，用于中暑腹痛、疝气痛、月经不调、痛经、产后关节痛、狂犬病。

蝶形花科 Papilionaceae | 山蚂蝗属 *Desmodium* Desv.

大叶山蚂蝗 *Desmodium gangeticum* (L.) DC.

别名 蝉豆、恒河山绿豆、大叶山绿豆

形态特征 直立或近直立亚灌木，高可达 1 米。茎柔弱，稍具棱，被稀疏柔毛，分枝多。叶具单小叶；托叶狭三角形或狭卵形，长约 1 厘米，宽 1~3 毫米；叶柄长 1~2 厘米，密被直毛和小钩状毛；小叶纸质，长椭圆状卵形，有时为卵形或披针形，大小变异很大，长 3~13 厘米，宽 2~7 厘米，先端急尖，基部圆形，上面除中脉外，其余无毛，下面薄被灰色长柔毛，侧脉每边 6~12 条，直达叶缘，全缘；小托叶钻形，长 2~9 毫米；小叶柄长约 3 毫米，毛被与叶柄同。总状花序顶生和腋生，但顶生者有时为圆锥花序，长 10~30 厘米，总花梗纤细，被短柔毛，花 2~6 朵生于每一节上，节疏离；苞片针状，脱落；花梗长 2~5 毫米，被毛；花萼宽钟状，长约 2 毫米，被糙伏毛，裂片披针形，较萼筒稍长，上部裂片先端微 2 裂；花冠绿白色，长 3~4 毫米，旗瓣倒卵形，基部渐狭，具不明显的瓣柄，翼瓣长圆形，基部具耳和短瓣柄，龙骨瓣狭倒卵形，无耳；雄蕊二体，长 3~4 毫米；雌蕊长 4~5 毫米，子房线形，被毛，花柱上部弯曲。荚果密集，略弯曲，长 1~2 厘米，宽约 2.5 毫米，腹缝线稍直，背缝线波状；有荚节 6~8，荚节近圆形或宽长圆形，长 2~3 毫米，被钩状短柔毛。

分布 斯里兰卡、印度、缅甸、泰国、越南、马来西亚、热带非洲国家和大洋洲国家有分布，我国产于广东、海南、广西、云南、台湾。目前三沙产于美济礁，少见，生长于草坡。

价值 茎叶入药，具有祛瘀调经、解毒、止痛的功效，用于跌打损伤、子宫脱垂、脱肛、闭经、牛皮癣、牙痛、头痛。

蝶形花科 Papilionaceae | 山蚂蝗属 *Desmodium* Desv.

单叶拿身草 *Desmodium zonatum* Miq.

别名 长叶山绿豆

形态特征 直立小灌木，高30~80厘米。茎单一或分枝，幼时被黄色开展小钩状毛和散生贴伏毛，后渐变无毛。叶具单小叶；托叶三角状披针形，长4~10毫米，基部宽2~3毫米，近无毛；叶柄长1~2.5厘米，被开展小钩状毛和散生贴伏毛；小叶纸质，卵形、卵状椭圆形或披针形，大小变化很大，长5~12厘米，宽2~5厘米，先端渐尖或急尖，基部宽楔形至圆形，上面无毛或沿脉上散生小钩状毛，下面密被黄褐色柔毛，全缘，侧脉每边7~10条，直达叶缘；小托叶钻形，长3~6毫米；小叶柄长1~2毫米。总状花序通常顶生，长10~25厘米；总花梗密被开展小钩状毛和疏生直长毛；花通常2~3朵簇生于每节上，节疏离；苞片三角状披针形，较小；花梗长4~10毫米，被开展柔毛和小钩状毛；花萼长2.5~3毫米，密被黄色开展钩状毛，裂片比萼筒长，上部裂片先端微2裂；花冠白色或粉红色，旗瓣倒卵形，长约7毫米，宽5毫米，基部渐狭，翼瓣倒卵状长椭圆形，长约6毫米，宽约2毫米，具短而圆的耳，瓣柄短，龙骨瓣弯曲，长约7毫米，宽约2毫米，瓣柄不明显；雄蕊二体，长约7毫米；雌蕊长约7毫米，子房线形，被小柔毛，花柱无毛。荚果线形，长8~12厘米，腹背两缝线均为浅波状；有荚节6~8，荚节扁平，长圆状线形，密被黄色小钩状毛。

分布 印度、斯里兰卡、缅甸、泰国、越南、马来西亚、印度尼西亚、菲律宾有分布。我国产于海南、广西、贵州、云南和台湾等省份。目前三沙产于永兴岛、美济礁，很少见，生长于草坡。

价值 不详。

蝶形花科 Papilionaceae | 山蚂蝗属 *Desmodium* Desv.

假地豆 *Desmodium heterocarpon* (L.) DC.

别名 异果山绿豆、大叶青、假花生、山土豆、山地豆、稗豆

形态特征 亚灌木，高可达 1.5 米。茎直立或平卧，基部多分枝，多少被糙伏毛，后变无毛。叶为羽状三出复叶，小叶 3；托叶宿存，狭三角形，长 5~15 毫米，先端长尖，基部宽；叶柄长 1~2 厘米，略被柔毛；小叶纸质，顶生小叶椭圆形、长椭圆形或宽倒卵形，长 2.5~6 厘米，宽 1.2~3 厘米，侧生小叶通常较小，先端圆或钝，微凹，具短尖，基部钝，上面无毛，下面被贴伏白色短柔毛，全缘，侧脉每边 5~10 条，不达叶缘；小托叶丝状，长约 5 毫米；小叶柄长 1~2 毫米，密被糙伏毛。总状花序顶生或腋生，长 2.5~7 厘米，总花梗密被淡黄色毛；花密，每 2 朵生于花序的节上；苞片卵状披针形，被缘毛；花梗长 3~4 毫米，近无毛或疏被毛；花萼长 1.5~2 毫米，钟形，4 裂，疏被柔毛，裂片三角形，较萼筒稍短，上部裂片先端微 2 裂；花冠紫红色、紫色或白色，长约 5 毫米，旗瓣倒卵状长圆形，先端圆至微缺，基部具短瓣柄，翼瓣倒卵形，具耳和瓣柄，龙骨瓣极弯曲，先端钝；雄蕊二体，长约 5 毫米；雌蕊长约 6 毫米，子房无毛或被毛，花柱无毛。荚果狭长圆形，长 12~20 毫米，宽 2.5~3 毫米，具喙，腹缝线浅波状，背缝线直，腹背缝线被毛；有荚节 4~7，荚节近方形。

分布 印度、斯里兰卡、缅甸、泰国、越南、柬埔寨、老挝、马来西亚、日本、太平洋群岛及大洋洲各国有分布。我国产于广东、广西、海南、江西、福建、台湾、云南。目前三沙产于美济礁，很少见，生长于草坡。

价值 全株入药，具有利水通淋、散瘀消肿的功效，用于泌尿系统结石、跌打瘀肿、外伤出血。

蝶形花科 Papilionaceae | 山蚂蝗属 *Desmodium* Desv.

异叶山蚂蝗 *Desmodium heterophyllum* (Willd.) DC.

别名 变叶山蚂蝗、异叶山绿豆、田胡蜘蛛

形态特征 平卧或上升草本，高达 70 厘米。茎纤细，多分枝，除幼嫩部分被开展柔毛外近无毛。叶为羽状三出复叶，小叶 3，在茎下部有时为单小叶；托叶卵形，长 3~6 毫米，被缘毛；叶柄长 5~15 毫米，上面具沟槽，疏生长柔毛；小叶纸质，顶生小叶宽椭圆形或宽椭圆状倒卵形，长 0.5~3 厘米，宽 0.8~1.5 厘米；侧生小叶长椭圆形、椭圆形或倒卵状长椭圆形，长 1~2 厘米，有时更小，先端圆或近截平，常微凹入，基部钝，上面无毛或两面均被疏毛，侧脉每边 4~5 条，不甚明显，不达叶缘，全缘；小托叶狭三角形，长约 1 毫米；小叶柄长 2~5 毫米，疏生长柔毛。花单生或成对生于腋内，不组成花序，或 2~3 朵散生于总梗上；苞片卵形；花梗长 10~25 毫米，无毛或仅于顶部有少数钩状毛；花萼宽钟形，长约 3 毫米，被长柔毛和小钩状毛，5 深裂，裂片披针形，较萼筒长；花冠紫红色至白色，长约 5 毫米，旗瓣宽倒卵形，翼瓣倒卵形或长椭圆形，具短耳，龙骨瓣稍弯曲，具短瓣柄；雄蕊二体，长约 4 毫米；雌蕊长约 5 毫米，子房被贴伏柔毛。荚果窄长圆形，长 12~18 毫米，宽约 3 毫米，直或略弯曲，腹缝线劲直，背缝线深波状；有荚节 3~5，扁平，荚节宽长圆形或正方形，老时近无毛，有网脉。

分布 东亚、南亚、东南亚、大洋洲和太平洋群岛有分布。我国产于海南、广东、广西、安徽、福建、江西、云南及台湾等省份。目前三沙产于永兴岛、赵述岛、晋卿岛、美济礁、渚碧礁、永暑礁，常见，生长于绿化带草地。

价值 全草入药，具有利水通淋、散瘀消肿的功效。

蝶形花科 Papilionaceae | 鹿藿属 *Rhynchosia* Lour.

小鹿藿 *Rhynchosia minima* (L.) DC.

别名 小花鹿藿

形态特征 缠绕状一年生草本。茎很纤细，具细纵纹，略被短柔毛。叶具羽状3小叶；托叶小，披针形，常早落；叶柄长1~4厘米，具微纵纹，无毛或略被短柔毛；小叶膜质或近膜质，顶生小叶菱状圆形，长、宽均为1.5~3厘米，有时宽大于长，先端钝或圆，稀短急尖，两面无毛或被极细的微柔毛，下面密被小腺点，基出3脉；小托叶极小；小叶柄极短，侧生小叶与顶生小叶近相等或稍小，斜圆形。总状花序腋生，长5~11厘米，花序轴纤细，微被短柔毛；花小，排列稀疏，常略下弯；苞片小，披针形，早落；花梗极短；花萼长约5毫米，微被短柔毛，裂片披针形，略长于萼管，其中下面1裂片较长；花冠黄色，伸出萼外，各瓣近等长，旗瓣倒卵状圆形，基部具瓣柄和2尖耳，翼瓣倒卵状椭圆形，具瓣柄和耳，龙骨瓣稍弯，先端钝，具瓣柄。荚果倒披针形至椭圆形，长1~1.7厘米，宽约5毫米，被短柔毛。每荚含种子1~2粒。

分布 印度、缅甸、越南、马来西亚及东非热带国家有分布。我国产于海南、云南、四川、台湾等省。目前三沙产于永兴岛、美济礁，很少见，生长于干旱草坪。

价值 种子可煮食，或磨面做饼蒸食。全草入药，具有祛风除湿、活血、解毒的功效，用于风湿痹痛、头痛、牙痛、腰脊疼痛、瘀血腹痛、产褥热、瘰疬、痈肿疮毒、跌打损伤和火烫伤。

蝶形花科 Papilionaceae | 灰毛豆属 *Tephrosia* Pers.

西沙灰毛豆 *Tephrosia luzonensis* Vogel

别名 西沙灰叶

形态特征 亚灌木，通常高 10~15 厘米。茎平卧，基部木质化；多分枝；全株被伸展白色柔毛。羽状复叶长 5~10 厘米，叶柄长约 1 厘米；托叶狭三角形，锥尖，长约 4 毫米；小叶 2~10 对，通常 4~6 对，纸质，长圆状倒披针形或狭长圆形，长 1~3 厘米，宽 0.3~0.7 厘米，先端钝圆或微凹，具短尖，基部楔形，上面被平伏细毛，下面密被灰白色平伏柔毛，侧脉约 10 对；小叶柄短。总状花序短，腋生，有多数花，密集；总花梗很短；花梗长约 3.5 毫米；花冠粉红或带紫色。荚果线形，长 2.5~3.5 厘米，宽约 0.4 厘米，扁平，稍弯，被柔毛，顶端具短直喙。每荚含种子 7~12 粒；种子黑褐色，近圆形，径约 2 毫米，微扁。

分布 菲律宾、印度尼西亚、泰国有分布。我国产于海南。目前三沙产于永兴岛、石岛，不常见，生长于空旷沙地、草坡。

价值 可以用于南海岛礁防风固沙、土壤改良、生态修复的地被植物。

蝶形花科 Papilionaceae | 灰毛豆属 *Tephrosia* Pers.

灰毛豆 *Tephrosia purpurea* (L.) Pers.

别名 红花灰叶、假蓝靛、灰叶

形态特征 灌木状草本，高可达1.5米。茎基部木质化，近直立或伸展，具纵棱，近无毛或被短柔毛；多分枝。羽状复叶长7~15厘米，叶柄短；托叶线状锥形，长约4毫米；小叶4~10对，椭圆状长圆形至椭圆状倒披针形，长15~35毫米，宽4~14毫米，先端钝，截形或微凹，具短尖，基部狭圆，上面无毛，下面被平伏短柔毛，侧脉7~12对，清晰；小叶柄长约2毫米，被毛。总状花序顶生、与叶对生或生于上部叶腋，长10~15厘米，较细；花每节2~4朵，疏散；苞片锥状狭披针形，长2~4毫米，花长约8毫米；花梗细，长2~4毫米，果期稍伸长，被柔毛；花萼阔钟状，长2~4毫米，宽约3毫米，被柔毛，萼齿狭三角形，尾状锥尖，近等长，长约2.5毫米；花冠淡紫色，旗瓣扁圆形，外面被细柔毛，翼瓣长椭圆状倒卵形，龙骨瓣近半圆形；子房密被柔毛，花柱线形，无毛，柱头点状。荚果线形，长4~5厘米，宽0.4~0.6厘米，稍上弯，顶端具短喙，被稀疏平伏柔毛。每荚含种子6粒；种子灰褐色，具斑纹，椭圆形，长约3毫米，宽约1.5毫米，扁平，种脐位于中央。

分布 广布于全球热带地区。我国产于福建、台湾、广东、广西、云南、海南等省份。目前三沙产于赵述岛、美济礁，不常见，生长于绿化带、草坡。

价值 枝叶可作绿肥；捣烂投入水中可毒鱼。本种为良好的固沙护堤植物。根入药，具有清热消滞的功效。

蝶形花科 Papilionaceae ｜ 密子豆属 *Pycnospora* R. Br. ex Wight & Arn.

密子豆 *Pycnospora lutescens* (Poir.) Schindl.

别名 假番豆草、假地豆

形态特征 亚灌木状草本，高可达60厘米。茎直立或平卧，从基部分枝，小枝被灰色短柔毛。叶常具3小叶；小叶近革质，倒卵形或倒卵状长圆形，顶生小叶长1~3.5厘米，宽1~2.5厘米，先端圆形或微凹，基部楔形或微心形，侧生小叶常较小或有时缺，两面密被贴伏柔毛，侧脉4~7条，纤细，背面隆起，网脉明显；托叶狭三角形，长约4毫米，被灰色柔毛和缘毛；小托叶针状，长1毫米；叶柄长约1厘米，被灰色短柔毛；小叶柄长约1毫米，被灰色短柔毛。总状花序长3~6厘米，花很小，每2朵排列于疏离的节上，节间长约1厘米；总花梗被灰色柔毛；苞片早落，干膜质，卵形，先端渐尖，有条纹，被柔毛和缘毛；花梗长约3毫米，被灰色短柔毛；花萼长约2毫米，深裂，裂片窄三角形，被柔毛；花冠淡紫蓝色，长约4毫米；子房有柔毛。荚果长圆形，长6~10毫米，宽及厚5~6毫米，膨胀，有横脉纹，稍被毛，成熟时变黑色，沿腹缝线开裂，背缝线明显突起；果梗长约4毫米，纤细；被开展柔毛。种子8~10粒，肾状椭圆形，长约2毫米。

分布 印度、缅甸、越南、菲律宾、印度尼西亚、新几内亚、澳大利亚有分布。我国产于江西、广东、海南、广西、贵州、云南、台湾。目前三沙产于美济礁，少见，生长于草坡。

价值 水土保持和绿肥植物。全草入药，具有消肿解毒、清热利水的功效，用于小便癃闭、砂淋、白浊、水肿。

蝶形花科 Papilionaceae | 水黄皮属 *Pongamia* Vent.

水黄皮 *Pongamia pinnata* (L.) Pierre

别名 野豆、水流豆

形态特征 乔木，高可达 15 米。嫩枝通常无毛，有时稍被微柔毛；老枝密生灰白色小皮孔。羽状复叶长 20~25 厘米；小叶 2~3 对，近革质，卵形、阔椭圆形至长椭圆形，长 5~10 厘米，宽 4~8 厘米，先端短渐尖或圆形，基部宽楔形、圆形或近截形；小叶柄长 6~8 毫米。总状花序腋生，长 15~20 厘米，通常 2 朵花簇生于花序总轴的节上；花梗长 5~8 毫米，在花萼下有卵形的小苞片 2 枚；花萼长约 3 毫米，萼齿不明显，外面略被锈色短柔毛，边缘尤密；花冠白色或粉红色，长 12~14 毫米，各瓣均具柄，旗瓣背面被丝毛，边缘内卷，龙骨瓣略弯曲。荚果长 4~5 厘米，宽 1.5~2.5 厘米，表面有不甚明显的小疣，顶端有微弯曲的短喙，不开裂，沿缝线处无隆起的边。每荚含种子 1 粒；种子肾形。

分布 印度、斯里兰卡、马来西亚、澳大利亚、波利尼西亚有分布。我国产于海南、广东、福建。目前三沙永兴岛、赵述岛、西沙洲、美济礁、渚碧礁、永暑礁有栽培，常见，生长于防风林、绿化带。

价值 全株入药，含抗菌、抗炎、镇痛、抗病毒、抗溃疡和抗肿瘤等生物活性，可作催吐剂和杀虫剂，是一种有开发潜力的药用植物。种子含油量高，可提取生物燃料。在南海岛礁可作防护林、行道树、庭园绿化和园林绿化树种。木材为高端家具用材。注：种子有小毒，用时需慎重。

蝶形花科 Papilionaceae | 落地豆属 *Rothia* Pers.

落地豆 *Rothia indica* (L.) Druce

别名 印度葫芦巴、三叶落地豆

形态特征 一年生草本。茎多分枝，披散，长可达40厘米，被毛。掌状3小叶；小叶倒卵形，长0.3~1.5厘米，全缘，基部楔形，先端圆钝，具细短尖头，两面被绢毛，叶脉不明显，侧生小叶较小；叶柄长3.5~8厘米；托叶极小，倒披针形，被绢毛。总状花序与叶对生，具1~3朵；花序梗短；苞片和小苞片极小；花梗长1~3毫米；花萼管状钟形，密被绢毛，裂片5，先端渐尖，近等长，上部2枚较宽呈近镰形；花冠粉红色、紫色或黄色，长约8毫米；花瓣直，近等长，具长瓣柄；旗瓣长6~8毫米，背面上部中央被微柔毛，翼瓣窄匙形，龙骨瓣微弯；雄蕊10；花丝连合成管状；花药基着；子房无柄，被绢毛；花柱短直，柱头头状。荚果线形，长3.5~5厘米，宽2~2.5毫米，密被绢毛。每荚含种子10~20粒；种子间无隔膜；种子近肾形，长1.5~2毫米，光滑，有浅色斑纹。

分布 越南、老挝、斯里兰卡、印度尼西亚、澳大利亚有分布。我国产于广东、海南。目前三沙产于美济礁，很少见，生长于草坡。

价值 不详。

蝶形花科 Papilionaceae | 扁豆属 *Lablab* Adans.

扁豆 *Lablab purpureus* (L.) Sweet

别名 鹊豆、藤豆、膨皮豆、藊豆、火镰扁豆、沿篱豆

形态特征 多年生、缠绕藤本。全株几无毛；茎长可达6米，常呈淡紫色。羽状复叶具3小叶；托叶披针形；小托叶线形，长3~4毫米；小叶宽三角状卵形，长6~10厘米，宽约与长相等，侧生小叶两边不等大，偏斜，先端急尖或渐尖，基部近截平。总状花序直立，长15~25厘米，花序轴粗壮，总花梗长8~14厘米；小苞片2，近圆形，长3毫米，脱落；花2至多朵簇生于每一节上；花萼钟状，长约6毫米，上方2裂齿几完全合生，下方的3枚近相等；花冠白色或紫色，旗瓣圆形，基部两侧具2枚长而直立的小附属体，翼瓣宽倒卵形，具截平的耳，龙骨瓣呈直角弯曲，基部渐狭成瓣柄；子房线形，无毛。荚果长圆状镰形，长5~7厘米，近顶端最阔，宽1.4~1.8厘米，扁平，直或稍向背弯曲，顶端有弯曲的尖喙，基部渐狭。每荚含种子3~5粒；种子扁平，长椭圆形，在白花品种中为白色，在紫花品种中为紫黑色；种脐线形，长约占种子周围的2/5。

分布 原产印度及非洲热带国家，现世界热带、亚热带地区均有栽培。我国各地广泛栽培。目前三沙赵述岛、晋卿岛、北岛、美济礁有栽培，常见，生长于菜地。

价值 嫩荚作蔬食。白花品种种子入药，具有健脾和中、消暑化湿的功效，用于暑湿吐泻、脾虚呕逆、食少久泄、水停消渴、赤白带下、小儿疳积。

蝶形花科 Papilionaceae | 木蓝属 *Indigofera* L.

硬毛木蓝 ***Indigofera hirsuta* L.**

别名 刚毛木蓝

形态特征 亚灌木，高可达 1 米以上。茎圆柱形；多分枝；枝、叶柄和花序均被开展长硬毛。羽状复叶长 2~10 厘米；叶柄长约 1 厘米，叶轴上面有槽，有灰褐色开展毛；小叶 3~5 对，对生，纸质，倒卵形或长圆形，长 3~3.5 厘米，宽 1~2 厘米，先端圆钝，基部阔楔形，两面有伏贴毛，下面较密，侧脉 4~6 对，不显著；小叶柄长约 2 毫米。总状花序长 10~25 厘米，密被锈色和白色混生的硬毛，花小，密集；总花梗较叶柄长；苞片线形，长约 4 毫米；花梗长约 1 毫米；花萼长约 4 毫米，外面有红褐色开展长硬毛，萼齿线形；花冠红色，长 4~5 毫米，外面有柔毛，旗瓣倒卵状椭圆形，有瓣柄，翼瓣与龙骨瓣等长，有瓣柄，距短小；花药卵球形，顶端有红色尖头；子房有淡黄棕色长粗毛，花柱无毛。荚果线状圆柱形，长 1.5~2 厘米，径 2.5~8 毫米，有开展长硬毛；果梗下弯。每荚含种子 6~8 粒。

分布 非洲、亚洲、美洲及大洋洲热带有分布。我国产于浙江、福建、台湾、湖南、广东、广西及云南等省份。目前三沙美济礁有分布，不常见，生长于空旷沙地、草坡。

价值 作为绿肥。可提取靛蓝染料。全草入药，用于咳嗽、胃痛、腹泻、糖尿病、雅司病、精神病、癫痫、结膜炎、溃疡、结石、背痛。本种抗逆性强，可作为岛礁绿化的先锋植物。

蝶形花科 Papilionaceae | 野扁豆属 *Dunbaria* Wight & Arn.

鸽仔豆 *Dunbaria truncata* (Miquel) Maesen

别名 凹子豆

形态特征 缠绕草质藤本。茎和枝纤弱，具细线纹，薄被短柔毛。叶具羽状 3 小叶；托叶小，线状披针形，长约 3 毫米，通常早落；叶柄长 1.5~4 厘米，略被短柔毛；小叶薄纸质，顶生小叶宽三角形或宽卵形，长与宽通常为 2.5~4.5 厘米，有时宽大于长，先端急渐尖，尖头钝，基部近截平或有时阔楔形，两面略被短柔毛并有红色腺点，尤以背面较密；基出 3 脉，侧脉每边 2~3 条，侧生小叶较小，宽卵形，常偏斜，干后灰绿色；小叶柄长约 1 毫米，被短柔毛。总状花序腋生，长 1.5~6 厘米，略被短柔毛；花 2 至数朵，长 1.5~1.7 厘米；花梗长约 2 毫米，被短柔毛；苞片小，线状披针形；花萼长约 8 毫米，密被短柔毛及红色腺点，裂齿线状披针形或披针形，不等长；花冠黄色，旗瓣近圆形，宽大于长，基部具 2 耳，翼瓣倒卵形，内弯，基部有弯耳，龙骨瓣稍内弯，半圆形，中部以上贴生；子房被柔毛和具腺体，花柱细长，上部无毛，顶端稍膨大。荚果线状长圆形，扁平，长 3~6 厘米，宽约 7 毫米，两端急尖，先端有喙，略被短柔毛。每荚含种子 5~8 粒；种子近圆形，赤褐色，直径 3~4.5 毫米。

分布 越南、缅甸、印度尼西亚、澳大利亚有分布。我国产于海南、广西。目前三沙产于永兴岛、美济礁，少见，生长于草坡、绿化带。

价值 作饲草植物。

蝶形花科 Papilionaceae | 蝶豆属 *Clitoria* L.

蝶豆 *Clitoria ternatea* L.

别名 蝴蝶花豆、蓝花豆、蓝蝴蝶

形态特征 攀缘状草质藤本。茎、小枝细弱，被脱落性贴伏短柔毛。羽状复叶，长2.5~5厘米；托叶小，线形，长2~5毫米；叶柄长1.5~3厘米；总叶轴上面具细沟纹；小叶5~7，但通常为5，薄纸质或近膜质，宽椭圆形或有时近卵形，长2.5~5厘米，宽1.5~3.5厘米，先端钝，微凹，常具细微的小突尖，基部钝，两面疏被贴伏的短柔毛或有时无毛，干后带绿色或绿褐色；小托叶小，刚毛状；小叶柄长1~2毫米，和叶轴均被短柔毛。花大，单朵腋生；苞片2，披针形；小苞片大，膜质，近圆形，绿色，直径5~8毫米，有明显的网脉；花萼膜质，长1.5~2厘米，有纵脉，5裂，裂片披针形，长不及萼管的1/2；先端具突尖；花冠蓝色、粉红色或白色，长可达5.5厘米，旗瓣宽倒卵形，直径约3厘米，中央有1白色或橙黄色浅晕，基部渐狭，具短瓣柄，翼瓣与龙骨瓣远较旗瓣为小，均具柄，翼瓣倒卵状长圆形，龙骨瓣椭圆形；雄蕊二体；子房被短柔毛。荚果长5~11厘米，宽约1厘米，扁平，具长喙。每荚含种子6~10粒；种子长圆形，长约6毫米，宽约4毫米，黑色，具明显种阜。

分布 原产印度，现世界热带地区有栽培。我国产于海南、广东、广西、云南、台湾、浙江、福建等省份。目前三沙美济礁有栽培，少见，生长于沙地草坡。

价值 全株可作绿肥。作观赏植物。注：根、种子有毒。

蝶形花科 Papilionaceae | 猪屎豆属 *Crotalaria* L.

凹叶野百合 *Crotalaria retusa* L.

别名 吊裙草

形态特征 直立草本，高可达 1.2 米。茎枝圆柱形，具浅小沟纹，被短柔毛。托叶钻状，长约 1 毫米；单叶，叶片长圆形或倒披针形，长 3~8 厘米，宽 1~3.5 厘米，先端凹，基部楔形，上面光滑无毛，下面略被短柔毛；叶柄短。总状花序顶生，具花 10~20 朵；苞片披针形，长约 1 毫米，小苞片线形，极细小；花梗长约 4 毫米；花萼二唇形，长 10~12 毫米，萼齿阔披针形，被稀疏的短柔毛；花冠黄色，旗瓣圆形或椭圆形，长 1~1.5 厘米，基部具 2 枚胼胝体，翼瓣长圆形，长 1~1.5 厘米，龙骨瓣约与翼瓣等长，中部以上变狭形成长喙，伸出萼外。荚果长圆形，长 3~4 厘米，无毛；具急剧下弯的喙；熟后变黑色。种子 10~20 粒。

分布 分布于世界热带地区。我国产于海南、广东。目前三沙产于美济礁、永暑礁，少见，生长于空旷沙地。

价值 全草入药，具有祛风除湿、消肿止痛的功效，用于风湿麻痹、关节肿痛等症。优良绿肥材料；水土保持植物。

蝶形花科 Papilionaceae | 猪屎豆属 *Crotalaria* L.

球果猪屎豆 *Crotalaria uncinella* Lamk.

别名 钩状猪屎豆、椭圆叶野百合、太阳麻

形态特征 草本或亚灌木，高达1米。茎枝圆柱形，幼时被毛，后渐无毛。托叶卵状三角形，长1~1.5毫米；叶三出，柄长1~2厘米；小叶椭圆形，长1~2厘米，宽1~1.5厘米，先端钝，具短尖头或有时凹，基部略楔形，两面叶脉清晰，中脉在下面突尖，上面秃净无毛，下面被短柔毛，顶生小叶较侧生小叶大；小叶柄长约1毫米。总状花序顶生、腋生或与叶对生，有花10~30朵；苞片极小，卵状三角形，长约1毫米，小苞片与苞片相似，生于萼筒基部；花梗长2~3毫米；花萼近钟形，长3~4毫米，5裂，萼齿阔披针形，约与萼筒等长，密被短柔毛；花冠黄色，伸出萼外，旗瓣圆形或椭圆形，长约5毫米，翼瓣长圆形，约与旗瓣等长，龙骨瓣长于旗瓣，弯曲，具长喙，扭转；子房无柄。荚果卵球形，长约5毫米，被短柔毛。每荚含种子2粒；种子成熟后朱红色。

分布 非洲、亚洲热带、亚热带地区有分布。我国产于海南、广东、广西。目前三沙产于美济礁，少见，生长于空旷沙地。

价值 优良绿肥材料。水土保持植物。

蝶形花科 Papilionaceae | 猪屎豆属 *Crotalaria* L.

猪屎豆 *Crotalaria pallida* Ait.

别名 黄野百合、椭圆叶猪屎豆、三圆叶猪屎豆

形态特征 多年生草本，或呈灌木状。茎枝圆柱形，具小沟纹，密被紧贴的短柔毛。托叶极细小，刚毛状，早落；叶三出，叶柄长 2~4 厘米；小叶长圆形或椭圆形，长 3~6 厘米，宽 1.5~3 厘米，先端钝圆或微凹，基部阔楔形，上面无毛，下面略被丝光质短柔毛，两面叶脉清晰；小叶柄长 1~2 毫米。总状花序顶生，长达 25 厘米，有花 10~40 朵；苞片线形，长约 4 毫米，早落；小苞片的形状与苞片相似，略短，花时极细小，生于萼筒中部或基部；花梗长 3~5 毫米；花萼近钟形，密被短柔毛，长 4~6 毫米，5 裂，萼齿三角形，与萼筒近等长；花冠黄色，直径约 10 毫米，旗瓣圆形或椭圆形，基部具胼胝体 2 枚，翼瓣长圆形，下部边缘具柔毛，龙骨瓣最长，近直角弯曲，具长喙，基部边缘具柔毛；子房无柄。荚果长圆形，长 3~4 厘米，幼时被毛，成熟后脱落，果瓣开裂后扭转。每荚含种子 20~30 粒。

分布 美洲、非洲、亚洲热带、亚热带地区有分布。我国产于福建、台湾、广东、广西、四川、云南、山东、浙江、湖南等省份。目前三沙产于永兴岛、赵述岛、东岛、石岛、西沙洲、晋卿岛、美济礁、渚碧礁、永暑礁，常见，生长于空旷沙地、草坡。

价值 优良绿肥材料。水土保持植物。全草入药，具有清热解毒、祛风除湿、消肿止痛的功效，用于湿麻痹、癣疥、跌打损伤等症。注：本种种子和幼嫩枝叶有毒，用时慎重。

蝶形花科 Papilionaceae ｜ 笔花豆属 *Stylosanthes* Sw.

圭亚那笔花豆 *Stylosanthes guianensis* (Aubl.) Sw.

别名 笔花豆、柱花草

形态特征 直立草本或亚灌木，少为攀缘，高可达1米。茎无毛或有疏柔毛。叶具3小叶；托叶鞘状，长0.4~2.5厘米；叶柄长0.2~1.2厘米；小叶卵形、椭圆形或披针形，长0.5~4.5厘米，宽0.2~1厘米，先端常钝急尖，基部楔形，无毛或被疏柔毛或刚毛，边缘有时具小刺状齿；无小托叶，小叶柄长1毫米。花序长1~1.5厘米，具密集的花2~40朵；初生苞片长1~2.2厘米，密被伸展长刚毛，次生苞片小，小苞片与次生苞片近等大；花托长4~8毫米；花萼管椭圆形或长圆形；旗瓣橙黄色，具红色细脉纹，长4~8毫米，宽3~5毫米。荚果具1荚节，卵形，长2~3毫米，宽1.8毫米，无毛或近顶端被短柔毛，喙很小，内弯。种子灰褐色，扁椭圆形，近种脐具喙或尖头。

分布 原产南美洲北部。我国广东、云南、海南有引种栽培。目前三沙永暑礁、渚碧礁有栽培，少见，生长于空旷沙地、草坡。

价值 优良牧草、绿肥、地被、水土保持植物。

蝶形花科 Papilionaceae | 豇豆属 *Vigna* Savi

豇豆 *Vigna unguiculata* (L.) Walp.

别名 红豆、饭豆

形态特征 一年生缠绕、草质藤本或近直立草本，有时顶端缠绕状。茎近无毛，高达 80 厘米。羽状复叶具 3 小叶；托叶披针形，长约 1 厘米，着生处下延成 1 短距，有线纹；小叶卵状菱形，长 5~15 厘米，宽 4~6 厘米，先端急尖，边全缘或近全缘，有时淡紫色，无毛。总状花序腋生，具长梗；花 2~6 朵聚生于花序的顶端，花梗间常有肉质蜜腺；花萼浅绿色，钟状，长 6~10 毫米，裂齿披针形；花冠黄白色而略带青紫色，长约 2 厘米，各瓣均具瓣柄，旗瓣扁圆形，宽约 2 厘米，顶端微凹，基部稍有耳，翼瓣略呈三角形，龙骨瓣稍弯；子房线形，被毛。荚果下垂，直立或斜展，线形，长 20~30 厘米，稍肉质而膨胀或坚实。每荚含种子多粒；种子长椭圆形或圆柱形或稍肾形，长 6~9 毫米，黄白色、暗红色或其他颜色。

分布 全球热带、亚热带地区广泛栽培。我国各地均有栽培。目前三沙永兴岛、赵述岛、晋卿岛、甘泉岛、银屿、北岛、美济礁、渚碧礁、永暑礁有栽培，常见，生长于菜地。

价值 嫩荚是重要蔬菜之一。茎、叶可作饲料、绿肥。种子入药，具有健脾利湿、补肾涩精的功效。

蝶形花科 Papilionaceae | 豇豆属 *Vigna* Savi

长豇豆 *Vigna unguiculata* (L.) Walp. subsp. *sesquipedalis* (L.) Verdc.

别名 尺八豇、豆角、长红豆

形态特征 与原种的主要区别：一年生攀缘植物，长2~4米。荚果长30~90厘米，下垂，嫩时稍肉质，膨胀。种子肾形，长8~12毫米。

分布 非洲、亚洲的热带、温带地区均有栽培。我国各地均有栽培。目前三沙永兴岛、赵述岛、晋卿岛、甘泉岛、银屿、北岛、美济礁、渚碧礁、永暑礁有栽培，常见，生长于菜地。

价值 嫩荚是重要蔬菜之一。茎、叶可作饲料、绿肥。

蝶形花科 Papilionaceae | 豇豆属 *Vigna* Savi

短豇豆 *Vigna unguiculata* (L.) Walp. subsp. *cylindrica* (L.) Verdc.

别名 饭豇豆、眉豆、短荚豇豆、十月寒豇豆、九月寒豇豆

形态特征 与原种的区别：一年生直立草本，高达40厘米。荚果长10~16厘米。种子颜色多样。

分布 日本、朝鲜、美国有栽培。我国各省均有栽培。目前三沙永兴岛、赵述岛有栽培，少见，生长于菜地。

价值 嫩豆荚作蔬菜；种子供食用，可掺入米中做豆饭、煮汤、煮粥或磨粉用。茎、叶可作饲料、绿肥。

蝶形花科 Papilionaceae | 豇豆属 *Vigna* Savi

滨豇豆 *Vigna marina* (Burm.) Merr.

别名 野豇豆

形态特征 多年生匍匐或攀缘草本，长可达数米。茎幼时被毛，老时无毛或被疏毛。羽状复叶具3小叶；托叶基着，卵形，长3~5毫米；小叶近革质，卵圆形或倒卵形，长3~10厘米，宽2~10厘米，先端浑圆，钝或微凹，基部宽楔形或近圆形，两面被极稀疏的短刚毛至近无毛；叶柄长1~11厘米；小叶柄长2~6毫米。总状花序长2~4厘米，被短柔毛；总花梗长3~13厘米，有时增粗；花梗长4~6毫米；小苞片披针形，细小，早落；花萼管长约3毫米，无毛，裂片三角形，上方的1对连合成全缘的上唇，具缘毛；花冠黄色，旗瓣倒卵形，长约1.2厘米，宽约1.4厘米；翼瓣及龙骨瓣长约1厘米。荚果线状长圆形，微弯，肿胀，长3~6厘米，嫩时被稀疏微柔毛，老时无毛，种子间稍缢缩。每荚含种子2~6粒，种子黄褐色或红褐色，长圆形，长5~7毫米，宽约4.5毫米；种脐长圆形，一端稍狭，种脐周围的种皮稍隆起。

分布 全球热带地区广布。我国产于台湾、海南、广东、香港。目前三沙产于永兴岛、赵述岛、晋卿岛、甘泉岛、银屿、东岛、西沙洲、北岛、南岛、羚羊礁、美济礁、渚碧礁、永暑礁，常见，生长于滨海空旷沙地、林缘、绿化带。

价值 种子可作为粮食、蔬菜。本种抗逆性强、根系发达、能固氮，是南海岛礁土壤改良、绿地建设、防风固沙的优良材料。叶片中的洋槐苷，有较好的利尿和抗炎作用。

蝶形花科 Papilionaceae | 排钱树属 *Phyllodium* Desv.

排钱树 *Phyllodium pulchellum* (L.) Desv.

别名 排钱草、笠碗子树、虎尾金钱、钱串草、串钱草、叠钱草、阿婆钱、掌牛朗、龙鳞草、午时合、圆叶小槐花、尖叶阿婆钱、亚婆钱

形态特征 灌木，高可达2米。小枝被白色或灰色短柔毛。托叶三角形，长约5毫米；羽状复叶具3小叶；叶柄长5~7毫米，密被灰黄色柔毛；小叶革质；顶生小叶卵形、椭圆形或倒卵形，长6~10厘米，宽2~5厘米；侧生小叶长约为顶生小叶的1/2，先端钝或急尖，基部圆或钝，侧生小叶基部偏斜，边缘稍呈浅波状，上面近无毛，下面疏被短柔毛，侧脉每边6~10条，在叶缘处相连接，下面网脉明显；小托叶钻形，长1毫米；小叶柄长1毫米，密被黄色柔毛。伞形花序有花5~6朵，藏于叶状苞片内；叶状苞片排列成总状圆锥花序状，长8~30厘米或更长；叶状苞片圆形，直径1~1.5厘米，两面略被短柔毛及缘毛，具羽状脉；花梗长2~3毫米，被短柔毛；花萼长约2毫米，被短柔毛；花冠白色或淡黄色，旗瓣长5~6毫米，基部渐狭，具短宽的瓣柄，翼瓣长约5毫米，基部具耳，具瓣柄，龙骨瓣长约6毫米，基部无耳，但具瓣柄；雌蕊长6~7毫米；花柱长4~5毫米，近基部处有柔毛。荚果长约6毫米，腹、背两缝线均稍缢缩，通常有2荚节，成熟时无毛或有疏短柔毛及缘毛。种子宽椭圆形或近圆形，长约2.5毫米，宽约2毫米。

分布 印度、斯里兰卡、缅甸、泰国、越南、老挝、柬埔寨、马来西亚、澳大利亚有分布。我国产于海南、广东、广西、福建、江西、云南和台湾等省份。目前三沙产于美济礁，少见，生长于草坡。

价值 根、叶入药，具有清热利湿、活血祛瘀、软坚散结的功效，用于感冒发热、疟疾、肝炎、肝硬化腹水、血吸虫病肝脾肿大、风湿疼痛、跌打损伤、陈旧性筋肉劳损。

蝶形花科 Papilionaceae | 葛属 *Pueraria* DC.

三裂叶野葛 *Pueraria phaseoloides* (Roxb.) Benth.

别名 野山葛、山葛藤、越南葛藤

形态特征 草质藤本。茎纤细，长2~4米，被褐黄色、开展的长硬毛。羽状复叶具3小叶；托叶基着，卵状披针形，长3~5毫米；小托叶线形，长2~3毫米；顶生小叶宽卵形、菱形或卵状菱形，长6~10厘米，宽4~9厘米，全缘或3裂，上面绿色，被紧贴的长硬毛，下面灰绿色，密被白色长硬毛；侧生小叶与顶生小叶同形，较小，偏斜。总状花序单生，长8~15厘米或更长，中部以上有花；苞片和小苞片线状披针形，长3~4毫米，被长硬毛；花具短梗，聚生于稍疏离的节上；萼钟状，长约6毫米，被紧贴的长硬毛；下部裂齿顶端呈刚毛状，与萼管近等长，其余的裂齿三角形，比萼管短；花冠浅蓝色或淡紫色，旗瓣近圆形，长8~12毫米，基部有小片状、直立的附属体及2枚内弯的耳，翼瓣倒卵状长椭圆形，稍较龙骨瓣为长，基部一侧有宽而圆的耳，具纤细而长的瓣柄，龙骨瓣镰刀状，顶端具短喙，基部截形，具瓣柄;子房线形，略被毛。荚果近圆柱状，长5~8厘米，直径约4毫米，初时稍被紧贴的长硬毛，后近无毛，果瓣开裂后扭曲。种子长椭圆形，两端近截平，长约4毫米。

分布 印度及中南半岛、马来半岛国家有分布。我国产于海南、广东、广西、云南、浙江。目前三沙产于美济礁，不常见，生长于草坡。

价值 优良的覆盖、绿肥和饲草植物。根、花入药，具有解肌退热、生津止渴、透发麻疹、解毒的功效。

蝶形花科 Papilionaceae | 毛蔓豆属 *Calopogonium* Desv.

毛蔓豆 *Calopogonium mucunoides* Desv.

形态特征 缠绕或平卧草本。全株被黄褐色长硬毛。羽状复叶具3小叶；托叶三角状披针形，长4~5毫米；叶柄长4~12厘米；侧生小叶卵形，偏斜；中央小叶卵状菱形，长4~10厘米，宽2~5厘米，先端急尖或钝，基部宽楔形至圆形；小托叶锥状。花序长短不一，顶端有花5~6朵；苞片和小苞片线状披针形，长约5毫米；花簇生于花序轴的节上；萼管近无毛；裂片线状披针形，先端长渐尖，密被长硬毛，长于萼管；花冠淡紫色，翼瓣倒卵状长椭圆形，龙骨瓣劲直，耳较短；花药圆形；子房密被长硬毛。荚果线状长椭圆形，长2~4厘米，劲直或稍弯，被褐色长刚毛。每荚含种子5~6粒，种子长2.5毫米，宽2毫米。

分布 原产南美洲热带地区。我国云南、广东、广西、海南有引种栽培并逸为野生。目前三沙产于美济礁，少见，生长于草坡。

价值 优良的覆盖植物和绿肥。牛喜食，是优良饲草。

蝶形花科 Papilionaceae | 紫檀属 *Pterocarpus* Jacq.

紫檀 *Pterocarpus indicus* Willd.

别名 印度紫檀、羽叶檀、花榈木、青龙木、黄柏木、蔷薇木

形态特征 乔木，高 15~25 米。胸径达 40 厘米。树皮灰色。羽状复叶长 15~30 厘米；托叶早落；小叶 3~5 对，卵形，长 6~11 厘米，宽 4~5 厘米，先端渐尖，基部圆形，两面无毛，叶脉纤细。圆锥花序顶生或腋生，多花，被褐色短柔毛；花梗长 7~10 毫米，顶端有 2 枚线形、易脱落的小苞片；花萼钟状，微弯，长约 5 毫米，萼齿阔三角形，长约 1 毫米，先端圆，被褐色丝毛；花冠黄色，花瓣有长柄，边缘皱波状，旗瓣宽 10~13 毫米；雄蕊 10；子房具短柄，密被柔毛。荚果圆形，扁平，偏斜，宽约 5 厘米，种子对应部位略被毛且有网纹；周围具宽翅，翅宽可达 2 厘米。每荚含种子 1~2 粒。

分布 印度、菲律宾、印度尼西亚和缅甸有分布。我国海南、广东、台湾和云南有栽培。目前三沙永兴岛、赵述岛、美济礁、渚碧礁、永暑礁有栽培，常见，生长于绿化带、庭园。

价值 心材入药，具有消肿、止血、止痛的功效，用于肿毒、金疮出血。木材为建筑、乐器及家具用材。公园、道路、庭园绿化遮阴树种。

蝶形花科 Papilionaceae | 狸尾豆属 *Uraria* Desv.

猫尾草 *Uraria crinita* (L.) Desv. ex DC.

别名 长穗猫尾草、布狗尾、猫尾射、牛春花、土狗尾、兔尾草、虎尾轮

形态特征 亚灌木，高 1~1.5 米。茎直立；分枝少，被灰色短毛。叶为奇数羽状复叶，茎下部小叶通常为 3，上部为 5，少有为 7；托叶长三角形，长 6~10 毫米，先端细长而尖，基部宽 2 毫米，边缘有灰白色缘毛；叶柄长 5~15 厘米，被灰白色短柔毛；小叶近革质，长椭圆形、卵状披针形或卵形，顶端小叶长 6~15 厘米，宽 3~8 厘米，侧生小叶略小，先端略急尖、钝或圆形，基部圆形至微心形，上面无毛或于中脉上略被灰色短柔毛，下面沿脉上被短柔毛，侧脉每边 6~9 条，在两面均突起，下面网脉明显；小托叶狭三角形，长 5 毫米，基部宽 1.5 毫米，有稀疏缘毛；小叶柄长 1~3 毫米，密被柔毛。总状花序顶生，长 15~30 厘米或更长，粗壮，密被灰白色长硬毛；苞片卵形或披针形，长达 2 厘米，宽达 7 毫米，具条纹，被白色开展缘毛；花梗长约 4 毫米，花后伸长至 10~15 毫米，弯曲，被短钩状毛和白色长毛；花萼浅杯状，被白色长硬毛，5 裂，上部 2 裂长约 3 毫米，下部 3 裂长 3.5 毫米；花冠紫色，长 6 毫米。荚果略被短柔毛；荚节 2~4，椭圆形，具网脉。

分布 印度、斯里兰卡、澳大利亚及中南半岛、马来半岛国家有分布。我国产于海南、广东、广西、福建、江西、云南及台湾等省份。目前三沙美济礁、永暑礁有栽培，少见，生长于干旱绿化带。

价值 全草入药，具有散瘀止血、清热止咳的功效。园林绿化美化植物。

蝶形花科 Papilionaceae | 狸尾豆属 *Uraria* Desv.

狸尾豆 *Uraria lagopodioides* (L.) Desv. ex DC.

别名 狐狸尾、兔尾草、大叶兔尾草、狸尾草

形态特征 多年生草本。平卧或开展，高可达 60 厘米。叶多为 3 小叶，少有单小叶；小叶纸质，顶生小叶近圆形或椭圆形至卵形，长 2~6 厘米，宽 1.5~3 厘米，先端圆形或微凹，有小尖头，基部圆形或心形；侧生小叶较小，上面略粗糙，下面被灰黄色短柔毛，侧脉每边 5~7 条，直而斜展，靠叶缘处微弯拱，两面突起，网脉在下面明显；托叶三角形，长约 3 毫米，宽约 1 毫米，先端尾尖，被灰黄色长柔毛；小叶的托叶刚毛状，长约 1.5 毫米；叶柄长 1~2 厘米，有沟槽；小叶柄长约 2 毫米，密被灰黄色短柔毛。花枝直立或斜举，被短柔毛；总状花序着生于花枝顶端，长 3~6 厘米，直径 1.5~2 厘米，花排列紧密；苞片宽卵形，长 8~10 毫米，先端锥尖，密被灰色毛和缘毛，开花时脱落；花梗长约 4 毫米，疏被白色长柔毛；花萼 5 裂，上部 2 裂片三角形，较短，长约 2 毫米，下部 3 裂片刺毛状，较上部裂片长 3 倍以上，被白色长柔毛；萼筒长约 1 毫米；花冠长约 6 毫米，淡紫色，旗瓣倒卵形，基部渐狭；雄蕊二体；子房无毛。荚果小，包藏于萼内；有荚节 1~2，荚节椭圆形，长约 2.5 毫米，黑褐色，膨胀，无毛，略有光泽。

分布 印度、缅甸、越南、马来西亚、菲律宾、澳大利亚有分布。我国产于福建、江西、湖南、广东、海南、广西、贵州、云南及台湾。目前三沙产于美济礁、渚碧礁，少见，生长于沙地草坡。

价值 全草药用，具有清热解毒、散结消肿、驱虫的功效，用于疟疾、发热、哮喘、腹泻、痢疾、风湿病、颈淋巴结结核、创伤、肿胀、痔疮、毒蛇咬伤等。抗逆性强，可作热带岛礁地被植物之一。

蝶形花科 Papilionaceae ｜ 丁癸草属 *Zornia* J. F. Gmel.

丁癸草 *Zornia gibbosa* Spanog.

别名 二叶丁癸草、人字草

形态特征 多年生草本，高20~50厘米。茎纤弱，多分枝，无毛，有时有粗厚的根状茎。托叶披针形，长1毫米，无毛，有明显的脉纹，基部具长耳。小叶2，卵状长圆形、倒卵形至披针形，长0.8~1.5厘米，有时长达2.5厘米，先端急尖而具短尖头，基部偏斜，两面无毛，背面有褐色或黑色腺点。总状花序腋生，长2~6厘米，花2~10朵疏生于花序轴上；苞片2，卵形，长6~10毫米，盾状着生，具缘毛，有明显的纵脉纹5~6条；花萼长3毫米；花冠黄色，旗瓣有纵脉，翼瓣和龙骨瓣均较小，具瓣柄。荚果具荚节2~6；荚节近圆形，长与宽近相等，表面具明显网脉及针刺。

分布 日本、缅甸、尼泊尔、印度、斯里兰卡有分布。我国产于长江以南各省份。目前三沙产于美济礁，少见，生长于绿化带草地。

价值 全草入药，具有清热、解毒、去瘀的功效，用于感冒、高热抽搐、腹泻、黄疸、痢疾、小儿疳积、喉痛、目赤、疔疮肿毒、乳腺炎。

蝶形花科 Papilionaceae | 木豆属 *Cajanus* DC.

蔓草虫豆 *Cajanus scarabaeoides* (L.) Thouars

别名 虫豆、白蔓草虫豆、山地豆草、假地豆草、止血草

形态特征 蔓生或缠绕状草质藤本。茎纤弱，长可达 2 米，具细纵棱，多少被红褐色或灰褐色短绒毛。叶具 3 小叶；小叶纸质或近革质，下面有腺状斑点，顶生小叶椭圆形至倒卵状椭圆形，长 1.5~4 厘米，宽 0.5~3 厘米，先端钝或圆，侧生小叶稍小，斜椭圆形至斜倒卵形，两面被短柔毛，背面较密；基出 3 脉，背脉明显突起；托叶小，卵形，被毛，常早落；小托叶缺；叶柄长 1~3 厘米；小叶柄极短。总状花序腋生，通常长不及 2 厘米，具花 1~5 朵；总花梗长 2~5 毫米，与总轴、花梗、花萼同被绒毛；花萼钟状，4 齿裂或 5 裂状，裂片线状披针形，被绒毛；花冠黄色，长约 1 厘米，旗瓣倒卵形，有暗紫色条纹，基部有呈齿状的短耳和瓣柄，翼瓣狭椭圆状，微弯，基部具瓣柄和耳，龙骨瓣上部弯，具瓣柄；雄蕊二体，花药圆形；子房密被丝质长柔毛。荚果长圆形，长 1.5~2.5 厘米，宽约 6 毫米，密被红褐色或灰黄色长毛，果瓣革质，种子间有缢缩痕。种子 3~7 粒，椭圆状，长约 4 毫米，种皮黑褐色，有突起的种阜。

分布 越南、泰国、缅甸、不丹、尼泊尔、孟加拉国、印度、斯里兰卡、巴基斯坦、马来西亚、印度尼西亚、日本，太平洋岛屿、大洋洲、非洲各国均有分布。我国产于云南、四川、贵州、广西、广东、海南、福建、台湾等省份。目前三沙产于永兴岛、美济礁，很少见，生长于草坡。

价值 家畜喜食，营养丰富，是亚热带地区优良牧草。叶入药，具有解暑、利尿、止血、生肌、消肿的功效，用于风湿腰痛、中暑发痧、伤风感冒、风寒腹痛、风湿水肿；外用于外伤出血。

蝶形花科 Papilionaceae | 刀豆属 *Canavalia* DC.

海刀豆 *Canavalia rosea* (Sw.) DC.

别名 水流豆

形态特征 草质粗壮藤本。茎被稀疏的微柔毛。羽状复叶具3小叶；托叶、小托叶小；小叶倒卵形、卵形、椭圆形或近圆形，长5~14厘米，宽4~10厘米，先端通常圆，截平、微凹或具小凸头，稀渐尖，基部楔形至近圆形，侧生小叶基部常偏斜，两面均被长柔毛，侧脉每边4~5条；叶柄长2.5~7厘米；小叶柄长5~8毫米。总状花序腋生，连总花梗长达30厘米；花1~3朵聚生于花序轴近顶部的每一节上；小苞片2，卵形，长1.5毫米，着生在花梗的顶端；花萼钟状，长1~1.2厘米，被短柔毛，上唇裂齿半圆形，长3~4毫米，下唇3裂片小；花冠紫红色，旗瓣圆形，长约2.5厘米，顶端凹入，翼瓣镰状，具耳，龙骨瓣长圆形，弯曲，具线形的耳；子房被绒毛。荚果线状长圆形，长8~12厘米，宽2~2.5厘米，厚约1厘米，顶端具喙尖，离背缝线均3毫米处的两侧有纵棱。种子椭圆形，长13~15毫米，宽10毫米，种皮褐色，种脐长约1厘米。

分布 世界热带海岸地区广布。我国产于广东、广西、海南和台湾。目前三沙产于永兴岛、赵述岛、西沙洲、北岛、晋卿岛、银屿、美济礁、渚碧礁、永暑礁，常见，生长于海边沙地、草坡。

价值 豆荚和种子经水煮沸、清水漂洗可供食用。本种抗逆性强，是南海岛礁绿化美化、防风固沙的优良地被植物。注：豆荚和种子有毒，加工不当会发生中毒，用时需慎重。

蝶形花科 Papilionaceae | 刀豆属 *Canavalia* DC.

小刀豆 *Canavalia cathartica* Thou.

别名 野刀板豆

形态特征 草质粗壮藤本。茎、枝被稀疏的短柔毛。羽状复叶具3小叶；托叶小，胼胝体状；小托叶微小，极早落；小叶纸质，卵形，长6~10厘米，宽4~9厘米，先端急尖或圆，基部宽楔形、截平或圆，两面脉上被极疏的白色短柔毛；叶柄长3~8厘米；小叶柄长5~6毫米，被绒毛。花1~3朵生于花序轴的每一节上；花梗长1~2毫米；萼近钟状，长约12毫米，被短柔毛，上唇2裂齿阔而圆，远较萼管为短，下唇3裂齿较小；花冠粉红色或近紫色，长2~2.5厘米，旗瓣圆形，长约2厘米，宽约2.5厘米，顶端凹入，近基部有2枚痂状附属体，无耳，具瓣柄，翼瓣与龙骨瓣弯曲，长约2厘米；子房被绒毛，花柱无毛。荚果长圆形，长7~9厘米，宽3~5厘米，膨胀，顶端具喙尖。种子椭圆形，长约18毫米，宽约12毫米，种皮褐黑色，硬而光滑，种脐长13~14毫米。

分布 亚洲、大洋洲及非洲热带地区有分布。我国产于广东、广西、海南和台湾。目前三沙产于永兴岛、赵述岛、西沙洲、北岛、美济礁、渚碧礁、永暑礁，常见，生长于海边沙地、草坡。

价值 本种抗逆性强，是南海岛礁绿化美化、防风固沙的优良地被植物。

蝶形花科 Papilionaceae | 田菁属 *Sesbania* Scop.

田菁 *Sesbania cannabina* (Retz.) Poir.

别名 向天蜈蚣

形态特征 一年生草本，高可达3米左右。茎绿色，有时带褐红色，微被白粉，有不明显淡绿色线纹；平滑，幼枝疏被白色绢毛，后秃净；基部有多数不定根。羽状复叶；叶轴长15~25厘米，上面具沟槽，幼时疏被绢毛，后几无毛；托叶披针形，早落；小叶20~40对，对生或近对生，线状长圆形，长8~40毫米，宽2~7毫米，位于叶轴两端的小叶较短小，先端钝至截平，具小尖头，基部圆形，两侧不对称，上面无毛，下面幼时疏被绢毛，后秃净，两面被紫色小腺点，下面尤密；小叶柄极短，疏被毛；小托叶钻形，短于或几等于小叶柄长，宿存。总状花序长3~10厘米，具2~6朵花，疏松；总花梗及花梗纤细，下垂，疏被绢毛；苞片线状披针形，小苞片2，均早落；花萼斜钟状，长3~4毫米，无毛，萼齿短三角形，先端锐齿，各齿间常有1~3枚腺状附属物，内面边缘具白色细长曲柔毛；花冠黄色，旗瓣横椭圆形至近圆形，长9~10毫米，先端微凹至圆形，基部近圆形，外面散生大小不等的紫黑色点和线，胼胝体小，梨形，瓣柄长约2毫米，翼瓣倒卵状长圆形，与旗瓣近等长，宽约3.5毫米，基部具短耳，中部具较深色的斑块，并横向皱折，龙骨瓣较翼瓣短，三角状阔卵形，长宽近相等，先端圆钝，平三角形，瓣柄长约4.5毫米；雄蕊二体，对旗瓣的1枚分离；雌蕊无毛，柱头头状。荚果细长，长圆柱形，长10~22厘米，宽2~4毫米，微弯，外面具黑褐色斑纹，开裂，种子间具横隔；具喙尖，长5~10毫米。每荚含种子20~35粒；种子绿褐色，有光泽，短圆柱状，长约4毫米，径2~3毫米，种脐圆形，稍偏于一端。

分布 原产澳大利亚、太平洋群岛国家。我国长江以南有栽培或逸为野生。目前三沙产于永兴岛、赵述岛、美济礁、永暑礁、渚碧礁，常见，生长于空旷沙地、草坡。

价值 茎、叶作绿肥、饲草。根入药，具有清热利尿、凉血解毒的功效，用于胸膜炎、关节扭伤、关节痛、带下病；叶入药用于尿血、毒蛇咬伤。本种固氮能力、耐盐性强，可作为南海岛礁绿化、土壤改良、防风固沙的先锋植物。

蝶形花科 Papilionaceae | 链荚豆属 *Alysicarpus* Neck. ex Desv.

链荚豆 *Alysicarpus vaginalis* (L.) DC.

别名 水咸草、小豆、假花生

形态特征 多年生草本。簇生或基部多分枝；茎平卧或上部直立，可达 90 厘米；无毛或稍被短柔毛。单小叶；托叶线状披针形，干膜质，具条纹，无毛，与叶柄近等长；叶柄长 5~14 毫米，无毛；小叶形状及大小变化大；茎上部小叶通常为卵状长圆形、长圆状披针形至线状披针形，长 3~6.5 厘米，宽 1~2 厘米，下部小叶为心形、近圆形或卵形，长 1~3 厘米，宽约 1 厘米，上面无毛，下面稍被短柔毛，全缘，侧脉通常 4~5 条，偶有多达 9 条，稍清晰。总状花序腋生或顶生，长 1.5~7 厘米，有花 6~12 朵，成对排列于节上，节间长 2~5 毫米；苞片膜质，卵状披针形，长 5~6 毫米；花梗长 3~4 毫米；花萼膜质，长 5~6 毫米，5 裂，裂片较萼筒长；花冠紫蓝色，略伸出于萼外，旗瓣宽，倒卵形；子房被短柔毛。荚果扁圆柱形，长约 2 厘米，宽约 2 毫米，被短柔毛，有不明显皱纹；荚节 4~7，荚节间不收缩，但分界处有略隆起线环。

分布 东半球热带地区有分布。我国产于广东、广西、海南、福建、台湾。目前三沙产于永兴岛、赵述岛、西沙洲、北岛、晋卿岛、甘泉岛、银屿、石岛、美济礁、渚碧礁、永暑礁，常见，生长于绿化带草地。

价值 全草入药，具有活血通络、清热化湿、驳骨消肿的功效，用于跌打损伤、半身不遂、股骨酸痛、肝炎；外用于蛇咬伤、骨折、外伤出血、疮疡溃烂久不收口。优良绿肥、饲草植物。本种抗逆性、固氮能力强，可作为南海岛礁绿化、土壤改良、防风固沙的先锋植物。

蝶形花科 Papilionaceae | 链荚豆属 *Alysicarpus* Neck. ex Desv.

圆叶链荚豆 *Alysicarpus ovalifolius* (Schumacher) J. Léonard

别名 卵叶链荚豆

形态特征 一年生草本。茎直立或平展，有时基部木质化，高可达 60 厘米，被微柔毛，后脱落。小叶通常二型，下半部分为椭圆形或长圆形，上半部分为披针形，长可达 10 厘米，宽可达 3 厘米。花序顶生或与叶对生，花梗短，长 1~2 毫米，具平展的钩状毛。花瓣粉红色或淡红色带紫色。荚节数变化大，具 1~8 节，长 0.5~2.2 厘米，宽 1.8~2.3 毫米，不开裂，具紧密的细小钩毛。

分布 东半球热带地区有分布。我国产于海南和台湾。目前三沙产于永兴岛、赵述岛、美济礁，常见，生长于绿化带草地、草坡。

价值 同链荚豆。

蝶形花科 Papilionaceae | 黄檀属 *Dalbergia* L. f.

降香黄檀 *Dalbergia odorifera* T. Chen

别名 花梨木、花梨母、降香檀、降香

形态特征 乔木，高可达 25 米。胸径可达 80 厘米。树皮浅灰黄色，粗糙，有纵裂槽纹。小枝有小而密集的皮孔，老枝有近球形侧芽。奇数羽状复叶，长 12~25 厘米；小叶 7~13 对，近纸质，卵形或椭圆形，长 2~9 厘米，宽 2~4 厘米，复叶顶端的 1 枚小叶最大，往下渐小，先端渐尖或急尖，钝头，基部圆或阔楔形；叶柄长 1.5~3 厘米；小叶柄长 3~5 毫米；托叶早落。圆锥花序腋生，由多数聚伞花序组成，长 4~10 厘米，径 6~7 厘米；总花梗长 3~5 厘米；基生小苞片近三角形，副萼状小苞片阔卵形；花梗长约 1 毫米；花萼长约 2 毫米，下方 1 枚萼齿较长，披针形，其余的阔卵形，急尖；花冠乳白色或淡黄色，各瓣近等长，均具长约 1 毫米瓣柄，旗瓣倒心形，连柄长约 5 毫米，先端截平，微凹缺，翼瓣长圆形，龙骨瓣半月形，背弯拱；雄蕊 9，单体；子房狭椭圆形，具柄。荚果舌状长圆形，长 4~8 厘米，宽 1.5~2 厘米，基部略被毛，顶端钝或急尖，基部骤然收窄与纤细的果颈相接，果瓣革质，对应种子的部分明显突起，厚可达 5 毫米。每荚含种子 1~2 粒。

分布 越南、缅甸、巴基斯坦有分布。我国产于海南、广东、福建。目前三沙永兴岛、渚碧礁和美济礁有栽培，常见，生长于绿化带、庭园。

价值 根部心材入药，具有行气活血、止痛、止血的功效，为良好的镇痛剂。心材为高级家具、工艺品、乐器和雕刻、镶嵌、美工装饰的上等材料。木材经蒸馏后所得的降香油，可用作香料的定香剂。也可作为绿化树种。

蝶形花科 Papilionaceae | 假木豆属 *Dendrolobium* (Wight & Arn.) Benth.

单节假木豆 *Dendrolobium lanceolatum* (Dunn) Schindl.

别名 小叶山木豆

形态特征 灌木，高可达 3 米。嫩枝具棱角，被黄褐色长柔毛；老时渐变圆柱状而无毛。三出羽状复叶；托叶披针形，长 5~12 毫米；叶柄长 0.5~2 厘米，具沟槽；小叶硬纸质，长圆形或长圆状披针形，长 2~5 厘米，宽 0.9~1.9 厘米，两端均钝或急尖，腹面无毛，被面被贴伏短柔毛，且脉上毛较密，侧脉每边 4~7 条，在下面隆起，侧生较顶生小叶小；小托叶针形，与小叶柄近等长，长约 2.5 毫米；小叶柄被柔毛。花序腋生，约 10 朵花形成近伞形花序，长 1~1.5 厘米；花轴被黄褐色柔毛；苞片披针形；花梗长约 2 毫米，被柔毛；花萼长约 4 毫米，外面被贴伏柔毛，上部 1 裂片较宽卵形，长 1.5~2 毫米，下部 1 裂片较长，狭披针形，长 3~4.5 毫米；花白色或淡黄色，旗瓣椭圆形，长约 8 毫米，宽约 5 毫米，具瓣柄，翼瓣狭长圆形，长约 5 毫米，宽约 1.5 毫米，龙骨瓣近镰刀状，长约 8 毫米，宽约 2.5 毫米；雄蕊与雌蕊近等长，长 7~8 毫米；子房被疏柔毛。荚果具 1 荚节，宽椭圆形或近圆形，长约 9 毫米，宽约 6 毫米，扁平而中部突起，无毛，有明显的网脉。种子 1 粒，宽椭圆形，长约 3 毫米，宽约 2 毫米。

分布 越南、老挝、柬埔寨、泰国有分布。我国产于海南、福建。目前三沙产于永暑礁，很少见，生长于林缘干旱沙地。

价值 在南海岛礁生长良好，可作为岛礁绿化、防风固沙植物之一。

蝶形花科 Papilionaceae ｜ 刺桐属 *Erythrina* L.

刺桐 *Erythrina variegata* L.

别名 海桐、有刺

形态特征 大乔木，高可达 20 米。树皮灰褐色，枝有明显叶痕及短圆锥形的黑色直刺，髓部疏松，颓废部分成空腔。羽状复叶具 3 小叶，常密集于枝端；托叶披针形，早落；叶柄长 10~15 厘米，通常无刺；小叶膜质，宽卵形或菱状卵形，长、宽 15~30 厘米，先端渐尖而钝，基部宽楔形或截形；基脉 3 条，侧脉 5 对；小叶柄基部有 1 对腺体状的托叶。总状花序顶生，长 10~16 厘米，上有密集、成对着生的花；总花梗木质，粗壮，长 7~10 厘米，花梗长约 1 厘米，具短绒毛；花萼佛焰苞状，长 2~3 厘米，口部偏斜，一边开裂；花冠红色，长 6~7 毫米，旗瓣椭圆形，长 5~6 厘米，宽约 2.5 厘米，先端圆，瓣柄短；翼瓣与龙骨瓣近等长；龙骨瓣 2 片离生；雄蕊 10；子房被微柔毛；花柱无毛。荚果黑色，肥厚，种子间略缢缩，长 15~30 厘米，宽 2~3 厘米，稍弯曲，先端不育；每荚含种子 1~8 粒。种子肾形，长约 1.5 厘米，宽约 1 厘米，暗红色。

分布 原产印度，大洋洲各国有分布。我国产于海南、广东、广西、福建、台湾等省份。目前三沙永兴岛有栽培，少见，生长于绿化带、花坛。

价值 树皮或根皮入药，具有祛风湿、通经络的功效，用于风湿麻木、腰腿筋骨疼痛、跌打损伤。生长速度快，花美丽，可作草地、建筑物旁、公园观赏树种。注：茎皮有毒，毒性主要表现为心肌及心脏传导系统的抑制，用时需慎重。

蝶形花科 Papilionaceae | 刺桐属 *Erythrina* L.

鸡冠刺桐 *Erythrina crista-galli* L.

别名 鸡冠豆、巴西刺桐、象牙红

形态特征 落叶灌木或小乔木。茎和叶柄稍具皮刺。羽状复叶具 3 小叶；小叶长卵形或披针状长椭圆形，长 7~10 厘米，宽 3~4.5 厘米，先端钝，基部近圆形。花与叶同出，总状花序顶生，每节有花 1~3 朵；花深红色，长 3~5 厘米，稍下垂或与花序轴呈直角；花萼钟状，先端 2 浅裂；雄蕊二体；子房有柄，具细绒毛。荚果长约 15 厘米，褐色，种子间缢缩。种子大，亮褐色。

分布 原产巴西。我国广东、广西、海南、台湾、云南等省份有栽培。目前三沙永兴岛、赵述岛、晋卿岛、甘泉岛、美济礁、渚碧礁、永暑礁有栽培，常见，生长于绿化带、房前屋后。

价值 绿化、美化树种之一。根皮入药，具有抗菌消炎的功效，用于细菌性疾病，对葡萄球菌、分枝杆菌及变异链球菌有很好的抑制作用。

蝶形花科 Papilionaceae | 大翼豆属 *Macroptilium* (Benth.) Urban

大翼豆 *Macroptilium lathyroides* (L.) Urban

形态特征 一年生或二年生直立草本，高可达1.5米。有时蔓生或缠绕。茎密被短柔毛。羽状复叶具3小叶；托叶披针形，长5~10毫米，脉纹显露；小叶狭椭圆形至卵状披针形，长3~8厘米，宽1~3.5厘米，先端急尖，基部楔形，上面无毛，下面密被短柔毛或薄被长柔毛，无裂片或微具裂片；叶柄长1.5厘米。花序长3~15厘米，总花梗长15~40厘米；花成对稀疏地生于花序轴的上部；花萼管状钟形；萼齿短三角形；花冠紫红色，旗瓣近圆形，长约1.5厘米，有时带绿色，翼瓣长约2厘米，具白色瓣柄，龙骨瓣先端旋卷。荚果线形，长5.5~10厘米，宽2~3毫米，密被短柔毛。每荚含种子18~30粒；种子斜长圆形，棕色或具棕色及黑色斑，长约3毫米，具凹痕。

分布 原产热带美洲，现广泛栽培于世界热带、亚热带地区。我国海南、广东、福建和台湾有引种栽培。目前三沙产于永兴岛和美济礁，少见，生长于草坡。

价值 作牲畜饲料和绿覆盖植物。

蝶形花科 Papilionaceae | 大翼豆属 *Macroptilium* (Benth.) Urban

紫花大翼豆 *Macroptilium atropurpureum* (DC.) Urban

形态特征 多年生蔓生草本。茎被短柔毛或绒毛；逐节生根。羽状复叶具3小叶；托叶卵形，长4~5毫米，被长柔毛，脉显露；小叶卵形至菱形，长1.5~7厘米，宽1.3~5厘米，有时具裂片，侧生小叶偏斜，外侧具裂片，先端钝或急尖，基部圆形，上面被短柔毛，下面被银色绒毛；叶柄长0.5~5厘米。花序轴长1~8厘米，总花梗长10~25厘米；花通常成对生于花序轴上；花萼钟状，长约5毫米，被白色长柔毛，具5齿；花冠深紫色，旗瓣长1.5~2厘米，具长瓣柄，反折；翼瓣圆形，大，较旗瓣及龙骨瓣为长，翼瓣及龙骨瓣均具长瓣柄；雄蕊二体，对旗瓣的1枚雄蕊离生，其余的雄蕊连合成管。荚果线形，长5~9厘米，宽不及3毫米，顶端具喙尖。每荚含种子12~15粒；种子长圆状椭圆形，长4毫米，具棕色及黑色大理石花纹，具凹痕。

分布 原产热带美洲，现全世界热带地区有分布。我国海南、广东、台湾有分布。目前三沙产于永兴岛、赵述岛、美济礁、渚碧礁、永暑礁，常见，生长于草坡、房前屋后。

价值 作饲草；抗逆性强、固氮能力强，是土壤改良、防风固沙、水土保持的良好材料。

木麻黄科 Casuarinaceae | 木麻黄属 *Casuarina* Adans.

木麻黄 *Casuarina equisetifolia* Forst.

别名 短枝木麻黄、驳骨树、马尾树

形态特征 乔木，高可达 30 米。大树根部无萌蘖。树干通直，直径可达 70 厘米，树冠狭长圆锥形。树皮在幼树上为赭红色，较薄，皮孔密集排列为条状或块状；老树上的树皮粗糙，深褐色，不规则纵裂，内皮深红色。枝红褐色，有密集的节；最末次分出的小枝灰绿色，纤细，长 10~27 厘米，常柔软下垂，具 7~8 条沟槽及棱，初时被短柔毛，渐变无毛或仅在沟槽内略有毛，节间长 2~9 毫米，节脆易抽离。鳞片状叶每轮通常 7 枚，少为 6 枚或 8 枚，披针形或三角形，长 1~3 毫米，紧贴。雌雄同株或异株；雄花花序几无总花梗，棒状圆柱形，长 1~4 厘米，有覆瓦状排列、被白色柔毛的苞片，小苞片具缘毛，花被片 2，花丝长 2~2.5 毫米，花药两端深凹入；雌花花序通常顶生于近枝顶的侧生短枝上。球果状果序椭圆形，长 1.5~2.5 厘米，直径 1.2~1.5 厘米，两端近截平或钝，幼嫩时外被灰绿色或黄褐色绒毛，随着成长毛常脱落；小苞片变木质，阔卵形，顶端略钝或急尖，背无隆起的棱脊。小坚果连翅长 4~7 毫米，宽 2~3 毫米。

分布 原产澳大利亚、太平洋岛屿国家，现美洲热带地区、亚洲东南部沿海地区广泛栽培。我国海南、广西、广东、福建、台湾沿海地区普遍栽培。目前三沙永兴岛、赵述岛、北岛、西沙洲、晋卿岛、甘泉岛、石岛、东岛、羚羊礁、银屿、美济礁、渚碧礁、永暑礁有栽培，很常见，生长于海边沙地、防护林。

价值 热带海岸带防风固沙的优良先锋树种。木材可作枕木、薪材、船底板、建筑用材及造纸原料。树皮为栲胶原料和医药上作收敛剂。枝叶入药，用于疝气、阿米巴痢疾及慢性支气管炎。幼嫩枝叶可作饲料。

木麻黄科 Casuarinaceae | 木麻黄属 *Casuarina* Adans.

细枝木麻黄 *Casuarina cunninghamiana* Miq.

别名 银线木麻黄

形态特征 乔木，高可达 25 米。根部常有萌蘖。树干通直，直径约 40 厘米，树冠呈尖塔形。树皮灰色，稍平滑，小块状剥裂或浅纵裂，内皮淡红色；枝暗褐色，近平展或前端稍下垂，近顶端处常有叶贴生的白色线纹；小枝密集，暗绿色，干时灰绿色或苍白绿色，纤细，稍下垂，长 15~38 厘米，直径 0.5~0.7 毫米，具浅沟槽及钝棱，节间长 4~5 毫米，节韧不易抽离，每节上有狭披针形、紧贴的鳞片状叶 8~10 枚。雌雄异株；雄花穗状花序生于小枝顶端，圆柱形，长 1.2~2 厘米，苞片下部被毛，上部无毛或有极短的毛，花被片 1，长约 1 毫米，顶端兜状，花丝长约 1.5 毫米，花药两端浅缺；雌花花序生于侧生的短枝顶，密集，倒卵形，苞片卵状披针形，除边缘外无毛。球果状果序小，具短柄，椭圆形或近球形，长 7~12 毫米，两端截平；小苞片阔椭圆形，顶端急尖。小坚果连翅长 3~5 毫米。

分布 原产澳大利亚，世界热带、亚热带地区广泛栽培。我国海南、广西、广东、福建、台湾沿海地区普遍栽培。目前三沙永兴岛、赵述岛、晋卿岛、美济礁、渚碧礁、永暑礁有栽培，常见，生长于道路两旁、房前屋后。

价值 常作为行道树或观赏树。木材用途同木麻黄。

木麻黄科 Casuarinaceae | 木麻黄属 *Casuarina* Adans.

粗枝木麻黄 *Casuarina glauca* Sieb. ex Spr.

别名 蓝枝木麻黄、坚木麻黄、银木麻黄、长叶木麻黄

形态特征 乔木，高可达 20 米。胸径可达 35 厘米。树皮灰褐色或灰黑色，厚而表面粗糙，块状剥裂及浅纵裂，内皮浅黄色。侧枝多，近直立而疏散，嫩梢具环列反卷的鳞片状叶；小枝长 30~100 厘米，上举，末端弯垂，灰绿色或粉绿色，圆柱形，具浅沟槽，嫩时沟槽内被毛，后变无毛，直径 1.3~1.7 毫米，节间长 10~18 毫米，两端近节处略肿胀。鳞片状叶每轮 12~16 枚，狭披针形，棕色，上端稍外弯，易断落而呈截平状；节韧，难抽离，折曲时呈白蜡色。雌雄同株；雄花花序生于小枝顶，密集，长 1~3 厘米，雌花花序具短或略长的总花梗，侧生，球形或椭圆形。球果状果序广椭圆形至近球形，两端截平，长 1.2~2 厘米，直径约 1.5 厘米；苞片披针形，外被长柔毛；小苞片广椭圆形，顶端稍尖或钝，被褐色柔毛，渐变无毛。小坚果淡灰褐色，有光泽，连翅长 5~6 毫米。

分布 原产澳大利亚。我国海南、广西、广东、福建、台湾沿海地区普遍栽植。目前三沙永兴岛有栽培，少见，生长于绿化带。

价值 作行道树或庭园观赏树。木材为枕木、家具、雕刻材料。注：本种抗风能力差，不适宜南海作防风林。

榆科 Ulmaceae | 山黄麻属 *Trema* Lour.

异色山黄麻 *Trema orientalis* (L.) Bl.

形态特征 乔木或灌木，高可达 20 米。胸径可达 80 厘米。树皮浅灰至深灰色，平滑或老干上有不规则浅裂缝，小枝灰褐色。叶革质，坚脆，卵状矩圆形或卵形，长 10~22 厘米，宽 5~11 厘米，先端常渐尖或锐尖，基部心形，多少偏斜，边缘有细锯齿，两面异色，干时叶面淡绿色或灰绿色，稍粗糙，常有皱纹，叶背灰白色或淡绿灰色，密被绒毛，基出 3 脉，其侧生的 1 对达叶片的中上部，侧脉 4~6 对；叶柄长 8~20 毫米；托叶条状披针形。雄花序长 2~3.5 厘米；雄花几乎无梗，花被片 5，卵状矩圆形，雄蕊 5，退化雌蕊倒卵状圆锥形，稍压扁；雌花序长 1~2.5 厘米；雌花具梗，花被片 4~5，三角状卵形。核果卵状球形或近球形，稍压扁，直径 2.5~3.5 毫米，长 3~5 毫米，成熟时稍皱，黑色，具宿存的花被。种子阔卵珠状，稍压扁，直径 2~3 毫米。

分布 印度、斯里兰卡、孟加拉国、印度尼西亚、菲律宾、日本，中南半岛、马来半岛、非洲热带地区和南太平洋诸岛的国家有分布。我国产于广东、海南、广西、贵州、云南、台湾。目前三沙产于永兴岛，少见，生长于园林绿化带。

价值 根、叶入药，具有散瘀、消肿、止血的功效，用于跌打损伤、外伤出血。抗逆性强，可作为造林材料之一。

榆科 Ulmaceae | 山黄麻属 *Trema* Lour.

山黄麻 *Trema tomentosa* (Roxb.) H. Hara

别名 麻桐树、麻络木、山麻、母子树、麻布树

形态特征 小乔木或灌木，高可达 10 米。树皮灰褐色，平滑或细龟裂。小枝灰褐至棕褐色，密被直立或斜展的灰褐色或灰色短绒毛。叶纸质或薄革质，宽卵形或卵状矩圆形，稀宽披针形，长 7~20 厘米，宽 3~8 厘米，先端渐尖至尾状渐尖，稀锐尖，基部心形，明显偏斜，边缘有细锯齿，叶面极粗糙，有直立的基部膨大的硬毛，叶背被灰褐色或灰色短绒毛，基出 3 脉，侧生的 1 对达叶片中上部，侧脉 4~5 对；叶柄长 7~18 毫米；托叶条状披针形。雄花花序长 2~4.5 厘米，雄花几乎无梗，花被片 5，卵状矩圆形，雄蕊 5，退化雌蕊倒卵状矩圆形，压扁，透明，在其基部有 1 环细曲柔毛；雌花花序长 1~2 厘米，雌花具短梗，花被片 4~5，三角状卵形；小苞片卵形，具缘毛。核果宽卵珠状，压扁，直径 2~3 毫米，成熟时具不规则的蜂窝状皱纹，褐黑色或紫黑色，具宿存的花被。种子阔卵珠状，压扁，直径 1.5~2 毫米，两侧有棱。

分布 印度尼西亚、日本、不丹、尼泊尔、印度、斯里兰卡、孟加拉国，中南半岛、马来半岛、非洲、南太平洋诸岛的各国有分布。我国产于福建、台湾、广东、海南、广西、四川、贵州、云南和西藏。目前三沙产于永兴岛，少见，生长于园林绿化带。

价值 韧皮纤维可作人造棉、麻绳和造纸原料。树皮含鞣质，可提栲胶；木材供建筑、器具及薪炭用。抗逆性强，作为造林材料之一。叶入药，具有止血的功效，用于外伤出血。

桑科 Moraceae ｜ 构属 *Broussonetia* L'Hert. ex Vent.

构树 ***Broussonetia papyrifera* (L.) L'Hert. ex Vent.**

别名 构桃树、构乳树、褚桃、褚、楮树、楮实子、谷桑、谷树、谷木、谷浆树、沙纸树、假杨梅

形态特征 乔木，高10~20米。树皮暗灰色；小枝密生柔毛。叶螺旋状排列，广卵形至长椭圆状卵形，长6~18厘米，宽5~9厘米，先端渐尖，基部心形，两侧常不相等，边缘具粗锯齿，不分裂或3~5裂，而小树的叶常明显分裂；叶表面粗糙，疏生糙毛，背面密被绒毛，基生叶脉三出，侧脉6~7对；叶柄长2.5~8厘米，密被糙毛；托叶大，卵形，狭渐尖，长约1.7厘米，宽0.9厘米。雌雄异株；雄花花序为柔荑花序，粗壮，长3~8厘米，苞片披针形，被毛，花被4裂，裂片三角状卵形，被毛，雄蕊4，花药近球形，退化雌蕊小；雌花花序球形头状，苞片棍棒状，顶端被毛，花被管状，顶端与花柱紧贴，子房卵圆形，柱头线形，被毛。聚花果直径1.5~3厘米，成熟时橙红色，肉质。瘦果具柄，表面有小瘤，龙骨双层，外果皮壳质。

分布 原产澳大利亚。我国南北各省均有分布。目前三沙产于美济礁，少见，生长于草坡。

价值 韧皮纤维可作造纸材料。嫩枝可作饲料。树汁可治皮肤病；果与根入药，具有补肾、利尿、强筋骨的功效，用于补肾、明目、强筋骨。本种适应性、抗逆性强，可作为水土保持、新开荒地先锋植物。

桑科 Moraceae | 榕属 *Ficus* L.

厚叶榕 *Ficus microcarpa* L. f. var. *crassifolia* (Shieh) Liao

别名 金钱榕、圆叶榕、寄生榕树

形态特征 常绿灌木。全株带白色乳汁；分枝多，密集；皮光滑；枝和干上常生气根，气生根可发育为支柱根。单叶，互生，革质或厚肉质，全缘，阔椭圆形，先端钝或圆，两面光滑亮绿。隐头花序近圆形，1或2个生长于叶腋，多集中于枝端，成熟时鲜红色。

分布 原产我国台湾。华南各省广泛栽培。目前三沙永兴岛、赵述岛、北岛、西沙洲、晋卿岛、甘泉岛、东岛、银屿、美济礁、渚碧礁、永暑礁有栽培，很常见，生长于绿化带、庭园。

价值 园林、园艺树种，可作行道树及用于庭园绿化、盆景。

桑科 Moraceae | 榕属 *Ficus* L.

垂叶榕 *Ficus benjamina* L.

别名 垂榕、黄金垂榕、白榕、小叶榕、细叶榕、柳叶榕、马尾榕、米碎常

形态特征 大乔木，高可达 20 米。胸径 30~50 厘米，树冠广阔；树皮灰色，平滑；小枝下垂。叶薄革质，卵形至卵状椭圆形，长 4~8 厘米，宽 2~4 厘米，先端短渐尖，基部圆形或楔形，全缘，一级侧脉与二级侧脉难于区分，平行展出，直达近叶边缘，网结成边脉，两面光滑无毛；叶柄长 1~2 厘米，上面有沟槽；托叶披针形，长约 6 毫米。榕果成对或单生于叶腋，基部缢缩成柄，球形或扁球形，光滑，成熟时红色至黄色，直径 8~15 厘米，基生苞片不明显。雄花、瘿花、雌花同生于一榕果内；雄花极少数，具柄，花被片 4，宽卵形，雄蕊 1，花丝短；瘿花具柄，多数，花被片 4~5，狭匙形，子房卵圆形，光滑，花柱侧生；雌花无柄，花被片短匙形。瘦果卵状肾形，短于花柱，花柱近侧生，柱头膨大。

分布 尼泊尔、不丹、印度、缅甸、泰国、越南、马来西亚、菲律宾、巴布亚新几内亚、所罗门群岛、澳大利亚有分布。我国产于广东、海南、广西、云南、贵州。目前三沙永兴岛、赵述岛、北岛、西沙洲、晋卿岛、甘泉岛、东岛、银屿、羚羊礁、石岛、鸭公岛、美济礁、渚碧礁、永暑礁有栽培，很常见，生长于绿化带、道路旁花坛。

价值 作行道树和庭园风景树，叶可密植作篱。果实可食用；同时为鸟类提供食物。气根、树皮、叶芽、果实入药，具有清热解毒、祛风、凉血、滋阴润肺、发表透疹、催乳的功效，用于风湿麻木、鼻出血。

桑科 Moraceae | 榕属 *Ficus* L.

笔管榕 *Ficus subpisocarpa* Gagnep.

别名 雀榕

形态特征 落叶乔木。树皮黑褐色，小枝淡红色，无毛；有时有气根。叶互生或簇生，近纸质，无毛，椭圆形至长圆形，长10~15厘米，宽4~6厘米，先端短渐尖，基部圆形，边缘全缘或微波状，侧脉7~9对；叶柄长3~7厘米，近无毛；托叶膜质，微被柔毛，披针形，长约2厘米，早落。榕果单生或成对或簇生于叶腋或生于无叶枝上；扁球形，直径5~8毫米，成熟时紫黑色，顶部微下陷；基生苞片3，宽卵圆形，革质;总梗长3~4毫米。雄花、瘿花、雌花生于同一榕果内；雄花很少，生于内壁近口部，无梗，花被片3，宽卵形，雄蕊1，花药卵圆形，花丝短;雌花无柄或有柄，花被片3，披针形，花柱短，侧生，柱头圆形；瘿花多数，与雌花相似。

分布 亚洲南部及大洋洲有分布。我国南部、西南部有分布。目前三沙永兴岛、赵述岛、北岛、晋卿岛、美济礁、渚碧礁、永暑礁有栽培，常见，生长于绿化带。

价值 果实可食用；同时为鸟类提供食物。其具良好荫蔽效果，可作公园、庭园绿化美化树、行道树。木材可供雕刻。根、叶入药，具有清热解毒的功效，用于漆疮、鹅儿疮、乳腺炎。

桑科 Moraceae | 榕属 *Ficus* L.

印度榕 *Ficus elastica* Roxb. ex Hornem.

别名 橡皮树、印度胶树

形态特征 乔木，高可达 30 米。胸径可达 40 厘米。树皮灰白色，平滑；幼小时附生，小枝粗壮。叶厚革质，长圆形至椭圆形，长 8~30 厘米，宽 7~10 厘米，先端急尖，基部宽楔形，全缘，表面深绿色，光亮，背面浅绿色，侧脉多，不明显，平行展出；叶柄粗壮，长 2~5 厘米；托叶膜质，深红色，长达 10 厘米，脱落后有明显环状疤痕。榕果成对生于已落叶枝的叶腋，卵状长椭圆形，长 10 毫米，直径 5~8 毫米，黄绿色；基生苞片风帽状，脱落后基部有 1 环状痕迹。雄花、瘿花、雌花同生于榕果内壁；雄花具柄，散生于内壁，花被片 4，卵形，雄蕊 1，花药卵圆形，不具花丝；瘿花花被片 4，子房光滑，卵圆形，花柱近顶生，弯曲；雌花无柄。瘦果卵圆形，表面有小瘤体，花柱长，宿存。

分布 原产马来西亚、印度，缅甸、不丹、印度尼西亚有分布。我国南部有栽培。目前三沙永兴岛、赵述岛、西沙洲、美济礁、永暑礁、渚碧礁有栽培，常见，生长于绿化带、庭园。

价值 作行道树或庭园观赏树种。本种胶乳属于硬橡胶类，曾代替巴西橡胶使用。

桑科 Moraceae ｜ 榕属 *Ficus* L.

对叶榕 *Ficus hispida* L. f.

别名 牛奶树、牛奶子、多糯树、稔水冬瓜

形态特征 灌木或小乔木。叶通常对生，厚纸质，卵状长椭圆形或倒卵状矩圆形，长10~25厘米，宽5~10厘米，全缘或有钝齿，顶端急尖或短尖，基部圆形或近楔形，表面粗糙且被短粗毛，背面被灰色粗糙毛，侧脉6~9对；叶柄长1~4厘米，被短粗毛；托叶2，卵状披针形，常4枚交互对生。榕果腋生或生于落叶枝上或老茎发出的下垂枝上；陀螺形，成熟黄色，直径1.5~2.5厘米。雄花生于其内壁口部，多数，花被片3，薄膜状，雄蕊1；瘿花无花被，花柱近顶生，粗短；雌花无花被，柱头侧生，被毛。

分布 尼泊尔、不丹、印度、泰国、越南、老挝、缅甸、柬埔寨、印度尼西亚、新几内亚、马来西亚、澳大利亚有分布。我国产于广东、海南、广西、云南、贵州。目前三沙产于永兴岛、赵述岛、美济礁，不常见，生长于潮湿的房前屋后、绿化带。

价值 果实可食用，同时为鸟类提供食物。根、皮、叶、果实、寄生入药，具清热解毒、利水退黄、补土健胃的功效，用于黄疸、水肿、小便热涩疼痛、尿路结石、腹痛腹泻、泻下水样稀便、皮肤痛痒、斑疹、疥癣、湿疹、疔疮痈疖脓肿、跌打损伤、风寒湿痹症、风湿痛、肢体关节酸痛、屈伸不利、产后乳汁不下、缺乳（注：为傣族用药）。

桑科 Moraceae | 榕属 *Ficus* L.

绿黄葛树 *Ficus virens* Aiton

别名 黄葛榕、大叶榕、黄葛树

形态特征 落叶或半落叶乔木。有板根或支柱根；幼时附生。叶薄革质或皮纸质，卵状披针形至椭圆状卵形，长10~15厘米，宽4~7厘米，先端短渐尖，基部钝圆或楔形至浅心形，全缘，干后表面无光泽，侧脉7~10对，背面突起，网脉稍明显；叶柄长2~5厘米；托叶披针状卵形，先端急尖，长可达10厘米。榕果单生或成对腋生或簇生于已落枝叶叶腋，球形，直径7~12毫米，成熟时紫红色；基生苞片3，细小；有总梗。雄花、瘿花、雌花生于同一榕果内；雄花，无柄，少数，生于榕果内壁近口部，花被片4~5，披针形，雄蕊1，花丝短；瘿花具柄，花被片3~4，花柱侧生，短于子房；雌花与瘿花相似，花柱长于子房。瘦果表面有皱纹。

分布 亚洲南部至大洋洲有分布。我国产于东南部至西南部。目前三沙永兴岛、赵述岛、美济礁有栽培，不常见，生长于绿化带。

价值 果实可食用，同时为鸟类提供食物。荫蔽效果好，常用作行道树、园景树和庭荫树。木材可供雕刻。根入药，具有祛风除湿、清热解毒的功效，用于风湿骨痛、感冒、扁桃体炎、眼结膜炎；叶入药，具有消肿止痛的功效，外用于跌打肿痛。

桑科 Moraceae | 榕属 *Ficus* L.

高山榕 *Ficus altissima* Bl.

别名 鸡榕、大叶榕、大青树、万年青

形态特征 大乔木，高可达 30 米。胸径 40~90 厘米。树皮灰色，平滑。幼枝绿色，粗约 1 厘米，被微柔毛。叶厚革质，广卵形至广卵状椭圆形，长 10~19 厘米，宽 8~11 厘米，先端钝，急尖，基部宽楔形，全缘，两面光滑，无毛，侧脉 5~7 对，基生侧脉延长；叶柄长 2~5 厘米，粗壮；托叶厚革质，长 2~3 厘米，外面被灰色绢丝状毛。榕果成对腋生，椭圆状卵圆形，直径 17~28 毫米，幼时包藏于早落风帽状苞片内，成熟时红色或带黄色，顶部脐状突起，基生苞片短宽而钝，脱落痕环状。雄花散生于榕果内壁，花被片 4，膜质，透明，雄蕊 1，花柱较长；雌花有 3 种，无花柄、短花柄、长花柄；无花柄的雌花花被为 3，花柱较长，分布在底层；短花柄的雌花和长花柄的雌花花被为 4，花柱较短，分布在中上层；瘿花花被为 3。瘦果表面有瘤状凸体，花柱延长。

分布 尼泊尔、印度、缅甸、越南、泰国、马来西亚、印度尼西亚、菲律宾有分布。我国产于海南、广西、云南。目前三沙永兴岛、赵述岛、鸭公岛、晋卿岛、银屿、美济礁、渚碧礁、永暑礁有栽培，常见，生长于绿化带。

价值 果实可食用，同时为鸟类提供食物。荫蔽效果好，常用作行道树、园景树和庭荫树。

桑科 Moraceae | 鹊肾树属 *Streblus* Lour.

鹊肾树 *Streblus asper* Lour.

别名 鸡子、鸡仔、鸡琢、莺哥果、百日晒

形态特征 乔木或灌木。树皮深灰色，粗糙。小枝被短硬毛，幼时皮孔明显。叶革质，椭圆状倒卵形或椭圆形，长2.5~6厘米，宽2~3.5厘米，先端钝或短渐尖，全缘或具不规则钝锯齿，基部钝或近耳状，两面粗糙，侧脉4~7对；叶柄短或近无柄；托叶小，早落。雌雄异株或同株，雄花花序头状，单生或成对腋生，有时在雄花序上生有雌花1朵，总花梗长8~10毫米，表面被细柔毛，苞片长椭圆形，雄花近无梗，花丝在花芽时内折，退化雌蕊圆锥状至柱形，顶部有瘤状凸体；雌花具梗，下部有小苞片，顶部有2~3个苞片，花被片4，交互对生，被微柔毛，子房球形，花柱在中部以上分枝，果时增长。核果近球形，被宿存花被片包围，直径约6毫米，成熟时黄色，不开裂，仅基部一侧不为肉质。

分布 斯里兰卡、印度、尼泊尔、不丹、越南、泰国、马来西亚、印度尼西亚、菲律宾有分布。我国产于广东、海南、广西、云南。目前三沙产于美济礁，很少见，生长于绿化带、草坡。

价值 可作行道树或庭园观赏树。果实可食用。木材可作梁、柱、家具、农具、把柄及室内装饰和板材等用材。枝叶为牛、羊、鹿饲草。树皮和根入药，具有强心、抗丝虫、抗癌、抗菌、抗过敏和抗疟疾的功效。

桑科 Moraceae | 桑属 *Morus* L.

桑树 *Morus alba* L.

别名 桑

形态特征 乔木或灌木，高可达10米或更高。胸径可达50厘米。树皮厚，灰色，具不规则浅纵裂；冬芽红褐色，卵形，芽鳞覆瓦状排列，灰褐色，有细毛；小枝有细毛。叶卵形或广卵形，长5~15厘米，宽5~12厘米，先端急尖、渐尖或圆钝，基部圆形至浅心形，边缘锯齿粗钝，有时叶为各种分裂，表面鲜绿色，无毛，背面沿脉有疏毛，脉腋有簇毛；叶柄长1.5~5.5厘米，具柔毛；托叶披针形，早落，外面密被细硬毛。花单性，腋生或生于芽鳞腋内。雄花序下垂，长2~3.5厘米，密被白色柔毛；花被片宽椭圆形，淡绿色；花丝在芽时内折。雌花序长1~2厘米，被毛；总花梗长5~10毫米，被柔毛；雌花无梗；花被片倒卵形，顶端圆钝，外面和边缘被毛，两侧紧抱子房，无花柱，柱头2裂。聚花果卵状椭圆形，长1~2.5厘米，成熟时红色或暗紫色。

分布 原产我国，朝鲜、日本、蒙古国、印度、越南及中亚、欧洲各国有栽培。目前三沙永兴岛、美济礁和渚碧礁有栽培，少见，生长于绿化带、菜地旁。

价值 树皮纤维可作纺织、造纸原料。叶为养蚕饲料。木材可制家具、乐器、雕刻等。果实可作为特色水果，也可酿酒。桑叶入药，具有疏散风热、清肺、明目的功效，用于风热感冒、风温初起、发热头痛、汗出恶风、咳嗽胸痛、肺燥干咳无痰、咽干口渴、风热及肝阳上扰、目赤肿痛。

荨麻科 Urticaceae | 雾水葛属 *Pouzolzia* Gaudich.

雾水葛 *Pouzolzia zeylanica* (L.) Benn. & R. Br.

别名 地清散、脓见消、吸脓膏

形态特征 多年生草本。茎直立或渐升，高 12~40 厘米。通常在基部或下部有 1~3 对对生的长分枝；枝条不分枝或有少数极短的分枝；有短伏毛。叶对生或茎顶部的叶对生；叶片草质，卵形或宽卵形，长 1.2~3.8 厘米，宽 0.8~2.6 厘米，顶端短渐尖或微钝，基部圆形，边缘全缘，两面有疏伏毛，侧脉 1 对；短分枝的叶很小，长约 6 毫米；叶柄长 0.3~1.6 厘米。团伞花序通常两性，直径 1~2.5 毫米；苞片三角形，背面有毛；雄花有短梗，花被片 4，狭长圆形或长圆状倒披针形，雄蕊 4，退化雌蕊狭倒卵形；雌花花被椭圆形或近菱形，顶端有 2 小齿，外面密被柔毛，果期呈菱状卵形，柱头长 1.2~2 毫米。瘦果卵球形，长约 1.2 毫米，上部褐色，或全部黑色，有光泽。

分布 越南、泰国、缅甸、菲律宾、马来西亚、印度尼西亚、印度、巴基斯坦、克什米尔、尼泊尔、斯里兰卡、巴布亚新几内亚、澳大利亚、日本、也门、马尔代夫、波利尼西亚，非洲各国广布。我国产于云南、广西、广东、福建、江西、浙江、安徽、湖北、湖南、四川、甘肃、台湾。目前三沙产于永兴岛、赵述岛、晋卿岛、美济礁、渚碧礁、永暑礁，常见，生长于空旷沙地、草坡、花坛。

价值 全草入药，具有清热解毒、清肿排脓、利水通淋的功效，用于疮疡痈疽、乳痈、风火牙痛、痢疾、腹泻、小便淋痛、白浊。

山柑科 Capparaceae ｜ 鱼木属 *Crateva* L.

钝叶鱼木 *Crateva trifoliata* (Roxburgh) B. S. Sun

别名 赤果鱼木

形态特征 乔木。枝灰褐色，有纵皱肋纹；小枝具皮孔，干后红褐色；花枝干后暗紫色；花期时树上无叶或叶十分幼嫩。叶互生，掌状复叶，具3小叶；成熟小叶近革质，两面同色或背面色稍浅，椭圆形或倒卵形，顶端圆急尖或钝急尖，侧生小叶基部两侧略不对称，干后呈淡红褐色；营养枝上的小叶稍大，长达约10厘米；花枝上的小叶略小，长度小于8.5厘米；中脉与侧脉淡红色，侧脉5~6对，纤细，两面微凸，网状脉不明显；叶柄长4~12厘米，小叶柄长3~10毫米；托叶细小，早落。伞房花序顶生，序轴长达5厘米；花梗长4~6厘米，花梗脱落后常在序轴上留有明显的疤痕；萼片4，近等长，长约4毫米，宽约2.5毫米，干后橘红色；花瓣4，顶端圆形，近等长，长10~20毫米，宽10~13毫米，颜色先由淡绿色变为白色，最后转为黄色，具爪，爪长4~8毫米；雄蕊多数，15~26，紫色，不等长；雌蕊柄长15~45毫米；子房椭圆形；花柱短，柱头不明显。浆果球形，直径2~4厘米，表面光滑，略有光泽，成熟后呈红紫褐色。种子多数；肾形，较小，种皮平滑，暗黑褐色。

分布 越南、老挝、柬埔寨、泰国、缅甸、马来西亚有分布。我国产于广东、广西、海南、云南、台湾等省份。目前三沙中沙洲有栽培，很少见，在调查过程中只记录到1株，生长于空旷沙地。本种于海南周边岛屿如大洲岛、七洲列岛分布较多。

价值 木材作浮木。抗逆性强，树冠整齐，花朵稠密，花姿优美，花期极为壮观，可作滨海园林绿化美化树种，也可作热带岛礁防护林树种。

鼠李科 Rhamnaceae | 蛇藤属 *Colubrina* Rich. ex Brongn.

蛇藤 *Colubrina asiatica* (L.) Brongn.

别名 亚洲滨枣、泡沫叶、亚洲裸木、亚洲蛇木、印度蛇木

形态特征 藤状灌木。幼枝无毛。叶互生，近膜质或薄纸质，卵形或宽卵形，长4~8厘米，宽2~5厘米，顶端渐尖，微凹，基部圆形或近心形，边缘具粗圆齿，两面无毛或近无毛，侧脉2~3对，两面突起，网脉不明显；叶柄长1~1.6厘米，被疏柔毛。花黄色，5基数，腋生聚伞花序，无毛或被疏柔毛；总花梗长约3毫米；花梗长2~3毫米；花萼5裂，萼片卵状三角形，内面中肋中部以上突起；花瓣倒卵圆形，具爪，与雄蕊等长；子房藏于花盘内；花柱3浅裂；花盘厚，近圆形。蒴果状核果，圆球形，直径7~9毫米，基部为愈合的萼筒所包围，成熟时室背开裂；内有3个分核。每核具1粒种子；种子灰褐色。

分布 印度、斯里兰卡、缅甸、马来西亚、印度尼西亚、菲律宾、澳大利亚，非洲和太平洋群岛各国有分布。我国产于广东、海南、广西、台湾。目前三沙产于永兴岛，常见，生长于防风林缘、灌丛内。

价值 滨海防风林树种之一。碎叶在水中会起泡沫，可当肥皂用。在马来西亚的一些地区，叶作蔬菜。全草入药，用于发热、头痛、疼痛、胃病、风湿、皮肤病、瘙痒、创伤。注：本种被美国食品药品监督管理局（FDA）列为有毒植物，用时需慎重。

鼠李科 Rhamnaceae ｜ 枣属 *Ziziphus* Mill.

毛叶枣 *Ziziphus mauritiana* Lam.

别名 印度枣、台湾青枣、滇刺枣

形态特征 常绿乔木或灌木，高可达 15 米。幼枝被黄灰色密绒毛；小枝被短柔毛；老枝紫红色；有 2 个托叶刺。叶纸质至厚纸质，卵形、矩圆状椭圆形，稀近圆形，长 2.5~6 厘米，宽 1.5~4.5 厘米，顶端圆形，稀锐尖，基部近圆形，稍偏斜，边缘具细锯齿，上面深绿色，无毛，有光泽，下面被黄色或灰白色绒毛；基出 3 脉；叶柄长 5~13 毫米。花绿黄色，两性，5 基数，数个密集成近无总花梗或具短总花梗的腋生二歧聚伞花序；花梗长 2~4 毫米，被灰黄色绒毛；萼片卵状三角形；花瓣矩圆状匙形，基部具爪；雄蕊与花瓣近等长，花盘厚，肉质，10 裂，中央凹陷；子房球形；花柱 2 浅裂或半裂。核果矩圆形或球形，长 1~1.2 厘米，直径约 1 厘米，橙色或红色，成熟时变黑色，基部有宿存的萼筒。具 1 或 2 粒种子；种子宽而扁，长 6~7 毫米，宽 5~6 毫米，红褐色，有光泽。

分布 斯里兰卡、印度、阿富汗、越南、缅甸、马来西亚、印度尼西亚、澳大利亚，非洲国家有分布。我国产于云南、四川、广东、广西、福建、台湾。目前三沙永兴岛和美济礁有栽培，少见，生长于菜地周围。

价值 木材可作家具和工业用材。果实可食，为常见水果。树皮供药用，具有消炎、生肌的功效，用于烧伤。叶含单宁，可提取栲胶。本种为紫胶虫的重要寄生树种。

葡萄科 Vitaceae | 葡萄属 *Vitis* L.

葡萄 *Vitis vinifera* L.

别名 蒲陶、草龙珠、赐紫樱桃、菩提子、山葫芦

形态特征 木质藤本。小枝圆柱形，有纵棱纹，无毛或被稀疏柔毛。卷须2叉分枝，每隔2节间断与叶对生。叶卵圆形，显著3~5浅裂或中裂，长7~18厘米，宽6~16厘米，中裂片顶端急尖，裂片常靠合，基部常缢缩，裂缺狭窄，间或宽阔，基部深心形，基缺凹成圆形，两侧常靠合，边缘有22~27个锯齿，齿深且粗大，不整齐，齿急尖，上面绿色，下面浅绿色，无毛或疏生柔毛；基出5脉；叶柄长4~9厘米，几无毛；托叶早落。圆锥花序与叶对生，密集或疏散，多花，基部分枝发达，长10~20厘米；花序梗长2~4厘米，几无毛或疏生绒毛；花梗长1.5~2.5毫米，无毛；花蕾倒卵圆形，顶端近圆形；萼浅碟形，边缘呈波状，外面无毛；花瓣5；雄蕊5，花丝丝状，短；花药黄色，卵圆形，在雌花内显著短而败育或完全退化；花盘发达，5浅裂；雌蕊1，在雄花中完全退化，子房卵圆形，花柱短，柱头扩大。果实球形或椭圆形，直径1.5~2厘米。种子倒卵椭圆形，顶短近圆形，基部有短喙。

分布 原产亚洲西部，现世界各地广泛栽培。我国各地有栽培。目前三沙晋卿岛、永兴岛、美济礁有栽培，少见，生长于菜地周围。

价值 果为水果，可生食或制葡萄干；为酿酒原料。种子可用于提取花青素。果入药，具有补气血、舒筋络、利小便的功效，用于气血虚弱、肺虚咳嗽、心悸盗汗、烦渴、风湿痹痛、淋病、水肿、痘疹不透。

葡萄科 Vitaceae | 白粉藤属 *Cissus* L.

白粉藤 ***Cissus repens*** **Lam.**

别名 杏叶藤

形态特征 多年生草质藤本。小枝圆柱形，有纵棱纹，常被白粉，无毛。卷须相隔2节间断与叶对生，2分叉。叶为单叶，互生，心状卵圆形，长5~13厘米，宽4~9厘米，顶端渐尖或急尖，基部心形，边缘每侧有9~12个细锐锯齿，上面绿色，下面浅绿色，两面无毛；基出3~5脉，侧脉3~4对，网脉不明显；叶柄长2~7厘米，无毛；托叶褐色，膜质，肾形，长约6毫米，宽约3毫米，无毛。花序顶生或与叶对生，二级分枝常4~5个集生成伞形；花序梗长1~3厘米，无毛；花梗长约3毫米，近无毛；萼杯形，边缘全缘或波状，无毛；花瓣4，卵状三角形，长约3毫米，无毛；雄蕊4；花盘明显，4浅裂；花柱钻形，柱头不明显扩大。浆果倒卵形，长约1厘米。内含种子1粒，种子倒卵形，顶端圆形，基部有短喙。

分布 越南、菲律宾、马来西亚、澳大利亚有分布。我国产于广东、广西、海南、贵州、云南等省份。目前三沙永兴岛有栽培，很少见，生长于房前屋后花坛。

价值 可作室内、庭园观赏植物。块根入药，具有活血通络、化痰散结、解毒消痈的功效，用于跌打损伤、风湿痹痛、瘰疬痰核、痈肿疮毒、毒蛇咬伤。

芸香科 Rutaceae | 金橘属 *Fortunella* Swingle

金柑 *Fortunella japonica* (Thunb.) Swingle

别名 山金橘、金橘、公孙橘、牛奶柑、长寿金柑、罗浮、圆金橘、圆金柑、罗纹、香港金橘、山金豆、金枣、金桔、赣南脐橙、金豆、山橘

形态特征 小乔木，高可达 5 米。枝有刺。叶卵状椭圆形或长圆状披针形，长 4~8 厘米，宽 1.5~3.5 厘米，顶端钝或短尖，基部宽楔形；叶柄长 6~10 毫米。花单朵或 2~3 朵簇生；花梗通常不及 6 毫米；花萼裂片 5 或 4；花瓣长 6~8 毫米；雄蕊 15~25，比花瓣稍短；花丝不同程度合生成数束，间有个别离生；子房圆球形；花柱约与子房等长。果圆球形，横径 1.5~2.5 厘米；果皮橙黄至橙红色，厚 1.5~2 毫米，味甜；油胞平坦或稍突起；果肉酸或略甜。种子 2~5 粒；卵形，端尖或钝，基部圆。

分布 我国南方各地栽培。目前三沙永兴岛、赵述岛、晋卿岛、北岛、石岛、美济礁、渚碧礁、永暑礁有栽培，常见，盆栽于室内、庭园、门口。

价值 重要观赏树种之一，尤其广东、广西、海南、香港、澳门春节必备盆花。根、果实入药，具有健脾、理气之功效，用于脾虚水肿、胃气痛、疝气、产后气滞腹痛、子宫脱垂、脱肛。

芸香科 Rutaceae | 柑橘属 *Citrus* L.

柑橘 *Citrus reticulata* Blanco

别名 番橘、橘仔、桔子、橘子、立花橘

形态特征 灌木。分枝多，枝扩展或略下垂；刺短小。叶单身复叶，叶形变异大，有椭圆形、披针形、阔椭圆形，长6~7厘米，宽3.5~4厘米，顶部狭而钝，常有明显凹口，基部阔楔形，叶缘有细钝裂齿，侧脉不明显；翼叶线形；叶柄长8~10毫米。花单生或2~3朵簇生于叶腋；花蕾近圆球形；花梗长约2毫米，花径1.2~1.4厘米；花瓣白色，顶端略反折；雄蕊约20；柱头略低于花药。果扁球形，纵径2~2.5厘米，横径2.5~3.4厘米，果面平滑，淡黄色；果皮厚1.5~2毫米；瓤囊7~9瓣；果肉淡黄色，酸且苦。种子5~6粒，阔卵形，长约1厘米，近平滑。

分布 原产东南亚，现世界各地广泛栽培。我国秦岭南坡以南各省均有栽培。目前三沙永兴岛、赵述岛、晋卿岛、美济礁、渚碧礁、永暑礁有栽培，常见，盆栽于室内、庭园、门口。

价值 重要观赏树种之一，在南方常盆栽为室内、庭园装饰。果实入药，用于小儿腹泻、夜间不眠、发热；外果皮晒干后称为“陈皮”；瓤上面的白色网状丝络，具有通络、化痰、理气、消滞的功效；果核，具有理气止痛的功效，用于疝气、腰痛；根、叶入药，具有舒肝、健脾、和胃的功效。

芸香科 Rutaceae | 柑橘属 *Citrus* L.

柠檬 *Citrus limon* (L.) Osbeck

别名 柠果、洋柠檬、益母果、益母子

形态特征 小乔木。枝条多少带刺。嫩叶和花蕾红紫色。叶片卵形至椭圆形，长 8~14 厘米，宽 4~6 厘米，边缘具明显皱纹，顶端通常具突尖。花单生或束生。花两性，常有单性花，即雄蕊发育，雌蕊退化；萼片杯形，萼裂片 4 或 5；花瓣长 1.5~2 厘米，外部淡紫色，内部白色；雄蕊 20~25 或更多；子房近圆柱形或桶状；柱头棒状。果实成熟后黄色，椭球形至卵球形，两端狭窄，表面通常粗糙并具有柠檬味，顶端通常具乳突；果皮厚，难以清除；瓤囊 8~11 瓣，淡黄色，酸性。种子卵球形，小，顶端急尖；种皮光滑。

分布 世界热带、亚热带地区有栽培。我国南方省份有栽培。目前三沙美济礁有栽培，少见，生长于菜地周围。

价值 果实可食，营养丰富。果入药，具有生津、止渴、祛暑、疏滞、健胃、止痛、治瘀滞腹痛不思饮食、预防心血管病的功效。

芸香科 Rutaceae | 柑橘属 *Citrus* L.

柚 ***Citrus maxima*** **(Burm.) Merr.**

别名 柚子、文旦、抛、大麦柑、橙子

形态特征 小乔木，高可达 6 米。枝有刺；嫩枝扁且有棱。叶质颇厚，色浓绿，阔卵形或椭圆形，长 5~14 厘米，宽 4~8 厘米，或更大，顶端钝或圆，有时短尖，基部圆；翼叶长 2~4 厘米，宽 0.5~3 厘米。常为总状花序，有时为单花，腋生；花蕾常淡紫红色；花萼不规则 3~5 浅裂；花瓣长约 2 厘米；雄蕊多数，25~35，有时部分雄蕊不育；花柱粗长。果形、大小多样，有圆形、扁圆形、梨形或阔圆锥状，成熟后淡黄或黄绿色；果皮甚厚，海绵质；油胞大，突起；果心实但松软；瓤囊常 10~15 瓣；汁胞颜色多样，有白色、粉红色、鲜红色、乳黄色。种子多数，形状不规则，通常近似长方形，有明显纵肋棱。

分布 东南亚各国有栽种。我国长江以南各省有栽培。目前三沙美济礁、渚碧礁有栽培，少见，生长于菜地周围。

价值 果实为重要水果。果入药，具有健胃、润肺、补血、清肠、利便、解酒、防中风、降血糖的功效；柚子皮入药，具有良好的祛痰镇咳作用，是治疗慢性咳喘及虚寒性痰喘的佳品。柚子枝、叶、皮可以祛除异味。

芸香科 Rutaceae | 九里香属 *Murraya* J. Koenig ex L.

九里香 *Murraya exotica* L.

别名 石桂树、石辣椒、九秋香、九树香、七里香

形态特征 小乔木，高可达 8 米。枝白灰或淡黄灰色，嫩枝绿色。叶有小叶 3~7 片，小叶倒卵形或倒卵状椭圆形，两侧常不对称，一侧略偏斜，长 1~6 厘米，宽 0.5~3 厘米，顶端圆或钝，有时微凹，基部短尖，边全缘，平展；小叶柄甚短。花序通常顶生，或顶生兼腋生，花多朵聚成伞状，为短缩的圆锥状聚伞花序；花白色，芳香；萼片卵形；花瓣 5，长椭圆形，盛花时反折；雄蕊 10，长短不等，花丝白色，花药背部有细油点 2 颗；花柱稍较子房纤细，柱头黄色，粗大。果熟后橙黄至朱红色，阔卵形或椭圆形，顶部短尖，略歪斜，有时圆球形，长 8~12 毫米，横径 6~10 毫米；果肉有黏胶质液。种子有短的棉质毛。

分布 亚洲热带、亚热带地区有分布。我国产于台湾、福建、广东、海南、广西等省份。目前三沙永兴岛有栽培，不常见，生长于房前屋后花坛。

价值 园林植物之一，用作围篱材料，或作花坛及宾馆的点缀品；也可作盆景材料。花、叶、果均含精油，可用于化妆品香精、食品香精；叶可作调味香料。枝、叶入药，具有行气止痛、活血散瘀的功效，用于胃痛、风湿痹痛；外用于牙痛、跌打肿痛、虫蛇咬伤等。

芸香科 Rutaceae | 黄皮属 *Clausena* Burm. f.

黄皮 *Clausena lansium* (Lour.) Skeels

别名 黄弹、黄弹子、黄段

形态特征 小乔木，高达 12 米。小枝、叶轴、花序轴、幼嫩叶背脉上散生甚多明显突起的细油点且密被短直毛。叶有小叶 5~11，小叶卵形或卵状椭圆形，常一侧偏斜，长 6~14 厘米，宽 3~6 厘米，基部近圆形或宽楔形，两侧不对称。圆锥花序顶生；花蕾圆球形；花萼裂片阔卵形，外面被短柔毛，花瓣长圆形，两面被短毛或内面无毛；雄蕊 10，花丝线状；子房密被直长毛。果圆形、椭圆形或阔卵形，长 1.5~3 厘米，宽 1~2 厘米，熟后淡黄至暗黄色，被细毛，果肉乳白色，半透明。种子 1~4 粒。

分布 原产我国南部，现世界热带、亚热带地区有栽培。我国台湾、福建、广东、海南、广西、贵州、云南、四川有栽培。目前三沙永兴岛、赵述岛、甘泉岛、美济礁有栽培，少见，生长于绿化带、菜地旁。

价值 南方水果之一，具有消食、顺气、除暑热的功效。根、叶、果皮、种子入药，具有行气、消滞、解表、散热、止痛、化痰的功效，用于腹痛、胃痛、感冒发热。

苦木科 Simaroubaceae | 鸦胆子属 *Brucea* J. F. Mill.

鸦胆子 *Brucea javanica* (L.) Merr.

别名 老鸦胆、苦参子、鸦蛋子

形态特征 灌木或小乔木。嫩枝、叶柄和花序均被黄色柔毛。叶长20~40厘米，有小叶3~15；小叶卵形或卵状披针形，长5~13厘米，宽2.5~6.5厘米，先端渐尖，基部宽楔形至近圆形，通常略偏斜，边缘有粗齿，两面均被柔毛，背面较密；小叶柄短，长4~8毫米。多数花组成圆锥花序，雄花序长15~40厘米，雌花序长约为雄花序的一半；花细小，暗紫色；雄花花梗细弱，长约3毫米，萼片被微柔毛，花瓣有稀疏的微柔毛或近无毛，长1~2毫米，花丝钻状；雌花花梗长约2.5毫米，萼片、花瓣与雄花同，雄蕊退化或仅有痕迹。核果，长卵形，长6~8毫米，直径4~6毫米，成熟时灰黑色，干后有不规则网纹，外壳硬骨质而脆。种子1~4粒，分离。

分布 缅甸、菲律宾、马来西亚、新加坡、印度尼西亚、印度、斯里兰卡、澳大利亚有分布。我国产于广东、广西、海南、福建、台湾、贵州、云南。目前三沙产于永兴岛、赵述岛、西沙洲、晋卿岛、渚碧礁，不常见，生长于空旷沙地。

价值 果实和叶入药，具有清热燥湿、杀虫、止痢的功能，用于阿米巴痢疾、早期血吸虫、菌痢，外用于鸡眼和皮疣等。注：有小毒。

苦木科 Simaroubaceae | 海人树属 *Suriana* L.

海人树 *Suriana maritima* L.

别名 滨榜

形态特征 灌木或小乔木，高可达 3 米。分枝密，小枝常有小瘤状的疤痕，嫩枝密被柔毛及头状腺毛。叶具极短的柄，常聚生在小枝的顶部，稍带肉质，线状匙形，长 2.5~3.5 厘米，宽约 0.5 厘米，先端钝，基部渐狭，全缘，叶脉不明显。2~4 朵花呈聚伞花序，腋生；苞片披针形，长 4~9 毫米，宽约 1.2 毫米，被柔毛；花梗长约 1 厘米，有柔毛；萼片卵状披针形或卵状长圆形，长 5~10 毫米，宽 2~4 毫米，有毛；花瓣黄色，覆瓦状排列，倒卵状长圆形或圆形，具短爪；花丝基部被绢毛，长 5 毫米；花柱无毛，长 5 毫米，柱头小但明显。果近球形，有毛，长约 3.5 毫米，具宿存花柱。

分布 印度、印度尼西亚、菲律宾及太平洋岛屿有分布。我国产于台湾、海南。目前三沙产于永兴岛、赵述岛、甘泉岛、北沙洲、西沙洲、中沙洲、东岛、南沙洲、北石岛、晋卿岛、永暑礁，常见，生长于高潮线附近的沙地。

价值 可作热带沿海及岛屿独特的园林植物；南海岛礁生态系统重建和恢复的重要树种；南海岛礁防风固沙的优良树种。

楝科 Meliaceae ｜ 楝属 *Melia* L.

楝 *Melia azedarach* L.

别名 苦楝、楝树、紫花树、森树

形态特征 落叶乔木，高可达10余米。树皮灰褐色，纵裂。分枝广展，小枝有叶痕。叶为2~3回奇数羽状复叶，长20~40厘米；小叶对生，卵形、椭圆形至披针形，顶生1片通常略大，长3~7厘米，宽2~3厘米，先端短渐尖，基部楔形或宽楔形，多少偏斜，边缘有钝锯齿。圆锥花序，无毛或幼时被鳞片状短柔毛；花两性，芳香；花萼5深裂，裂片卵形或长圆状卵形；花瓣淡紫色，倒卵状匙形；雄蕊管紫色，有纵细脉，管口有钻形、2~3齿裂的狭裂片10枚；花药10，着生于裂片内侧，且与裂片互生，长椭圆形，顶端微突尖；子房近球形，花柱细长，柱头头状，顶端具5齿，不伸出雄蕊管。核果球形至椭球形，长1~2厘米，宽8~15毫米；内果皮木质；成熟时为黄色。含种子4~5粒；种子椭圆形，黑色。

分布 广布于亚洲热带、亚热带地区。我国分布于黄河以南各省。目前三沙产于永兴岛、赵述岛、晋卿岛、北岛、美济礁、渚碧礁，常见，生长于草坡、林缘、绿化带。

价值 良好造林树种；可作庭荫树和行道树。木材为家具、建筑、农具、舟车、乐器等良好用材。鲜叶可作农药用于灭钉螺；根皮、果入药，可驱蛔虫、钩虫；用于疥癣。种子可用于油漆、润滑油和日化品。树皮纤维可制人造棉及造纸。楝花可提取芳香油。注：本种有毒，用时需慎重。

楝科 Meliaceae | 米仔兰属 *Aglaia* Lour.

米仔兰 *Aglaia odorata* Lour.

别名 米兰、树兰、鱼仔兰

形态特征 灌木或小乔木。茎多生小枝，幼枝顶部被星状锈色的鳞片。叶长5~16厘米，叶轴和叶柄具狭翅，有小叶3~5；小叶对生，厚纸质，长2~11厘米，宽1~5厘米，顶端1片最大，下部的较小，先端钝，基部楔形，两面均无毛；侧脉每边约8条，极纤细，两面微突起。圆锥花序腋生，长5~10厘米，稍疏散，无毛；花芳香，直径约2毫米；雄花的花梗纤细，两性花的花梗稍短而粗；花萼5裂，裂片圆形；花瓣5，黄色，长圆形或近圆形，长1.5~2毫米，顶端圆而截平；雄蕊管略短于花瓣，倒卵形或近钟形，外面无毛，顶端全缘或有圆齿；花药5，卵形，内藏；子房卵形，密被黄色粗毛。果为浆果，卵形或近球形，长10~12毫米，初时被散生的星状鳞片，后脱落。种子有肉质假种皮。

分布 广布于东南亚各国。我国广东、广西、福建、四川、贵州、云南、海南、台湾等省份有栽培。目前三沙永兴岛、渚碧礁、美济礁有栽培，不常见，生长于花坛。

价值 枝、叶入药，具有活血散瘀、消肿止痛的功效，用于跌打损伤、骨折、痈疮；花入药，具有行气解郁的功效，用于气郁胸闷、食滞腹胀。园林绿化树种，用于绿篱、花坛。

无患子科 Sapindaceae | 龙眼属 *Dimocarpus* Lour.

龙眼 *Dimocarpus longan* Lour.

别名 圆眼、桂圆、羊眼果树

形态特征 常绿乔木，高可达 40 米。胸径可达 1 米；具板根。小枝粗壮，被微柔毛，散生苍白色皮孔。叶连柄长 15~30 厘米或更长；小叶常 4~5 对，薄革质，长圆状椭圆形至长圆状披针形，两侧常不对称，长 6~15 厘米，宽 2.5~5 厘米，顶端短尖，有时稍钝头，基部极不对称，上侧阔楔形至截平，下侧窄楔尖；腹面深绿色，有光泽，背面粉绿色，两面无毛；侧脉 12~15 对，仅在背面突起；小叶柄短，常不超过 5 毫米。花序大型，多分枝，顶生和近枝顶腋生，密被星状毛；花梗短；萼片近革质，三角状卵形，长约 2.5 毫米，两面均被褐黄色绒毛和成束的星状毛；花瓣乳白色，披针形，与萼片近等长，仅外面被微柔毛；花丝被短硬毛。果近球形，直径 1.2~2.5 厘米，通常黄褐色或有时灰黄色，外面稍粗糙，或少有微凸的小瘤体。种子茶褐色，光亮，全部被肉质的假种皮包裹。

分布 亚洲南部、东南部有栽培。我国福建、台湾、海南、广东、广西、云南、贵州、四川等省份有栽培。目前三沙永兴岛、晋卿岛、美济礁、渚碧礁有栽培，少见，生长于菜地周围、房前屋后。

价值 重要热带水果之一。果入药，具有补益心脾、养血安神的功效，用于气血不足、心悸不宁、健忘失眠、血虚萎黄等。种子淀粉可酿酒。木材用于造船、制作家具等。

无患子科 Sapindaceae | 车桑子属 *Dodonaea* Miller

坡柳 *Dodonaea viscosa* (L.) Jacq.

别名 车桑子、明油子

形态特征 灌木，高可达3米或更高。小枝扁，有狭翅或棱角，覆有胶状黏液。单叶，纸质，形状和大小变异很大，线形、线状匙形、线状披针形、倒披针形或长圆形，长5~12厘米，宽0.5~4厘米，顶端短尖、钝或圆，全缘或不明显的浅波状，两面有黏液，无毛，干时光亮；侧脉多而密，纤细；叶柄短或近无柄。花序顶生或在小枝上部腋生，比叶短，花密集，主轴和分枝均有棱角；花梗纤细，长2~5毫米，有时可达1厘米；萼片4，披针形或长椭圆形，长约3毫米，顶端钝；雄蕊7~8；花丝极短；花药长2.5毫米；子房椭圆形，外面有胶状黏液；花柱长约6毫米，顶端2或3深裂。蒴果倒心形或扁球形，具2~3翅，高1.5~2.2厘米，连翅宽1.8~2.5厘米。种子1~2粒，透镜状，黑色；种皮膜质或纸质，有脉纹。

分布 广布于全球热带、亚热带地区。我国分布于广东、广西、海南、福建、云南、四川、台湾。目前三沙产于永暑礁，少见，生长于干旱沙地、草坡。

价值 抗逆性强，根系发达，是一种良好的防风固沙树种。种子油供照明和制肥皂。叶入药，具有清热渗湿、消肿解毒的功效，用于小便淋沥、癃闭、肩部漫肿、疮痒疔疖、会阴部肿毒、烫伤、烧伤；根入药，具有消肿解毒的功效，用于牙痛、风毒流注、杀虫；全株外用于疮毒、湿疹、瘾疹、皮疹。注：本种根具大毒；全株含微量氢氰酸；叶含生物碱和皂苷，用时需慎重。

无患子科 Sapindaceae | 荔枝属 *Litchi* Sonnerat

荔枝 *Litchi chinensis* Sonn.

别名 丹荔、丽枝、离枝、火山荔、勒荔、荔支

形态特征 常绿乔木，高可达 15 米或更高。树皮灰黑色。小枝圆柱状，褐红色，密生白色皮孔。叶连柄长 10~25 厘米或过之；小叶 2 或 3 对，少有 4 对，薄革质或革质，披针形或卵状披针形，有时长椭圆状披针形，长 6~15 厘米，宽 2~4 厘米，顶端骤尖或尾状短渐尖，全缘，腹面深绿色，有光泽，背面粉绿色，两面无毛；侧脉纤细，在腹面不很明显，在背面明显或稍突起；小叶柄长 7~8 毫米。花序顶生，阔大，多分枝；花梗纤细，长 2~4 毫米，有时粗而短；萼被金黄色短绒毛；雄蕊 6~7，有时 8；花丝长约 4 毫米；子房密覆小瘤体和硬毛。果卵圆形至近球形，长 2~3.5 厘米，成熟时通常暗红色至鲜红色。种子全部被肉质假种皮包裹。

分布 原产我国。全球热带、亚热带地区广泛栽培。目前我国南海永兴岛、美济礁有引种栽培，很少见，生长于果园。

价值 主要热带水果之一。果入药，具有健脾、生津、理气、止痛的功效，用于身体虚弱病后津液不足、胃寒疼痛、疝气疼痛；种子入药，为收敛止痛剂，用于心气痛和小肠气痛。木材为上等材，用于船、梁、柱、高端家具。花为重要蜜源，荔枝蜂蜜是品质优良的蜜糖之一。

漆树科 Anacardiaceae | 杧果属 *Mangifera* L.

杧果 *Mangifera indica* L.

别名 芒果、马蒙、抹猛果、莽果、望果、蜜望、蜜望子

形态特征 常绿乔木，高可达 20 米。树皮灰褐色，小枝褐色，无毛。叶薄革质，常集生于枝顶，叶形和大小变化较大，通常为长圆形或长圆状披针形，长 12~30 厘米，宽 3.5~6.5 厘米，先端渐尖、长渐尖或急尖，基部楔形或近圆形，边缘皱波状，无毛；叶面略具光泽，侧脉 20~25 对，斜升，两面突起，网脉不显；叶柄长 2~6 厘米，上面具槽，基部膨大。圆锥花序长 20~35 厘米，多花密集，被灰黄色微柔毛，分枝开展，最基部分枝长 6~15 厘米；苞片披针形，长约 1.5 毫米，被微柔毛；花小，杂性，黄色或淡黄色；花梗长 1.5~3 毫米，具节；萼片卵状披针形，长 2.5~3 毫米，宽约 1.5 毫米，渐尖，外面被微柔毛，边缘具细睫毛；花瓣长圆形或长圆状披针形，长 3.5~4 毫米，宽约 1.5 毫米，无毛，里面具 3~5 条棕褐色突起的脉纹，开花时外卷；花盘膨大，肉质，5 浅裂；雄蕊仅 1 个发育，长约 2.5 毫米；花药卵圆形；不育雄蕊 3~4，具极短的花丝和疣状花药原基或缺；子房斜卵形，径约 1.5 毫米，无毛；花柱近顶生，长约 2.5 毫米。核果大，形状大小多样因品种不同而异，成熟时黄色；中果皮肉质，肥厚，鲜黄色，味甜；果核坚硬。

分布 印度、孟加拉国、泰国、缅甸、越南、老挝、柬埔寨、马来西亚有分布。我国产于云南、广西、广东、福建、台湾、海南。目前三沙永兴岛、赵述岛、晋卿岛、美济礁、甘泉岛、渚碧礁有栽培，不常见，生长于绿化带、房前屋后。

价值 热带水果之一。果肉可制罐头、果酱、果干、酿酒。果皮入药，为峻下、利尿剂；果核入药，具有疏风止咳的功效。叶和树皮可作黄色染料。木材可做舟车或家具。为热带良好的庭园和行道树种。

五加科 Araliaceae | 鹅掌柴属 *Schefflera* J. R. Forst. & G. Forst.

鹅掌藤 *Schefflera arboricola* (Hayata) Merr.

别名 七加皮、七叶莲、七叶藤、汉桃叶、狗脚蹄

形态特征 藤状灌木，高可达 3 米。小枝有不规则纵皱纹，无毛。掌状复叶，小叶 5~10；叶柄纤细，长 12~18 厘米，无毛；托叶和叶柄基部合生成鞘状，宿存或与叶柄一起脱落；小叶片革质，倒卵状长圆形或长圆形，长 6~10 厘米，宽 1.5~3.5 厘米，先端急尖或钝形，稀短渐尖，基部渐狭或钝形，上面深绿色，有光泽，下面灰绿色，两面均无毛，全缘；中脉仅在下面隆起，侧脉 4~6 对；小叶柄有狭沟，长 1.5~3 厘米，无毛。圆锥花序顶生，主轴和分枝幼时密生星状绒毛；伞形花序十几个至几十个总状排列在分枝上，有花 3~10 朵；苞片阔卵形，长 0.5~1.5 厘米，外面密生星状绒毛，早落；总花梗短，长不及 5 毫米；花梗长 1.5~2.5 毫米，均疏生星状绒毛；花白色，长约 3 毫米；萼长约 1 毫米，全缘，无毛；花瓣 5~6，有 3 脉，无毛；雄蕊和花瓣同数而等长；子房无花柱，柱头 5~6；花盘略隆起，五角形。果实卵形，有 5 棱。

分布 原产世界热带、亚热带。我国台湾、广东、广西、海南有分布。目前三沙永兴岛、赵述岛、晋卿岛、鸭公岛、银屿、美济礁、渚碧礁、永暑礁有栽培，常见，生长于房前屋后花坛。

价值 园林园艺植物之一，作观赏盆栽、绿篱灌丛、花坛装饰。全草入药，具有祛湿消肿的功效，用于风湿骨痛、水肿、泻痢、感冒风热、跌打内伤、消肿疮、止脚烂；皮入药，具有祛除风湿、活络筋骨、发汗解表的功效，用于风湿关节痛、骨折、跌打损伤、斑痧毒、感冒、发热、咽喉肿痛等症状；叶入药，具有止血、止痛、消肿的功效，用于骨折、跌打损伤、消炎消肿等。

五加科 Araliaceae | 鹅掌柴属 *Schefflera* J. R. Forst. & G. Forst.

鹅掌柴 *Schefflera heptaphylla* (L.) Frodin

别名 鸭掌木、鹅掌木

形态特征 乔木或灌木，高可达 15 米。小枝粗壮，干时有皱纹，幼时密生星状短柔毛。掌状复叶，小叶 6~11；叶柄长 15~30 厘米，疏生星状短柔毛或无毛；小叶片纸质至革质，椭圆形、长圆状椭圆形或倒卵状椭圆形，长 9~17 厘米，宽 3~5 厘米，幼时密生星状短柔毛，先端急尖或短渐尖，稀圆形，基部渐狭，楔形或钝形，全缘，但在幼树时常有锯齿或羽状分裂，侧脉 7~10 对，下面微隆起，网脉不明显；小叶柄长 1.5~5 厘米。圆锥花序顶生，长 20~30 厘米；分枝斜生，具伞形花序几个至十几个，间或有单生花 1~2；伞形花序有花 10~15 朵；总花梗纤细，长 1~2 厘米，有星状短柔毛；花梗长 4~5 毫米，有星状短柔毛；小苞片小，宿存；花白色；萼长约 2.5 毫米，幼时有星状短柔毛，后变无毛，边缘近全缘或有 5~6 小齿；花瓣 5~6，开花时反曲，无毛；雄蕊 5~6，比花瓣略长；花柱合生成粗短的柱状，柱头头状；花盘平坦。果实球形，黑色，直径约 5 毫米，有不明显的棱；宿存花柱粗短。

分布 日本、越南、泰国、印度有分布。我国产于广东、广西、海南、西藏、云南、浙江、福建、台湾。目前三沙永兴岛、美济礁有栽培，少见，生长于庭园、房前屋后。

价值 园林绿化植物；蜜源植物。叶、根皮入药，民间用于流感、跌打损伤等。

五加科 Araliaceae | 鹅掌柴属 *Schefflera* J. R. Forst. & G. Forst.

辐叶鹅掌柴 *Schefflera actinophylla* (Endl.) Harms

别名 大叶鹅掌柴、八叶木、八方来财树、小叶手树、澳洲鹅掌柴

形态特征 与鹅掌柴的区别：常绿乔木，高达 12 米，或更高。掌状复叶互生，小叶长椭圆形，全缘。总状花序；花小，红色。核果近球形，熟后紫红色。

分布 原产大洋洲。我国广东、广西、海南、云南有栽培。目前三沙永兴岛、渚碧礁有栽培，少见，生长于庭园。

价值 园林绿化和蜜源植物之一，盆栽用于室内装饰或庭园种植。

五加科 Araliaceae | 幌伞枫属 *Heteropanax* Seem.

幌伞枫 ***Heteropanax fragrans*** **(Roxb.) Seem.**

别名 罗伞枫、大蛇药、五加通

形态特征 常绿乔木，高可达 30 米。树皮淡灰棕色；枝无刺；胸径可达 70 厘米。叶大，3~5 回羽状复叶；叶柄长 15~30 厘米；托叶小，与叶柄基部合生；小叶片在羽片轴上对生，纸质，椭圆形，长 5.5~13 厘米，宽 3.5~6 厘米，先端短尖，基部楔形，两面均无毛，边缘全缘；侧脉 6~10 对；小叶柄无至 1 厘米长，顶生小叶柄有时更长。圆锥花序顶生，长 30~40 厘米，主轴及分枝密生锈色星状绒毛，后毛脱落；伞形花序头状，有花多数；总花梗长 1~1.5 厘米；苞片小，卵形，宿存；花梗长 1~2 毫米；花淡黄白色，芳香；萼有绒毛，长约 2 毫米，边缘有 5 个三角形小齿；花瓣 5，卵形；雄蕊 5，花丝长约 3 毫米；花柱 2，离生，开展。果实卵球形，略侧扁，长 7 毫米，熟后黑色，花柱宿存。

分布 印度、不丹、孟加拉国、缅甸和印度尼西亚有分布。我国广东、广西、海南、云南有栽培。目前三沙永兴岛有栽培，少见，生长于室内花盆。

价值 根和树皮入药，具有清热解毒、活血消肿、止痛的功效，用于感冒、中暑头痛；外用治痈疖肿毒、淋巴结炎、骨折、烧伤、烫伤、扭挫伤、蛇咬伤。园林绿化树种，可植于庭园、路旁、绿化带，也可盆栽装饰室内。

伞形科 Apiaceae | 芹属 *Apium* L.

旱芹 *Apium graveolens* L.

别名 西芹、芹菜、白芹、洋芹菜、美国芹菜

形态特征 二年生或多年生草本，高可达150厘米。有强烈的香气。茎直立，光滑，有少数分枝，并有棱角和直槽。根生叶有柄，柄长2~26厘米，基部略扩大成膜质叶鞘；叶片轮廓为长圆形至倒卵形，长7~18厘米，宽3.5~8厘米，通常3裂达中部或3全裂，裂片近菱形，边缘有圆锯齿或锯齿；叶脉两面隆起；较上部的茎生叶有短柄，叶片轮廓为阔三角形，通常分裂为3小叶，小叶倒卵形，中部以上边缘疏生钝锯齿以至缺刻。复伞形花序顶生或与叶对生，花序梗长短不一，有时缺少，通常无总苞片和小总苞片；伞辐细弱，长3~16厘米；小伞形花序有花7~29；花瓣白色或黄绿色，圆卵形，长约1毫米；花丝与花瓣等长或稍长于花瓣；花药卵圆形。分生果圆形或长椭圆形，长约1.5毫米，宽1.5~2毫米，果棱尖锐。

分布 欧洲、亚洲、非洲及美洲有分布。我国南北各省均有栽培。目前三沙永兴岛、赵述岛、晋卿岛、北岛、美济礁、渚碧礁有栽培，常见，生长于菜地。

价值 常见蔬菜之一。果可提取芳香油，作调和香精。全草入药，具有平肝、清热、祛风、利水、止血、解毒的功效，用于肝阳眩晕、风热头痛、咳嗽、黄疸、小便淋痛、尿血、崩漏、带下、疮疡肿毒。

伞形科 Apiaceae | 积雪草属 *Centella* L.

积雪草 *Centella asiatica* (L.) Urban

别名 崩大碗、铜钱草、马蹄草、钱齿草、雷公根

形态特征 多年生草本。茎匍匐，细长，节上生根。叶片膜质至草质，圆形、肾形或马蹄形，长 1~2.8 厘米，宽 1.5~5 厘米，边缘有钝锯齿，基部阔心形，两面无毛或在背面脉上疏生柔毛；掌状脉 5~7，两面隆起，脉上部分叉；叶柄长 1.5~27 厘米，基部叶鞘透明，膜质。伞形花序梗 2~4 个，聚生于叶腋，长 0.2~1.5 厘米；苞片通常 2，很少 3，卵形，膜质；每一伞形花序有花 3~4 朵，聚集成头状，花柄无或具短柄；花小；花瓣卵形，紫红色或乳白色，膜质；花丝短于花瓣，与花柱等长。果实两侧扁压，圆球形，基部心形至平截形，长 2~3 毫米，宽 2~4 毫米，每侧有纵棱数条，棱间有明显的网状小横脉，表面有毛或平滑。

分布 印度、斯里兰卡、马来西亚、印度尼西亚、大洋洲群岛、日本、澳大利亚及中非、南非有分布。我国产于陕西、江苏、安徽、浙江、江西、湖南、湖北、福建、台湾、广东、广西、四川、云南、海南等省份。目前三沙永兴岛、赵述岛、石岛、晋卿岛、西沙洲、北岛、银屿、美济礁、渚碧礁、永暑礁有分布，常见，生长于草坡、绿化带草地、菜地周围。

价值 全草入药，具有清热利湿、消肿解毒的功效，用于湿热黄疸、中暑腹泻、砂淋、血淋吐血、咳血、目赤、喉肿、风疹、疥癣、痈肿疮毒、跌扑损伤。嫩茎叶可以作蔬菜。

伞形科 Apiaceae | 芫荽属 *Coriandrum* L.

芫荽 *Coriandrum sativum* L.

别名 香菜、胡荽、香荽、原荽、园荽、延荽

形态特征 一年生或两年生草本。有强烈的气味；高可达 100 厘米。茎圆柱形，直立，多分枝，有条纹，通常光滑。根生叶有柄，柄长 2~8 厘米；叶片 1 或 2 回羽状全裂，羽片广卵形或扇形半裂，长 1~2 厘米，宽 1~1.5 厘米，边缘有钝锯齿、缺刻或深裂；上部的茎生叶 3 回以至多回羽状分裂，末回裂片狭线形，顶端钝，全缘。伞形花序顶生或与叶对生，花序梗长 2~8 厘米；伞梗 3~7，长 1~2.5 厘米；小总苞片 2~5，线形，全缘；小伞形花序有孕花 3~9 朵；花白色或带淡紫色；花瓣倒卵形，长 1~1.2 毫米，宽约 1 毫米；花丝长 1~2 毫米；花药卵形；花柱幼时直立，果熟时向外反曲。果实圆球形，背面主棱及相邻的次棱明显。

分布 原产地中海沿岸。我国各地均有栽培。目前三沙永兴岛、赵述岛、晋卿岛、北岛、东岛、银屿、甘泉岛、石岛、美济礁、渚碧礁、永暑礁有栽培，常见，生长于菜地、花盆。

价值 常用调味蔬菜之一。全草、成熟果实入药，具有发表透疹、健胃的功效，全草用于麻疹不透、感冒无汗；果实用于消化不良、食欲不振。

伞形科 Apiaceae | 胡萝卜属 *Daucus* L.

胡萝卜 *Daucus carota* L. var. *sativa* Hoffm.

别名 赛人参、红芦菔、丁香萝卜、红萝卜、黄萝卜、番萝卜、小人参

形态特征 二年生草本，高可达 120 厘米。茎单生；全体有白色粗硬毛。基生叶薄膜质，长圆形，2~3 回羽状全裂，末回裂片线形或披针形，长 2~15 毫米，宽 0.5~4 毫米，顶端尖锐，有小尖头，光滑或有糙硬毛；叶柄长 3~12 厘米；茎生叶近无柄，有叶鞘，末回裂片小或细长。复伞形花序，花序梗长 10~55 厘米，有糙硬毛；总苞有多数苞片，呈叶状，羽状分裂，少有不裂的，裂片线形，长 3~30 毫米；伞梗多数，长 2~7.5 厘米，结果时外缘的伞梗向内弯曲；小总苞片 5~7，线形，不分裂或 2~3 裂，边缘膜质，具纤毛；花通常白色，有时带淡红色；花柄不等长，长 3~10 毫米。果实圆卵形，长 3~4 毫米，宽 2 毫米，具棱，棱上有白色刺毛。

分布 原产地中海沿岸。我国各地均有栽培。目前三沙赵述岛、美济礁有栽培，常见，生长于菜地。

价值 重要蔬菜之一。

山榄科 Sapotaceae | 铁线子属 *Manilkara* Adans.

人心果 *Manilkara zapota* (L.) van Royen

别名 吴凤柿、赤铁果、奇果

形态特征 乔木，高可达20米。小枝茶褐色，具明显的叶痕。叶互生，密聚于枝顶，革质，长圆形或卵状椭圆形，长6~19厘米，宽2.5~4厘米，先端急尖或钝，基部楔形，全缘或稀微波状，两面无毛，具光泽；叶柄长1.5~3厘米。花1~2朵生于枝顶叶腋，长约1厘米；花梗长2~2.5厘米，密被黄褐色或锈色绒毛；花萼外轮3裂片长圆状卵形，内轮3裂片卵形；花冠白色，花冠裂片卵形，先端具不规则的细齿，背部两侧具2枚等大的花瓣状附属物；可育雄蕊着生于冠管的喉部；花丝丝状，长约1毫米，基部加粗；花药长卵形；退化雄蕊花瓣状；子房圆锥形；花柱圆柱形，基部略加粗。浆果纺锤形、卵形或球形，长4厘米以上，褐色；果肉黄褐色。种子多数，扁。

分布 原产美洲热带地区。我国广东、广西、云南、海南有栽培。目前三沙赵述岛、美济礁、渚碧礁有栽培，少见，生长于绿化带。

价值 热带水果之一。可作为行道树、绿化树种。树干的乳汁为口香糖原料；种子可榨油。树皮入药，可用于热症。

山榄科 Sapotaceae | 香榄属 *Mimusops* L.

香榄 *Mimusops elengi* L.

别名 伊朗紫硬胶、牛乳树、猴喜果

形态特征 乔木，高可达 20 米。有乳汁。单叶互生，螺旋状排列；叶革质有光泽；全缘；羽状脉；托叶早落。花两性，单生或聚生于花序上，末端花序聚伞形；花序腋生；苞片小而对称，轮状排列；具花萼和副萼；具 4 基毛；花冠白色；合瓣花，花瓣冠 8 深裂，裂片明显长于管状部分，覆瓦状排列；雄蕊 16，2 轮，可育雄蕊 8，退化雄蕊 8，贴生于花冠管上；子房圆柱状至球状，密被绒毛；柱头平截。果实为肉质、不开裂的浆果，黄色或红褐色。种子 1 粒，褐色。

分布 原产美洲。我国台湾、广东、福建、广西、云南、海南有引种栽培。目前三沙永兴岛有栽培，不常见，生长于绿化带。

价值 园林树种之一，种植于绿化带、道路两旁、庭园。木材可用于房屋、地板或各种器具材料；树干乳汁可提取硬胶和制漆；花可提取芳香油作香料。果可食用，可用于缓解慢性痢疾；种子可以榨油。树皮可用于发热、疥癣和湿疹；叶片可用于气喘、头晕、扁桃腺炎和咽炎。

紫金牛科 Myrsinaceae | 蜡烛果属 *Aegiceras* Gaertn.

蜡烛果 *Aegiceras corniculatum* (L.) Blanco

别名 水蓤、桐花树、黑脚梗、红蒴、浪柴、黑榄、黑枝

形态特征 灌木或小乔木，高 1.5~4 米。小枝无毛，褐黑色。叶互生，枝条顶端近对生；叶片革质，无毛，倒卵形、椭圆形或广倒卵形，顶端圆形或微凹，基部楔形，长 3~10 厘米，宽 2~5 厘米，全缘，边缘常反卷，两面密布小窝点；叶腹叶脉平整，叶背中脉隆起，侧脉微隆起，密被微柔毛，侧脉 7~11 对；叶柄长约 7 毫米。10 余朵花聚集成伞形花序，顶生；无花序梗；花梗长约 1 厘米，具腺点；花萼基部连合，长约 5 毫米，无毛，萼片斜菱形，不对称，顶端广圆形，基部增厚，全缘，紧包花冠；花冠白色，钟形，长约 9 毫米，管长 3~4 毫米，里面被长柔毛，裂片卵形，顶端渐尖，基部不对称，长约 5 毫米，花时反折，花后全部脱落，子房为花萼紧包，露圆锥形花柱；雄蕊较花冠略短；花丝基部连合成管，与花冠管近等长，合生部分被长柔毛，分离部分无毛；雌蕊与花冠近等长；子房卵形，与花柱无明显的界线，连成一圆锥体。蒴果圆柱形，弯曲如新月形，顶端渐尖，长约 7 厘米，直径约 5 毫米；宿存萼紧包基部。

分布 印度、越南、缅甸、泰国、柬埔寨、老挝、菲律宾、澳大利亚有分布。我国产于广西、广东、福建、海南。目前三沙美济礁有栽培，很少见，生长于人工育苗苗圃。

价值 本种为红树林树种之一，可用于南海岛防护林建设。树皮含鞣质，可用于提取栲胶原料；木材是较好的薪炭材料。

马钱科 Loganiaceae | 翅子草属 *Spigelia* L.

石竹参 *Spigelia anthelmia* L.

别名 翅子草、驱虫草、西印度粉

形态特征 一年生草本，高可达 60 厘米。茎直立，不分枝或疏生分枝，无毛；节间长 4~35 厘米。叶对生，叶片纸质，先端渐尖，无毛或被微柔毛，无柄；下部叶片为条状披针形，长 0.5~4 厘米，宽 0.2~0.5 厘米，通常具 2~3 对侧脉；上部叶片交互对生，长卵形、卵状披针形或披针形，长 3~7 厘米，宽 0.5~2.5 厘米，通常具 4~6 对或 7 对侧脉；托叶宽三角形，膜质，长约 2.2 毫米，宽 2~3 毫米。花序顶生，通常由 10~20 朵花组成蝎尾状聚伞花序，长 2~8 厘米；花无梗，小苞片线状披针形，长约 1.7 毫米；花萼裂片 5，线状披针形，长 2~4 毫米，边缘略有小乳突；花冠淡粉色，钟状，长 5~11 毫米；花瓣 5，卵圆形，顶端较尖，并带有 2 条紫色的线条；雄蕊包含 5 条花丝，长约 3.7 毫米；子房球状；花柱长约 5.7 毫米，与花冠等长或略微凸出。成熟后的果实为心形，长 3~5 毫米，宽 4~6 毫米，2 浅裂，表面有粗糙的突起；花柱宿存，长约 2 毫米。种子多数，斜椭圆形或肾形，有不规则突起，疣状，长约 2 毫米，宽约 1.4 毫米，深褐色至黑色。

分布 原产美洲，现广泛分布于亚洲、非洲、拉丁美洲热带地区。我国产于海南。目前三沙产于美济礁、渚碧礁、永暑礁，常见，生长于空旷沙地、草坡。

价值 全草入药，具有驱虫的功效，用于祛除绦虫、灭鼠。注：本种已成为世界性杂草，南海岛礁要注意防控；误食该植物可导致视力模糊，瞳孔扩大，头晕，眼睛和面部肌肉痉挛，抽搐，同样对家畜也有毒性，用时需慎重。

夹竹桃科 Apocynaceae | 鸡蛋花属 *Plumeria* L.

鸡蛋花 *Plumeria rubra* L. cv. *Acutifolia*

别名 缅栀子、蛋黄花、印度素馨、大季花、鸭脚木

形态特征 小乔木，高可达 8 米。胸径可达 20 厘米；枝条粗壮，带肉质，绿色，无毛，具乳汁。叶厚纸质，长圆状倒披针形或长椭圆形，长 20~40 厘米，宽 7~11 厘米，顶端短渐尖，基部狭楔形，叶面深绿色，叶背浅绿色，两面无毛；中脉在叶面凹入，在叶背略突起，侧脉两面扁平，每边 30~40 条，未达叶缘网结成边脉；叶柄长 4~8 厘米，上面基部具腺体，无毛。聚伞花序顶生，长 16~25 厘米，宽约 15 厘米，无毛；总花梗三歧，肉质，绿色；花梗长 2~3 厘米，淡红色；花萼裂片小，卵圆形，顶端圆，不张开;花冠筒圆筒形，长约 1 厘米，直径约 4 毫米，外面无毛，内面密被柔毛;花冠外面白色，内面黄色，直径 4~5 厘米，裂片阔倒卵形，顶端圆，基部向左覆盖，长 3~4 厘米，宽约 2.2 厘米；雄蕊着生在花冠筒基部，花丝极短；花柱短，柱头长圆形，中间缢缩，顶端 2 裂。蓇葖双生，广歧，圆筒形，向端部渐尖，长约 11 厘米，直径约 1.5 厘米，绿色，无毛。种子斜长圆形，扁平，长 2 厘米，宽 1 厘米，顶端具膜质的翅，翅长约 2 厘米。

分布 原产墨西哥，亚洲热带、亚热带广植。我国广东、广西、海南、云南、福建有栽培。目前三沙永兴岛、赵述岛、北岛、西沙洲、晋卿岛、甘泉岛、石岛、银屿、鸭公岛、渚碧礁、永暑礁、美济礁有栽培，常见，生长于绿化带、庭园。

价值 观花、观叶、观树园林树种之一。花朵或茎皮入药，具有清热解暑、利湿、止咳、预防中暑的功效，用于腹泻、细菌性痢疾、消化不良、小儿疳积、传染性肝炎、支气管炎；花在广东地区作凉茶原料。抗逆性强，在南海岛礁常见作为绿化美化植物。

夹竹桃科 Apocynaceae | 鸡蛋花属 *Plumeria* L.

红鸡蛋花 *Plumeria rubra* L.

别名 红花鸡蛋花

形态特征 小乔木，高约5米。枝条粗壮，带肉质，无毛，具丰富乳汁。叶厚纸质，长圆状倒披针形，顶端急尖，基部狭楔形，长14~30厘米，宽6~8厘米；叶面深绿色，中脉凹陷，侧脉扁平，叶背浅绿色，中脉稍突起，侧脉扁平，侧脉每边30~40条，近水平横出，未达叶缘网结；叶柄长4~7厘米，被短柔毛。聚伞花序顶生，长22~32厘米，直径10~15厘米；总花梗三歧，长13~28厘米，肉质，被短柔毛，老时逐渐脱落；花梗长约2厘米；花萼裂片小，阔卵形，顶端圆，不张开；花冠深红色；花冠裂片狭倒卵圆形或椭圆形，长3~5厘米，宽约1.6厘米；花冠筒圆筒形，长约1.6厘米，直径约3毫米；雄蕊着生在花冠筒基部，花丝短。蓇葖双生，广歧，长圆形，顶端急尖，长约20厘米，淡绿色。种子长圆形，扁平，长约1.5厘米，宽约8毫米，浅棕色，顶端具长圆形的膜质翅，翅的边缘具不规则的凹缺，翅长约2.5厘米，宽约8毫米。

分布 原产于南美洲，亚洲热带、亚热带地区广植。我国广东、广西、海南、云南有栽培。目前三沙永兴岛、赵述岛、甘泉岛、北岛、西沙洲、晋卿岛、甘泉岛、石岛、银屿、鸭公岛、美济礁、渚碧礁、永暑礁有栽培，常见，生长于绿化带、庭园。

价值 观花、观叶、观树园林树种之一。花入药，具有清热解暑、利湿、润肺止咳的功效，用于肺热咳喘、肝炎、消化不良、咳嗽痰喘、小儿疳积、痢疾、感冒发热、肺虚咳嗽、贫血、预防中暑；树皮入药，用于痢疾、感冒高热、哮喘。花提取香精，作为高级化妆品、香皂和食品添加剂。木材白色，质轻而软，可制乐器、餐具、家具。

夹竹桃科 Apocynaceae | 黄蝉属 *Allamanda* L.

软枝黄蝉 *Allemanda cathartica* L.

别名 黄莺、小黄蝉、男人花、重瓣黄蝉、泻黄蝉、软枝花蝉

形态特征 藤状灌木，长可达 4 米。枝条软弯垂，具白色乳汁。叶纸质，通常 3~4 枚轮生，全缘，倒卵形或倒卵状披针形，先端短尖，基部楔形，无毛或仅在叶背脉上有疏微毛，长 6~12 厘米，宽 2~4 厘米；叶脉两面扁平，侧脉每边 6~12 条；叶柄扁平，长 2~8 毫米，基部和叶腋间均具腺体。聚伞花序顶生；花具短花梗；花萼裂片披针形，长 1~1.5 厘米；花冠橙黄色，长 7~11 厘米，直径 9~11 厘米，内面具红褐色的脉纹，花冠下部长圆筒状，长 3~4 厘米，直径 2~4 毫米，基部不膨大，花冠筒喉部具白色斑点，向上扩大成冠檐，直径 5~7 厘米，花冠裂片卵圆形或长圆状卵形，广展，长和宽均约 2 厘米，顶端圆形；雄蕊 5，着生在花冠筒喉部，花丝短，基部被柔毛，花药卵圆形；花盘肉质全缘，环绕子房基部；子房全缘；花柱丝状，柱头顶端钝，基部环状。蒴果球形，直径约 3 厘米，具长达 1 厘米的刺。种子长约 2 厘米，扁平，边缘具膜质翅。

分布 原产巴西，世界热带地区广泛栽培。我国华南及福建、台湾有栽培。目前三沙永兴岛、赵述岛、甘泉岛、北岛、西沙洲、甘泉岛、晋卿岛、石岛、银屿、鸭公岛、美济礁、渚碧礁、永暑礁有栽培，常见，生长于绿化带、花坛。

价值 道路、庭园观赏植物。提取物具有一定的杀虫活性，可用于农业生产和园林绿化中防治害虫。注：植株乳汁、树皮和种子有毒，人畜误食会引起腹痛、腹泻，用时需慎重。

夹竹桃科 Apocynaceae | 黄蝉属 *Allamanda* L.

小叶软枝黄蝉 *Allemanda cathartica* L. cv. *Nanus*

形态特征 藤状灌木。枝条稍硬，弯垂，灰白色或褐色，具白色乳汁。叶纸质，常3枚或4枚轮生，全缘，长圆形或长圆状披针形，先端短尖，基部楔形，无毛，较软枝黄蝉小；叶脉两面扁平；叶柄短，扁平。聚伞花序顶生；花具短花梗；花萼裂片5，披针形；花冠橙黄色，内面具红褐色的脉纹，花冠下部长圆筒状，基部不膨大，花冠裂片5，卵圆形或长圆状卵形，长和宽近相等，顶端圆，花较软枝黄蝉小。

分布 原产巴西，世界热带地区广泛栽培。我国广东、广西、海南、福建、台湾有引种栽培。目前三沙永兴岛、赵述岛、美济礁有栽培，不常见，生长于绿化带、花坛。

价值 道路、庭园观赏植物之一。注：植株乳汁、树皮和种子有毒，人畜误食会引起腹痛、腹泻，用时需慎重。

夹竹桃科 Apocynaceae | 鸡骨常山属 *Alstonia* L.

糖胶树 *Alstonia scholaris* (L.) R. Br.

别名 灯架树、灯台树、盆架子、鹰爪木、九度叶、英台木、面架木、面条树、黑板树、乳木、魔神树

形态特征 乔木，高可达 20 米。茎秆直径可达约 60 厘米；枝轮生，具乳汁，无毛。叶 3~8 枚轮生，倒卵状长圆形、倒披针形或匙形，稀椭圆形或长圆形，长 7~28 厘米，宽 2~11 厘米，无毛，顶端圆形，钝或微凹，稀急尖或渐尖，基部楔形；侧脉每边 25~50 条，密生而平行，近水平横出至叶缘联结；叶柄长 1~2.5 厘米。数朵白色花组成稠密的聚伞花序，顶生，被柔毛；总花梗长 4~7 厘米；花梗长约 1 毫米；花冠高脚碟状，花冠筒长 6~10 毫米，内面被柔毛，裂片长圆形或卵状长圆形，长 2~4 毫米，宽 2~3 毫米；雄蕊短，长约 1 毫米，着生于花冠筒膨大处；子房密被柔毛，花柱丝状，长约 4.5 毫米，柱头棍棒状，顶端 2 深裂；花盘环状。蓇葖 2，线形，长 20~57 厘米，外果皮近革质，灰白色，直径 2~5 毫米。种子长圆形，红棕色，两端被红棕色长缘毛。

分布 南亚至东南亚及澳大利亚亚热带地区有分布。我国广东、广西、海南、云南、湖南、福建、台湾有栽培。目前三沙永兴岛、赵述岛有栽培，常见，生长于路边、绿化带。

价值 作为行道树、绿化树树种；培育盆景材料。本种根、树皮、叶入药，具有镇咳、消炎退热、止血生肌的功效，用于疟疾、气管炎、百日咳、哮喘、外伤出血、疮节等；可配制杀虫剂。木材可作箱盒及室内装修材料。乳汁丰富，干后变胶，味甜而香，为制作口香糖原料。

夹竹桃科 Apocynaceae | 夹竹桃属 *Nerium* L.

欧洲夹竹桃 *Nerium oleander* L.

别名 粉红夹竹桃、粉花夹竹桃、夹竹桃、柳叶桃树、洋桃、叫出冬、柳叶树、洋桃梅、枸那

形态特征 灌木，高可达5米。嫩枝条具棱，被微毛，老时毛脱落；老枝条灰绿色，含水液。叶3~4枚轮生，窄披针形，顶端急尖，基部楔形，长11~15厘米，宽2~2.5厘米，叶面深绿，无毛，叶背浅绿色，有多数洼点；中脉在叶面陷入，在叶背突起，侧脉两面扁平，密生而平行，每边达120条，直达叶缘；叶柄扁平，基部稍宽，具腺体。花芳香，数朵形成聚伞花序，顶生；总花梗长约3厘米，被微毛；花梗长7~10毫米；苞片披针形，长7毫米，宽1.5毫米；花萼5深裂，红色，披针形，长3~4毫米，宽1.5~2毫米，外面无毛，内面基部具腺体；花冠单瓣5裂，漏斗状，长和直径约3厘米，裂片倒卵形，顶端圆形，向右覆盖，长1.5厘米，宽1厘米，颜色有深红色、粉红色；花冠筒圆筒形，上部扩大呈钟形，长1.5~2厘米，内面被长柔毛，花冠喉部具5片宽鳞片状副花冠，每片顶端撕裂，伸出花冠喉部；雄蕊着生于花冠筒中上部；花丝短，被长柔毛；花药箭头状，附着于柱头，基部耳状；无花盘；花柱丝状，柱头近圆球形，顶端突尖。蓇葖2，离生，平行或并联，圆柱形，长10~23厘米，径6~10毫米，绿色，无毛，具细纵条纹。种子多数，长圆形，种皮被锈色短柔毛，顶端有黄褐色绢质种毛；种毛长约1厘米。

分布 原产地中海沿岸，世界热带、亚热带地区广泛栽培。我国长江以南各省可露天栽培，长江以北盆栽，室内越冬。目前三沙永兴岛、赵述岛、甘泉岛、北岛、西沙洲、晋卿岛、石岛、银屿、鸭公岛、美济礁、渚碧礁、永暑礁有栽培，常见，生长于绿化带、花坛。

价值 常作观赏花卉。具有抗烟雾、抗灰尘、抗毒物能力，可作为净化空气、保护环境的树种。叶、皮入药，具有强心利尿、祛痰杀虫的功效，用于心力衰竭、癫痫；外用于甲沟炎、斑秃、杀蝇。注：全株有毒，毒性极强，人、畜误食能致死，用时需慎重。

夹竹桃科 Apocynaceae | 黄花夹竹桃属 *Thevetia* L.

黄花夹竹桃 *Thevetia peruviana* (Pers.) K. Schum.

别名 酒杯花、柳木子、黄花状元竹

形态特征 小乔木，高可达 6 米。全株无毛。树皮棕褐色，皮孔明显多。枝多，柔软，小枝下垂。全株具丰富乳汁。叶互生，近革质，无柄，线形或线状披针形，先端长尖，长 10~15 厘米，宽 5~12 毫米，光亮，全缘，边稍背卷；中脉在叶面下陷，在叶背突起，侧脉两面不明显。花大，黄色，具香味；聚伞花序，顶生，长 5~9 厘米；花梗长 2~4 厘米；花萼绿色，5 裂，裂片三角形，向左覆盖；花冠漏斗状，花冠筒喉部具 5 个被毛的鳞片；雄蕊着生于花冠筒的喉部，花丝丝状；子房无毛，2 裂，柱头圆形，端部 2 裂。核果扁三角状球形，直径 2.5~4 厘米，绿色，有光泽，干后黑色。种子 2~4 粒。

分布 原产美洲热带地区，现世界热带、亚热带地区均有栽培。我国广东、广西、海南、台湾、福建、云南等省份有栽培。目前三沙永兴岛有栽培，少见，生长于庭园。

价值 作为绿化植物、行道树、绿篱的优良树种。抗空气污染的能力较强，是工矿区美化、绿化的优良树种。果仁可用于强心、消肿、利尿、祛痰、发汗、催吐等，研究表明对于各种心脏病引起的心力衰竭、阵发性室上性心动过速、阵发性心房纤颤治疗效果显著。叶片可杀灭蛆、蝇、孑孓等害虫。种子可榨油，供制肥皂、点灯、杀虫剂和鞣料；油粕可作肥料；种子坚硬，长圆形，可作镶嵌物。注：全株有毒，误食可致命，用时需慎重。

夹竹桃科 Apocynaceae | 倒吊笔属 *Wrightia* R. Br.

倒吊笔 *Wrightia pubescens* R. Br.

别名 广东倒吊笔、常子、九浓木、枝桐木、猪松木、屐木、神仙蜡烛、刀柄、苦常、细姑木、马凌、乳酱树、苦杨

形态特征 乔木，高可达 20 米。胸径可达 60 厘米，含乳汁。树皮黄灰褐色，浅裂。枝圆柱状，小枝被黄色柔毛，老时毛渐脱落，密生皮孔。叶对生，坚纸质，每小枝有叶片 3~6 对，长圆状披针形、卵圆形或卵状长圆形，顶端短渐尖，基部急尖至钝，长 5~10 厘米，宽 3~6 厘米，叶面深绿色，被微柔毛，叶背浅绿色，密被柔毛；叶脉在叶面扁平，在叶背突起，侧脉每边 8~15 条；叶柄长 0.4~1 厘米。聚伞花序长约 5 厘米；总花梗长 0.5~1.5 厘米；花梗长约 1 厘米；萼片阔卵形或卵形，顶端钝，被微柔毛，内面基部有腺体；花冠漏斗状，白色、浅黄色或粉红色；花冠筒长 5 毫米，裂片长圆形，顶端钝，长约 1.5 厘米，宽 7 毫米；副花冠分裂为 10 鳞片，呈流苏状，其中，5 枚生于花冠裂片上，与裂片对生，顶端通常有 3 个小齿，其余 5 枚生于花冠筒顶端与花冠裂片互生，顶端 2 深裂；雄蕊伸出花喉之外，花药箭头状，被短柔毛；子房无毛，花柱丝状，向上逐渐增大，柱头卵形。蓇葖 2 个黏生，线状披针形，灰褐色，长 15~30 厘米，直径 1~2 厘米。种子线状纺锤形，黄褐色，顶端具淡黄色绢质种毛；种毛长 2~3.5 厘米。

分布 印度、泰国、越南、柬埔寨、马来西亚、印度尼西亚、菲律宾和澳大利亚有分布。我国产于广东、广西、海南、贵州和云南等省份。目前三沙永兴岛、美济礁有栽培，少见，生长于绿化带。

价值 庭园、公园栽培观赏树种之一。木材可作轻巧的上等家具、铅笔杆、雕刻图章、乐器用材。树皮纤维可制人造棉及造纸。根入药，具有祛风利湿、化痰散结的功效，用于颈淋巴结结核、风湿关节炎、腰腿痛、慢性支气管炎、黄疸型肝炎、肝硬化腹水、白带；叶入药，具有祛风解表的功效，用于感冒发热。注：全株有毒，用时需慎重。

夹竹桃科 Apocynaceae | 海杧果属 *Cerbera* L.

海杧果 *Cerbera manghas* L.

别名 海檬果、海芒果、黄金茄、牛金茄、牛心荔、黄金调、山杭果、香军树、山样子、猴欢喜

形态特征 乔木，高可达 8 米。胸径 6~20 厘米；树皮灰褐色；枝条粗厚，绿色，具不明显皮孔，无毛；全株具丰富乳汁。叶厚纸质，倒卵状长圆形或倒卵状披针形，稀长圆形，顶端钝或短渐尖，基部楔形，长 6~37 厘米，宽 2.3~7.8 厘米，无毛，叶面深绿色，叶背浅绿色；中脉和侧脉在叶面扁平，在叶背突起，侧脉在叶缘前网结；叶柄长 2.5~5 厘米，浅绿色，无毛。花白色，直径约 5 厘米，芳香，数朵集成顶生的聚伞花序；总花梗和花梗绿色，无毛，具不明显的斑点；总花梗长 5~21 厘米；花梗长 1~2 厘米；花萼裂片长圆形或倒卵状长圆形，不等大，顶端短渐尖或钝，长约 1.5 厘米，宽约 5 毫米，向下反卷，黄绿色，两面无毛；花冠筒圆筒形，上部膨大，下部缩小，长 2.5~4 厘米，外面黄绿色，无毛，内面被长柔毛，喉部染红色，具 5 枚被柔毛的鳞片；花冠裂片白色，背面左边染淡红色，倒卵状镰刀形，顶端具短尖头，长 1.5~2.5 厘米，两面无毛，水平张开；雄蕊着生在花冠筒喉部，花丝短，黄色，花药卵圆形；无花盘；子房无毛；花柱丝状，长 2.3~2.8 厘米，无毛，柱头球形，顶端浑圆而 2 裂。核果双生或单个，阔卵形或球形，长 5~7.5 厘米，直径 4~5.5 厘米，顶端钝或急尖；外果皮纤维质或木质，未成熟绿色，成熟时橙黄色、红色。种子通常 1 粒。

分布 亚洲及澳大利亚热带地区有分布。我国产于华南及台湾。目前三沙美济礁、永暑礁、渚碧礁有栽培，少见，生长于花坛。

价值 作为公园、庭园、道路绿化观赏植物。是一种较好的防潮树种。树皮、叶、乳汁入药，具有催吐、下泻、堕胎的功效，但用量需慎重，多服能致死。注：果皮含海杧果碱、毒性苦味素、氰酸等，毒性强烈，人、畜误食能致死，用时需谨慎。

夹竹桃科 Apocynaceae | 长春花属 *Catharanthus* G. Don

长春花 *Catharanthus roseus* (L.) G. Don

别名 雁来红、日日草、日日新、三万花

形态特征 半灌木，高可达 60 厘米。全株无毛或仅有微毛。茎略有分枝；茎近方形，有条纹，灰绿色；节间长 1~4 厘米。叶膜质，倒卵状长圆形，长 3~4 厘米，宽 1.5~2.5 厘米，先端浑圆，有短尖头，基部广楔形至楔形，渐狭而成叶柄；叶脉在叶面扁平，在叶背略隆起，侧脉约 8 对。聚伞花序腋生或顶生，有花 2~3 朵；花萼 5 深裂，萼片披针形或钻状渐尖，长约 3 毫米；花冠红色、白色、黄色，高脚碟状，花冠筒圆筒状，长约 2.5 厘米，内面具疏柔毛，喉部紧缩，具刚毛；花冠裂片宽倒卵形，长、宽约 1.5 厘米；雄蕊着生于花冠筒的上半部；花盘为 2 片舌状腺体组成；花柱丝状，柱头头状。蓇葖双生，直立，平行或略叉开，长约 2.5 厘米，直径 3 毫米；外果皮厚纸质，有条纹，被柔毛。种子黑色，长圆状圆筒形，两端截形，具有颗粒状小瘤。

分布 原产非洲东部，现广泛种植于世界热带、亚热带地区。我国华南、西南及华东都有栽培，而黄色长春花只产于我国海南省黄流镇。目前三沙永兴岛、赵述岛、甘泉岛、北岛、西沙洲、晋卿岛、石岛、银屿、鸭公岛、美济礁、渚碧礁、永暑礁有栽培，很常见，为红、白色植株，生长于绿化带、花坛、庭园。

价值 是道路、花坛、庭园美化的观花植物。长春花碱有镇静安神、平肝降压的功效；用于白血病、淋巴肿瘤、肺癌、绒毛膜上皮癌、子宫癌、高血压等，是一种防治癌症的天然良药。抗逆性强，在我国南海岛礁广泛种植，是主要的热带岛礁美化花卉之一。

茜草科 Rubiaceae | 墨苜蓿属 *Richardia* L.

墨苜蓿 *Richardia scabra* L.

形态特征 匍匐草本，长可至80余厘米或更长。茎近圆柱形，被硬毛，节上无不定根，疏分枝。叶厚纸质，卵形、椭圆形或披针形，长1~5厘米或过之，顶端通常短尖，钝头，基部渐狭，两面粗糙，边上有缘毛；叶柄长5~10毫米；托叶鞘状，顶部截平，边缘有数条长2~5毫米的刚毛。头状花序有花数朵，顶生，总梗短；总梗顶端有1或2对叶状总苞；总苞片阔卵形；花基数5或6；萼长2.5~3.5毫米，萼管顶部缢缩，萼裂片披针形或狭披针形，长约为萼管的2倍，被缘毛；花冠白色，漏斗状或高脚碟状，管长2~8毫米，里面基部有1环白色长毛，裂片6，盛开时星状展开；雄蕊6，伸出或不伸出；柱头头状，3裂。分果瓣3~6，长2~3.5毫米，长圆形至倒卵形，背部密覆小乳突和糙伏毛，腹面有1条狭沟槽，基部微凹。

分布 原产美洲热带。我国广东、海南有分布，逸为野生。目前三沙产于永兴岛、赵述岛、晋卿岛、石岛、甘泉岛、美济礁、渚碧礁、永暑礁，常见，生长于空旷沙地、绿化带、菜地。

价值 为耕地和旷野杂草。根入药，可催吐。

茜草科 Rubiaceae | 丰花草属 *Spermacoce* L.

光叶丰花草 *Spermacoce remota* Lamarck

形态特征 多年生草本或亚灌木，高可达 60 厘米。茎单生，直立，很少分枝；四棱柱形，具沟槽，脊上无毛或被短毛。叶对生，纸质，狭椭圆形至披针形，长 1~5 厘米，宽 4~16 毫米，被柔毛或无毛，顶端渐尖，基部尖或楔形；侧脉 2~3 对；叶柄无或具短柄，近无毛，长约 3 毫米；托叶合生成鞘，鞘长 1~3 毫米，顶端具 5~7 条长 0.5~2 毫米的刺毛。多数花密集成球状聚伞花序，着生于顶端和上部叶腋，径 5~12 毫米；无总梗；苞片线形，多数，长 0.5~1 毫米；花萼被柔毛或无毛，4 裂，裂片狭三角形或线形，长 0.8~1 毫米；花托倒卵形，长约 0.5 毫米；花冠白色，漏斗状，外面无毛或裂片被柔毛，4 裂，裂片三角形，长 1~1.5 毫米；冠管长 0.5~1.5 毫米，喉部被毛。蒴果椭圆形，长约 2 毫米，径约 1 毫米，被毛，成熟时从顶部开裂至基部，隔膜脱落。种子褐黄色，椭圆形，长 1.5~1.8 毫米，径约 1 毫米，两端钝，腹面具不规则的沟槽。

分布 印度、印度尼西亚、新加坡、斯里兰卡、泰国、越南、澳大利亚、毛里求斯、墨西哥及太平洋群岛、南美洲各国有分布。我国产于广东、台湾、海南。目前三沙产于永兴岛、赵述岛、晋卿岛、石岛、银屿、金银岛、东岛、西沙洲、北岛、甘泉岛、美济礁、渚碧礁、永暑礁，常见，生长于空旷沙地、绿化带、草坡。

价值 不详。

茜草科 Rubiaceae | 丰花草属 *Spermacoce* L.

糙叶丰花草 *Spermacoce hispida* L.

别名 铺地毡草、鸭舌癀

形态特征 草本或亚灌木。枝四棱柱形，棱上具粗毛；节间延长。叶革质，长圆形、倒卵形或匙形，长1~3厘米，宽5~15毫米，顶端短尖，钝或圆形，基部楔形而下延，边缘粗糙或具缘毛，干时常背卷；侧脉每边约3条，不明显；叶柄长1~4毫米，扁平；托叶膜质，被粗毛，顶部有数条长于鞘的刺毛。花4~6朵聚生于托叶鞘内，无总梗；小苞片线形，透明，长于花萼；萼管圆筒形，长约2.5毫米，被粗毛，萼檐4裂，裂片线状披针形，长1~1.5毫米，外弯，顶端急尖；花冠淡红色或白色，漏斗形，管长约4毫米，里外均无毛，顶部4裂，裂片长圆形，长约1.5毫米，背面近顶部处被极稀疏的粗毛，顶端钝；花丝长约1毫米；花药长圆形，长约0.7毫米。蒴果椭圆形，长约4毫米，直径约2毫米，被粗毛，成熟时从顶部纵裂。种子近椭圆形，两端钝，长约2毫米，干后黑暗褐色，无光泽，表面有小颗粒。

分布 印度尼西亚、马来西亚、菲律宾、印度、越南、斯里兰卡、澳大利亚等地有分布。我国产于广东、广西、海南、福建、台湾等省份。目前三沙产于永兴岛、赵述岛、晋卿岛、美济礁，常见，生长于空旷沙地。

价值 可作热带果园绿覆盖；岛礁生态建设的地被植物之一。

茜草科 Rubiaceae | 丰花草属 *Spermacoce* L.

阔叶丰花草 *Spermacoce alata* Aublet

形态特征 披散草本。茎和枝均为明显的四棱柱形，被毛，棱上具狭翅。叶椭圆形或卵状长圆形，长度变化大，长2~8厘米，宽1~4厘米，顶端锐尖或钝，基部阔楔形而下延，边缘波浪形，叶面平滑；侧脉每边5~6条，略明显；叶柄长4~10毫米，扁平；托叶膜质，被粗毛，顶部有数条长于鞘的刺毛。花数朵丛生于托叶鞘内，无总梗；小苞片略长于花萼；萼管圆筒形，长约1毫米，被粗毛，萼檐4裂，裂片长2毫米；花冠漏斗形，浅紫色，少有白色，长3~6毫米，里面被疏散柔毛，基部具1毛环，顶部4裂，裂片外面被毛或无毛；花柱长5~7毫米，柱头2。蒴果椭圆形，长约3毫米，直径约2毫米，被毛，成熟时从顶部纵裂至基部。种子近椭圆形，两端钝，长约2毫米，直径约1毫米，干后浅褐色或暗褐色，无光泽，表面有小颗粒。

分布 原产南美洲，印度尼西亚有分布。我国产于广东、广西、海南、香港、台湾、福建、浙江。目前三沙产于永兴岛、赵述岛，不常见，生长于潮湿草坡、菜地。

价值 可作饲料。注：本种已成为入侵有害杂草，注意防控。

茜草科 Rubiaceae | 盖裂果属 *Mitracarpus* Zucc. ex J. A. Schultes & J. H. Schultes

盖裂果 *Mitracarpus hirtus* (L.) Candolle

形态特征 草本，高可达 80 厘米。茎下部近圆柱形，上部微具棱；具分枝；被疏粗毛。叶无柄，长圆形或披针形，长 3~4.5 厘米，宽约 1 厘米，顶端短尖，基部渐狭，上面粗糙或被极疏短毛，下面被毛稍密和略长，边缘粗糙；叶脉纤细而不明显；托叶鞘顶端具长短不一的刚毛。花细小，数朵簇生于叶腋内；无总梗；小苞片线形，与萼近等长；萼管近球形，萼檐顶部 4~5 裂，通常 2 枚裂片略长，具缘毛；花冠漏斗形，长约 2 毫米，管内和喉部均无毛，裂片 4，裂片三角形；雄蕊 4；花盘肉质；花柱 2 裂，裂片线形。果双生，近球形，直径约 1 毫米，表皮粗糙或被疏短毛，成熟时在中部或中部以下盖裂。种子深褐色，近长圆形。

分布 印度及南美洲、东非和西非热带国家有分布。我国产于海南。目前三沙产于永兴岛、赵述岛、晋卿岛、美济礁，不常见，生长于空旷沙地、草坡。

价值 不详。

茜草科 Rubiaceae | 长隔木属 *Hamelia* Jacq.

长隔木 *Hamelia patens* Jacq.

别名 希茉莉、希美丽、醉娇花

形态特征 灌木，高可达 4 米。幼嫩部均被灰色短柔毛。叶常 3 枚轮生，椭圆状卵形至长圆形，长 7~20 厘米，顶端短尖或渐尖。聚伞花序，具 3~5 个伞辐；花无梗，沿着伞辐的一侧着生；萼裂片短，三角形；花冠橙红色，冠管狭圆筒状，长约 2 厘米；雄蕊稍伸出。浆果卵圆状，直径 6~7 毫米，暗红色或紫色。

分布 原产拉丁美洲。我国华南、西南有栽培。目前三沙赵述岛、美济礁有栽培，常见，生长于绿化带。

价值 作绿篱、庭园、公园、花坛园林园艺植物之一；亦可盆栽用于室内装饰。

茜草科 Rubiaceae | 巴戟天属 *Morinda* L.

短柄鸡眼藤 *Morinda brevipes* S. Y. Hu

别名 短柄巴戟天、短柄巴戟

形态特征 藤本。嫩枝密被短毛；老枝无毛，棕色，稍木质化，直径约2毫米。叶厚纸质或近革质，倒卵状长圆形、倒卵形、倒披针形，有时披针形，长5~13厘米，宽2~4厘米，顶端渐尖或急尖，基部楔形，边全缘，上面干时草黄色或棕黑色，无毛，下面橄榄绿色、棕黄色或棕红色，无毛；中脉在上面平或稍隆起，无毛，在下面隆起，无毛或有不明显疏短毛；侧脉每边5~7条；叶柄长5~10毫米，上面披短粗毛；托叶筒状，顶端截平或一侧向下斜裂，外面疏被短毛。4~9个头状花序排列成聚伞花序，顶生；花序梗长4~10毫米，被短硬毛，基部常有卵状或钻状总苞片1枚，长约3毫米；头状花序，具花6~16朵；花无梗；花萼下部与邻近花合生，上部环状，顶端截平，无齿；花冠白色，长约5毫米，管部长约2.5毫米，檐部4~5裂，裂片长圆形，顶部具倒钩，内面中部以下至喉部密被髯毛；雄蕊4~5，互生；花丝长约3毫米；花药长圆形；无花柱；柱头直接生于子房顶或具花柱，2裂。聚花核果由多花发育而成，近球形，直径约1厘米，熟时橙黄色或橙红色；核果具分核2~4，分核近三棱形。分核内含种子1粒；种子近三棱形，黑色，无毛。

分布 我国产于海南。目前三沙西沙洲有栽培，极少见，在调查过程中只记录到1株，生长于海边椰子林下。

价值 根入药，具有祛风除湿、补肾止血的功效，用于风湿关节痛、肾虚腰痛、阳痿、胃痛。可代替羊角藤入药。

茜草科 Rubiaceae | 巴戟天属 *Morinda* L.

海滨木巴戟 *Morinda citrifolia* L.

别名 海巴戟、海巴戟天、橘叶巴戟、橄树、诺丽

形态特征 灌木至小乔木，高可达 5 米。茎直；枝近四棱柱形。叶交互对生，长圆形、椭圆形或卵圆形，长 12~25 厘米，先端渐尖或急尖，通常具光泽，无毛，全缘；叶脉两面突起，中脉上面中央具 1 凹槽，侧脉每侧 5~7 条，下面脉腋密被短束毛；叶柄长 5~20 毫米；托叶生于叶柄间，每侧 1 枚，宽，上部扩大呈半圆形，全缘，无毛。头状花序每隔 1 节 1 个，与叶对生，具长 1~1.5 厘米的花序梗；花多数，无梗；萼管多少黏合，萼檐近截平；花冠白色，漏斗形，长约 1.5 厘米，喉部密被长柔毛，顶部 5 裂，裂片卵状披针形，长约 6 毫米；雄蕊 5，少有 4 或 6，着生于花冠喉部；花丝长约 3 毫米；花药线形，长约 3 毫米；花柱约与冠管等长，顶 2 裂，裂片线形，略叉开，子房形状随着生部位不同而各异，通常圆形、长圆形或椭圆形或其他形，横生，下垂或不下垂。果柄长约 2 厘米。聚花核果浆果状，卵形，幼时绿色，熟时白色，径约 2.5 厘米或更大；每核果具分核 2~4，分核倒卵形，稍内弯，坚纸质。每分核具种子 1 粒；种子扁，长圆形，下部有翅。

分布 印度、斯里兰卡、越南、老挝、柬埔寨、缅甸、泰国、印度尼西亚、菲律宾、澳大利亚有分布。我国产于台湾、海南岛。目前三沙产于永兴岛、赵述岛、晋卿岛、石岛、西沙洲、北岛、中沙洲、南岛、银屿、鸭公岛、东岛、金银岛、甘泉岛、美济礁、渚碧礁、永暑礁，很常见，生长于防风林、绿化带、房前屋后。

价值 热带岛礁园林绿化、防护林树种之一。果实可食用，也可作为保健及药用饮料原料，能维护人体细胞组织的正常功能，增强人体免疫力，提高消化道的机能，帮助睡眠及缓解精神压力，减肥和养颜美容。根、茎可提取橙黄色染料。

茜草科 Rubiaceae | 鸡矢藤属 *Paederia* L.

鸡矢藤 *Paederia foetida* L.

别名 毛鸡矢藤、牛皮冻、臭藤、解暑藤、女青

形态特征 藤本，长达 5 米。茎无毛或被毛，成熟变光滑，干后由灰色变棕色。叶片对生或少互生；叶柄 1.5~7 厘米，无毛至密被柔毛或长毛；叶片纸质至近革质，形态大小多样，卵形、卵椭圆形、披针形，顶端急尖或渐尖，基部楔形、近圆、截平、浅心形；两面无毛或近无毛；侧脉 4~6 条；托叶坚硬，三角形至卵形，无毛。花序腋生或顶生，圆锥花序式的聚伞花序，扩展，分枝对生，末次分枝上的花常呈蝎尾状排列；苞片披针形至三角形，长 0.8~3 毫米；花具短梗或无；萼管陀螺形，萼檐 5 裂，裂片三角形，长不足 1 毫米。花冠漏斗状，无裂，淡紫色、淡粉色，漏斗状，管长 7~10 毫米，外面被粉末状柔毛，里面被绒毛，顶部 5 裂，裂片长约 1.5 毫米，顶端急尖而直；花药背着；花丝长短不齐。果球形，成熟时近黄色，有光泽，平滑，直径约 6 毫米，具宿存的萼檐裂片和花盘。小坚果无翅，浅黑色。

分布 越南、老挝、柬埔寨、缅甸、泰国、印度有分布。我国产于长江以南各省。目前三沙产于永兴岛、赵述岛，偶见，生长于林园、花坛。

价值 可作景观花卉。全草入药，具有祛风活血、止痛解毒的功效，用于风湿筋骨痛、跌打损伤、外伤性疼痛、肝胆及胃肠绞痛、黄疸型肝炎、肠炎、痢疾、消化不良、小儿疳积、肺结核咯血、支气管炎、放射反应引起的白细胞减少症、农药中毒；外用于皮炎、湿疹、疮疡肿毒。海南将其做成民间小吃。

茜草科 Rubiaceae | 龙船花属 *Ixora* L.

小叶红色龙船花 *Ixora williamsii* Sandwith

别名 矮仙丹

形态特征 灌木。植株较矮小；分枝多，嫩时扁，老时圆柱形，呈灰色，无毛。叶对生，披针形、长圆状披针形，长 2~7 厘米，宽 0.5~3 厘米，顶端急尖，基部圆形，有时包茎；中脉在上面扁平且略凹入，在下面突起；侧脉每边约 10 条，纤细，明显，近叶缘处彼此联结，背面明显凸出；叶柄极短或无；托叶长 5~7 毫米，基部阔，合生成鞘形，顶端长渐尖。多数花密集成顶生聚伞花序；总花梗短，长 5~15 毫米；具成对苞片和小苞片；具花梗或无；萼管长 1.5~2 毫米，萼檐 4 裂，裂片极短，短尖或钝；花冠高脚碟形，橙红色，顶部 4 裂，裂片宽披针形或菱形，长约 8 毫米，宽约 6 毫米，顶端尖，常上翘；雄蕊 4，花丝极短；花柱短，伸出冠管外，柱头 2，直，基部合生。核果近球形，双生，中间有 1 沟，成熟时红黑色。种子上面凸，下面凹。

分布 我国华南地区广泛栽培。目前三沙永兴岛、赵述岛、晋卿岛、石岛、西沙洲、北岛、银屿、鸭公岛、甘泉岛、美济礁、渚碧礁、永暑礁有栽培，很常见，生长于花坛、绿化带。

价值 作道路、公园、庭园观赏植物。

茜草科 Rubiaceae ｜ 龙船花属 *Ixora* L.

大王龙船花 *Ixora duffii* T. Moor 'Super King'

别名 大王仙丹

形态特征 常绿灌木。株型较高；分枝较少；小枝嫩时扁，被1列褐色短毛，老时圆柱形，无毛。叶对生，长圆状披针形至长圆状倒披针形，长6~15厘米，宽3~6厘米，顶端急尖，基部圆形或楔形；中脉在上面扁平且略凹入，下面突起；侧脉每边7~11条，纤细，明显，近叶缘处彼此联结，背面明显凸出；托叶基部阔，常合生成鞘，顶端针状长尖；叶柄短，约3毫米。花多数排成稠密的聚伞花序，直径可达15厘米，顶生；具成对苞片和小苞片；萼檐裂片4，宿存；花冠高脚碟形，红色，顶部4裂，裂片宽披针形或菱形，长约1厘米，宽约6毫米，先端较尖且向上翘起；雄蕊与花冠裂片同数，生于冠管喉部，花丝短或缺，花药背着；花柱线形，柱头2或3，外弯。核果双生，有2纵槽，革质；小核革质，平凸或腹面下凹。种子与小核同形。

分布 我国华南地区广泛栽培。目前三沙永兴岛、赵述岛、晋卿岛、北岛、银屿、甘泉岛、美济礁、渚碧礁、永暑礁有栽培，很常见，生长于花坛、绿化带。

价值 作道路、公园、庭园观赏植物。

茜草科 Rubiaceae | 龙船花属 *Ixora* L.

宫粉龙船花 *Ixora* × *westii* H. J.Veitch ex T. Moore & Mast.

别名 粉赫里亚

形态特征 常绿灌木。植株较高大；分枝较少；小枝嫩时扁，密被褐色短毛，老时圆柱形，无毛。叶对生，椭圆形或卵形，先端急尖；基部圆形；中脉在上面扁平且略凹入，下面突起；侧脉每边6~8条，纤细，明显，近叶缘处彼此联结，背面不明显凸出；托叶基部阔，常合生成鞘，顶端针状长尖；叶柄稍长，约5毫米；花多数排成稠密的聚伞花序，顶生；萼檐裂片4，少有5，宿存；花冠高脚碟形，桃红色至粉红色，顶部4裂；裂片卵形，先端圆钝；雄蕊4，生于冠管喉部，花丝短或缺；花柱线形，柱头2，短，外弯。核果球形或略压扁，有2纵槽，革质或肉质；小核革质，平凸或腹面下凹。种子与小核同形。

分布 原产马来西亚、印度及中国。我国华南地区广泛栽培。目前三沙永兴岛、赵述岛、晋卿岛、北岛、美济礁、渚碧礁、永暑礁有栽培，很常见，生长于花坛、绿化带。

价值 作道路、公园、庭园观赏植物。

茜草科 Rubiaceae | 龙船花属 *Ixora* L.

黄龙船花 *Ixora coccinea* L. f. *lutea* (Hutch.) F. R. Fosberg & H. H. Sachet

别名 黄仙丹花

形态特征 灌木，高可达2米。小枝圆柱形，老时灰色，无毛。叶对生，有时由于节间极短近呈4枚轮生，披针形、长圆状披针形至长圆状倒披针形，顶端钝或圆形，基部短尖或圆形；中脉在上面扁平且略凹入，在下面突起；侧脉每边7~8条，纤细，明显；叶柄极短或无；托叶基部阔，合生成鞘形，顶端长渐尖，渐尖部分呈锥形，比鞘长。聚伞花序顶生，花多数，具短总花梗；总花梗基部常有小型叶2枚；苞片和小苞片小，生于花托基部的成对；花有花梗或无；萼管长1.5~2毫米，萼檐4裂，裂片极短，短尖或钝；花冠黄色，顶部4裂，裂片倒卵形或近圆形，扩展或外反，长5~7毫米，宽4~5毫米，顶端钝或圆形；花丝极短；花药长圆形；花柱短，不伸出冠管外，柱头2，短，外弯。核果近球形，双生，中间有1沟，成熟时红黑色。种子上面凸，下面凹；种皮膜质。本种相较龙船花，叶脉明显，花色为黄色。

分布 原产斯里兰卡、印度。我国广东、广西、海南广泛栽培。目前三沙永兴岛、赵述岛有栽培，少见，生长于绿化带、花坛。

价值 作道路、公园、庭园观赏植物。全草入药，具有活血祛瘀、凉血止血、平肝潜阳的功效，用于月经不调、痛经、闭经、胃痛、崩漏、跌打损伤、肝阳上亢、头晕目眩、面赤、高血压。

茜草科 Rubiaceae | 耳草属 *Hedyotis* L.

白花蛇舌草 *Hedyotis diffusa* Willd.

别名 蛇总管、蛇舌草、羊须草

形态特征 一年生草本，高可达 50 厘米。茎稍扁，从基部开始分枝。叶对生，无柄，膜质，线形，长 1~3 厘米，宽 1~3 毫米，顶端短尖，边缘干后常背卷，上面光滑，下面有时粗糙；中脉在上面下陷，侧脉不明显；托叶长 1~2 毫米，基部合生，顶部芒尖。花单生或双生于叶腋；花梗略粗壮，长 2~5 毫米，稀无梗或偶有长达 10 毫米的花梗；萼管球形，长 1.5 毫米，萼檐裂片长圆状披针形，长 1.5~2 毫米，顶部渐尖，具缘毛；花冠白色，管形，长 3.5~4 毫米，冠管长 1.5~2 毫米，喉部无毛，花冠裂片 4，卵状长圆形，长约 2 毫米，顶端钝；雄蕊生于冠管喉部；花丝长约 1 毫米；花药凸出，长圆形，与花丝等长或略长；花柱长 2~3 毫米，柱头 2 裂，裂片广展，有乳头状突点。蒴果膜质，扁球形，直径 2~2.5 毫米，宿存萼檐裂片长 1.5~2 毫米；成熟时顶部室背开裂；种子多数，具棱，干后深褐色，有深而粗的窝孔。

分布 尼泊尔、日本及亚洲热带国家有分布。我国产于广东、广西、海南、安徽、云南等省份。目前三沙产于永兴岛、赵述岛，少见，生长于绿化带草地。

价值 全草入药，具有清热解毒、消痈散结、利尿除湿的功效，用于肺热喘咳、咽喉肿痛、肠痈、疖肿疮疡、毒蛇咬伤、热淋涩痛、水肿、痢疾、肠炎、湿热黄疸肿瘤。

茜草科 Rubiaceae ｜ 耳草属 *Hedyotis* L.

伞房花耳草 *Hedyotis corymbosa* (L.) Lam.

别名 水线草

形态特征 一年生草本，高可达40厘米。茎、枝方柱形，无毛或棱上疏被短柔毛，分枝多，直立或蔓生。叶对生，近无柄，膜质，线形，罕有狭披针形，长1~2厘米，宽1~3毫米，顶端短尖，基部楔形，干时边缘背卷，两面略粗糙或上面的中脉上有极稀疏短柔毛；中脉在上面下陷，在下面平坦或微凸；托叶膜质，鞘状，长1~1.5毫米，顶端有数条短刺。伞房花序，腋生，有花2~4朵，稀有单花；具纤细总花梗，长5~10毫米；苞片小，钻形，长约1毫米；花梗纤细，长2~5毫米；萼管球形，被稀疏柔毛，基部稍狭，直径约1毫米，萼檐裂片狭三角形，长约1毫米，具缘毛；花冠白色或粉红色，管形，长2.2~2.5毫米，喉部无毛，花冠裂片4，长圆形，短于冠管；雄蕊生于冠管内，花丝极短，花药内藏，长圆形，两端截平；花柱长约1.3毫米，中部被疏毛，柱头2裂，裂片略阔，粗糙。蒴果膜质，球形，直径约1.5毫米，有不明显纵棱，顶部平，宿存萼檐裂片长约1毫米，成熟时顶部室背开裂。种子多数，有棱，种皮平滑，干后深褐色。

分布 亚洲和非洲热带地区、美洲和太平洋地区广泛分布。我国产于华南、西南及东南各省。目前三沙产于永兴岛、赵述岛、晋卿岛、北岛、银屿、甘泉岛、东岛、羚羊礁、鸭公岛、金银岛、石岛、美济礁、渚碧礁、永暑礁，很常见，生长于花坛、空旷沙地、绿化带草地、草坡。

价值 全草入药，具有清热解毒的功效，用于疟疾、肠痈、肿毒、烫伤。

茜草科 Rubiaceae | 耳草属 *Hedyotis* L.

双花耳草 *Hedyotis biflora* (L.) Lam.

形态特征 一年生草本，高10~50厘米。直立或蔓生，通常多分枝。茎方柱形，稍肉质，后变圆柱形，灰色。叶对生，肉质，干后膜质，长圆形或椭圆状卵形，长1~4厘米，宽3~10毫米，顶端短尖或渐尖，基部楔形或下延；侧脉不明显；叶柄长2~5毫米；托叶膜质，长2毫米，基部合生，顶端芒尖。花3~8，有时排成圆锥花序，近顶生或生于上部叶腋；总花梗长8~18毫米；苞片披针形，长2~3毫米；花梗纤细，长6~10毫米；萼管陀螺形，长1~1.2毫米，萼檐裂片近三角形，长约0.5毫米，顶端短尖；花冠管形，长2.2~2.5毫米，冠管极短，长约1毫米，喉部被疏长毛，花冠裂片4，长圆形，长约1.3毫米，顶端短尖；雄蕊生于冠管内；花丝无；花药内藏，椭圆形；花柱长约1毫米，中部以上被毛，柱头2浅裂。蒴果膜质，陀螺形，直径约2.8毫米，有突起的纵棱，宿存萼檐裂片小而明显，成熟时室背开裂。种子多数，干时黑色，有窝孔。

分布 越南、印度、马来西亚、印度尼西亚至波利尼西亚有分布。我国产于广东、广西、海南、台湾、江苏等省份。目前三沙产于永兴岛，很少见，生长于潮湿绿化带草地。

价值 不详。

茜草科 Rubiaceae | 海岸桐属 *Guettarda* L.

海岸桐 *Guettarda speciosa* L.

别名 榄仁舅

形态特征 常绿小乔木，高可达5米，稀达8米。树皮黑色，光滑；小枝粗壮，交互对生，有明显的皮孔，被脱落的绒毛。叶对生，薄纸质，阔倒卵形或广椭圆形，长11~20厘米，宽8~18厘米，顶端急尖、钝或圆形，基部渐狭，上面无毛或近无毛，下面被疏柔毛；侧脉每边7~11条，疏离，近边缘处与横生小脉联结或彼此相连；叶柄粗厚，长2~5厘米，被毛；托叶生在叶柄间，早落，卵形或披针形，长约8毫米，略被毛。聚伞花序生于已落叶的叶腋内，具短而广展、二叉状的分枝，分枝密被绒毛；总花梗长5~7厘米，近无毛；花无梗或具短梗；花芳香，密集于分枝的一侧；萼管杯形，长2~2.5毫米，萼檐管形，截平；花冠白色，盛开时长约3.8厘米，管狭长，顶端7~8裂，裂片倒卵形，长约1厘米，顶端急尖；花丝极短；花柱纤细，柱头头状。核果幼时被毛，扁球形，直径2~3厘米，有纤维质的中果皮。种子小，弯曲。

分布 热带沿海地区有分布。我国产于海南、台湾。目前三沙产于永兴岛、赵述岛、晋卿岛、北岛、甘泉岛、东岛、金银岛、石岛、南岛、西沙洲、北沙洲，常见，生长于防护林。

价值 可作为南海岛礁绿化、防风固沙树种。木材为优良家具用材。树皮和枝叶入药，用于溃疡、创伤和脓肿。

菊科 Asteraceae | 羽芒菊属 *Tridax* L.

羽芒菊 *Tridax procumbens* L.

别名 兔草

形态特征 多年生草本。茎纤细，平卧，节处常生不定根，长可达1米，略呈四方形，分枝多，被糙毛或脱毛。基部叶略小，花期凋萎；中部叶柄长达1厘米，偶有2~3厘米；叶片披针形或卵状披针形，长4~8厘米，宽2~3厘米，基部渐狭或几近楔形，顶端披针状渐尖，边缘有不规则齿，近基部常浅裂，两面被糙伏毛；基生3出脉，两侧的1对较细弱，有时不明显，中脉中上部间或有1~2对极不明显的侧脉，网脉无或极不明显；上部叶小，卵状披针形至狭披针形，具短柄，基部近楔形，顶端短尖至渐尖，边缘有粗齿或基部近浅裂。头状花序单生于茎、枝顶端；花序梗可长达20厘米，被白色疏毛，花序下方的毛稠密；总苞钟形；总苞片2~3层，外层绿色，叶质，卵形或卵状长圆形，顶端短尖或突尖，背面被密毛；内层苞片长圆形，无毛，干膜质，顶端突尖；最内层苞片线形，鳞片状；花托稍突起，托片顶端芒尖或近突尖；雌花1层，淡黄色，舌状，舌片长圆形，顶端2~3浅裂，被毛；两性花多数，花冠管状，被短柔毛，上部稍大，檐部5浅裂，裂片长圆状或卵状渐尖，边缘有时带波浪状。瘦果陀螺形、倒圆锥形或稀圆柱状，干时黑色，密被疏毛；冠毛上部污白色，下部黄褐色，羽毛状。

分布 原产热带美洲，现广泛分布于热带地区。我国分布于海南、福建、台湾。目前三沙产于永兴岛、赵述岛、甘泉岛、北岛、西沙洲、晋卿岛、石岛、银屿、鸭公岛、羚羊礁、金银岛、东岛、美济礁、渚碧礁、永暑礁，很常见，生长于花坛、空旷沙地、草地、林缘。

价值 嫩茎叶为饲草。抗逆性强，在我国南海各岛礁生长良好，成片生长于空旷、干热沙地，可作为热带岛礁绿化、土壤改良、防风固沙的先锋植物。注：本种入侵性较强，注意防控。

菊科 Asteraceae | 斑鸠菊属 *Vernonia* Schreb.

咸虾花 *Vernonia patula* (Dryand.) Merr.

别名 展叶斑鸠菊、狗仔菜、大叶咸虾花

形态特征 一年生草本，高可达 90 厘米。茎直立，基部茎粗约 4.5 毫米；多分枝，枝圆柱形，开展，具明显条纹，被灰色短柔毛，具腺。基部和下部叶在花期常凋落；中部叶卵形、卵状椭圆形，长 2~9 厘米，宽 1~5 厘米，顶端钝或稍尖，基部宽楔状狭成叶柄，边缘具带小尖头的圆齿状浅齿，波状，或近全缘；侧脉 4~5 对，弧状斜升；叶面绿色，被疏短毛或近无毛，叶背被灰色绢状柔毛，具腺点；叶柄长 1~2 厘米，下部无翅；上部叶向上渐小。头状花序通常 2~3 枚顶生，或排列成宽圆锥状或伞房状，径 8~10 毫米，具花多数；花序梗长 5~25 毫米，密被绢状长柔毛，无苞片；总苞扁球状，基部圆形，多少凹入；总苞片 4~5 层，由内向外渐短；最外层开展，长 3~4 毫米，近刺状渐尖，背面绿色或带紫色，被绢状柔毛，有腺点；中层和内层狭长圆状披针形，绿色，长约 6 毫米，顶端具短刺尖；花托稍突起；花淡红紫色，花冠管状，长 4~5 毫米，向上稍扩大，裂片线状披针形，顶端尖，外面被疏微毛和腺点。瘦果近圆柱状，具 4~5 棱，长 1~1.5 毫米，无毛，具腺点；冠毛白色，糙毛状，长 2~3 毫米，易脱落。

分布 印度、越南、老挝、泰国、缅甸、印度、菲律宾、马来西亚、印度尼西亚、巴布亚新几内亚、马达加斯加有分布。我国产于广东、广西、海南、福建、台湾、贵州、云南等省份。目前三沙产于永兴岛，很少见，生长于绿化带草地。

价值 全草入药，具有清热利湿、散瘀消肿的功效，用于感冒发热、头痛、乳痈、吐泻、痢疾、疮疖、湿疹、瘾疹、跌打损伤。

菊科 Asteraceae | 斑鸠菊属 *Vernonia* Schreb.

夜香牛 *Vernonia cinerea* (L.) Less.

别名 寄色草、假咸虾花、消山虎、伤寒草、染色草、缩盖斑鸿菊、拐棍参

形态特征 一年生或多年生草本，高 20~100 厘米。茎直立，柔弱；少分枝，通常上部分枝，稀基部分枝，具条纹，被灰色贴生短柔毛，具腺点。叶互生，中、下部叶菱状卵形、菱状长圆形或卵形，长 2~7 厘米，宽 1~3 厘米，顶端尖或稍钝，基部楔状狭成具翅的柄，边缘有具小尖的疏锯齿，或波状，侧脉 3~4 对，叶面绿色，被疏短毛，叶背沿脉被灰白色或淡黄色短柔毛，两面均有腺点；叶柄长 1~2 厘米；上部叶渐尖，狭长圆状披针形或线形，具短柄或近无柄。头状花序少至多数，在茎枝端排列成伞房状圆锥花序；花序径 6~8 毫米，具 19~23 朵花；花序梗细，长 5~15 毫米，具线形小苞片或无，被密短柔毛；总苞钟状，总苞片 4 层，绿色或有时变紫色，背面被短柔毛和腺；花托平；花淡红紫色；花冠管状，长 5~6 毫米，被疏短微毛，具腺，上部稍扩大，裂片线状披针形，顶端外面被短微毛及腺。瘦果圆柱形，长约 2 毫米，顶端截形，基部缩小，被密短毛和腺点；冠毛白色，2 层，外层多数而短，内层糙毛状，近等长，长 4~5 毫米。

分布 印度、越南、泰国、缅甸、老挝、柬埔寨、日本、印度尼西亚、澳大利亚及非洲国家有分布。我国分布于浙江、江西、福建、台湾、湖北、湖南、广东、广西、云南、海南、四川等省份。目前三沙产于永兴岛、赵述岛、晋卿岛、西沙洲、北岛、甘泉岛、美济礁、渚碧礁、永暑礁，常见，生长于花坛、草地。

价值 全草入药，具有疏风散热、凉血解毒、消积化滞的功效，用于感冒发热、神经衰弱、失眠、痢疾、跌打扭伤、蛇伤、乳腺炎、疮疖肿毒等症。

菊科 Asteraceae | 紫菀属 *Aster* L.

钻形紫菀 *Aster subulatus* Michx.

别名 土柴胡、剪刀菜、燕尾菜、九龙箭、白菊花、瑞连草

形态特征 一年生草本，高 8~150 厘米。茎直立，单一或多分枝，光滑无毛；茎、分枝具粗棱，无毛；基部有时带紫红色。基生叶在花期凋落；茎生叶多数，叶片线状披针形，长 2~15 厘米，宽 0.5~2.5 厘米，先端锐尖或急尖，基部渐狭，全缘，具疏离的小尖头状齿，两面绿色，光滑无毛；中脉在背面突起，侧脉数对，不明显；上部叶渐小，近线形；叶柄无。多数头状花序在茎、枝顶端排列成疏圆锥花序；花序梗纤细、光滑；苞叶钻形，4~8 枚，长约 3 毫米；总苞钟形，径约 8 毫米；总苞片 3~4 层，绿色或先端带紫色，先端尖，边缘膜质，无毛，外层披针状线形，长约 2.5 毫米，内层线形，长约 6 毫米。雌花为舌状花，舌片颜色多样，有白色、淡红色、红色、紫红色或紫色，先端具 2 浅齿，常卷曲，管部极细，长约 2 毫米；两性花为管状花，黄色，长 3~4 毫米，冠檐狭钟状，先端 5 齿，冠管细，长约 2 毫米。瘦果线状长圆形，长约 2 毫米，稍扁，两面各具 1 肋，疏被白色微毛；冠毛 1 层，细而软，长约 4 毫米。

分布 原产北美。我国浙江、江苏、河南、江西、湖北、湖南、四川、贵州、澳门、福建、广东、海南有分布。目前三沙产于永兴岛、赵述岛、美济礁，少见，生长于绿化草地。

价值 全草入药，具有清热解毒的功效，用于痈肿、湿疹。注：本种被列为 1 级中国外来入侵植物，南海岛礁要注意防控。

菊科 Asteraceae | 银胶菊属 *Parthenium* L.

银胶菊 *Parthenium hysterophorus* L.

别名 银色橡胶菊

形态特征 一年生草本，高可达 1 米。茎直立；基部径约 5 毫米；多分枝；具条纹；被短柔毛；节间长 2.5~5 厘米。叶卵形或椭圆形；茎中下部叶为二回羽状深裂，连叶柄长 10~19 厘米，宽 6~11 厘米，羽片 3~4 对，小羽片卵状或长圆状，常具齿，顶端略钝，上面被基部为疣状的疏糙毛，下面的毛较密而柔软；茎上部叶片无柄，羽裂或有时指状 3 裂，裂片线状长圆形，全缘或具齿。头状花序多数，径 3~4 毫米，在茎枝顶端排成开展的伞房花序，花序柄被粗毛；总苞宽钟形或近半球形，2 层，每层各 5 枚;外层较硬，卵形，长约 2.2 毫米，顶端叶质，钝，背面被短柔毛；内层较薄，几近圆形，长宽近相等，顶端钝，下凹，边缘近膜质，透明，上部被短柔毛；舌状花 5，白色，长约 1.3 毫米，舌片卵形或卵圆形，顶端 2 裂；管状花多数，檐部 4 浅裂，裂片短尖或短渐尖，具乳头状突起；雄蕊 4。瘦果倒卵形，基部渐尖，干时黑色，长约 2.5 毫米，被疏腺点；冠毛 2，鳞片状，长圆形，顶端截平或有时具细齿。

分布 原产北美洲。我国海南、广东、广西、贵州、云南等省份有分布。目前三沙产于羚羊礁，少见，生长于珊瑚碎屑沙地。

价值 本种的橡胶理化性能与巴西胶基本一致，而且对人不产生过敏反应，可以用于生产橡胶、树脂等，树脂可以用来生产木材防腐剂、杀虫剂、注塑剂等，提胶后剩余部分可以用来造纸或制作微粒板，也可用作燃料;亦可绿化热带、亚热带多岩石坡地、岛礁，起到保持水土、防风固沙的作用。注：本种被列为 1 级中国外来入侵植物，岛礁要注意防控。

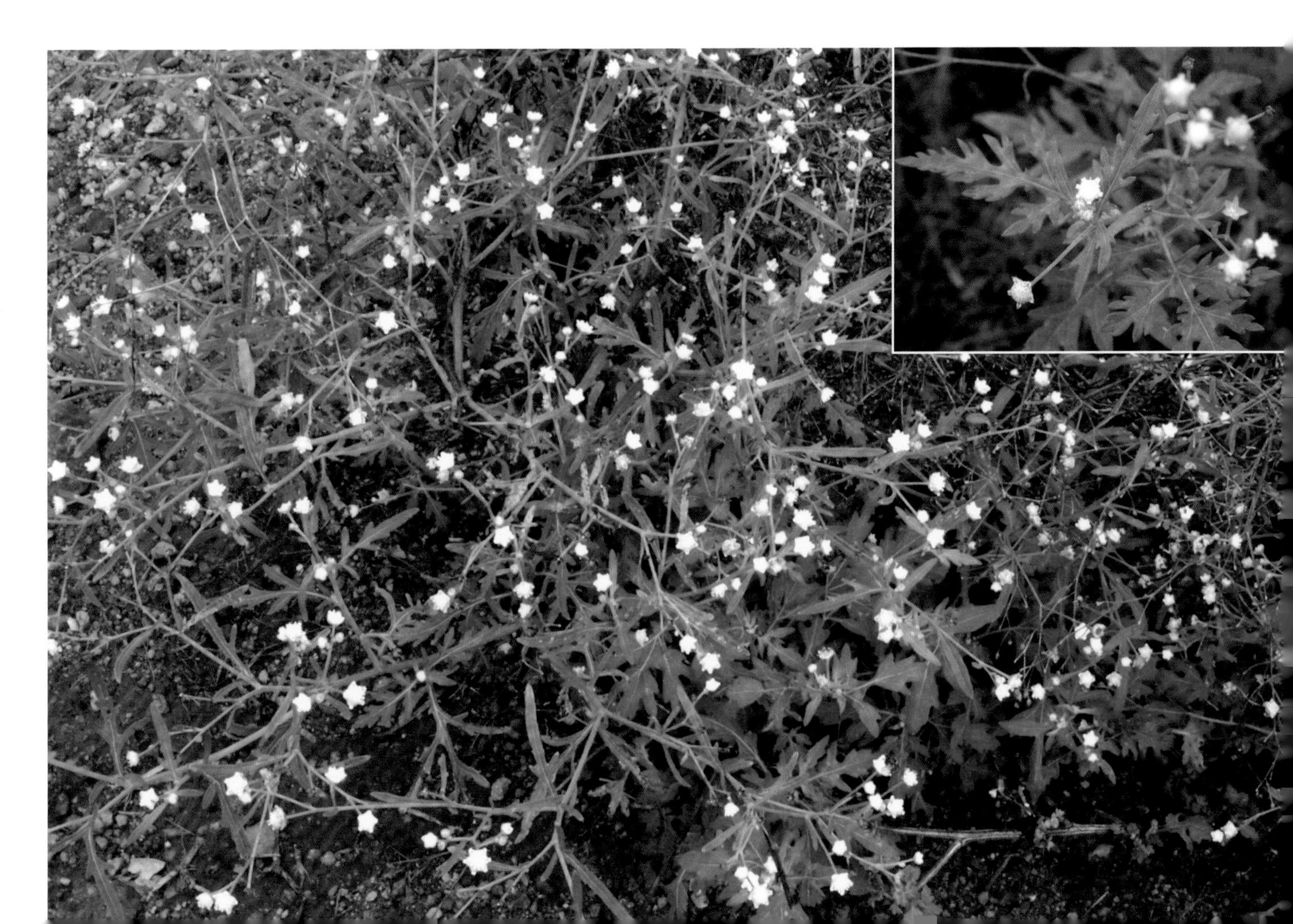

菊科 Asteraceae | 一点红属 *Emilia* (Cass.) Cass.

一点红 *Emilia sonchifolia* (L.) DC.

别名 红背叶、羊蹄草、野木耳菜、花古帽、红头草、叶下红、片红青、红背果、紫背叶

形态特征 一年生草本，高25~40厘米。茎直立或斜升，稍弯，通常自基部分枝，枝条柔弱，紫红色或绿色，光滑无毛或被疏短毛。叶互生，叶质较厚，下部叶密集，大头羽状分裂，长5~10厘米，宽2~7厘米，顶生裂片大，宽卵状三角形，顶端钝或近圆形，边缘具不规则的钝齿，侧生裂片通常1对，长圆形或长圆状披针形，顶端钝或尖，具波状齿，上面深绿色，下面常变紫色，两面被短卷毛；茎中部叶较小，疏生，卵状披针形或长圆状披针形，无柄，基部箭状抱茎，顶端急尖，全缘或有不规则细齿；上部叶少数，线形。头状花序通常2~5个在枝端排列成疏伞房状；花序梗细，长2.5~5厘米，无苞片；总苞圆柱形，长8~14毫米，宽5~8毫米，基部无小苞片；总苞片1层，8~9片，长圆状线形或线形，黄绿色，约与小花等长，顶端渐尖，边缘窄膜质，背面无毛；小花粉红色或紫色，长约9毫米，管部细长，檐部渐扩大。瘦果圆柱形，具5深裂，长3~4毫米，具5棱，肋间被微毛；冠毛丰富，白色，细软。

分布 亚洲、非洲有分布。我国产于长江以南各省。目前三沙产于永兴岛、赵述岛、甘泉岛、北岛、西沙洲、晋卿岛、石岛、美济礁、渚碧礁，常见，生长于花坛、空旷沙地、草地。

价值 全草入药，具有清热解毒、散瘀消肿、凉血、消炎、止痢的功效，用于腮腺炎、乳腺炎、小儿疳积、皮肤湿疹、咽喉痛、口腔破溃、风热咳嗽、泄泻、痢疾、小便淋痛、子痈、乳痈、疖肿疮疡、肺炎、睾丸炎、睑腺炎、中耳炎、痈疖、蜂窝组织炎、泌尿系统感染、急性扁桃体炎等。

菊科 Asteraceae | 飞蓬属 *Erigeron* L.

小蓬草 *Erigeron canadensis* L.

别名 加拿大蓬、飞蓬、小飞蓬、小白酒菊、蒿子草

形态特征 一年生草本，高可达1米以上。茎直立，圆柱状，多少具棱，有条纹，被疏长硬毛；上部多分枝。叶密集；基部叶常在花期枯萎；下部叶倒披针形，长6~10厘米，宽1~1.5厘米，顶端尖或渐尖，基部渐狭成柄，边缘具疏锯齿或全缘中部和上部叶较小，线状披针形或线形，近无柄或无柄，全缘或偶具1~2个齿，两面或仅上面被疏短毛。多数头状花序在顶端排列成大圆锥花序；花序梗细；总苞近圆柱状；总苞片2~3层，淡绿色，线状披针形或线形，顶端渐尖，外层背面被疏毛，内层边缘干膜质，无毛；花托平；头状花序外围花为雌性，多数，舌状，白色或紫色，舌片小，稍超出花盘，线形，顶端具2个钝小齿；内部为两性花，淡黄色，花冠管状，上端4或5齿裂，稀3齿裂，管部上部被疏微毛。瘦果线状披针形，稍扁平，淡褐色，被贴微毛；冠毛刚毛状，污白色，1层。

分布 原产北美洲。我国各省均有逸生。目前三沙产于永兴岛、赵述岛、甘泉岛、北岛、西沙洲、晋卿岛、美济礁、渚碧礁、永暑礁，常见，生长于花坛、空旷沙地、草地。

价值 全草入药，具有消炎止血、祛风湿的功效，用于血尿、水肿、肝炎、胆囊炎、小儿头疮等；北美洲用于痢疾、腹泻、创伤及驱蠕虫。嫩茎、叶可作猪饲料。注：本种被列为1级中国外来入侵植物，入侵能力强，产生化感物质抑制邻近植物生长；是棉铃虫、棉椿象的中间宿主，岛礁要注意防控。

菊科 Asteraceae | 合冠鼠麴草属 *Gamochaeta* Wedd.

匙叶合冠鼠麴草 *Gamochaeta pensylvanica* (Willdenow) Cabrera

别名 匙叶鼠麴草

形态特征 一年生草本。茎直立或斜升，高30~45厘米，基部径3~4毫米，基部斜倾分枝或不分枝，有沟纹，被白色棉毛，节间长2~3厘米。下部叶无柄，倒披针形或匙形，长6~10厘米，宽1~2厘米，基部长渐狭，下延，顶端钝、圆或中脉延伸呈刺尖状，全缘或微波状，上面被疏毛，下面密被灰白色棉毛，侧脉2~3对，细弱；中部叶倒卵状长圆形或匙状长圆形，长2.5~3.5厘米，叶的中上部位开始向下渐狭，下延，顶端钝、圆或中脉延伸呈刺尖状；上部叶小，与中部叶同形。头状花序多数成束簇生，再排列成顶生或腋生的紧密穗状花序；总苞卵形，径约3毫米；总苞片2层，污黄色或麦秆黄色，膜质，外层卵状长圆形，长约3毫米，顶端钝或略尖，背面被绵毛，内层与外层近等长，稍狭，线形，顶端钝、圆，背面疏被绵毛；花托无毛；雌花多数，花冠丝状，长约3毫米，顶端3齿裂；两性花少数，花冠管状，向上渐扩大，檐部5浅裂，裂片三角形或有时顶端近浑圆，无毛；雌花花柱分枝长于两性花花柱分枝。瘦果小，长圆形，有乳头状突起；冠毛绢毛状，污白色，易脱落，长约2.5毫米，基部连合成环。

分布 全球广泛分布。我国产于浙江、福建、江西、湖南、广东、广西、台湾、云南、四川等省份。目前三沙产于晋卿岛，很少见，生长于绿化带草地。

价值 可作猪饲料。可作为民间小吃的原料。

菊科 Asteraceae | 艾纳香属 *Blumea* DC.

柔毛艾纳香 *Blumea mollis* (D. Don) Merr

别名 毛艾纳香、红头小仙

形态特征 一年生草本，高可达 90 厘米。茎直立；分枝或不分枝；具沟纹；被开展的白色长柔毛和具柄腺毛；节间长 3~5 厘米。下部叶具长达 1~2 厘米的柄；叶片倒卵形，长 7~9 厘米，宽 3~4 厘米，基部楔状渐狭，顶端圆钝，边缘有不规则的密细齿，两面被绢状长柔毛，叶背较密，中脉在下面明显突起，侧脉 5~7 对，弧状或斜上升，不抵边缘；中部叶具短柄，倒卵形至倒卵状长圆形，长 3~5 厘米，宽 2.5~3 厘米，基部楔尖，顶端钝或短尖，有时具小尖头；上部叶渐小，近无柄。头状花序多数，通常 3~5 个簇生，密集成聚伞状花序，再排成大圆锥花序；花序柄长达 1 厘米，被密长柔毛；总苞圆柱形；总苞片近 4 层，草质，紫色至淡红色，花后反折，外层线形，顶端渐尖，背面被密柔毛和腺体，中层与外层同形，边缘干膜质，背面被疏毛，内层狭，长于外层 2 倍，顶端锐尖；花托扁平，蜂窝状，无毛；花紫红色或花冠下半部淡白色；雌花多数，花冠细管状，檐部 3 齿裂，裂片无毛；两性花 10 朵左右，花冠管状，向上渐增大，檐部 5 浅裂，裂片近三角形，顶端圆形或短尖，具乳头状突起及短柔毛。瘦果圆柱形，长约 1 毫米，被短柔毛；冠毛白色，糙毛状，易脱落。

分布 东亚、南亚、东南亚、非洲、大洋洲有分布。我国产于广东、广西、海南、云南、贵州、四川、湖南、江西、浙江、台湾。目前三沙产于晋卿岛，很少见，生长于绿化带草地。

价值 全草入药，具有消肿、止咳、解热的功效，用于风热咳喘、咳嗽痰喘、头痛、鼻渊、胸膜炎、乳腺炎；外用于口腔炎。

菊科 Asteraceae | 蟛蜞菊属 *Sphagneticola* O. Hoffm.

南美蟛蜞菊 *Sphagneticola trilobata* (L.) Pruski

别名 穿地龙、地锦花、美洲蟛蜞菊、三裂叶蟛蜞菊

形态特征 多年生草本，长可达2米。茎匍匐，上部茎近直立；节间长5~14厘米；基部各节生出不定根；具分枝；茎光滑无毛或微被柔毛。叶对生，椭圆形、长圆形或线形，长4~9厘米，宽2~5厘米，常3浅裂，稀全缘，边缘具齿，叶面富光泽，两面被贴生的短粗毛，几近无柄。头状花序生于茎、枝顶端叶腋，单生，连柄长3~10厘米；花黄色，小花多数；舌状花呈放射状排列于花序四周，舌片卵状长圆形，顶端2~3深裂；筒状花多数，黄色，紧密生于内部，花冠近钟形，向上扩大，檐部5裂。瘦果倒卵形或楔状长圆形，长约4毫米，宽近3毫米，具3棱，基部尖，顶端宽，截平，被密短柔毛，无冠毛，具冠毛环。

分布 原产南美洲。我国西南、华南各省广泛栽培，有的已逸为野生。目前三沙永兴岛、赵述岛、甘泉岛、北岛、西沙洲、晋卿岛、石岛、银屿、羚羊礁、美济礁、渚碧礁、永暑礁有栽培，有的逸为野生，很常见，生长于花坛、空旷沙地、草地、林缘。

价值 园林地被绿化植物。抗逆性强，在南海各主要岛礁生长良好，群落优势明显，可作为岛礁绿化美化、防风固沙的先锋主要地被植物。注：繁殖能力强，具有强烈化感作用，被列为2级中国外来入侵植物，在生态脆弱的岛礁要利用和防控相结合。

菊科 Asteraceae | 孪花菊属 *Wollastonia* DC. ex Decne.

孪花菊 *Wollastonia biflora* (L.) Candolle

别名 双花蟛蜞菊、孪花蟛蜞菊

形态特征 多年生草本。茎粗壮，攀缘状，基部径约5毫米；分枝；节间长5~14厘米，无毛或被疏贴生的短糙毛。下部叶片卵形至卵状披针形，连叶柄长9~25厘米，宽4~11厘米，基部截形、浑圆或稀有楔尖，顶端渐尖，边缘有规则的锯齿，两面被贴生的短糙毛，近基部有1对侧脉，中脉中上部也常有1~2对侧脉，网脉通常明显；上部叶较小，卵状披针形或披针形，连叶柄长5~7厘米，宽2.5~3.5厘米，基部通常楔尖。头状花序少数，顶生和腋生，有时孪生；花序梗细弱，长2~6厘米，被向上贴生的短粗毛；总苞半球形或近卵状，总苞片2层，背面被贴生的糙毛；外层卵形至卵状长圆形，顶端钝或稍尖，内层卵状披针形，顶端三角状短尖；托片稍折叠，倒披针形或倒卵状长圆形，顶端钝或短尖，全缘，被扩展的短糙毛；舌状花1层，黄色，舌片倒卵状长圆形，长约8毫米，宽约4毫米，顶端2齿裂，被疏柔毛；管状花，黄色，下部骤然收缩呈细管状，檐部5裂，裂片长圆形，顶端钝，被疏短毛。瘦果倒卵形，具3~4棱，基部尖，顶端宽，截平，被密短柔毛；无冠毛和冠毛环。

分布 印度、越南、缅甸、泰国、老挝、柬埔寨、印度尼西亚、马来西亚、菲律宾、日本，大洋洲国家有分布。我国产于华南及云南、江西、湖南、湖北、贵州、台湾等省份。目前三沙产于永兴岛、赵述岛、甘泉岛、北岛、西沙洲、晋卿岛、石岛、渚碧礁、永暑礁，很常见，生长于空旷沙地、林缘。

价值 全草入药，用于治疗风湿关节痛、跌打损伤、疮疡肿毒。抗逆性强，生长快，易连片生长，可作为岛礁绿化、防风固沙植物，但容易形成优势种群，注意防控。

菊科 Asteraceae | 鳢肠属 *Eclipta* L.

鳢肠 *Eclipta prostrata* (L.) L.

别名 凉粉草、乌田草、墨旱莲、旱莲草、野向日葵、墨菜、黑墨草、墨汁草、墨水草、乌心草、墨草

形态特征 一年生草本，高可达60厘米。茎铺散，直立或上升；通常自基部分枝，节着土后易生根，被短糙伏毛。叶长圆状披针形或披针形，边缘有时仅波状或有细锯齿，长3~10厘米，宽0.5~2.5厘米，基部狭楔形，下延成短柄或无柄，先端尖或渐尖，两面被密硬糙毛。头状花序1~3个，直径6~8毫米，顶生或腋生；花序梗细弱，长2~4厘米；总苞球状钟形，长约5毫米，宽约1厘米；总苞片5~6，长圆形或长圆状披针形，2层，草质，绿色，外层长圆状披针形，背面及边缘被白色短伏毛；外围2层为雌花，白色，舌状，先端2浅裂或不分裂；中央花两性，管状，先端4裂；花丝无毛；花柱分枝先端钝，具小疣；花托突起，托片披针形或线形。雌花瘦果三棱形，暗褐色；两性花瘦果扁四棱形，顶端截形，具1~3个细齿，基部稍缩小，边缘具白色的肋，表面有小瘤状突起，无毛。

分布 原产美洲，世界热带、亚热带地区广泛分布。我国各省均有分布。目前三沙产于永兴岛、赵述岛、北岛、晋卿岛、东岛、美济礁、渚碧礁、永暑礁，常见，生长于潮湿沙地、草地。

价值 全草入药，具有收敛、排脓、凉血、止血、消肿、强壮的功效，用于各种吐血、肠出血等症；外用，捣汁涂眉发，能促进毛发生长。鳢肠茎叶各类家畜喜食，常用作猪饲料。

菊科 Asteraceae | 假臭草属 *Praxelis* Cass.

假臭草 *Praxelis clematidea* Cass.

形态特征 一年生或多年生草本，高可达 1 米。茎直立；多分枝；全株被长柔毛。叶对生，卵形至卵状菱形，具腺点，长 2.5~6 厘米，宽 1~4 厘米，顶端锐尖，基部近圆形或楔形，边缘每边有 5~8 粗齿，两面被糙毛，基出 3 脉；叶柄长 0.3~2 厘米。头状花序直径 4~5 厘米，在茎、枝顶端排列成顶生伞房状聚伞花序；总苞钟形；小花 25~30，管状，淡蓝色或蓝紫色；花冠长 3~5 毫米，冠檐 4~5 齿。瘦果长 2~3 毫米，黑色，具白色冠毛。

分布 原产南美洲，现广布于东半球热带地区。我国华南的热带、亚热带地区广泛逸生。目前三沙产于永兴岛、赵述岛、西沙洲、北岛、石岛、广金岛、东岛、甘泉岛、晋卿岛、银屿、渚碧礁、美济礁、永暑礁，常见，生长于空旷沙地、草地、菜地、花坛、林缘。

价值 可作植物源杀菌剂，甲醇提取液不仅能有效抑制橡胶白粉病菌孢子的萌发与生长，而且能提高橡胶树的抗病性。注：目前本种被列为 1 级中国外来入侵植物，已成为华南地区的一种有毒恶性杂草，为了保护我国热带岛礁生态平衡，要注意防控。

菊科 Asteraceae ｜ 黄鹌菜属 *Youngia* Cass.

黄鹌菜 *Youngia japonica* (L.) DC.

别名 黄鸡婆、毛连连、野芥菜、黄花枝香草、野青菜、还阳草

形态特征 一年生草本，高可达1米。茎直立，单生或少数簇生，粗壮或细，下部被稀疏的皱波状长或短柔毛。基生叶倒披针形、椭圆形、长椭圆形或宽线形，长2.5~13厘米，宽1~4.5厘米，提琴状羽裂，极少有不裂的；叶柄长1~7厘米，有翼或无翼，侧裂片3~7对，裂片边缘有锯齿，最上部裂片卵形、倒卵形或卵状披针形，顶端圆形或急尖，边缘有锯齿或几全缘，椭圆形，向下渐小，最下方的侧裂片耳状；无茎生叶或极少有，茎生叶与基生叶同形；全部叶及叶柄被柔毛。头状花序少数或多数在茎枝顶端排成伞房花序，花序梗细。总苞圆柱状，通常长4~5毫米；总苞片4层，外2层极短，宽卵形或宽形，极短小，顶端急尖，外面无毛，内2层长，长3.5~5毫米，宽1~1.3毫米，披针形，顶端急尖，边缘白色宽膜质，内面有贴伏的短糙毛，外面无毛；舌状小花10~20，黄色，花冠管外面有短柔毛。瘦果纺锤形，压扁，褐色或红褐色，长约1.8毫米，向顶端有收缢，顶端无喙，有11~13条粗细不等的纵肋，肋上有小刺毛；冠毛长约3毫米，糙毛状。

分布 日本、泰国、缅甸、越南、柬埔寨、老挝、印度、菲律宾、新加坡、马来西亚、朝鲜有分布。我国产于长江以南各省。目前三沙产于永兴岛、晋卿岛、赵述岛、美济礁，不常见，生长于绿化草地、空旷沙地。

价值 全草入药，具有消肿、止痛、清热解毒、抗菌消炎的功效，用于疮疖、乳腺炎、扁桃体炎、尿路感染、白带、结膜炎、风湿性关节炎、咽喉炎。嫩叶、花序可食用。

菊科 Asteraceae | 飞机草属 *Chromolaena* DC.

飞机草 ***Chromolaena odorata*** **(L.) R. M. King & H. Rob.**

别名 香泽兰、解放草、马鹿草、破坏草、黑头草、大泽兰

形态特征 多年生草本，高可达3米。根茎粗壮，横走；茎直立，苍白色，有细条纹；分枝粗壮，分枝与主茎呈直角射出，常对生，全部茎枝被稠密黄色绒毛或短柔毛，节间长6~14厘米。单叶对生，叶柄长1~2厘米，叶片三角形、卵形或三角状卵形，长4~10厘米，宽1.5~5.5厘米，顶端急尖，基部宽楔形、平截或浅心形，边缘有粗大且钝的锯齿，两面粗涩，被长柔毛及红棕色腺点，下面及沿脉的毛和腺点稠密，基出3脉，侧面纤细，于叶背面稍突起。头状花序多数或少数生于分枝顶端和茎顶端，排成伞房花序或复伞房花序；花粉红色或白色，均为管状花；花序梗粗壮，密被稠密的短柔毛；总苞圆柱状，长约1厘米，紧抱小花；小花约20朵；总苞片3~4层，覆瓦状排列，外层苞片卵形，外面被短柔毛，全部苞片有3条宽中脉，麦秆黄色，无腺点。瘦果黑褐色，长4毫米，5棱，沿棱有稀疏的白色贴紧的顺向短柔毛，无腺点。

分布 原产墨西哥，现广泛逸生于亚洲热带地区。我国华南及台湾、贵州、福建有逸生。目前三沙产于永兴岛、赵述岛、甘泉岛、北岛、西沙洲、晋卿岛、石岛、美济礁、渚碧礁、永暑礁，很常见，生长于空旷沙地、林缘、花坛。

价值 全草入药，具有散瘀消肿、解毒、止血、杀虫、抑菌的功效，用于跌打肿痛、疮疡肿毒、稻田性皮炎、外伤出血、旱蚂蟥咬后流血不止、杀灭钩端螺旋体。

注：该种被列为1级中国外来入侵植物，已成为恶性入侵杂草，能释放出化感物质，抑制邻近本土植物生长，我国南海岛礁要注意防控。

菊科 Asteraceae | 藿香蓟属 *Ageratum* L.

藿香蓟 *Ageratum conyzoides* L.

别名 胜红蓟、臭草、白花草、白毛苦、白花臭草、重阳草、脓泡草、绿升麻、臭炉草、水丁药、一枝香

形态特征 一年生草本，高可达 1 米。茎粗壮，基部径可达 4 毫米；不分枝或自基部或自中部以上分枝，或基部平卧而节常生不定根。全部茎枝淡红色，或上部绿色，被白色尘状短柔毛或上部被稠密开展的长绒毛。叶对生，有时上部互生，常有腋生的不发育的叶芽。中部茎叶卵形或椭圆形或长圆形，长 3~8 厘米，宽 2~5 厘米；自中部叶向上向下及腋生小枝上的叶渐小，卵形或长圆形；全部叶基部钝或宽楔形，顶端急尖，边缘圆锯齿，基出 3 脉或不明显 5 出脉；叶两面被白色稀疏的短柔毛且具黄色腺点，上面沿脉处及叶下面的毛稍多，有时下面近无毛；具 1~3 厘米长的叶柄；上部叶的叶柄、腋生幼枝、腋生枝上的小叶的叶柄通常被白色稠密开展的长柔毛。头状花序 4~18 个在茎顶排成紧密的伞房状花序，少有排成松散伞房花序式的；花梗长 0.5~1.5 厘米，被短柔毛；总苞钟状或半球形。总苞片 2 层，长圆形或披针状长圆形，长 3~4 毫米，外面无毛，边缘撕裂；花冠长 1.5~2.5 毫米，外面无毛或顶端有尘状微柔毛，檐部 5 裂，淡紫色。瘦果黑褐色，5 棱，长约 1.5 毫米，有白色稀疏细柔毛；冠毛膜片 5 或 6，长圆形，顶端急狭或渐狭成长或短芒状，或部分膜片顶端截形而无芒状渐尖。

分布 原产中南美洲，印度、印度尼西亚、老挝、柬埔寨、越南及非洲国家也有分布。我国产于长江以南各省。目前三沙产于永兴岛、赵述岛、甘泉岛、北岛、西沙洲、晋卿岛、美济礁、渚碧礁，常见，生长于空旷沙地、花坛、菜地。

价值 全草入药，具有祛风清热、止痛、止血、排石的功效，用于乳蛾、咽喉痛、泄泻、胃痛、崩漏、肾结石、湿疹、鹅口疮、痈疮肿毒、下肢溃疡、中耳炎、外伤出血。可作景观植物，用于配置花坛和地被，也可用于小庭园、路边、岩石旁点缀。

菊科 Asteraceae ｜ 莴苣属 *Lactuca* L.

生菜 *Lactuca sativa* L. var. *ramosa* Hort.

别名 玻璃菜、鹅仔菜、唛仔菜、莴仔菜、叶用莴苣

形态特征 一年生或二年生草本，高可达1米。茎直立，单生；茎枝白色。基生叶及下部茎叶大，不分裂，倒披针形、椭圆形或椭圆状倒披针形，长6~15厘米，宽1.5~6.5厘米，顶端急尖、短渐尖或圆形，无柄，基部心形或箭头状半抱茎，边缘波状或有细锯齿；向上叶渐小，与基生叶及下部茎叶同形或披针形；花序上的叶极小，卵状心形，无柄，基部心形或箭头状抱茎，边缘全缘，全部叶两面无毛。头状花序多数或极多数，在茎枝顶端排成圆锥花序；总苞卵球形，长1.1厘米，宽6毫米；总苞片5层，顶端急尖，外面无毛，质地薄，覆瓦状排列，最外层宽三角形，长约1毫米，宽约2毫米，外层三角形或披针形，长5~7毫米，宽约2毫米，中层披针形至卵状披针形，长约9毫米，宽2~3毫米，内层线状长椭圆形，长1厘米，宽约2毫米；舌状小花约15朵，黄色；舌片顶端截形，5齿裂；花药基部附属物箭头形；花柱分枝细。瘦果倒披针形，长4毫米，压扁，浅褐色，每面有6~7条细脉纹，顶端急尖成细喙;喙细丝状，与瘦果近等长;冠毛2层，纤细，微糙毛状。

分布 原产地中海沿岸。我国各地广泛栽培。目前三沙永兴岛、赵述岛、石岛、晋卿岛、美济礁、渚碧礁、永暑礁有栽培，常见，生长于菜地、蔬菜大棚。

价值 常用叶菜之一。具有清热提神、镇痛催眠、降低胆固醇、辅助治疗神经衰弱、利尿、促进血液循环、清肝利胆及养胃的功效。

菊科 Asteraceae | 莴苣属 *Lactuca* L.

油麦菜 *Lactuca sativa* L. var. *longifolia* Lam.

别名 莜麦菜、苦菜、油荬、香水生菜

形态特征 一年生或二年生草本，高可达 1 米。茎直立，单生，有乳汁；花序具分枝，全部茎枝无毛。全部茎叶线形或线状长披针形，顶端长渐尖，基部抱茎，具披针形叶耳；基部及下部茎叶较大，全缘至羽状深裂，向上的叶渐小；全部叶两面无毛。头状花序，在茎枝顶端排成伞房花序；总苞果期长卵球形；总苞片 3~5 层，质地薄，覆瓦状排列；花托平，无托毛；舌状花，黄色，舌片顶端截形，5 齿裂。花药基部附属物箭头形；花柱分枝细。瘦果褐色，倒卵形、倒披针形或长椭圆形，压扁，顶端急尖成细喙；冠毛白色，纤细 2 层。

分布 原种产于地中海沿岸。我国各地有引种栽培。目前三沙美济礁有栽培。

价值 常见叶菜作物。具有清肝、利胆、和胃、利尿、镇静安神、降脂的食疗功效。

菊科 Asteraceae | 鬼针草属 *Bidens* L.

鬼针草 *Bidens pilosa* L.

别名 盲肠草、豆渣菜、引线包、一包针、粘连子、粘人草、对叉草、蟹钳草、虾钳草、铁包针、狼把草

形态特征 一年生草本植物，高可达1米。茎直立，钝四棱形，有分枝，无毛或上部被极稀疏的柔毛，基部直径可达6毫米。茎下部叶较小，3裂或不分裂，通常在开花前枯萎；中部叶具长1.5~5厘米的柄，小叶3出，很少为具5~7小叶的羽状复叶，顶生小叶较大，长椭圆形或卵状长圆形，先端渐尖，基部渐狭或近圆形，具长1~2厘米的柄，边缘有锯齿，无毛或被极稀疏的短柔毛，两侧小叶椭圆形或卵状椭圆形，先端锐尖，基部近圆形或阔楔形，有时偏斜，不对称，具短柄，边缘有锯齿；上部叶小，3裂或不分裂，条状披针形。头状花序单生茎、枝端或多数排成不规则的伞房状圆锥花序丛；头状花序直径约8毫米；花序梗长1~10厘米；总苞钟形，基部被短柔毛；苞片2层，7~8枚，条状匙形，上部稍宽；无舌状花。瘦果黑色，条形，略扁，具棱，长7~13毫米，宽约1毫米，上部具稀疏瘤状突起及刚毛，顶端芒刺3~4枚，具倒刺毛。

分布 亚洲、美洲热带、亚热带地区有分布。我国大部分地区有分布。目前三沙产于永兴岛、赵述岛、美济礁，不常见，生长于空旷沙地、林缘、花坛。

价值 全草入药，具有清热解毒、利湿退黄的功效，用于感冒发热、风湿痹痛、湿热黄疸、痈肿疮疖。

菊科 Asteraceae | 鬼针草属 *Bidens* L.

三叶鬼针草 *Bidens pilosa* L. var. *radiata* Sch.-Bip.

别名 金盏银盘、白花鬼针草

形态特征 与原变种的主要区别：头状花序边缘具舌状花 5~7 枚，舌片椭圆状倒卵形，白色，长 5~8 毫米，宽 3.5~5 毫米，先端钝或有缺刻。

分布 亚洲、美洲热带、亚热带地区有分布。我国大部分地区有分布。目前三沙产于永兴岛、赵述岛、甘泉岛、北岛、西沙洲、晋卿岛、石岛、美济礁，很常见，生长于空旷沙地、林缘、花坛。

价值 全草入药，具有清热解毒、利湿退黄的功效，用于感冒发热、风湿痹痛、湿热黄疸、痈肿疮疖。

菊科 Asteraceae | 菊三七属 *Gynura* Cass.

白子菜 *Gynura divaricata* (L.) DC.

别名 白背菜、鸡菜、菊三七、富贵菜、百子菜、白背三七、叉花土三七、大肥牛、明月草、散血姜、土田七、大绿叶、接骨丹、鹿舌菜

形态特征 多年生草本，高可达60厘米。茎直立，或基部多少斜升，木质，无毛或被短柔毛，稍带紫色，干时具条棱。叶质厚，略带肉质，通常集中于下部，叶片卵形、椭圆形或倒披针形，长2~15厘米，宽1.5~5厘米，顶端钝或急尖，基部楔状狭或下延成叶柄，近截形或微心形，边缘具粗齿，有时提琴状裂，稀全缘，侧脉3~5对，细脉常联结成近平行的长圆形细网，干时呈清晰的黑线，两面被短柔毛；上部叶渐小，苞叶状，狭披针形或线形，羽状浅裂，无柄，略抱茎；叶柄长0.5~4厘米，有短柔毛，基部有卵形或半月形具齿的耳。头状花序，通常2~5个，在茎或枝端排成疏伞房状圆锥花序，常呈叉状分枝；花序梗长可达15厘米，被密短柔毛，具1~3枚线形苞片；总苞钟状，基部有数个线状或丝状小苞片；总苞片1层，11~14枚，狭披针形，顶端渐尖，边缘干膜质，背面具3脉，被疏短毛或近无毛；小花橙黄色，有香气，略伸出总苞；花冠管部细，上部扩大，裂片长圆状卵形，顶端红色，尖；花药基部钝或微箭形；花柱分枝细，有锥形附器。瘦果圆柱形，长约5毫米，褐色，具10条肋，被微毛；冠毛白色，绢毛状。

分布 越南有分布。我国产于海南、广东、云南、四川。目前三沙永兴岛、赵述岛、晋卿岛、美济礁、渚碧礁有栽培，常见，生长于菜地。

价值 作为蔬菜食用。全草入药，具有清热凉血、活血止痛、止血的功效，用于咳嗽、疮疡、烫炎伤、跌打损伤、风湿痛、崩漏、外伤出血。

菊科 Asteraceae ｜ 菊三七属 *Gynura* Cass.

红凤菜 *Gynura bicolor* (Willd.) DC.

别名 紫背菜、补血菜、白背三七、金枇杷、玉枇杷、红菜、两色三七草、红番苋、紫背天葵、降压草、血皮菜

形态特征 多年生草本，高可达1米。全株无毛；茎直立，柔软，基部稍木质，干时有条棱。叶具柄或近无柄。叶片倒卵形或倒披针形，稀长圆状披针形，长5~10厘米，宽2.5~4厘米，顶端尖或渐尖，基部渐狭成具翅的柄，或近无柄而多少扩大；不具叶耳；叶边缘有不规则的波状齿或小尖齿，稀近基部羽状浅裂；侧脉7~9对，弧状上弯；叶面绿色，背面干时变紫色，两面无毛；上部和分枝上的叶小，披针形至线状披针形，具短柄或无。头状花序多数，在茎、枝端排列成伞房花序；花序梗细，长3~4厘米，有1~3枚丝状苞片；总苞钟状，长11~15毫米，宽8~10毫米，基部有7~9枚线形小苞片；总苞片1层，约13枚，线状披针形或线形，长11~15毫米，宽1~2毫米，顶端尖或渐尖，边缘干膜质，背面具3条明显的肋，无毛；小花橙黄色至红色，花冠明显伸出总苞，长13~15毫米，管部细，长10~12毫米；裂片卵状三角形；花药基部圆形，或稍尖；花柱分枝钻形，被乳头状毛。瘦果圆柱形，淡褐色，长约4毫米，具10~15肋，无毛；冠毛丰富，白色，绢毛状，易脱落。

分布 泰国、缅甸、印度、尼泊尔、不丹、缅甸、日本有分布。我国产于华南、西南及福建、台湾、浙江等省。目前三沙美济礁、渚碧礁有栽培，常见，生长于菜地。

价值 蔬菜品种之一。全草入药，具有清热凉血、活血、止血、解毒消肿的功效，用于咳血、崩漏、外伤出血、痛经、痢疾、疮疡毒、跌打损伤、溃疡久不收敛。

菊科 Asteraceae | 苦荬菜属 *Ixeris* Cass.

苦荬菜 *Ixeris polycephala* Cass.

别名 多头苦荬菜、多头莴苣、蒲公英、深裂苦荬菜

形态特征 一年生草本，高可达 80 厘米。茎直立，基部直径约 3 毫米；上部伞房花序状分枝，或自基部多少分枝，分枝弯曲斜升；全部茎枝无毛。基生叶线形或线状披针形，包括叶柄长 7~12 厘米，宽 5~8 毫米，顶端急尖，基部渐狭成长或短柄；中下部茎叶与基生叶同形，长 5~15 厘米，宽 1.5~2 厘米，基部箭头状半抱茎；茎生叶向上或最上部的渐小，与中下部茎叶同形，基部收窄，但不呈箭头状半抱茎；全部叶两面无毛，边缘全缘，极少下部边缘有稀疏的小尖头。头状花序多数，在茎枝顶端排成伞房状花序；花序梗细；总苞圆柱状，长约 6 毫米；总苞片 3 层，外层及最外层极小，卵形，顶端急尖，内层卵状披针形，长 7 毫米，宽 2~3 毫米，顶端急尖或钝；舌状花，黄色，稀有白色，10~25 枚。瘦果压扁，褐色，长椭圆形，长 2.5 毫米，宽 0.8 毫米，无毛，有 10 条突起的尖翅肋，顶端急尖成喙；喙细丝状；冠毛白色，纤细，微糙，不等长。

分布 泰国、越南、缅甸、老挝、柬埔寨、尼泊尔、印度、孟加拉国、日本有分布。我国产于陕西、江苏、浙江、福建、安徽、台湾、江西、湖南、广东、广西、贵州、四川、云南、海南。目前三沙产于永兴岛、赵述岛，少见，生长于草地。

价值 嫩茎叶作蔬菜。全草入药，具有清热解毒、去腐化脓、止血生肌的功效，用于疮、无名肿毒、子宫出血等。

菊科 Asteraceae ｜ 小苦荬属 *Ixeridium* (A. Gray) Tzvel.

中华小苦荬 *Ixeridium chinense* (Thunb.) Tzvel.

别名 山鸭舌草、山苦荬、黄鼠草、小苦苣、苦麻子、苦菜、小苦麦菜、苦叶苗、苦麻菜、活血草、陷血丹、小苦荬、苦丁菜、苦碟子、光叶苦荬菜

形态特征 多年生草本，高可达 50 厘米。根状茎极短；茎直立单生或少数茎呈簇生，基部直径约 2 毫米。基生叶大小和形状多变，有长椭圆形、倒披针形、线形或舌形，含叶柄长 2.5~15 厘米，宽 2~5.5 厘米，顶端钝或急尖或向上渐窄，基部渐狭成有翼的柄；叶全缘，或边缘有尖齿或凹齿，或羽状浅裂、半裂或深裂；侧裂片 2~7 对，长三角形、线状三角形或线形，自中部向上或向下的侧裂片渐小，基部的侧裂片常为锯齿状，有时为半圆形；茎生叶通常 2~4 枚，长披针形或长椭圆状披针形，不裂，边缘全缘，顶端渐狭，基部扩大，耳状抱茎；全部叶两面无毛。头状花序通常在茎枝顶端排成伞房花序；总苞圆柱状，长约 8 毫米；总苞片 3~4 层，外层及最外层宽卵形，长约 1.5 毫米，宽约 0.8 毫米，顶端急尖，内层长椭圆状倒披针形，长约 8 毫米，宽约 1.2 毫米，顶端急尖；舌状小花 21~25，黄色，干时带红色。瘦果褐色，长椭圆形，长约 2 毫米，宽约 0.3 毫米，有 10 条突起的钝肋，肋上有小刺毛，顶端急尖成细喙。冠毛白色，微糙，长约 5 毫米。

分布 俄罗斯、蒙古国、日本、朝鲜、越南、老挝、泰国、柬埔寨有分布。我国大部分地区有分布。目前三沙产于永兴岛、赵述岛、美济礁，少见，生长于草地。

价值 全草入药，具有清热解毒、消肿排脓、凉血止血的功效，用于肠痈、肺脓肿、肺热咳嗽、肠炎、痢疾、胆囊炎、盆腔炎、疮疖肿毒、阴囊湿疹、吐血、衄血、血崩、跌打损伤。

菊科 Asteraceae ｜ 菊苣属 *Cichorium* L.

菊苣 *Cichorium intybus* L.

别名 蓝花菊苣、苦苣、苦菜、卡斯尼、皱叶苦苣、明目菜、咖啡萝卜

形态特征 多年生草本，高可达 1 米。茎直立，单生；分枝开展；茎枝绿色，有条棱。叶薄，两面被疏毛；基生叶莲座状，倒披针状长椭圆形，长 15~35 厘米，宽 2~5 厘米，大头状羽状深裂或不分裂而边缘有稀疏的尖锯齿，侧裂片 3~6 对或更多，顶部侧裂片较大，向下侧裂片渐小，全部侧裂片镰刀形或三角形；叶柄具翼；茎生叶少数，较小，卵状倒披针形至披针形，无柄，基部圆形或戟形，扩大半抱茎。头状花序多数，单生或数个集生于茎顶或枝端，或 2~8 个为一组沿花枝排列成穗状花序；总苞圆柱状；总苞片 2 层，外层披针形，上半部绿色，草质，边缘有长缘毛，下半部淡黄白色，革质；内层总苞片线状披针形，下部稍坚硬，上部边缘及背面通常有腺毛和长毛；舌状小花蓝色，长约 15 毫米，有色斑。瘦果倒卵形、椭圆形或倒楔形，外层瘦果压扁，紧贴内层总苞片，具 3~5 棱，顶端截形，向下收窄，褐色，有棕黑色色斑；冠毛极短，2~3 层，膜片状。

分布 欧洲、亚洲及北非广布。我国产于北京、黑龙江、辽宁、山西、陕西、新疆、江西、四川、广东、海南等省份。目前三沙美济礁有栽培，少见，有的栽培于菜地、有的逸生于绿化带林下。

价值 嫩茎叶作为蔬菜。根可制代用咖啡。全草入药，具有清热解毒、利尿消肿、健胃等功效，用于湿热黄疸、肾炎水肿、胃脘胀痛、食欲不振。

菊科 Asteraceae ｜ 野茼蒿属 *Crassocephalum* Moench

野茼蒿 ***Crassocephalum crepidioides* (Benth.) S. Moore**

别名 冬风菜、假茼蒿、草命菜、昭和草、野塘蒿、野地黄菊、安南菜

形态特征 一年生草本，高可达1.2米。茎有纵条棱，无毛。叶膜质，椭圆形或长圆状椭圆形，长7~12厘米，宽约4.5厘米，顶端渐尖，基部楔形，边缘有不规则锯齿或重锯齿，或有时基部羽裂，两面无或近无毛；叶柄长约2.5厘米。头状花序数个在茎端排成伞房花序；总苞钟状，长约1厘米，基部截形，有数枚不等长的线形小苞片；总苞片1层，线状披针形，等长，具狭膜质边缘，顶端有簇状毛；小花全为管状花，两性；花冠红褐色或橙红色，檐部5齿裂；花柱基部呈小球状，分枝，顶端尖，被乳头状毛。瘦果狭圆柱形，赤红色，有肋，被毛；冠毛极多数，白色，绢毛状，易脱落。

分布 东南亚、南亚、大洋洲、非洲、美洲及太平洋岛屿有分布。我国产于华南、西南及江西、福建、湖南、湖北、西藏、台湾。目前三沙产于美济礁，少见，生长于草地。

价值 嫩叶可作蔬菜。全草入药，具有健脾消肿、清热解毒、行气、利尿的功效，用于感冒发热、痢疾、肠炎、尿路感染、乳腺炎、支气管炎、营养不良性水肿等。

菊科 Asteraceae | 阔苞菊属 *Pluchea* Cass.

阔苞菊 *Pluchea indica* (L.) Less.

别名 栾樨、格杂树

形态特征 灌木，高可达 3 米。茎直立；分枝或上部多分枝；有明显细沟纹；幼枝被短柔毛，后脱毛。下部叶无柄或近无柄，倒卵形或阔倒卵形，稀椭圆形，长 5~7 厘米，宽 2~3 厘米，基部渐狭呈楔形，顶端浑圆、钝或短尖，上面稍被粉状短柔毛或脱毛，下面无毛或沿中脉被疏毛，有时仅具泡状小突点，中脉两面明显，下面稍突起，侧脉 6~7 对，网脉稍明显；中部和上部叶无柄，倒卵形或倒卵状长圆形，长 2~5 厘米，宽 1~2 厘米，基部楔尖，顶端钝或浑圆，边缘有较密的细齿或锯齿，两面被卷短柔毛。头状花序多数，在茎枝顶端排列成伞房花序；花序梗细弱，密被卷短柔毛；总苞卵形或钟状，长约 6 毫米；总苞片 5~6 层，外层卵形或阔卵形，长 3~4 毫米，有缘毛，背面通常被短柔毛，内层线形，无毛或有时上半部疏被缘毛，长 4~5 毫米，顶端短尖。雌花多层，花冠丝状，长约 4 毫米，檐部 3~4 齿裂；两性花较少或数朵，花冠管状，长 5~6 毫米，檐部扩大，顶端 5 浅裂，裂片三角状渐尖，背面有泡状或乳头状突起。瘦果圆柱形，长 1~2 毫米，有 4 棱，被疏毛；冠毛白色，宿存，约与花冠等长；两性花的冠毛常于下部联合成阔带状。

分布 越南、泰国、老挝、柬埔寨、印度、菲律宾、马来西亚、新加坡有分布。我国产于海南、广东、台湾。目前三沙产于美济礁、渚碧礁、永暑礁，常见，生长于草地、沙地、花坛。

价值 叶入药，具有化气、去湿、消坚散核的功效，用于痰火核、胃痛、气痛、疝痛、花柳骨痛。抗逆性强，可作为滨海、岛礁防风固沙、防潮固堤、景观带的树种之一。

车前科 Plantaginaceae | 车前属 *Plantago* L.

大车前 *Plantago major* L.

别名 钱贯草、大猪耳朵草

形态特征 二年生或多年生草本。叶基生呈莲座状，平卧、斜展或直立；叶片草质、薄纸质或纸质，宽卵形至宽椭圆形，长3~30厘米，宽2~21厘米，先端钝尖或急尖，边缘波状、疏生不规则牙齿或近全缘，脉3~7条；叶柄基部鞘状，常被毛。花序1至数个；花序梗直立或弓曲上升；穗状花序细圆柱状；苞片宽卵状三角形，龙骨突宽厚。花无梗；萼片先端圆形，龙骨突不达顶端，前对萼片椭圆形至宽椭圆形，后对萼片宽椭圆形至近圆形；花冠白色，无毛，冠筒等长或略长于萼片，裂片披针形至狭卵形；雄蕊着生于冠筒内面近基部，与花柱明显外伸，花药椭圆形，通常初为淡紫色，稀白色，干后变淡褐色。蒴果近球形、卵球形或宽椭圆球形，长2~3毫米，于中部或稍低处周裂。种子卵形、椭圆形或菱形，长约1毫米，具角，腹面隆起或近平坦，黄褐色；子叶背腹向排列。

分布 亚洲北部、中部及欧洲有分布。我国产于黑龙江、吉林、辽宁、内蒙古、河北、山西、陕西、甘肃、青海、新疆、山东、江苏、福建、台湾、广西、海南、四川、云南、西藏。目前三沙永兴岛有栽培，很少见，生长于房前屋后草地。

价值 幼苗、嫩茎可供食用。全草入药，具有清热利尿、祛痰、凉血、解毒的功效，用于水肿、尿少、热淋涩痛、暑湿泻痢、痰热咳嗽、吐血、痈肿疮毒；种子入药，具有清热利尿、渗湿通淋、明目、祛痰的功效，用于水肿胀痛、热淋涩痛、暑湿泄泻、目赤肿痛、痰热咳嗽等症。

草海桐科 Goodeniaceae ｜ 草海桐属 *Scaevola* L.

草海桐 *Scaevola taccada* (Gaertner) Roxburgh

别名 羊角树、水草仔、细叶水草

形态特征 灌木或小乔木，高可达 7 米。枝上有时生根；中空通常无毛；叶腋密生 1 簇白色须毛。叶螺旋状排列，大部分集中于分枝顶端；匙形至倒卵形，长 10~22 厘米，宽 4~8 厘米，基部楔形，顶端圆钝，平截或微凹，全缘，或边缘波状，无毛或背面有疏柔毛，稍稍肉质；无柄或具短柄。聚伞花序腋生，长 1~3 厘米；苞片和小苞片小；腋间有 1 簇长须毛；花梗与花之间有关节；花萼无毛，筒部倒卵状，裂片条状披针形，长约 2.5 毫米；花冠白色或淡黄色，长约 2 厘米，筒部细长，后方开裂至基部，檐部开展；裂片 4~5，披针形，中部以上每边有宽而膜质的翅，翅常内叠，边缘疏生缘毛，内具白色长柔毛。核果卵球状，白色而无毛或有柔毛，直径 7~10 毫米，有 2 条径向沟槽，将果分为 2 爿，每爿有 4 条棱。每爿含种子 2 粒，种子棕黄色。

分布 日本、印度、印度尼西亚、马来西亚、缅甸、巴布亚新几内亚、巴基斯坦、菲律宾、斯里兰卡、泰国、越南、马达加斯加，东非国家，澳大利亚热带地区，印度洋、太平洋岛屿有分布。我国产于台湾、福建、广东、广西、海南。目前三沙产于永兴岛、赵述岛、西沙洲、北岛、南岛、北沙洲、南沙洲、中沙洲、石岛、晋卿岛、银屿、鸭公岛、羚羊礁、广金岛、甘泉岛、东岛、美济礁、永暑礁、渚碧礁，很常见，生长于防护林、海边沙地、绿化带。

价值 作为南方海岸带、南海岛礁防风固沙、生态系统修复、绿化美化树种之一。叶入药，具有抑菌的功效，用于刀伤、动物咬伤、白内障、增强性功能等。

紫草科 Boraginaceae | 破布木属 *Cordia* L.

橙花破布木 *Cordia subcordata* Lam.

别名 仙枝花、心叶破布木、海滩破布木、海岛核桃、海边喇叭花、煤油木、胶水果

形态特征 小乔木，高约 3 米或更高。树皮黄褐色；小枝无毛。叶卵形或狭卵形，长 8~18 厘米，宽 6~13 厘米，先端尖或急尖，基部钝或近圆形，稀心形，全缘或微波状，叶面具明显或不明显的斑点，背面叶脉或脉腋间密生绵毛；叶柄长 3~6 厘米，无毛。聚伞花序与叶对生；花梗长 3~6 毫米；花萼革质，圆筒状，具短小而不整齐的裂片；花冠橙红色，漏斗形，长 3~5 厘米。坚果卵球形或倒卵球形，长约 2.5 厘米，具木栓质的中果皮，被增大的宿存花萼完全包围。

分布 印度、印度尼西亚、泰国、越南，非洲东海岸，太平洋岛屿有分布。我国产于海南。目前三沙产于永兴岛、甘泉岛、美济礁，不常见，甘泉岛分布较为集中，生长于绿化带、防护林。

价值 可作热带滨海、岛礁绿化美化和防风林建设树种之一。树皮可用作编织材料。果实有时可食用。叶、皮、花和果实入药，用于支气管炎、哮喘、肝炎、肝硬化、淋巴结炎症、鹅口疮、风湿痛、肌肉和关节肿胀、膝盖创伤、皮肤溃疡等。注：本种含吡咯里西啶类生物碱，大量或长时间使用会导致中毒，用时需慎重。

紫草科 Boraginaceae ｜ 基及树属 *Carmona* Cav.

基及树 *Carmona microphylla* (Lam.) G. Don.

别名 福建茶、猫仔树

形态特征 灌木，高 1~3 米。树皮褐色；多分枝，分枝细弱，节间长 1~2 厘米。叶革质，倒卵形或匙形，长 1.5~3.5 厘米，宽 1~2 厘米，先端圆形或截形、具粗圆齿，基部渐狭为短柄，上面有短硬毛或斑点，下面近无毛。团伞花序开展，宽 5~15 毫米；花序梗细弱，长 1~1.5 厘米，被毛；花梗极短；花萼裂片线形或线状倒披针形；花冠钟状，白色，或稍带红色，长 4~6 毫米，裂片长圆形，伸展；花丝长 3~4 毫米，着生于花冠筒近基部；花柱长 4~6 毫米，无毛。核果直径 3~4 毫米，内果皮圆球形，具网纹，直径 2~3 毫米，先端有短喙。

分布 印度尼西亚、日本、澳大利亚有分布。我国产于广东、海南、台湾。目前三沙永兴岛、赵述岛、晋卿岛、甘泉岛、石岛、美济礁、渚碧礁有栽培，常见，生长于花坛。

价值 园林绿化树种之一，植于花坛；也可盆栽作盆景。

紫草科 Boraginaceae | 紫丹属 *Tournefortia* L.

银毛树 *Tournefortia argentea* L. f.

别名 白水木、白水草、水草

形态特征 灌木或小乔木，高 1~5 米。小枝粗壮，密生锈色或白色柔毛。叶轮生于小枝顶端，倒披针形或倒卵形，长 7~13 厘米，宽 2~4 厘米，先端钝或圆，自中部以下渐狭为叶柄，上下两面密生丝状黄白毛。镰状聚伞花序顶生，呈伞房状排列，直径 5~10 厘米，密生锈色短柔毛；花萼肉质，无柄，长 1.5~2 毫米，5 深裂，裂片长圆形、倒卵形或近圆形；花冠白色，筒状，裂片卵圆形，开展；雄蕊稍伸出；花药卵状长圆形；花丝极短；子房近球形，无毛，花柱不明显；柱头 2 裂。核果近球形，直径约 5 毫米，无毛。

分布 日本、越南、菲律宾、印度尼西亚、波利尼西亚、斯里兰卡有分布。我国产于海南、台湾。目前三沙产于永兴岛、赵述岛、西沙洲、北岛、南岛、北沙洲、南沙洲、中沙洲、石岛、晋卿岛、银屿、鸭公岛、羚羊礁、广金岛、甘泉岛、东岛、美济礁，很常见，生长于防护林、海边沙地、绿化带。

价值 作为热带海岸带、南海岛礁防风固沙、生态系统修复、绿化美化树种之一。根、茎、叶入药，具有清热、利尿、解毒的功效，用于风湿骨痛。

紫草科 Boraginaceae | 天芥菜属 *Heliotropium* L.

大尾摇 ***Heliotropium indicum* L.**

别名 鱿鱼草、斑草、猫尾草、狗尾草、全虫草、象鼻草

形态特征 一年生草本，高可达 50 厘米。茎粗壮，直立，多分枝，被开展的糙伏毛。叶互生或近对生，卵形或椭圆形，长 3~9 厘米，宽 2~4 厘米，先端尖，基部圆形或截形，下延至叶柄呈翅状，叶缘微波状或波状，上下面均被短柔毛或糙伏毛，叶脉明显；叶柄长 2~5 厘米。镰状聚伞花序长 5~15 厘米，单一，不分枝，无苞片；花无梗，密集，呈 2 列排列于花序轴的一侧；萼片披针形，被糙伏毛；花冠浅蓝色或蓝紫色，高脚碟状；花药狭卵形；花柱极短，被毛。核果无毛或近无毛，具棱，深 2 裂。每裂瓣含种子 2 粒。

分布 世界热带、亚热带地区广布。我国产于海南、福建、台湾及云南。目前三沙产于永兴岛、赵述岛、美济礁，不常见，生长于菜地、草坡。

价值 全草入药，具有消肿解毒、排脓止疼的功效，用于肺炎、多发性疖肿、睾丸炎及口腔糜烂等。

茄科 Solanaceae | 茄属 *Solanum* L.

少花龙葵 *Solanum americanum* Miller

别名 白花菜、古钮菜、扣子草、打卜子、古钮子、衣扣草、痣草、乌点规

形态特征 草本，高约1米。茎无毛或近无毛。叶薄，卵形至卵状长圆形，长4~8厘米，宽2~4厘米，先端渐尖，基部楔形下延至叶柄而成翅，叶缘近全缘，波状或有不规则的粗齿，两面均具疏柔毛，有时下面近无毛；叶柄纤细，长1~2厘米，具疏柔毛。花序近伞形，腋外生，纤细，具微柔毛，着生1~6朵花；总花梗长1~2厘米；花梗长5~8毫米，花小，直径约7毫米；萼绿色，直径约2毫米，5裂达中部，裂片卵形，先端钝，长约1毫米，具缘毛；花冠白色，筒部隐于萼内，5裂，裂片卵状披针形，长约2.5毫米；花丝极短；花药黄色，长圆形，长约1.5毫米；子房近圆形，直径不及1毫米；花柱纤细，长约2毫米，中部以下具白色绒毛；柱头小，头状。浆果球状，直径约5毫米，幼时绿色，成熟后黑色。种子多数，近卵形，两侧压扁，直径1~1.5毫米。

分布 世界热带、亚热带地区有分布。我国产于华南及湖南、江西、福建、台湾、云南。目前三沙产于永兴岛、赵述岛、西沙洲、北岛、石岛、晋卿岛、银屿、羚羊礁、甘泉岛、东岛、美济礁、渚碧礁、永暑礁，很常见，生长于草坡、菜地、绿化带。

价值 果可食用，也可酿酒；嫩茎叶可作蔬菜。全草入药，具有清热利湿、凉血解毒、消炎退肿的功效，用于痢疾、高血压、黄疸、扁桃体炎、肺热咳嗽、牙龈出血；外用于皮肤湿毒、乌疱、老鼠咬伤。

茄科 Solanaceae | 茄属 *Solanum* L.

茄 *Solanum melongena* L.

别名 矮瓜、吊菜子、落苏、紫茄、白茄

形态特征 草本至亚灌木，高可达 1 米。直立，具分枝；小枝、叶柄及花梗均被星状绒毛，毛被随植株发育逐渐脱落；小枝多为紫色。叶大，卵形至长圆状卵形，长 8~18 厘米或更长，宽 5~11 厘米或更宽，先端钝，基部不相等，边缘浅波状或深波状圆裂，背面、腹面被星状绒毛，侧脉每边 4~5 条，在上面疏被星状绒毛，在下面则较密，中脉的毛被与侧脉的相同，叶柄长 2~5 厘米。能孕花单生，花柄长 1~1.8 厘米，毛被较密，花后常下垂；不孕花蝎尾状与能孕花并出；萼近钟形，直径约 2.5 厘米或稍大，外面密被与花梗相似的星状绒毛及小皮刺，皮刺长约 3 毫米，萼裂片披针形，先端锐尖，内面疏被星状绒毛;花冠辐状，白色、紫色，外面星状毛被较密，内面仅裂片先端疏被星状绒毛，花冠筒长约 2 毫米，冠檐长约 2 厘米，裂片三角形，长约 1 厘米；花丝长约 2.5 毫米；花药长约 7.5 毫米；子房圆形，顶端密被星状毛;花柱长 4~7 毫米,中部以下被星状绒毛，柱头浅裂。果的形状、大小、颜色多样。种子多数。

分布 原产亚洲热带地区。我国各省均有栽培。目前三沙永兴岛、赵述岛、晋卿岛、北岛、石岛、甘泉岛、银屿、美济礁、渚碧礁、永暑礁有栽培，常见，生长于菜地。

价值 果为常见蔬菜之一。果入药，具有清热活血化瘀、利尿消肿、宽肠的功效，用于肠风下血、热毒疮痛、皮肤溃疡。

茄科 Solanaceae | 茄属 *Solanum* L.

假烟叶树 *Solanum erianthum* D. Don

别名 野烟叶、土烟叶、臭屎花、袖钮果、大黄叶、酱权树、三权树、大毛叶、臭枇把、天蓬草、洗碗叶、毛叶、大发散

形态特征 灌木或小乔木，高可达 10 米。小枝密被白色绒毛。叶大而厚，卵状长圆形，长 10~29 厘米，宽 4~12 厘米，先端短渐尖，基部阔楔形或钝，上面绿色，被绒毛，下面灰绿色，毛被较上面厚，全缘或略呈波状；侧脉每边 7~9 条；叶柄粗壮，长 1.5~5.5 厘米，密被与叶相似的绒毛。聚伞花序多花，形成近顶生圆锥状平顶花序；总花梗长 3~10 厘米；花梗长 3~5 毫米，均密被与叶下面相似的绒毛；花萼钟形，直径约 1 厘米，外面密被与花梗相似的绒毛，内面被疏柔毛，5 裂，萼齿卵形，长约 3 毫米，中脉明显；花冠白色，冠筒隐于萼内，长约 2 毫米，冠檐深 5 裂，裂片长圆形，端尖，长 6~7 毫米，宽 3~4 毫米，中脉明显，在外面被绒毛；雄蕊 5；花丝短，长约 1 毫米；子房卵形，直径约 2 毫米，密被硬绒毛；花柱光滑，长 4~6 毫米；柱头头状。浆果球状，具宿存萼，直径约 1.2 厘米，初被绒毛，后渐脱落，熟后黄褐色。种子多数，扁平，直径约 1.5 毫米。

分布 原产美洲南部，广泛分布于亚洲、大洋洲热带。我国产于华南、西南及福建和台湾，目前三沙产于美济礁，很少见，生长于废弃房屋边的草坡。

价值 全草入药，具有消肿、杀虫、止痒、止血、止痛、行气、生肌的功效，用于痈疮肿毒、蛇伤、湿疹、腹痛、骨折、跌打肿痛、小儿泄泻、阴挺、外伤出血、稻田皮炎、风湿痹痛、外伤感染。根入药，具有消炎解毒、止痛、祛风解表的功效，用于胃痛、腹痛、骨折、跌打损伤、慢性粒细胞性白血病；外用于疮毒、癣疥。叶入药，具有消肿、止痛、止血、杀虫的功效，用于水肿、痛风、血崩、跌打肿痛、牙痛、瘰疬、痈疮肿毒、湿疹、皮炎、皮肤溃疡及外伤出血。注：本种有小毒，用时需慎重。

茄科 Solanaceae | 辣椒属 *Capsicum* L.

朝天椒 *Capsicum annuum* L. var. *conoides* (Mill.) Irish

别名 小米辣、五色椒

形态特征 灌木或亚灌木。分枝稍呈“之”字形曲折，常呈二歧分枝。叶柄短缩，叶片卵形，长3~7厘米，顶端渐尖，基部楔形，中脉在背面隆起，侧脉每边约4条；中部以下的叶片较上部叶宽。花常单生于二分叉间；花在每个开花节上通常双生，有时3至数朵；花梗直立，花稍下垂；花萼边缘近截形；花冠绿白色或带紫色。果梗及果直立生，向顶端渐增粗；果实较小，圆锥形，长1.5~3厘米，幼时绿色，熟后变红色或紫色，味极辣。种子多数。

分布 我国南北各地均有栽培。目前三沙永兴岛、赵述岛、北岛、晋卿岛、甘泉岛、银屿、羚羊礁、东岛、渚碧礁、永暑礁、美济礁有栽培，有的逸为野生，很常见，生长于菜地、草坡、花盆。

价值 常见蔬菜品种之一。果实入药，具有温中散寒、开胃消食的功效，用于寒滞腹痛、呕吐、泻痢、冻疮、脾胃虚寒、伤风感冒等症。

茄科 Solanaceae | 辣椒属 *Capsicum* L.

辣椒（原变种） *Capsicum annuum* L. var. *annuum*

别名 青椒、米椒、牛角椒、长辣椒

形态特征 灌木，高可达80厘米。茎近无毛或微生柔毛；分枝多，稍呈“之”字形折曲。单叶互生，枝顶呈双生或簇生状，矩圆状卵形、卵形或卵状披针形，长4~13厘米，宽1.5~4厘米，全缘，顶端短渐尖或急尖，基部狭楔形；叶柄长4~7厘米。花单生，俯垂；花萼杯状，具不显著5齿；花冠白色，裂片5，卵形；花药灰紫色。果梗较粗壮，俯垂；果实长指状，顶端渐尖且常弯曲，未成熟时绿色，成熟后呈红色、橙色或紫红色。种子多数，扁肾形，长3~5毫米，淡黄色。

分布 原产南美洲热带地区。我国各地广泛栽培。目前三沙永兴岛、赵述岛、北岛、晋卿岛、甘泉岛、银屿、东岛、渚碧礁、永暑礁、美济礁有栽培，很常见，生长于菜地。

价值 常见蔬菜品种之一。果实入药，具有温中散寒、开胃消食的功效，用于寒滞腹痛、呕吐、泻痢、冻疮、脾胃虚寒、伤风感冒等症。

茄科 Solanaceae | 辣椒属 *Capsicum* L.

菜椒 *Capsicum annuum* L. var. *grossum* (L.) Sendtn.

别名 灯笼椒

形态特征 灌木，植株比原变种高大粗壮。茎近无毛或微生柔毛；分枝多，稍呈“之”字形折曲。单叶互生，枝顶呈双生或簇生状，矩圆形、卵形，长10~13 厘米，全缘，顶端短渐尖或急尖，基部狭楔形；叶柄长 4~7 厘米。花单生，俯垂；花萼杯状，具不显著 5~7 齿；花冠白色，裂片 5，卵形；花药灰紫色。果梗较粗壮，直立或俯垂；果实大小、形状多样，未成熟时绿色，成熟后呈红色、橙色；辣或稍辣而略带甜味。种子多数，扁肾形，长 3~5 毫米，淡黄色。

分布 原产南美洲热带地区。我国各地广泛栽培。目前三沙永兴岛、赵述岛、北岛、晋卿岛、渚碧礁、永暑礁、美济礁有栽培，很常见，生长于菜地。

价值 常见蔬菜品种之一。

茄科 Solanaceae | 曼陀罗属 *Datura* L.

白花曼陀罗 *Datura metel* L.

别名 洋金花、白曼陀罗、风茄花、喇叭花、闹羊花、枫茄子、枫茄花

形态特征 草木或亚灌木，高可达 1.5 米。全体近无毛；茎基部稍木质化。叶卵形或广卵形，顶端渐尖，基部不对称圆形、截形或楔形，长 5~20 厘米，宽 4~15 厘米，边缘有不规则的短齿，或浅裂，或全缘；侧脉每边 4~6 条；叶柄长 2~5 厘米。花单生于枝杈间或叶腋；花梗长约 1 厘米；花萼筒状，长 4~9 厘米，直径 2 厘米，筒部无棱，基部稍膨大，顶端紧围花冠筒，浅裂，裂片狭三角形或披针形，花后自近基部断裂，果宿存部分增大呈浅盘状；花冠长漏斗状，长 14~20 厘米，檐部直径 6~10 厘米，筒中部之下较细，向上扩大呈喇叭状，裂片顶端有小尖头，白色；雄蕊 5；花药长约 1.2 厘米；子房疏生短刺毛；花柱长 11~16 厘米。蒴果近球状或扁球状，疏生粗短刺，直径约 3 厘米，不规则 4 瓣裂。种子多数，淡褐色，宽约 3 毫米。

分布 原产美洲，亚洲有栽培或逸为野生。我国产于华南及台湾、福建、云南、贵州。目前三沙产于永兴岛、赵述岛、美济礁，常见，生长于草坡。

价值 可作庭园观赏花卉。花入药，具有止咳平喘、止痛镇静的功效，用于哮喘咳嗽、脘腹冷痛、风湿痹痛、小儿慢惊及外科麻醉。注：本种全株有毒，用时需慎重。

茄科 Solanaceae | 夜香树属 *Cestrum* L.

夜香树 *Cestrum nocturnum* L.

别名 洋素馨、夜来香、夜香花、夜光花、木本夜来香、夜丁香

形态特征 直立或近攀缘灌木，高可达 3 米。全体无毛；枝条细长而下垂。叶片矩圆状卵形或矩圆状披针形，长 6~15 厘米，宽 2~4.5 厘米，全缘，顶端渐尖，基部近圆形或宽楔形，两面净秃发亮；有 6~7 对侧脉；叶柄长 8~20 毫米。伞房式聚伞花序，腋生或顶生，疏散，长 7~10 厘米，花多数；晚间极香；花萼钟状，长约 3 毫米，5 浅裂，裂片长约为筒部的 1/4；花冠白色至黄绿色，高脚碟状，长约 2 厘米，筒部伸长，下部极细，向上渐扩大，喉部稍缢缩，裂片 5，直立或稍开张，卵形，急尖，长约为筒部的 1/4；雄蕊伸达花冠喉部；每花丝基部有 1 齿状附属物；花药极短，褐色；子房有短子房柄，卵状，长约 1 毫米；花柱伸达花冠喉部。浆果矩圆状，长 6~7 毫米，直径约 4 毫米。种子 1 粒，长卵状，长约 4.5 毫米。

分布 原产南美洲，现广泛栽培于世界热带地区。我国福建、广东、广西、海南、云南有栽培。目前三沙永兴岛有栽培，很少见，生长于绿化带、花坛。

价值 可作园林绿化树种；鲜切花材料；驱蚊植物。花入药，具有行气止痛的功效，用于胃脘痛。

茄科 Solanaceae | 番茄属 *Lycopersicon* Mill.

番茄 *Lycopersicon esculentum* Mill.

别名 蕃柿、洋柿子、西红柿、小西红柿、蕃茄

形态特征 一年生或多年生草本植物，高可达 2 米。全株生黏质腺毛；有强烈气味。茎为半直立性或半蔓性，易倒伏，茎节触地易生不定根。叶互生，奇数羽状复叶或羽状深裂，长 5~40 厘米；小叶极不规则，大小不等，常 5~9 枚，卵形或矩圆形，长 5~7 厘米，先端渐尖，边缘有不规则锯齿或裂片；具短柄。复总状花序，总梗长 2~5 厘米；花为两性花，常 3~9 朵形成侧生的聚伞花序；花梗长 1~1.5 厘米；花萼辐状，5~7 裂，裂片披针形，果时宿存；花冠辐状，直径约 2 厘米，黄色，5~7 裂；雄蕊 5~7，着生于筒部；花丝短；柱头头状。浆果扁球状或近球状，肉质而多汁液，幼时绿色，熟后橘黄色、鲜红色，光滑。种子多数，灰黄色，扁平、肾形。

分布 原产墨西哥和南美洲。我国各省广泛栽培。目前三沙永兴岛、赵述岛、甘泉岛、晋卿岛、东岛、北岛、石岛、美济礁、永暑礁、渚碧礁有栽培，常见，生长于菜地、花盆。

价值 为常见蔬菜之一；也可作水果。番茄食疗兼备，具有生津止渴、健胃消食、清热消暑、补肾利尿、保护肝脏、营养心肌、降低血压、保护皮肤健康的功效；能预防小儿佝偻病、夜盲症、眼干燥症；能促进骨骼钙化，对牙组织的形成起重要作用。

茄科 Solanaceae | 酸浆属 *Physalis* L.

苦蘵 *Physalis angulata* L.

别名 灯笼泡、灯笼草

形态特征 一年生草本，高常 30~50 厘米或更高。全株被疏短柔毛或近无毛；茎多分枝，分枝纤细。叶柄长 1~5 厘米，叶片卵形至卵状椭圆形，顶端渐尖或急尖，基部阔楔形或楔形，全缘或有不等大的牙齿，两面近无毛，长 3~6 厘米，宽 2~4 厘米。花梗长 5~12 毫米，纤细被短柔毛；花萼钟状，长 4~5 毫米，被短柔毛，5 中裂，裂片披针形，生缘毛；花冠淡黄色，喉部常有紫色斑纹，长 4~6 毫米，直径 6~8 毫米；花药蓝紫色或有时黄色，长约 1.5 毫米。果萼卵球状，直径 1.5~2.5 厘米，薄纸质；浆果直径约 1.2 厘米。种子多数，圆盘状，长约 2 毫米。

分布 世界各地广布。我国产于东部至西南部。目前三沙产于永兴岛、赵述岛、甘泉岛、晋卿岛、银屿、美济礁、渚碧礁、永暑礁，常见，生长于空旷沙地、草坡。

价值 全草入药，具有清热、利尿、解毒的功效，用于感冒、肺热咳嗽、咽喉肿痛、龈肿、湿热黄疸、痢疾、水肿、热淋、天疱疮、疔疮。

旋花科 Convolvulaceae | 小牵牛属 *Jacquemontia* Choisy

小牵牛 *Jacquemontia paniculata* (Burm. f.) Hallier f.

别名 假牵牛

形态特征 缠绕草本，长可达 2 米。茎圆柱形，细长，被柔毛。叶卵形或卵状长圆形，长 3~6 厘米，宽 2~4 厘米，先端渐尖且具小短尖，基部心形或圆形至截形，叶面无毛或被短疏柔毛，背面被疏柔毛或柔毛；侧脉 5~8 对，近边缘弧形连接；叶柄细长，长 1~4 厘米，被疏柔毛。聚伞花序腋生，花朵数变化大；总花梗长 1~4 厘米，被柔毛；花柄丝状，被柔毛；苞片小，钻形；萼片被疏柔毛，不等大，外萼 3 枚较大，卵状披针形至卵形，先端渐尖或长渐尖，基部渐狭，内萼 2 枚较短小；花冠漏斗形或钟形，淡紫色、白色、粉红色，5 浅裂，无毛；雄蕊 5；花丝近等长，基部扩大，被毛；花药椭圆形；子房无毛；花柱丝状；柱头 2 裂，下弯，裂片长圆形稍扁平。蒴果球形，直径 3~4 毫米，淡褐色，4 或最后 8 瓣裂。种子 4 或较少，长 1.5~2 毫米，黄褐色至紫黑色，具小瘤，无毛，背部边缘具狭翅。

分布 东南亚、热带大洋洲、热带东非国家及马达加斯加有分布。我国产于广东、广西、海南、云南及台湾等省份。目前三沙产于晋卿岛，很少见，生长于海边防护林。

价值 可作绿篱，供观赏。

旋花科 Convolvulaceae ｜ 番薯属 *Ipomoea* L.

管花薯 *Ipomoea violacea* L.

别名 长管牵牛

形态特征 多年生藤本。全株无毛。茎缠绕，木质化，圆柱形或具棱。单叶互生，圆形或卵形，叶干后薄纸质，长 5~14 厘米，宽 5~12 厘米，顶端短渐尖，基部深心形，两面无毛，侧脉 7~8 对；叶柄长 3.5~11 厘米。聚伞花序腋生，有 1 至数朵花；萼片近圆形，顶端圆或微凹；花冠高脚碟状，白色，具绿色的瓣中带，夜间开放，长 9~12 厘米。蒴果卵球形，高 2~2.5 厘米，2 室，4 瓣裂。种子 4，黑色，长 1~1.2 厘米，密被短绒毛，沿棱具长达 3 毫米的绢毛。

分布 美洲热带地区、非洲东部和亚洲东南部有分布。我国产于台湾、广东、海南。目前三沙产于永兴岛、赵述岛、西沙洲、北岛、南岛、南沙洲、北沙洲、中岛、石岛、东岛、广金岛、甘泉岛、晋卿岛、羚羊礁、鸭公岛、美济礁，很常见，生长于海边防护林。

价值 热带岛礁防护林、生态建设的重要植物之一。可作绿篱，供观赏。

旋花科 Convolvulaceae | 番薯属 *Ipomoea* L.

虎掌藤 *Ipomoea pes-tigridis* L.

别名 铜钱花草、生毛藤、虎脚牵牛

形态特征 一年生缠绕草本。茎具细棱，被开展的灰白色硬毛。叶片轮廓近圆形或横向椭圆形，长2~10厘米，宽3~13厘米，掌状3~9深裂，裂片椭圆形或长椭圆形，顶端钝圆，锐尖至渐尖，有小短尖头，基部收缢，两面被疏长微硬毛；叶柄长2~8厘米。数朵花密集成头状聚伞花序，腋生；花序梗长4~11厘米；具明显的总苞，外层苞片长圆形，内层苞片较小，卵状披针形，两面均被疏长硬毛；花朵近无花梗；萼片披针形，外萼片长1~1.4厘米，内萼片较短小，两面均被长硬毛；花白色，漏斗状，长3~4厘米，瓣中带散生毛；雄蕊花柱内藏；花丝无毛；子房无毛。蒴果卵球形，高约7毫米。种子4，椭圆形，长约4毫米，表面被灰白色短绒毛。

分布 柬埔寨、印度尼西亚、马来西亚、尼泊尔、新几内亚、巴基斯坦、菲律宾、斯里兰卡、泰国、越南、澳大利亚及非洲国家、太平洋诸岛有分布。我国产于华南及台湾、云南。目前三沙产于永兴岛、赵述岛、美济礁、渚碧礁，常见，生长于草坡。

价值 根入药，具有泻下通便的功效，用于肠道积滞、大便秘结。

旋花科 Convolvulaceae | 番薯属 *Ipomoea* L.

紫心牵牛 *Ipomoea obscura* (L.) Ker Gawl.

别名 小心叶薯、野牵牛、姬牵牛、小红薯

形态特征 缠绕草本。茎纤细，圆柱形，有细棱，被柔毛或绵毛或有时近无毛。叶心状圆形或心状卵形，有时肾形，长2~8厘米，宽1.6~8厘米，顶端骤尖或锐尖，具小尖头，基部心形，全缘或微波状，两面被短毛并具缘毛，侧脉纤细，3对，基出掌状；叶柄细长，长1.5~3.5厘米，被开展的或疏或密的短柔毛。聚伞花序腋生，通常有1~3朵花；花序梗纤细，长1.4~4厘米，无毛或散生柔毛;苞片小，钻状;花梗长0.8~2厘米,近无毛;萼片近等长,椭圆状卵形,长4~5毫米，萼片于果熟时通常反折；花冠漏斗状，白色或淡黄色，长约2厘米，具5条深色的瓣中带，花冠管基部深紫色;雄蕊及花柱内藏;花丝极不等长;子房无毛。蒴果圆锥状卵形或近球形，顶端有锥尖状的花柱基，直径6~8毫米，2室，4瓣裂。种子4，黑褐色，长4~5毫米，密被灰褐色短绒毛。

分布 热带亚洲，经菲律宾、马来西亚至大洋洲北部及斐济岛，热带非洲及马斯克林群岛有分布。我国产于台湾、广东、海南、云南。目前三沙产于永兴岛、赵述岛、美济礁，常见，生长于草坡。

价值 抗逆性强，生长速度快，可作为热带岛礁生态建设的地被植物。注：本种全草有毒，不要误食。

旋花科 Convolvulaceae | 番薯属 *Ipomoea* L.

厚藤 *Ipomoea pes-caprae* (L.) R. Br.

别名 马鞍藤、沙灯心、马蹄草、海薯、走马风、马六藤、白花藤

形态特征 多年生草本。全株无毛。茎平卧，有时缠绕。叶肉质，干后厚纸质，卵形、椭圆形、圆形、肾形或长圆形，长 3~9 厘米，宽 3~10 厘米，顶端微缺或 2 裂，裂片圆，裂缺浅或深，有时具小突尖，基部阔楔形、截平至浅心形；在背面近基部中脉两侧各有 1 枚腺体；侧脉 8~10 对；叶柄长 2~10 厘米。多歧聚伞花序，腋生，有时仅 1 朵发育；花序梗粗壮，长 4~14 厘米；花梗长 2~2.5 厘米；苞片小，阔三角形，早落；萼片厚纸质，卵形，顶端圆形，具小突尖；花冠紫色或深红色，漏斗状，长 4~5 厘米；雄蕊和花柱内藏。蒴果球形，果皮革质，4 瓣裂。种子三棱状球形，密被褐色绒毛。

分布 广布于热带沿海地区。我国产于广东、广西、海南、福建、浙江、台湾等省份。目前三沙产于永兴岛、赵述岛、西沙洲、北岛、南岛、南沙洲、北沙洲、中岛、石岛、东岛、广金岛、甘泉岛、晋卿岛、银屿、羚羊礁、鸭公岛、美济礁、渚碧礁、永暑礁，很常见，生长于海边防护林。

价值 全草入药，具有祛风除湿、拔毒消肿之效，用于风湿性腰腿痛、腰肌劳损、疮疖肿痛等。嫩茎、叶可作猪饲料。可作为热带海滩、岛礁防风固沙、生态建设的先锋植物和地被植被。

旋花科 Convolvulaceae | 番薯属 *Ipomoea* L.

蕹菜 *Ipomoea aquatica* Forssk.

别名 空心菜、通菜蓊、蓊菜、藤藤菜、通菜

形态特征 一年生草本。蔓生或漂浮于水上。茎圆柱形，有节，节间中空，节上生根，无毛。叶片卵形、长卵形、长卵状披针形或披针形，长3~17厘米，宽1~8.5厘米，顶端锐尖或渐尖，具小短尖头，基部心形、戟形或箭形，稀截形，全缘或波状，或有时基部有少数粗齿，两面近无毛或偶有稀疏柔毛；叶柄长3~14厘米，无毛。聚伞花序腋生，花序梗长1.5~9厘米，具1~5朵花；苞片小鳞片状；花梗长1.5~5厘米，无毛；萼片近等长，卵形，长7~8毫米，顶端钝，具小短尖头，外面无毛；花冠白色、淡红色或紫红色，漏斗状，长3.5~5厘米；雄蕊不等长，花丝基部被毛；子房圆锥状，无毛。蒴果卵球形至球形，直径约1厘米，无毛。种子密被短柔毛或有时无毛。

分布 热带亚洲、非洲、大洋洲有分布。我国南方省份常见栽培。目前三沙永兴岛、赵述岛、北岛、石岛、东岛、甘泉岛、晋卿岛、银屿、美济礁、渚碧礁、永暑礁有栽培，常见，生长于菜地、花盆，偶见逸生于潮湿草坡。

价值 常见蔬菜品种之一。可作饲料。茎叶入药，具有凉血止血、清热利湿的功效，用于鼻衄、便秘、淋浊、便血、尿血、痔疮、痈肿、折伤、蛇虫咬伤；根入药，具有健脾利湿的功效，用于妇女白带、虚淋。

旋花科 Convolvulaceae | 番薯属 *Ipomoea* L.

番薯 *Ipomoea batatas* (L.) Lam.

别名 甘储、甘薯、朱薯、金薯、红山药、玉枕薯、山芋、地瓜、甜薯、红薯、红苕、白薯、萌番薯

形态特征 一年生草本。具圆形、椭圆形或纺锤形的地下块根。茎平卧或上升，偶有缠绕，圆柱形或具棱，绿色或紫色，被疏柔毛或无毛；多分枝；茎节易生不定根。叶片形状、颜色多样，通常为宽卵形，长 4~13 厘米，宽 3~13 厘米，全缘或 3~7 裂，基部心形或近平截，顶端渐尖，两面被疏柔毛或近无毛；叶柄长短不一，长 2.5~20 厘米，被疏柔毛或无毛。聚伞花序腋生；花序梗长 2~10 厘米，稍粗壮，无毛或有时被疏柔毛；苞片小，披针形；花梗长 2~10 毫米；萼片长圆形或椭圆形，不等长；花冠粉红色、白色、淡紫色或紫色，钟状或漏斗状，长 3~4 厘米，外面无毛；雄蕊及花柱内藏；花丝基部被毛。蒴果卵形或扁圆形，有假隔膜。种子 1~4 粒，通常 2 粒，无毛。

分布 原产美洲热带地区，现已全世界热带、亚热带地区广泛栽培。我国南北大部分地区有栽培。目前三沙永兴岛、赵述岛、晋卿岛、甘泉岛、西沙洲、北岛、银屿、石岛、东岛、美济礁、渚碧礁、永暑礁有栽培，常见，生长于菜地、房前屋后空地。

价值 块茎作为主粮之一，同时也是食品加工、淀粉和酒精制造工业的重要原料；嫩茎叶作为常见蔬菜，也可作饲料。番薯除了食用价值外还具有较高的药用价值，块茎可以增强人体对感冒等多种病毒的抵抗力；促进性欲、延缓衰老；有效防止高血压、中风和心血管疾病；可用于痢疾、酒积热泻、湿热、小儿疳积等。块茎中的乳白色浆液是通便、活血、抑制肌肉痉挛、湿疹、蜈蚣咬伤、带状疱疹的良药。

旋花科 Convolvulaceae | 番薯属 *Ipomoea* L.

毛牵牛 *Ipomoea biflora* (L.) Persoon

别名 老虎豆、簕番薯、华陀花、亚灯堂、黑面藤、满山香、心萼薯

形态特征 攀缘或缠绕草本。茎细长，有细棱，被灰白色倒向硬毛。叶心形或心状三角形，长 4~10 厘米，宽 3~7 厘米，顶端渐尖，基部心形，全缘或很少为不明显的 3 裂，两面被长硬毛，侧脉 6~7 对，在两面稍突起；叶柄长 1.5~8 厘米，被毛。花通常 2 朵组成聚伞花序，腋生；花序梗长 3~15 毫米；苞片小，线状披针形，被疏长硬毛；花梗纤细，长 8~15 毫米，被毛；萼片 5，外萼片 3，三角状披针形，基部耳形，外面被灰白色疏长硬毛，具缘毛，内面近无毛，内萼片 2，线状披针形，与外萼片近等长或稍长；花冠白色，狭钟状，长 1~2 厘米，冠檐浅裂，裂片圆；瓣中带被短柔毛；雄蕊 5，内藏，长 3 毫米；花丝向基部渐扩大；花药卵状三角形，基部箭形；子房圆锥状，无毛；花柱棒状，柱头头状，2 浅裂。蒴果近球形，直径约 9 毫米。种子 4，卵状三棱形，长 4 毫米，常被微毛或被短绒毛。

分布 越南有分布。我国产于台湾、福建、江西、湖南、广东、海南、广西、贵州、云南等省份。目前三沙产于永兴岛，少见，生长于绿化带花坛。

价值 茎、叶入药，用于小儿疳积；种子入药用于跌打损伤、蛇咬伤。

旋花科 Convolvulaceae | 地旋花属 *Xenostegia* D. F. Austin & Staples

地旋花 *Xenostegia tridentata* (L.) D. F. Austin & Staples

别名 尖萼山猪菜、三齿茉栾藤戟叶亚种、野通心菜、山茑萝藤、过腰蛇、飞洋草、凉粉草、三齿茉栾藤、三齿鱼黄草、尖萼鱼黄草

形态特征 平卧或攀缘草本。茎细长，具细棱以至近具狭翅，近无毛或幼枝被短柔毛。叶形变化大，有线形、线状披针形、长圆状披针形或狭圆形，基部稍扩大，长 2.5~6.5 厘米，宽 2~11 毫米，顶端锐尖或钝，有明显的小短尖头，基部戟形，有时抱茎，全缘仅于基部扩大部分疏生锐齿；两面近无毛；无叶柄或具短柄。1~3 朵花组成聚伞花序，腋生；花序梗长 1~6 厘米，纤细，基部被短柔毛，向上渐无毛；苞片小，钻状；花梗长约 8 毫米；萼片卵状披针形，顶端渐尖成 1 锐尖的细长尖头，长约 8 毫米，无毛；花冠黄色或白色，漏斗状，长约 1.5 厘米，无毛；花丝基部稍宽，散生柔毛;子房无毛。蒴果球形或卵形，4 瓣裂。种子 4，卵圆形，黑色，长 3~4 毫米，无毛。

分布 柬埔寨、泰国、缅甸、孟加拉国、印度尼西亚、老挝、菲律宾、马来西亚、新加坡、印度、新几内亚、澳大利亚及非洲国家有分布。我国产于海南、广东、广西、台湾、云南。目前三沙产于北岛、美济礁，少见，生长于草坡、绿化带草地。

价值 不详。

旋花科 Convolvulaceae | 猪菜藤属 *Hewittia* Wight & Arnott

猪菜藤 *Hewittia malabarica* (L.) Suresh

别名 细样猪菜藤、野薯藤

形态特征 缠绕或平卧草本。茎细长，直径 1.5~3 毫米，有细棱，被短柔毛，有时节上生根。叶卵形、心形或戟形，长 3~10 厘米，宽 3~8 厘米，顶端短尖或锐尖，基部心形、戟形或近截形，全缘或 3 裂，两面被伏疏柔毛或叶面毛较少；侧脉 5~7 对；叶柄长 1~2.5 厘米，密被短柔毛。花序腋生；花序梗长 1.5~5.5 厘米，密被短柔毛；通常 1 朵花；苞片披针形；花梗短，长 2~4 毫米；萼片 5，不等大，外萼 2 枚宽卵形，内萼 3 枚较短狭，长圆状披针形；花冠淡黄色或白色，喉部以下带紫色，钟状，长 2~2.5 厘米，外面有 5 条密被长柔毛的瓣中带，冠檐裂片三角形；雄蕊 5，内藏，长约 9 毫米；花丝基部稍扩大，具乳突；花药卵状三角形，基部箭形；子房被长柔毛；花柱丝状，柱头 2 裂。蒴果近球形，为宿存萼片包被，具短尖，径 8~10 毫米，被短柔毛或长柔毛。种子 2~4，卵圆状三棱形，无毛，高 4~6 毫米。

分布 非洲热带、亚洲热带地区有分布。我国产于台湾、广东、海南、广西、云南。目前三沙产于永兴岛、美济礁，少见，生长于草坡。

价值 抗逆性强，生长速度快，可作为热带岛礁生态建设先锋地被植物。

玄参科 Scrophulariaceae | 野甘草属 *Scoparia* L.

野甘草 *Scoparia dulcis* L.

别名 冰糖草、香仪、珠子草、假甘草、土甘草、假枸杞、四时茶、通花草、节节珠

形态特征 直立草本或半灌木状，高可达 100 厘米。茎多分枝，枝有棱角及狭翅，无毛。叶对生或轮生，菱状卵形至菱状披针形，长达 35 毫米，宽达 15 毫米，顶端钝，基部长渐狭，全缘而成短柄，前半部常有齿，有时近全缘，两面无毛；枝上部叶较小而多。花单朵或多朵成对生于叶腋，花梗细，长 5~10 毫米，无毛；无小苞片；萼分生，齿 4，卵状矩圆形，长约 2 毫米，顶端有钝头，具睫毛；花冠小，白色，直径约 4 毫米，有极短的管，喉部生有密毛，瓣片 4，上方 1 枚较大，钝头，而缘有啮痕状细齿，长 2~3 毫米；雄蕊 4，近等长；花药箭形；花柱挺直，柱头截形或凹入。蒴果卵圆形至球形，直径 2~3 毫米，室间室背均开裂，中轴胎座宿存。

分布 原产美洲热带。我国产于广东、广西、云南、福建。目前三沙产于永兴岛、赵述岛、晋卿岛、甘泉岛、北岛、西沙洲、银屿、美济礁、永暑礁、渚碧礁，常见，生长于空旷沙地、草坡。

价值 全草入药，具有清热解毒、利尿消肿的功效，用于肺热咳嗽、暑热泄泻、脚气浮肿、小儿麻疹、湿疹、热痱子、咽炎、丹毒。

玄参科 Scrophulariaceae | 母草属 *Lindernia* All.

母草 *Lindernia crustacea* (L.) F. Muell

别名 四方拳草、蛇通管、气痛草、四方草、小叶蛇针草、铺地莲、开怀草

形态特征 草本，高10~20厘米。多分枝，常铺散成密丛，枝弯曲上升，微方形有深沟纹，无毛。叶柄长1~8毫米；叶片三角状卵形或宽卵形，长10~20毫米，宽5~11毫米，顶端钝或短尖，基部宽楔形或近圆形，边缘有浅钝锯齿，腹面近无毛，背面沿叶脉有稀疏柔毛或近无毛。花单生于叶腋或在茎枝之顶形成极短的总状花序，花梗细弱，长5~22毫米，有沟纹，近无毛；花萼坛状，长3~5毫米，腹面较深，侧、背开裂为5齿，齿三角状卵形，中肋明显，外面有稀疏粗毛；花冠紫色，长5~8毫米，管略长于萼，上唇直立，卵形，钝头，有时2浅裂，下唇3裂，中间裂片较大，仅稍长于上唇；雄蕊4；花柱常早落。蒴果椭圆形，与宿萼近等长。种子近球形，浅黄褐色。

分布 东半球热带、亚热带国家及日本有分布。我国产于四川、云南、贵州、广西、广东、海南、湖南、江西、福建、台湾、西藏、河南、湖北、安徽、江西、江苏、浙江等省份。目前三沙产于永兴岛，少见，生长于树荫下潮湿草地。

价值 全草入药，具有清热利湿、解毒的功效，用于感冒、菌痢、肠炎、痈疖疔肿。

玄参科 Scrophulariaceae | 母草属 *Lindernia* All.

刺齿泥花草 *Lindernia ciliata* (Colsm.) Pennell

别名 五月莲、锯齿草

形态特征 一年生草本，高可达20厘米。直立或铺散，枝倾卧，最下部的1个节上有时稍有不定根。叶无柄或几无柄或有极短而抱茎的叶柄；叶片矩圆形至披针状矩圆形，长7~45毫米，宽3~12毫米，顶端急尖或钝，边缘有紧密而带芒刺的锯齿，齿缘略角质化而稍变厚，两面均近无毛。花序总状，生于茎枝之顶；苞片披针形，长约等于花梗的一半；花梗有条纹，无毛；萼长约5毫米，仅基部联合，齿狭披针形，有刺尖头，边缘略带膜质；花冠小，浅紫色或白色，长约7毫米，管细，长达4.5毫米，向上稍稍扩大，上唇卵形，下唇约与上唇等长，常作不等的3裂，中裂片很大，向前凸出，圆头；雄蕊4，其中2枚退化；花柱约与有性雄蕊等长。蒴果长荚状圆柱形，顶端有短尖头，长约为宿萼的3倍。种子多数，不整齐的三棱形。

分布 南亚、东南亚国家及澳大利亚北部的热带、亚热带地区有分布。我国产于云南、广西、广东、海南、福建、台湾、西藏南部。目前三沙产于永兴岛，少见，生长于潮湿绿化带草地。

价值 全草入药，具有清热解毒、祛瘀消肿、止痛的功效，用于毒蛇咬伤、跌打损伤、产后瘀血腹痛；外用于疮疖肿痛。

紫葳科 Bignoniaceae | 吊灯树属 *Kigelia* DC.

吊灯树 *Kigelia africana* (Lam.) Benth.

别名 吊瓜树、腊肠树

形态特征 乔木，高可达 20 米。奇数羽状复叶交互对生或轮生，叶轴长 7~15 厘米；小叶 7~9，长圆形或倒卵形，顶端急尖，基部楔形，全缘，叶面光滑，亮绿色，背面淡绿色，被微柔毛，近革质，羽状脉明显。圆锥花序着生于小枝顶端；花序轴下垂，长 50~100 厘米；花稀疏，6~10 朵；花萼钟状，革质，长 4.5~5 厘米，直径约 2 厘米，3~5 裂齿不等大，顶端渐尖；花冠橘黄色或褐红色，裂片卵圆形，上唇 2 枚较小，下唇 3 枚较大，开展，花冠筒外面具突起纵肋；雄蕊 4，2 强，外露；花药纵裂；花盘环状；柱头 2 裂。果圆柱形，下垂，长约 35 厘米，直径 12~15 厘米，坚硬，肥硕，不开裂；果柄长 8 厘米。种子多数，无翅，嵌于木质的果肉内。

分布 原产热带非洲。我国广东、海南、福建、台湾、云南有引种栽培。目前三沙永兴岛有栽培，少见，生长于绿化带。

价值 为园林树种之一，供观赏。果肉可食。树皮入药，用于皮肤病。木材可用于建筑、家具。

爵床科 Acanthaceae | 十万错属 *Asystasia* Bl.

宽叶十万错 *Asystasia gangetica* (L.) T. Anders.

别名 赤道樱草、恒河十万错

形态特征 多年生草本。植株外倾；茎具纵棱；节膨大。叶对生，卵形、长卵形或椭圆形；叶基部急尖、钝、楔形、圆或近心形，几全缘，叶长3~14厘米，宽1~6厘米，叶片上面中脉被柔毛，背面主脉被糙硬毛，两面稀疏被短毛，上面钟乳体点状；叶具柄。总状花序顶生；花序轴4棱，棱上被毛，较明显，花偏向一侧；苞片对生，三角形，疏被短毛；小苞片2，着生于花梗基部，长2毫米；花梗约长3毫米，无毛;花萼长约7毫米，5深裂，仅基部结合，裂片披针形或线形，被腺毛;花冠短，长约2.5厘米，略两唇形，外面被疏柔毛；花冠管基部圆柱状，上唇2裂，裂片三角状卵形，先端略尖，长约5毫米，下唇3裂，裂片长卵形、椭圆形，中裂片长约9毫米，侧裂片7毫米，中裂片两侧自喉部向下有2条褶襞直至花冠筒下部，褶襞密被白色柔毛，并有紫红色斑点；雄蕊4；花丝无毛，每边一长一短，在基部两两结合成对；花药紫色，背着，长圆形；花柱长约12毫米，基部被长柔毛；子房长约3毫米，密被长柔毛；具杯状花盘，花盘多少钝圆，5浅裂。蒴果长约3厘米，不育部分长15毫米。

分布 中南半岛、马来半岛国家及印度有分布。我国产于海南、广东、台湾。目前三沙永兴岛、赵述岛、晋卿岛、北岛、甘泉岛、美济礁、渚碧礁有栽培，常见，生长于菜地、草地、花坛。

价值 嫩茎叶作为蔬菜。全草入药，具有续伤接骨、解毒止痛、凉血止血的功效，用于跌打骨折、瘀阻肿痛、痈肿疮毒、毒蛇咬伤、创伤出血、血热所致的各种出血症。

爵床科 Acanthaceae ｜ 蓝花草属 *Ruellia* L.

蓝花草 *Ruellia simplex* C. Wright

别名 翠芦莉、兰花草、矮种翠芦莉、矮芦莉草

形态特征 多年生草本，高可达 1.5 米。地下根茎蔓延生长，形成交织的水平根茎网，其上生有芽，芽向上长出地上苗，并相应地生出不定根，形成新的植株。茎直立，略呈方形，具沟槽，红褐色。单叶对生，线状披针形，长 8~15 厘米，宽 0.5~1 厘米，上面浓绿色，新叶及叶柄常呈紫红色，全缘或边缘具疏锯齿。花腋生，花径 3~5 厘米；花冠漏斗状，5 裂，具放射状条纹，细波浪状，常为紫色，少有粉色、白色。蒴果长椭圆形，先为绿色，成熟后转为橙褐色，先端具喙，成熟后开裂。种子多数，细小呈粉末状。

分布 原产墨西哥。我国华南地区有引种栽培。目前三沙永兴岛、赵述岛、晋卿岛、甘泉岛、北岛、西沙洲、羚羊礁、银屿、鸭公岛、美济礁、渚碧礁有栽培，常见，生长于花坛。

价值 园林景观植物。抗逆性较强、花期长，在我国南海岛礁作为绿化带、景观带的绿化美化植物种类。

爵床科 Acanthaceae | 山牵牛属 *Thunbergia* Retz.

直立山牵牛 *Thunbergia erecta* (Benth.) T. Anders

别名 硬枝老鸦嘴、立鹤花、蓝吊钟

形态特征 直立灌木，高可达 2 米。茎四棱形；多分枝；初被稀疏柔毛，不久脱落成无毛，仅节处叶腋的分枝基部被黄褐色柔毛。叶卵形至卵状披针形，有时菱形，长 2~6 厘米，宽 0.5~3.5 厘米，近革质，先端渐尖，基部楔形至圆形，边缘具波状齿或不明显 3 裂，两面近无毛或无毛，有时沿主肋及侧脉有稀疏短糙伏毛；羽状脉，侧脉 2~3 对，两面突起，背面略明显；叶柄长 2~5 毫米。花单生于叶腋；花梗长 1~1.5 厘米，无毛，花后延伸；小苞片白色，长圆形，长达 2.5 厘米，宽达 1.5 厘米，先端急尖，外面上部散布小圆透明突起，内面被稀疏柔毛，边缘较密；花萼成 12 不等小齿；花冠管白色，长 1.5 厘米，喉黄色，长 3 厘米；冠檐紫堇色，冠檐裂片长 2 厘米；花丝无毛，长 7~10 毫米；花药具短尖头；子房无毛，花柱先端被微硬毛；柱头内藏于喉的中部，裂片不等大。蒴果无毛，种子部位较粗；具喙，长约 2 厘米；果柄长达 4 厘米。

分布 原产非洲热带地区，现世界各地广泛栽培。我国广东、云南、香港、海南有引种栽培。目前三沙永兴岛、赵述岛有栽培，常见，生长于花坛、庭园绿化带。

价值 热带地区绿化美化的树种之一。

爵床科 Acanthaceae ｜ 山壳骨属 *Pseuderanthemum* Radlk.

紫叶拟美花 *Pseuderanthemum carruthersii* var. *atropurpureum* (W. Bull.) Fosberg

形态特征 灌木，高 50~200 厘米。叶对生，广披针形或倒披针形，叶缘有不规则缺刻，叶色紫红至褐色。穗状花序，顶生；花在花序对生；苞片和小苞片通常小，线形；萼深 5 裂，裂片线形，等大；花冠白色带深红色斑纹；冠管细长，圆柱状；冠檐伸展，5 裂，前裂片稍大，裂片覆瓦状排列；发育雄蕊 2；花丝极短；不育雄蕊 2 或消失。蒴果棒槌状。种子两侧呈压扁状，表面皱缩。

分布 原产南美洲、太平洋诸岛。我国华南地区有引种栽培。目前三沙永兴岛、赵述岛有栽培，不常见，生长于庭园花盆、花坛。

价值 叶色优美，是庭园、公园、花坛绿化美化植物。

爵床科 Acanthaceae | 鳄嘴花属 *Clinacanthus* Nees

鳄嘴花 *Clinacanthus nutans* (Burm. f.) Lindau

别名 竹节黄、柔刺草、竹叶青、青箭、扭序花、忧遁草、千里追、汉帝草、沙巴蛇草、接骨草

形态特征 多年生草本，直立或有时攀缘状。茎圆柱状，干时黄色，有细密的纵条纹，近无毛。叶纸质，披针形或卵状披针形，长5~11厘米，宽1~4厘米，顶端弯尾状渐尖，基部稍偏斜，近全缘，两面无毛；侧脉每边5或6条，干时两面稍突起；叶柄长约6毫米或更长。花序长1.5厘米，被腺毛；苞片线形，长约8毫米，顶端急尖；萼裂片长约8毫米，渐尖；花冠深红色，长约4厘米，被柔毛。雄蕊和雌蕊光滑无毛。

分布 中南半岛、马来半岛国家有分布。我国产于广东、广西、海南、云南等省份。目前三沙美济礁、渚碧礁有栽培，不常见，生长于庭园、菜地。

价值 嫩茎叶可作蔬菜食用。全草入药，具有清热解毒、散瘀消肿、消炎解酒、防癌抗癌的功效，用于肾炎、肾萎缩、肾衰竭、肾结石、喉咙肿痛、肝炎、黄疸、皮肤病、高血压、高血糖、高血脂、胃炎、风湿痹痛。

马鞭草科 Verbenaceae | 马缨丹属 *Lantana* L.

马缨丹 *Lantana camara* L.

别名 五色梅、臭草、七姐妹花

形态特征 直立或蔓性的灌木，高可达 2 米，有时藤状，长可达 4 米。茎枝均呈四方形，有短柔毛，通常有短倒钩状刺。单叶对生，揉烂后有强烈的气味，叶片卵形至卵状长圆形，长 3~8.5 厘米，宽 1.5~5 厘米，顶端急尖或渐尖，基部心形或楔形，边缘有钝齿，表面有粗糙的皱纹和短柔毛，背面有小刚毛，侧脉约 5 对；叶柄长约 1 厘米。花序直径 1.5~2.5 厘米；花序梗粗壮，长于叶柄；苞片披针形，长 1.5~4.5 毫米，外部有粗毛；花萼管状，膜质，长约 1.5 毫米，顶端有极短的齿；花冠黄色、橙黄色、深红色，花冠管长约 1 厘米，两面有细短毛，直径约 5 毫米；子房无毛。果圆球形，直径约 4 毫米，成熟时紫黑色。

分布 原产于美洲热带地区，世界热带地区均有分布。我国产于台湾、福建、广东、广西、海南。目前三沙产于永兴岛、甘泉岛、赵述岛、东岛、北岛、石岛、西沙洲、中沙洲、广金岛、晋卿岛、美济礁、渚碧礁、永暑礁，常见，尤其甘泉岛较多，生长于路边、草坡、空旷沙地、林缘。

价值 庭园、房前屋后栽培作观赏。根、叶、花入药，具有清热解毒、散结止痛、祛风止痒的功效，用于疟疾、肺结核、颈淋巴结核、腮腺炎、胃痛、风湿骨痛。注：本种叶、花及未成熟果有毒，会引起过敏反应，用时需慎重。本种产生化感物质，对本土植物有排挤；会对本土植物进行绞杀；抗逆性强，光捕获能力强，易形成优势种群，对生态环境破坏性较强，热带岛礁要注意防控。

马鞭草科 Verbenaceae | 假马鞭属 *Stachytarpheta* Vahl.

假马鞭 *Stachytarpheta jamaicensis* (L.) Vahl.

别名 蛇尾草、蓝草、大种马鞭草、玉龙鞭、倒团蛇、假败酱、铁马鞭

形态特征 多年生草本或亚灌木，高可达2米。幼枝近四方形，疏生短毛。叶片厚纸质，椭圆形至卵状椭圆形，长2.5~8厘米，顶端短锐尖，基部楔形，边缘有粗锯齿，两面均散生短毛，侧脉3~5，在背面突起；叶柄长1~3厘米。穗状花序顶生，长10~30厘米；花单生于苞腋内，一半嵌生于花序轴的凹穴中，螺旋状着生；苞片边缘膜质，有纤毛，顶端有芒尖；花萼管状，膜质、透明、无毛，长约6毫米；花冠深蓝紫色，长0.5~1.5厘米，内面上部有毛，顶端5裂，裂片平展；雄蕊2；花丝短；花药2裂；花柱伸出，柱头头状；子房无毛。果藏于花萼内，成熟后2瓣裂。每瓣含种子1粒。

分布 原产中南美洲，现东南亚有分布。我国产于广东、广西、海南、福建、云南。目前三沙产于永兴岛、赵述岛、甘泉岛、东岛、北岛、石岛、西沙洲、晋卿岛、美济礁、渚碧礁、永暑礁，常见，生长于草坡、空旷沙地。

价值 全草药用，具有清热解毒、利水通淋的功效，用于尿路结石、尿路感染、风湿筋骨痛、喉炎、急性结膜炎、痈疖肿痛。

马鞭草科 Verbenaceae | 牡荆属 *Vitex* L.

单叶蔓荆 *Vitex rotundifolia* L. f.

别名 荆条子、京子、白布荆

形态特征 匍匐灌木。节上生根。小枝幼时被丝状绒毛。叶对生，常为单小叶，偶见3小叶；无柄或具短柄；叶片倒卵形、近圆形，顶端通常钝圆或有短尖头，基部楔形，全缘，长2.5~5厘米，宽1.5~3厘米。圆锥花序顶生；花萼杯状，二唇形，具5小齿，在外面被绢状绒毛和小腺体，里面无毛。花冠淡紫色；雄蕊和花柱外露；子房球状，无毛，具多数腺体。果成熟时黑色，干后暗褐色，球状；果萼宿存。

分布 日本、印度、缅甸、泰国、越南、马来西亚、澳大利亚、新西兰有分布。我国产于热带、亚热带沿海各省。目前三沙产于甘泉岛、美济礁，不常见，生长于空旷沙地。

价值 热带海岸、岛礁防风固沙和生态修复的候选植物之一。果实入药，具有疏风散热的功效，用于风热感冒头痛、齿龈肿痛、目赤多泪、目暗不明、头晕目眩。

马鞭草科 Verbenaceae | 大青属 *Clerodendrum* L.

许树 *Clerodendrum inerme* (L.) Gaertn.

别名 苦郎树、苦蓝盘、假茉莉、海常山

形态特征 攀缘灌木，高可达2米。根、茎、叶有苦味。幼枝四棱形，黄灰色，被短柔毛。叶对生，薄革质，卵形、椭圆形或椭圆状披针形、卵状披针形，长3~7厘米，宽1.5~4.5厘米，顶端钝尖，基部楔形或宽楔形，全缘，常略反卷，表面深绿色，背面淡绿色，无毛或背面沿脉疏生短柔毛；两面散生黄色细小腺点，干后褪色或脱落而形成小浅窝；侧脉4~7对，近叶缘处向上弯曲而相互汇合；叶柄长约1厘米。聚伞花序通常由3朵花组成，少为2次分歧，着生于叶腋或枝顶叶腋；花香；花序梗长2~4厘米；苞片线形，长约2毫米，对生或近对生；花萼钟状，外被细毛，顶端微5裂或在果时几平截，萼管长约7毫米；花冠白色，顶端5裂，裂片长椭圆形，长约7毫米，花冠管长2~3厘米，外面几无毛，有不明显的腺点，内面密生绢状柔毛；雄蕊4，偶见6；花丝紫红色，细长，与花柱同伸出花冠；花柱较花丝长或近等长，柱头2裂。核果倒卵形，直径7~10毫米，略有纵沟，多汁液，内有4分核；外果皮黄灰色；花萼宿存。

分布 印度及东南亚、大洋洲国家有分布。我国产于福建、台湾、广东、广西、海南。目前三沙产于永兴岛、赵述岛、晋卿岛、东岛、广金岛、甘泉岛、石岛、北岛、西沙洲、美济礁、渚碧礁、永暑礁，常见，尤其甘泉岛分布较多，生长于林缘、草坡、沙地。

价值 热带滨海、岛礁防护林防风固沙植物。木材可作薪柴。枝、叶入药，具有祛瘀止血、燥湿杀虫的功效，用于跌打损伤、血瘀肿痛、内伤吐血、外伤吐血、疮癣疥癞、湿疹瘙痒。注：本种有毒，用时需慎重。

马鞭草科 Verbenaceae | 假连翘属 *Duranta* L.

假连翘 *Duranta repens* L.

别名 莲荞、番仔刺、洋刺、花墙刺、篱笆树

形态特征 灌木，高可达3米。枝条有皮刺；幼枝有柔毛。叶对生，少有轮生，叶片卵状椭圆形或卵状披针形，长2~6.5厘米，宽1.5~3.5厘米，纸质，顶端短尖或钝，基部楔形，全缘或中部以上有锯齿，有柔毛；叶柄长约1厘米，有柔毛。总状花序顶生或腋生，常排成圆锥状；花萼管状，有毛，长约5毫米，5裂，有5棱；花冠通常蓝紫色，长约8毫米，稍不整齐，5裂，裂片平展，内外有微毛；花柱短于花冠管；子房无毛。核果球形，无毛，有光泽，直径约5毫米，熟时红黄色，由增大宿存花萼包被。

分布 原产热带美洲。我国南方常见栽培，也有逸生。目前三沙永兴岛、赵述岛、晋卿岛、甘泉岛、美济礁、渚碧礁、永暑礁有栽培，常见，生长于绿化带、花坛。

价值 作为绿篱、园林绿化美化植物。叶、果实入药，具有散热透邪、行血祛瘀、止痛杀虫、消肿解毒的功效，用于疟疾、痈毒初起、脚底深部脓肿。注：本种有小毒，用时需慎重。

马鞭草科 Verbenaceae | 豆腐柴属 *Premna* L.

伞序臭黄荆 *Premna serratifolia* L.

别名 臭娘子、钝叶臭黄荆

形态特征 灌木至乔木，高可达 8 米。枝条有椭圆形黄白色皮孔，幼枝密生柔毛，老后毛变稀疏。叶片纸质，长圆形至广卵形，长 4~15 厘米，宽 3~10 厘米，全缘或微呈波状，或仅上部疏生不明显的钝齿，顶端短、急尖，很少渐尖，基部圆形或截形，两面仅沿脉有柔毛或近无毛；叶柄长 2~5 厘米，有细柔毛，上面通常有浅沟。聚伞花序在枝顶端组成伞房状，长 5~15 厘米，宽 8~24 厘米，具长 1~2.5 厘米的柄；苞片披针形或线形，长 3~6 毫米，被细毛；花萼杯状，长约 2.5 毫米，外面有细柔毛和黄色腺点，二唇形，上唇较长，有明显的 2 齿，下唇较短，近全缘或有不明显的 3 齿；花冠黄绿色，外面疏具腺点，微呈二唇形，上唇全缘或微凹，下唇 3 裂，裂片近等大或中央裂片稍长而宽；花冠喉部密生 1 圈长柔毛，毛长约 1 毫米；子房无毛，顶端有腺点；花柱长 3.5~4 毫米。核果圆球形，直径约 4 毫米。

分布 印度、斯里兰卡、马来西亚及南太平洋诸岛有分布。我国产于台湾、广西、广东、海南。目前三沙产于北岛，少见，生长于海岸防护林。

价值 珊瑚礁岩间常见植物之一，为防风林、绿篱、盆栽的优良树种。可代臭黄荆入药，根具有清热利湿、解毒的功效，用于痢疾、疟疾、风热头痛、肾炎水肿、痔疮、脱肛；叶具有解毒消肿的功效，外用于治疮疡肿毒。

马鞭草科 Verbenaceae ｜ 过江藤属 *Phyla* Lour.

过江藤 *Phyla nodiflora* (L.) Greene

别名 蓬莱草、苦舌草、水马齿苋、鸭脚板、铜锤草、大二郎箭、虾子草、水黄芹、过江龙

形态特征 多年生草本。多分枝；全株具短毛。叶近无柄，匙形、倒卵形至倒披针形，长 1~3 厘米，宽 0.5~1.5 厘米，顶端钝或近圆形，基部狭楔形，中部以上的边缘有锐锯齿。穗状花序腋生，卵形或圆柱形，长 0.5~3 厘米，宽约 0.6 厘米；花序梗长 1~7 厘米；苞片宽倒卵形，宽约 3 毫米；花萼膜质，长约 2 毫米；花冠白色、粉红色至紫红色，内外无毛；雄蕊短小，不伸出花冠外；子房无毛。果淡黄色，长约 1.5 毫米，内藏于膜质的花萼内。

分布 全球热带、亚热带地区有分布。我国产于华中、华东、西南、华南。目前三沙产于永兴岛、甘泉岛、美济礁、渚碧礁，常见，生长于潮湿沙地、草坡。

价值 作庭园地被景观；也可作吊盆观赏。全草入药，具有破瘀生新、通利小便的功效，用于咳嗽、吐血、通淋、痢疾、牙痛、疖毒、枕痛、带状疱疹及跌打损伤等症。注：孕妇忌用。

唇形科 Labiatae | 鼠尾草属 *Salvia* L.

一串红 ***Salvia splendens*** **Ker-Gawler**

别名 爆仗红、炮仔花、象牙红、拉尔维亚、西洋红、象牙海棠、墙下红

形态特征 亚灌木状草本，高可达90厘米。茎钝四棱形，具浅槽，无毛。叶卵圆形或三角状卵圆形，长2.5~7厘米，宽2~4.5厘米，先端渐尖，基部截形或圆形，稀钝，边缘具锯齿，上面绿色，下面较淡，两面无毛，下面具腺点；茎生叶叶柄长3~4.5厘米，无毛。由2~6个轮伞花序组成总状花序，顶生，花序长达20厘米或更长；花序轴被微柔毛；苞片卵圆形，红色，大，在花开前包裹着花蕾，先端尾状渐尖；花梗长4~7毫米，密被染红的具腺柔毛；花萼钟形，红色，开花时长约1.6厘米，花后长达2厘米，外面沿脉上被染红的具腺柔毛，内面在上半部被微硬伏毛，二唇形，唇裂达花萼长1/3，上唇三角状卵圆形，长5~6毫米，宽10毫米，先端具小尖头，下唇比上唇略长，深2裂，裂片三角形，先端渐尖。花冠颜色多样，因不同品种而异，有红色、白色、粉色、紫色、黄色，长约4.2厘米，外被微柔毛，内面无毛；冠筒筒状，直伸，在喉部略增大；冠檐二唇形，上唇直伸，略内弯，长圆形，长8~9毫米，宽约4毫米，先端微缺，下唇比上唇短，3裂，中裂片半圆形，侧裂片长卵圆形，比中裂片长。能育雄蕊2，近外伸；花丝长约5毫米；退化雄蕊短小；花柱与花冠近相等，先端不等2裂，前裂片较长。小坚果椭圆形，长约3.5毫米，暗褐色，顶端具不规则极少数的皱褶突起，边缘或棱具狭翅，光滑。

分布 原产巴西。我国各地广泛栽培。目前三沙永兴岛有栽培，常见，生长于花坛、花盆。

价值 常见观赏花卉之一。全草入药，具有凉血止血、清热利湿、散瘀止痛的功效，用于咳血、吐血、便血、血崩、泄泻、痢疾、胃痛、经期腹痛、产后血瘀腹痛、跌打损伤、风湿痹痛、瘰疬、痈肿。

唇形科 Labiatae | 鞘蕊花属 *Coleus* Lour.

五彩苏 *Coleus scutellarioides* (L.) Benth.

别名 锦紫苏、洋紫苏、五色草、老来少、彩叶草

形态特征 直立草本。茎通常紫色，四棱形，被微柔毛，具分枝。叶膜质，其大小、形状及色泽变异很大，通常卵圆形，长4~12.5厘米，宽2.5~9厘米，先端钝至短渐尖，基部宽楔形至圆形，边缘具圆齿状锯齿或圆齿，色泽多样，有黄色、暗红色、紫色及绿色；两面被微柔毛，下面常散布红褐色腺点；侧脉4~5对，斜上升，两面微凸出；叶柄伸长，长1~5厘米，扁平，被微柔毛。轮伞花序多花，花时径约1.5厘米，多数密集排列成长5~25厘米、宽3~8厘米的简单或分枝的圆锥花序；花梗长约2毫米，与序轴同被微柔毛；苞片宽卵圆形，长约2.5毫米，先端尾尖，被微柔毛及腺点，脱落；花萼钟形，10脉，开花时长约2.5毫米，外被短硬毛及腺点，果时花萼增大，长达7毫米；萼檐二唇形，上唇3裂，中裂片宽卵圆形，较大，果时外反折，侧裂片短小，卵圆形，下唇呈长方形，较长，2裂片高度靠合，先端具2齿，齿披针形。花冠浅紫色、紫色、蓝色，长8~13毫米，外被微柔毛，冠筒骤然下弯，冠檐二唇形，上唇短，直立，4裂，下唇延长，内凹，舟形。雄蕊4，内藏，花丝在中部以下合生成鞘状；花柱长于雄蕊，伸出，先端相等2浅裂；花盘前方膨大。小坚果宽卵圆形或圆形，压扁，褐色，具光泽，长约1毫米。

分布 原产印度尼西亚。我国各地有栽培。目前三沙永兴岛有栽培，少见，生长于房前屋后花坛。

价值 常见观赏植物，可作观叶花卉陈设、花坛图案，也可作花篮、花束配叶。叶入药，具有消炎、消肿、解毒的功效，用于蛇伤。

唇形科 Labiatae | 益母草属 *Leonurus* L.

益母草 *Leonurus japonicus* Houttuyn

别名 益母夏枯、森蒂、野麻、灯笼草、地母草、假青麻草、益母艾、艾草、红艾、臭艾、红花益母草、云母草、野天麻、鸡母草、益母蒿

形态特征 一年生或二年生草本，高可达 120 厘米。茎直立，通常钝四棱形，微具槽；有倒向糙伏毛，在节及棱上尤为密集，在基部有时近无毛；多分枝，或仅于茎中部以上有能育小枝。叶形变化大；茎下部叶为卵形，基部宽楔形，掌状 3 裂，裂片呈长圆状菱形至卵圆形，通常长 2.5~6 厘米，宽 1.5~4 厘米，裂片上再分裂，上面绿色，有糙伏毛，叶脉稍下陷，下面淡绿色，被疏柔毛及腺点，叶脉凸出；叶柄纤细，长 2~3 厘米，叶基下延在叶柄上部略具翅，腹面具槽，背面圆形，被糙伏毛；茎中部叶轮廓为菱形，较小，通常分裂成 3 个或偶有多个长圆状线形的裂片，基部狭楔形，叶柄长 0.5~2 厘米；花序最上部的苞叶近无柄，线形或线状披针形，长 3~12 厘米，宽 2~8 毫米，全缘或具稀少牙齿。轮伞花序腋生，具 8~15 花，轮廓为圆球形，径 2~2.5 厘米，多数远离而组成长穗状花序；小苞片刺状，向上伸出，基部略弯曲，比萼筒短，长约 5 毫米，有贴生的微柔毛；花梗无；花萼管状钟形，长 6~8 毫米，外面有贴生微柔毛，内面于离基部 1/3 以上被微柔毛，具 5 脉，显著，齿 5，前 2 齿靠合，长约 3 毫米，后 3 齿较短，等长，长约 2 毫米，齿均宽三角形，先端刺尖；花冠粉红至淡紫红色，长 1~1.2 厘米，外面伸出萼筒部分被柔毛，冠筒长约 6 毫米，等大，内面在离基部 1/3 处具不明显毛环，毛环在背面间断，冠檐二唇形，上唇直伸，内凹，长圆形，长约 7 毫米，宽 4 毫米，全缘，内面无毛，边缘具纤毛，下唇略短于上唇，内面在基部疏被毛，3 裂，中裂片倒心形，先端微缺，边缘薄膜质，基部收缩，侧裂片卵圆形，细小；雄蕊 4，前对较长；花丝丝状，扁平，疏被毛；花药卵圆形；花柱丝状，与上唇片近等长，无毛，先端相等 2 浅裂，裂片钻形；花盘平顶。子房褐色，无毛。小坚果长圆状三棱形，长 2.5 毫米，顶端截平而略宽大，基部楔形，淡褐色，光滑。

分布 俄罗斯、朝鲜、日本及热带亚洲、非洲、美洲国家有分布。我国产于全国各地。目前三沙永兴岛、赵述岛、美济礁有栽培，少见，生长于草坡。

价值 全草入药，具有活血、祛淤、调经、消水的功效，用于妇女月经不调、胎漏难产、胞衣不下、产后血晕、瘀血腹痛、崩中漏下、尿血、泻血、痈肿疮疡。

唇形科 Labiatae | 绣球防风属 *Leucas* R. Br.

绉面草 *Leucas zeylanica* (L.) R. Br.

别名 半夜花、蜂巢草、蜂窝草

形态特征 直立草本，高约40厘米。茎多分枝，具硬毛，四棱形，具沟槽。叶片长圆状披针形，长3.5~5厘米，宽0.5~1厘米，先端渐尖，基部楔形而狭长，基部以上有远离的疏生圆齿状锯齿，纸质，上面绿色，疏生糙毛，下面淡绿色，密布淡黄色腺点，沿脉密生糙毛；侧脉3~4对，上面微凹，下面稍凸出；叶柄长约0.5厘米，密被刚毛。轮伞花序腋生，着生于枝条的上端，小圆球状，近等大，径约1.5厘米，少花，各部疏被刚毛，其下具少数苞片；苞片线形，短于萼筒，中肋凸出，疏生刚毛，边缘具刚毛，先端微刺尖；花萼管状钟形，略弯曲，外面在下部无毛，上部有时微糙而具稀疏刚毛，内面疏被微刚毛，脉10，不明显，萼口偏斜，略收缩，齿8~9，刺状，长1毫米左右；花冠白色，长约1.2厘米，冠筒纤弱，直伸，顶端微扩大，外面上部密生柔毛，中部以下近无毛，内面在冠筒中部有毛环，冠檐二唇形，上唇直伸，盔状，外密被白色长柔毛，内面无毛，下唇较上唇长1倍，极开张而平伸，3裂，中裂片椭圆形，边缘波状，最大，侧裂片细小，卵圆形；雄蕊4，内藏；花丝丝状，具须毛；花柱极不相等2裂；花盘等大，波状；子房无毛。小坚果椭圆状近三棱形，栗褐色，有光泽。

分布 印度、斯里兰卡、缅甸、马来西亚、印度尼西亚、菲律宾有分布。我国产于海南、广东、广西。目前三沙产于永兴岛、渚碧礁、美济礁，少见，生长于草坡。

价值 全草入药，具有疏风散寒、化痰止咳的功效，用于感冒、头痛、牙痛、咳嗽、咽喉炎、百日咳、支气管哮喘。

唇形科 Labiatae | 刺蕊草属 *Pogostemon* Desf.

广藿香 *Pogostemon cablin* (Blanco) Benth.

别名 石牌藿香、藿香、南藿香、石牌广藿香、海南广藿香、枝香

形态特征 多年草本或半灌木，高可达1米。茎直立，四棱形，分枝，被绒毛。叶对生，草质，圆形或宽卵圆形，长2~10厘米，宽1~9厘米，先端钝或急尖，基部楔状渐狭，边缘具不规则的齿裂，上面深绿色，被绒毛，老时渐稀疏，下面淡绿色，被绒毛；侧脉约5对，与中肋在上面稍凹陷或近平坦，下面突起；叶柄长1~6厘米，被绒毛。轮伞花序多花，由下向上密集，排列成长4~7厘米、宽1.5~1.8厘米的穗状花序；穗状花序顶生及腋生，密被长绒毛；具总梗，梗长0.5~2厘米，密被绒毛；苞片及小苞片线状披针形，比花萼稍短或与其近等长，密被绒毛；花萼筒状，长7~9毫米，外被长绒毛，内被较短的绒毛，具5齿，齿钻状披针形，长约为萼筒的1/3；花冠紫色，长约1厘米，4裂，前裂片向前伸，裂片外面均被长毛；雄蕊4，外伸；花柱先端近等2浅裂；花盘环状。小坚果近球形，稍压扁。

分布 印度、斯里兰卡、马来西亚、印度尼西亚、菲律宾有分布。我国台湾、广东、海南、广西、福建有栽培或逸生。目前三沙产于美济礁，少见，生长于失修蔬菜大棚内。

价值 地上部分入药，具有芳香化浊、开胃止呕、发表解暑的功效，用于湿浊中阻、脘痞呕吐、暑湿倦怠、胸闷不舒、寒湿闭暑、腹痛吐泻、鼻渊头痛。挥发油可作定香剂。

唇形科 Labiatae | 马刺花属 *Plectranthus* L'Hér.

到手香 *Plectranthus amboinicus* (Lour.) Spreng

别名 还魂草、延命草、碰碰香

形态特征 多年生草本，株高 20~90 厘米。全株密被细毛，具强烈辛香味。叶对生，肥厚，肉质，卵圆形，先端钝圆或尖，基部近截平，边缘具密齿，稍上卷，叶绿色。穗状花序，顶生或腋生；花淡紫色。

分布 原产非洲好望角、欧洲及西南亚。我国海南、广东有栽培，有的逸为野生。目前三沙产于晋卿岛、美济礁，很少见，生长于绿化带草地。

价值 全草入药，具有清凉、消炎、祛风、解毒的功效，用于感冒发烧、扁桃体炎、喉咙发炎、肺炎、寒热、头痛、胸腹满闷、呕吐泻泄；外用烧伤、烫伤、刀伤。本种对耳朵发炎具有较好的效果。

水鳖科 Hydrocharitaceae | 喜盐草属 *Halophila* Thou.

喜盐草 *Halophila ovalis* (R. Br.) Hook. f.

别名 海蛭藻、卵叶盐藻

形态特征 多年生海草。茎匍匐，细长，易折断，节间长1~5厘米，直径约1毫米，每节生细根1条，鳞片2枚；鳞片膜质，透明，近圆形、椭圆形或倒卵形，先端微缺，基部耳垂状，外面鳞片长5~5.5毫米，宽3~3.5毫米，内面鳞片中肋隆起呈龙骨状，边缘波状，长4~4.5毫米，宽约3毫米。叶2枚，自鳞片腋部生出；叶片薄膜质，淡绿色，有褐色斑纹，透明，长椭圆形或卵形，长1~4厘米，宽0.5~2厘米，先端圆或略尖，基部钝形、截形、圆形或楔形，全缘呈波状；叶脉3条，中脉明显，缘脉距叶缘约0.5毫米，与中脉在叶端连接，次级横脉12~25对，连接中脉与缘脉；叶柄长1~4.5厘米。花单性，雌雄异株。雄佛焰苞广披针形，长约4毫米，顶端锐尖；雄花被片椭圆形，伸展，长约4毫米，宽约2毫米，白色，具黑色条纹，透明；花药长圆形。雌佛焰苞，苞片2，广披针形，外苞片紧裹内苞片，均呈螺旋状扭卷，形似长颈瓶，颈部长，约为膨大部分的2倍；子房略呈三角形，长1~1.5毫米；花柱细长，柱头3，长2~3厘米。果实近球形，直径3~4毫米，具4~5毫米长的喙；果皮膜质。种子多数，近球形，细小；种皮具疣状突起与网状纹饰。

分布 广布于红海、印度洋、西太平洋沿海。我国产于台湾、海南、广东。目前三沙产于永兴岛、赵述岛、北岛、西沙洲、石岛、中沙洲、南沙洲、北沙洲、晋卿岛、甘泉岛、银屿、羚羊礁、鸭公岛，很常见，生长于岛屿周围潮间带礁盘。

价值 可以用于稳固礁盘、抗浪消浪；为小型海洋动物提供庇护；净化礁盘水体；海陆能量交换的生物资源之一。

水鳖科 Hydrocharitaceae | 泰来藻属 *Thalassia* Banks ex K. D. Koenig

泰来藻 *Thalassia hemprichii* (Ehrenberg ex Solms) Ascherson

形态特征 多年生海草。根具有纵裂气道。根状茎长，横走，有明显的节与节间，并有数条不定根，在节上长出直立茎；直立茎节密集呈环纹状。叶带形略呈镰状弯曲，长6~12厘米，有时可达40厘米，宽4~8毫米，有的宽可达11毫米，基部具膜质鞘，鞘常残留在茎上。雌雄异株。雄花序自叶鞘内抽出，具2~3厘米长的梗；佛焰苞线形，稍宽，由2个苞片组成，内生1朵雄花；花被片3，裂片卵形，花瓣状；雄蕊3~12，常6枚，花丝极短；无退化雌蕊。雌佛焰苞内花1朵，无梗；花被片3；花柱6，柱头2裂，长10~15毫米；子房圆锥形，侧膜胎座。果实球形，淡绿色，长2~2.5厘米，宽1.8~3.5厘米，由顶端开裂成8~20个果爿，果爿向外卷，厚1~2毫米。种子多数。

分布 越南、泰国、缅甸、马来西亚、印度、斯里兰卡、菲律宾、印度尼西亚、琉球群岛、新几内亚及红海至印度洋、太平洋有分布。我国产于海南、台湾。目前三沙产于永兴岛、赵述岛、北岛、西沙洲、石岛、中沙洲、南沙洲、北沙洲、晋卿岛、甘泉岛、银屿、羚羊礁、鸭公岛，很常见，生长于岛屿周围潮间带礁盘。

价值 可以用于稳固礁盘、抗浪消浪；为小型海洋动物提供庇护；净化礁盘水体；海陆能量交换的生物资源之一。是海洋食草动物如儒艮的食物之一。

角果藻科 Zannichelliaceae | 丝粉藻属 *Cymodocea* K. D. Koenig

丝粉藻 *Cymodocea rotundata* Asch. & Schweinf.

形态特征 沉水植物。匍匐茎较纤细，每节具 1~3 条根和 1 条短缩的直立茎；茎端簇生叶片 2~5 枚。叶片线形，多少呈镰状，长 7~15 厘米，宽小于 4 毫米，全缘，先端钝圆形或截形，有时先端两侧边缘稍有小齿；叶脉平行，9~15 条；叶鞘长 1.5~4 厘米，微紫色，顶端具 1 对近等腰三角形的叶耳，鞘脱落后常在茎上形成 1 闭合环痕。雄花花药长约 11 毫米；雌花子房甚小，与稍细的花柱共长约 5 毫米。果呈略斜的半圆形或半卵圆形，侧扁，长约 10 毫米，宽约 6 毫米，厚约 1.5 毫米，无柄，骨质；具 3 条平行的背脊，中脊具 6~8 个明显的尖突齿，有时腹脊亦有 3~4 齿；顶喙略偏斜，宿存。

分布 西太平洋热带海域、印度洋、红海有分布。我国产于海南。目前三沙产于永兴岛、石岛，少见，生长于岛屿周围潮间带浅水区。

价值 可以用于稳固礁盘、抗浪消浪；为小型海洋动物提供庇护；净化礁盘水体；海陆能量交换的生物资源之一。

鸭跖草科 Commelinaceae | 鸭跖草属 *Commelina* L.

饭包草 *Commelina benghalensis* L.

别名 竹叶菜、卵叶鸭跖草、圆叶鸭跖草、大号日头舅、千日菜

形态特征 多年生草本。茎大部分匍匐，节上生根，上部及分枝上部上升，长可达 70 厘米，被疏柔毛。叶片卵形，长 3~7 厘米，宽 1.5~3.5 厘米，顶端钝或急尖，近无毛；叶鞘口沿有疏而长的睫毛；具叶柄。总苞片漏斗状，与叶对生，常数个集于枝顶，下部边缘合生，长 8~12 毫米，被疏毛，顶端短急尖或钝，柄极短；花序下面 1 枝具细长梗，具 1~3 朵不孕的花，伸出佛焰苞，上面 1 枝有花数朵，结实，不伸出佛焰苞；萼片膜质，披针形，长 2 毫米，无毛；花瓣蓝色，3 枚，圆形，长 3~5 毫米，内面 2 枚具长爪。蒴果椭圆形，长 4~6 毫米。种子长约 2 毫米，多皱并有不规则网纹，黑色。

分布 亚洲和非洲的热带、亚热带广布。我国产于广东、广西、海南、山东、河北、河南、陕西、四川、云南、湖南、湖北、江西、安徽、江苏、浙江、福建和台湾等省份。目前三沙产于永兴岛、赵述岛、晋卿岛、渚碧礁、美济礁，常见，生长于潮湿绿化带草地、房前屋后、林下开阔地。

价值 全草入药，具有清热解毒、利湿消肿的功效，用于小便短赤涩痛、赤痢、疔疮。可作家畜青饲草。

鸭跖草科 Commelinaceae | 鸭跖草属 *Commelina* L.

鸭跖草 *Commelina communis* L.

别名 碧竹子、翠蝴蝶、淡竹叶

形态特征 一年生草本。茎匍匐生根，多分枝，长可达1米，下部无毛，上部被短毛。叶披针形至卵状披针形，长3~9厘米，宽1.5~2厘米。总苞片佛焰苞状，有1.5~4厘米的柄，与叶对生，折叠状，展开后为心形，顶端短急尖，基部心形，长1~2.5厘米，边缘常有硬毛；聚伞花序，下面1枝仅有花1朵，具长约8毫米的梗；上面1枝具花3~4朵，具短梗，几乎不伸出佛焰苞；萼片膜质，长约5毫米，内面2枚常靠近或合生；花瓣深蓝色，3枚，内面2枚具爪，长近1厘米。蒴果椭圆形，长5~7毫米，2爿裂，有种子4粒。种子长约2.5毫米，棕黄色，一端平截、腹面平，有不规则窝孔。

分布 越南、朝鲜、日本、俄罗斯，北美国家有分布。我国产于除青海、新疆、西藏外各省份。目前三沙产于永兴岛、美济礁，不常见，生长于草坡、失修蔬菜大棚。

价值 全草入药，具有行水、清热、凉血、解毒的功效，用于水肿、脚气、小便不利、感冒、丹毒、腮腺炎、黄疸肝炎、热痢、疟疾、鼻衄、尿血、血崩、白带、咽喉肿痛、痈疽疔疮。

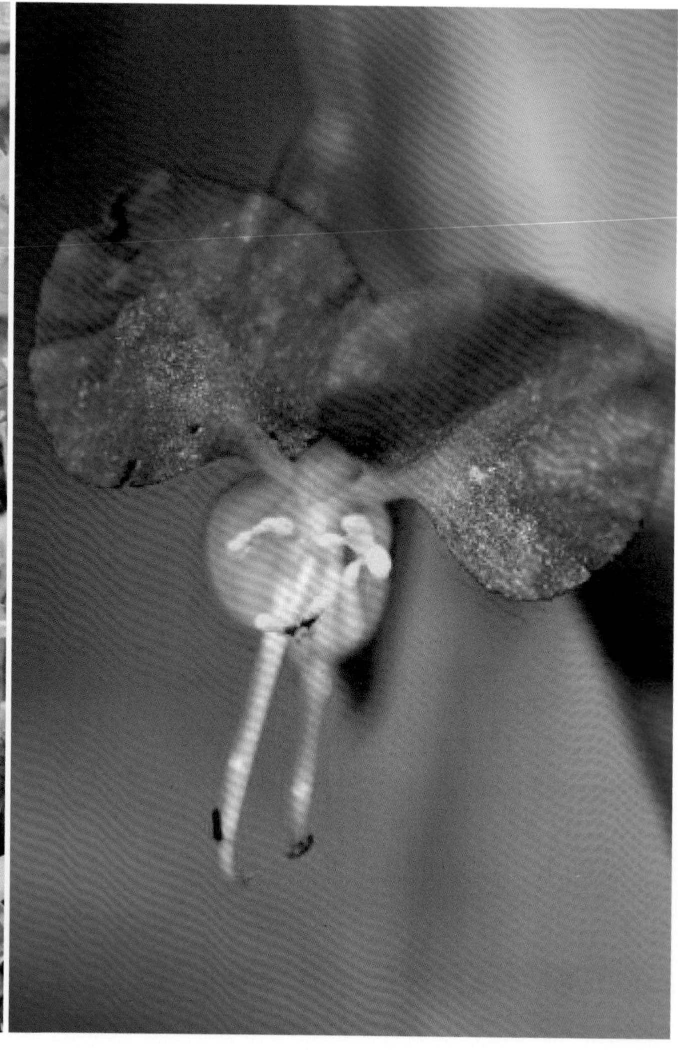

鸭跖草科 Commelinaceae | 鸭跖草属 *Commelina* L.

竹节菜 *Commelina diffusa* Burm. f.

别名 竹节草、节节草、竹节花、黄花草、竹蒿草、翠蝴蝶、竹鸡草、竹叶菜、碧蝉花、水竹子、露草、帽子花、竹叶兰

形态特征 一年生草本。茎匍匐，节上生根，长可达1米以上，多分枝，无毛或有1列短硬毛，或全面被短硬毛。叶披针形或在分枝下部的为长圆形，长3~12厘米，宽0.5~3厘米，顶端通常渐尖，少急尖的，无毛或被刚毛；叶鞘上常有红色小斑点。蝎尾状聚伞花序通常单生于分枝上部叶腋，有时呈假顶生，每个分枝一般仅有1个花序；总苞片具长2~4厘米的柄，折叠状，平展后为卵状披针形，顶端渐尖或短渐尖，基部心形或浑圆，外面无毛或被短硬毛；花序自基部开始2叉分枝；苞片极小；花梗长约3毫米，果期伸长达5厘米，粗壮而弯曲；萼片椭圆形，浅舟状，长3~4毫米，宿存，无毛；花瓣蓝色，3枚。蒴果矩圆状三棱形，长约5毫米。种子黑色，卵状长圆形，长2毫米，具粗网状纹饰。

分布 全球热带、亚热带地区广布。我国产于海南、广东、广西、贵州、西藏、云南。目前三沙产于永兴岛，不常见，生长于潮湿绿化带草地、蔬菜地。

价值 全草入药，具有清热解毒、利尿消肿、止血的功效，用于急性咽喉炎、痢疾、疮疖、小便不利；外用治外伤出血。花汁可作青碧色颜料，用于绘画。

鸭跖草科 Commelinaceae | 水竹叶属 *Murdannia* Royle

裸花水竹叶 *Murdannia nudiflora* (L.) Brenan

别名 山韭菜、竹叶草、地韭菜、天芒针

形态特征 多年生草本。茎多条自基部发出，披散，长 10~50 厘米，无毛；下部节上生根。叶茎生为主，偶有 1~2 枚条形、长可达约 10 厘米的基生叶，茎生叶叶鞘长一般小于 1 厘米，常被长刚毛，但有部分植株仅鞘口一侧密生长刚毛；叶片禾叶状或披针形，顶端钝或渐尖，两面无毛或疏生刚毛，长 2.5~10 厘米，宽 5~10 毫米。蝎尾状聚伞花序数个排成顶生圆锥花序，或仅单个；总苞片叶状，自下而上逐步变小；聚伞花序有数朵密集排列的花，总梗纤细，长可达约 4 厘米；苞片早落；花梗细，长约 4 毫米；萼片草质，卵状椭圆形、浅舟状，长约 3 毫米；花瓣紫色，长约 3 毫米；雄蕊 4~6，2 枚可育；花丝下部有须毛。蒴果卵圆状三棱形，长约 3 毫米。种子黄棕色。

分布 老挝、柬埔寨、缅甸、斯里兰卡、印度、印度尼西亚、不丹、巴布亚新几内亚、日本及太平洋岛屿、印度洋岛屿有分布。我国产于东南部至西南部。目前三沙产于永兴岛、美济礁、渚碧礁，不常见，生长于绿化带草地。

价值 全草入药，和酒捣烂，外敷可治蛇疮。

鸭跖草科 Commelinaceae | 紫万年青属 *Tradescantia* L.

紫背万年青 *Tradescantia spathacea* Sw.

别名 紫锦兰、蚌花、紫菖、紫兰、红面将军、血见愁、蚌壳花

形态特征 多年生草本，高约 60 厘米。多分蘖，丛生；茎粗壮，具节；各节能抽出分枝。叶互生，线状披针形，全缘，叶背紫色，长 15~40 厘米，宽约 2.5 厘米，叶基部边缘有众多白色细长毛。花着生于主茎或分枝顶端的叶腋，簇生，两性，辐射对称，长约 2.5 厘米；苞片 2，呈叶状，左右分开，紫色；花萼 3，分离，绿色，长约 1 厘米，宽约 0.7 厘米，长三角形；花冠 3，分离，淡蓝色或近白色，近圆形；雄蕊 6，全育；花丝紫色；花柱紫色，柱头白色；花开后花朵闭合，花梗弯曲，全花呈果状而下垂。蒴果常不孕。

分布 原产于墨西哥及西印度群岛。我国 1949 年引种栽培。目前三沙永兴岛、赵述岛有栽培，常见，生长于路边绿化带花坛、房前屋后花坛。

价值 盆栽作室内、会场、展览厅装饰；露天栽培于公园、庭园花坛，作绿化观赏。

凤梨科 Bromeliaceae | 凤梨属 *Ananas* Miller

凤梨 *Ananas comosus* (L.) Merr.

别名 旺梨、旺来、黄梨、菠萝、露兜子

形态特征 草本。茎短。叶多数，莲座式排列，剑形，长40~90厘米，宽4~7厘米，顶端渐尖，全缘或有锐齿，腹面绿色，背面粉绿色，边缘和顶端常带褐红色，生于花序顶部的叶变小，常呈红色。花序于叶丛中抽出，状如松球，长6~8厘米，结果时增大；苞片基部绿色，上半部淡红色，三角状卵形；萼片宽卵形，肉质，顶端带红色，长约1厘米；花瓣长椭圆形，端尖，长约2厘米，上部紫红色，下部白色。聚花果肉质，长达15厘米以上。

分布 原产热带美洲，现世界热带地区广泛栽培。我国台湾、广东、广西、福建、海南、云南、贵州有栽培。目前三沙永兴岛、赵述岛、美济礁有栽培，少见，生长于菜地。

价值 菠萝果可鲜食，也可作为食品加工原料。叶中的纤维可作麻绳、袜子、衣服等的原料。果入药，具有清热解暑、生津止渴、利小便的功效，用于伤暑、身热烦渴、腹中痞闷、消化不良、小便不利、头昏眼花等症。

凤梨科 Bromeliaceae | 彩叶凤梨属 *Neoregelia* L. B. Smith

金边彩叶凤梨 *Neoregelia carolinae* (Beer.) L. B. Smith cv. *Flandria*

别名 羞凤梨、彩叶凤梨、金边五彩叶凤梨

形态特征 多年生草本，高可达 30 厘米。茎短。叶互生，革质，带状，常基生，莲座式呈放射状排列，叶缘有锯齿；叶缘和中央有黄白色纵纹，基部丛生呈筒状；常具盾状具柄的吸水鳞片；叶上面凹陷，基部常呈鞘状形成储水器。花两性，少单性，辐射对称或稍两侧对称，花序为顶生的穗状花序；苞片常显著而具鲜艳的色彩；萼片 3，覆瓦状排列；花瓣 3，覆瓦状排列，常在基部有 1 对鳞片状的附属物；雄蕊 6；花柱细长；花时内轮叶的下半部或全叶片变成鲜红色；小花蓝紫色，隐藏于叶筒中。浆果、蒴果或有时为聚花果。种子常有翅或多毛。

分布 原产巴西。我国广东、海南、福建、云南有引种栽培。目前三沙永兴岛有栽培，少见，生长于庭园花坛、室内花盆。

价值 盆栽作室内、景观带装饰。

芭蕉科 Musaceae | 芭蕉属 *Musa* L.

香蕉 *Musa acuminata* Lour.

别名 龙溪蕉、天宝蕉、芎蕉、油蕉、矮脚盾地雷、中脚盾地雷、矮把蕉、高把蕉、高脚牙蕉、梅花蕉、矮脚香蕉、开远香蕉、高脚香蕉、桂母息、桂衣店、桂尖、中国矮蕉

形态特征 多年生草本，高可达5米。具匍匐茎；假茎均浓绿而带黑斑，被白粉，尤以上部为多。叶片长圆形，长可达2.5米，宽可达85厘米，先端钝圆，基部近圆形，两侧对称，叶面深绿色，无白粉，叶背浅绿色，被白粉；叶柄短粗，通常长小于30厘米，叶翼显著，张开，边缘褐红色或鲜红色。穗状花序下垂，花序轴密被褐色绒毛；苞片外面紫红色，被白粉，内面深红色，但基部略淡，具光泽，雄花苞片不脱落，每苞片内有花2列；花乳白色或略带浅紫色，离生花被片近圆形，全缘，先端有锥状急尖，合生花被片的中间2侧生小裂片长，长约为中央裂片的1/2。果丛生；果身弯曲，长10~30厘米，直径3.5~4厘米，果棱4~5，明显；果柄短；果皮青绿色，熟后呈黄绿色；果肉松软，黄白色，味甜，无种子，具香味。

分布 原产我国。我国台湾、福建、广东、广西、云南、海南广泛栽培。目前三沙永兴岛、美济礁有栽培，少见，生长于房前屋后、草坡。

价值 主要热带水果之一。全草入药，具有清热解毒、利尿消肿、安胎的功效，用于流行性乙型脑炎、白带、胎动不安；外用于痈疖肿毒、丹毒、中耳炎。

旅人蕉科 Strelitziaceae | 旅人蕉属 *Ravenala* Adans.

旅人蕉 ***Ravenala madagascariensis*** **Adans.**

别名 旅人木、散尾葵、扁芭槿、扇芭蕉、水木

形态特征 多年生乔木状草本，高5~6米，在原产地高可达30米。树干像棕榈。叶2行排列于茎顶；叶片长圆形，似蕉叶，长达2米，宽达65厘米。花序腋生；花序轴每边有佛焰苞5~6枚；佛焰苞长25~35厘米，宽5~8厘米，内有花5~12，排成蝎尾状聚伞花序；萼片披针形，长约20厘米，宽约12毫米，革质；花瓣与萼片相似，中央1枚稍较狭小；雄蕊线形，长15~16厘米；子房扁压，长4~5厘米；柱头纺锤状。蒴果熟后开裂为3瓣。种子肾形，长10~12厘米，宽7~8毫米，被蓝色、撕裂状假种皮。

分布 原产马达加斯加。我国海南、广东、台湾有引种栽培。目前三沙永兴岛、赵述岛、晋卿岛、美济礁、永暑礁、渚碧礁有栽培，常见，生长于绿化带。

价值 庭园、公园绿化树种。叶鞘呈杯状能储存大量水，可供饮用。

旅人蕉科 Strelitziaceae | 鹤望兰属 *Strelitzia* Aiton

大鹤望兰 *Strelitzia nicolai* Regel & Koern

别名 大天堂鸟、白花天堂鸟、白花鹤望兰、尼古拉鹤望兰

形态特征 多年生草本，秆高可达8米，木质。叶片长圆形，长90~150厘米，宽45~60厘米，基部圆形，不等侧；叶柄长可达2米。花序腋生，总花梗较叶柄为短；花序上通常有2个大型佛焰苞，佛焰苞绿色带棕色，舟状，长25~35厘米，顶端渐尖，内有花4~9朵；花梗长2~3厘米；萼片披针形，白色，长13~17厘米，宽1.5~3厘米，下方的1枚萼片背面具龙骨状脊突；箭头状花瓣天蓝色，长10~12厘米，中部稍收狭，基部戟形，中央花瓣极小，长圆形，长6~10毫米；雄蕊5，线形，长约5厘米；花柱线形，长16~20厘米，柱头3裂。

分布 原产非洲南部。我国广东、广西、海南、台湾等省份有引种栽培。目前我国三沙永兴岛有栽培，少见，生长于房前屋后绿化带。

价值 园林绿化美化树种。

旅人蕉科 Strelitziaceae ｜ 赫蕉属 *Heliconia* L.

金火炬蝎尾蕉 *Heliconia psittacorum* Sw. cv. *Golden Torch*

别名 金火炬、金鸟鹤蕉

形态特征 多年生草本，高可达 1.5 米。茎秆细长、绿色。叶互生，带状披针形，长可达 50 厘米，宽约 10 厘米，薄革质，有光泽，深绿色，全缘。穗状花序，直立，顶生；花序轴金黄色；佛焰苞 4~8 枚；苞片船形，金黄色，顶端边缘绿色；花被筒状，舌形，黄色。

分布 原产南美洲圭亚那。我国台湾、广东、海南有引种栽培。目前三沙永兴岛、赵述岛、美济礁有栽培，不常见，生长于绿化带、花坛。

价值 可作庭园、公园的花坛造景、花境点缀；可作鲜切花材料。

姜科 Zingiberaceae ｜ 姜属 *Zingiber* Boehm.

姜 *Zingiber officinale* Rosc.

别名 生姜、白姜、川姜

形态特征 多年生草本，高可达1米。根茎块状，肥厚，多分枝，有芳香及辛辣味；地上茎直立。叶2列，披针形或线状披针形，长15~30厘米，宽2~2.5厘米，无毛；叶柄无；叶舌膜质，长约3毫米。总花梗可长达25厘米；穗状花序球果状，长4~5厘米；苞片卵形，长约2.5厘米，淡绿色，覆瓦状排列，宿存，顶端有小尖头，每一苞片内通常有花1朵，很少有多朵；小苞片佛焰苞状；花萼管长约1厘米；花冠黄绿色，花冠管顶部常扩大，长2~2.5厘米，裂片披针形，裂片中后方的1片常较大，直立，白色或淡黄色；唇瓣中央裂片长圆状倒卵形，短于花冠裂片，有紫色条纹及淡黄色斑点，侧裂片卵形，长约6毫米；雄蕊暗紫色，花丝短；花柱细弱，柱头近球形。蒴果3瓣裂或不整齐开裂。种子黑色，被假种皮。

分布 全球热带、亚热带广泛种植。我国各省均有栽培。目前三沙永兴岛、赵述岛、北岛、晋卿岛、甘泉岛、鸭公岛、银屿、美济礁、渚碧礁有栽培，常见，生长于庭园花盆、菜地。

价值 块根为常用调味蔬菜；食品加工原料。块根入药，具有解表散寒、温中止呕、温肺止咳的功效，用于脾胃虚寒、食欲减退、恶心呕吐、痰饮呕吐、胃气不和呕吐、风寒咳嗽、寒痰咳嗽、感冒风寒、恶风发热、鼻塞头痛。姜还能解半夏、天南星、鱼蟹等中毒。

姜科 Zingiberaceae | 山柰属 *Kaempferia* L.

山柰 *Kaempferia galanga* L.

别名 三奈子、三赖、三柰、沙姜

形态特征 多年生草本。根茎块状，单生或数枚连接，淡绿色或绿白色，芳香。无明显地上茎。叶2~4枚，2枚贴地而生，近圆形，长7~13厘米，宽4~9厘米，无毛或叶背被稀疏的长柔毛，干时在叶面可见红色小点；叶脉每边10~12条，几无柄；叶鞘长2~3厘米；叶舌不明显。花白色，有香味，4~12朵组成穗状花序，顶生，半藏于叶鞘中；苞片披针形，长2.5厘米，螺旋状排列；小苞片膜质；花萼管状，约与苞片等长；花冠管长2~2.5厘米，裂片线形，长1.2厘米；侧生退化雄蕊倒卵状楔形，长1.2厘米；唇瓣白色，基部具紫斑，长2.5厘米，宽2厘米，深2裂至中部以下；雄蕊无花丝；花柱细长。蒴果球形或椭圆形，3瓣裂，果皮薄。种子近球形。

分布 南亚至东南亚地区有分布。我国台湾、广东、广西、云南、海南有栽培。目前三沙永兴岛有栽培，很少见，生长于菜地。

价值 药食两用的植物，块根为调味香料。块茎入药，具有行气温中、消食、止痛的功效，用于胸膈胀满、脘腹冷痛、饮食不消。块根提取的芳香油，可用于食品、化妆品的调配。

姜科 Zingiberaceae | 山姜属 *Alpinia* Roxb.

益智 *Alpinia oxyphylla* Miq.

别名 益智仁、益智子

形态特征 多年生草本，高可达 3 米。茎丛生；根茎短，长 3~5 厘米。叶片披针形，长 25~35 厘米，宽 3~6 厘米，顶端渐狭，具尾尖，基部近圆形，边缘具脱落性小刚毛；叶柄短；叶舌膜质，2 裂，长 1~2 厘米，被淡棕色疏柔毛。总状花序，帽状总苞片在开花时整个脱落，花序轴被极短的柔毛；小花多数；小花梗长 1~2 毫米；苞片极短，膜质，棕色；花萼筒状，长约 1.2 厘米，一侧开裂至中部，先端具 3 齿裂，外被短柔毛；花冠管长 8~10 毫米；花冠裂片长圆形，长约 1.8 厘米，后方的 1 枚稍大，白色，外被疏柔毛；侧生退化雄蕊钻状，长约 2 毫米；唇瓣倒卵形，长约 2 厘米，粉白色具红色脉纹，先端边缘皱波状；花丝长约 1.2 厘米，花药长约 7 毫米；子房密被绒毛。蒴果鲜时球形，干时纺锤形，长 1.5~2 厘米，宽约 1 厘米，被短柔毛，表面棕色或灰棕色，果皮上有隆起的维管束线条，顶端有花萼管残迹。种子不规则扁圆形，略有钝棱，直径 3 毫米，表面灰褐色或灰黄色，外被淡棕色膜质的假种皮。

分布 我国产于广东、广西、福建、云南、海南。目前三沙美济礁有栽培，少见，生长于菜地。

价值 果实入药，具有温脾、暖肾、固气、涩精的功效，用于冷气腹痛、中寒吐泻、多唾、遗精、小便余沥、夜多小便。

百合科 Liliaceae | 葱属 *Allium* L.

火葱 *Allium cepa* var. *aggregatum* G. Don

别名 香葱、细香葱

形态特征 多年生草本，植株高 30~44 厘米。鳞茎聚生，矩圆状卵形、狭卵形或卵状圆柱形；鳞茎外皮红褐色、紫红色、黄红色至黄白色，膜质或薄革质，不破裂。叶为中空的圆筒状，向顶端渐尖，深绿色，常略带白粉。伞形花序生于花葶的顶端，开放前为 1 闭合的总苞所包；小花梗无关节；花两性，极少退化为单性；花被片 6，排成 2 轮；雄蕊 6，排成 2 轮。蒴果室背开裂。种子黑色，多棱形或近球状。

分布 原产于亚洲。在我国南北各省广泛栽培。目前三沙永兴岛、赵述岛、北岛、石岛、晋卿岛、甘泉岛、银屿、美济礁、渚碧礁、永暑礁有栽培，常见，生长于菜地。

价值 作调料、蔬菜食用。全草入药，具有发汗解表、通阳、利尿的功效。

百合科 Liliaceae | 葱属 *Allium* L.

蒜 *Allium sativum* L.

别名 大蒜

形态特征 多年生草本。鳞茎球状至扁球状，通常由多数肉质、瓣状的小鳞茎紧密地排列而成，外面被数层白色至带紫色的膜质鳞茎外皮。叶宽条形至条状披针形，扁平，先端长渐尖，比花葶短，宽可达 2.5 厘米。花葶实心，圆柱状，高可达 60 厘米，中部以下被叶鞘；总苞具长 7~20 厘米的长喙，早落；伞形花序密具珠芽，间有数花；小花梗纤细；小苞片大，卵形，膜质，具短尖；花常为淡红色；花被片披针形至卵状披针形，长 3~4 毫米，内轮的较短；花丝较花被片短，基部合生并与花被片贴生，内轮的基部扩大，扩大部分每侧各具 1 齿，齿端呈长丝状，长超过花被片，外轮的锥形；子房球状；花柱不伸出花被外。

分布 原产亚洲或欧洲。我国南北普遍栽培。目前三沙永兴岛、赵述岛、晋卿岛、美济礁、渚碧礁有栽培，常见，生长于菜地。

价值 幼苗、花葶和鳞茎均作蔬菜。鳞茎入药，具有健胃、止痢、止咳、杀菌、驱虫的功效。

百合科 Liliaceae | 葱属 *Allium* L.

韭 *Allium tuberosum* Rottler ex Sprengle

别名 韭菜

形态特征 多年生草本。具倾斜的横生根状茎。鳞茎簇生，近圆柱状；鳞茎外皮暗黄色至黄褐色，破裂成纤维状，呈网状或近网状。叶条形，扁平，实心，比花葶短，宽 1.5~8 毫米，边缘平滑。花葶圆柱状，常具 2 纵棱，高 25~60 厘米，下部被叶鞘；总苞单侧开裂，或 2~3 裂，宿存；伞形花序半球状或近球状，具多但较稀疏的花；小花梗近等长，比花被片长 2~4 倍，基部具小苞片，且数枚小花梗的基部又为 1 枚共同的苞片所包围；花白色；花被片常具绿色或黄绿色的中脉，内轮的矩圆状倒卵形，稀为矩圆状卵形，先端具短尖头或钝圆，外轮的常较窄，矩圆状卵形至矩圆状披针形，先端具短尖头；花丝等长，基部合生且与花被片贴生，内轮的稍宽；子房倒圆锥状球形，具 3 圆棱，外壁具细的疣状突起。

分布 原产亚洲。我国南北各省广泛栽培。目前三沙永兴岛、赵述岛、北岛、石岛、晋卿岛、甘泉岛、银屿、美济礁、渚碧礁、永暑礁有栽培，常见，生长于菜地。

价值 叶、花葶和花均作蔬菜食用。全草入药，具有健胃、提神、止汗固涩的功效；种子入药，具有温补肝肾、壮阳固精的功效。

百合科 Liliaceae | 芦荟属 *Aloe* L.

库拉索芦荟 *Aloe vera* (L.) Burm. f.

别名 芦荟

形态特征 多年生草本。具直立无分枝短茎。叶片狭披针形，长 50~80 厘米，基部阔，宽 8~12 厘米；植株幼时叶片呈近 2 列着生，具斑点，成长后则呈莲座状，无斑点；叶灰绿色，表面有灰白蜡质层，边缘疏生刺状小齿；叶片肥大多汁；叶柄无。花葶高 80~100 厘米，总状花序，腋生；小花圆筒形，基部窄，黄色。

分布 原产南美洲北岸。我国广东、广西、海南、云南有引种栽培。目前三沙永兴岛、赵述岛、甘泉岛、美济礁、渚碧礁有栽培，少见，生长于庭院花盆、房前屋后沙地。

价值 叶入药，具有泻火、解毒、化瘀、杀虫的功效，用于目赤、便秘、白浊、尿血、小儿惊痫、疳积、烧烫伤、妇女闭经、痔疮、疥疮、痈疖肿毒、跌打损伤、萎缩性鼻炎。

百合科 Liliaceae | 沿阶草属 *Ophiopogon* Ker Gawl.

银纹沿阶草 *Ophiopogon intermedius* D. Don cv. *Argenteo-marginatus*

别名 银边麦冬、假银丝马尾

形态特征 多年生草本。根具纺锤状块根。根状茎短粗；茎短，不分枝，常为叶鞘所包裹。叶基生成丛，禾叶状，长可达 70 厘米，宽 2~8 厘米，具 5~9 条脉，背面中脉明显隆起，边缘具细齿，基部常包以褐色膜质的鞘及其枯萎后撕裂成的纤维，叶面深绿色，叶缘有纵长条白边，叶中央有细白纵条纹。花葶可达 50 厘米，通常短于叶；总状花序长 2.5~7 厘米，具 15~20 朵花；花常单生或 2~3 朵簇生于苞片腋内；苞片钻形或披针形，最下面的长可达 2 厘米，有的较短；花梗长 4~6 毫米，关节位于中部；花被片矩圆形，先端钝圆，长 4~7 毫米，白色；花丝极短；花药条状狭卵形；花柱细，长约 3.5 毫米。种子椭圆形。

分布 亚洲东部及南部有分布。我国南方各地均有栽培。目前三沙永兴岛、赵述岛有栽培，不常见，生长于道路、绿化带林下花坛。

价值 园林绿化植物之一，可用于造景、地被绿化，也可盆栽装饰室内。

百合科 Liliaceae | 山菅兰属 *Dianella* Lam. ex Juss.

银边山菅兰 *Dianella ensifolia* (L.) DC. cv. *Silvery Stripe*

别名 山菅兰、山猫儿、交剪草、山兰花、金交剪、山交剪、桔梗兰、老鼠怕、老鼠砒

形态特征 多年生草本。根状茎横走，结节状，节上生纤细而硬的须根。茎挺直，坚韧，近圆柱形。叶近基生成丛，2 列，革质，带状，边缘有白色条带，长 30~60 厘米，宽 1~2.5 厘米。花葶自基部抽出，直立，圆锥花序长 10~30 厘米，分枝疏散；花常着生于侧枝上端；小花梗短；苞片小，匙形；花被裂片 6，2 轮，披针形，淡黄色，具 5 脉；雄蕊 6；花柱线状。浆果近球形，直径约 6 毫米，熟后深蓝色。具种子 5~6 粒。

分布 我国华南有栽培。目前三沙永兴岛、赵述岛、美济礁、渚碧礁、永暑礁有栽培，常见，生长于道路旁、绿化带、庭园花坛。

价值 园林绿化植物之一，可用于造景，道路、庭园、绿化带点缀装饰。根状茎入药，可用于痈疮脓肿、癣、淋巴结炎等。注：本种有毒，用时需慎重。

天南星科 Araceae | 海芋属 *Alocasia* (Schott) G. Don

海芋 *Alocasia odora* (Roxb.) K. Koch

别名 滴水观音、羞天草、天荷、滴水芋、野芋、麻芋头、大黑附子、天合芋、大麻芋、朴芋头、大虫楼、大虫芋、老虎芋、卜茹根、痕芋头、广东狼毒、野山芋、尖尾野芋头、狼毒、姑婆芋

形态特征 多年生草本。株高差异很大，有的不到10厘米，有的高可达5米。具匍匐根茎；有直立的地上茎；粗可达30厘米；基部长出不定芽条。叶多数；叶片亚革质，草绿色，箭状卵形，边缘波状，长50~90厘米，宽40~90厘米，有的长、宽都在1米以上；前裂片三角状卵形，先端锐尖，长胜于宽，I级侧脉9~12对，下部的粗如手指，向上渐狭；后裂片多少圆形，弯缺锐尖，有时几达叶柄，后基脉互交呈直角或锐角；后裂片联合1/10~1/5，幼株叶片联合较多；叶柄绿色或污紫色，螺状排列，粗厚，长可达1.5米，基部连鞘宽5~10厘米，展开。花序柄2~3枚丛生，圆柱形，长12~60厘米，通常绿色，有时污紫色；佛焰苞管部绿色，长3~5厘米，粗3~4厘米，卵形或短椭圆形；檐部蕾时绿色，花时黄绿色、绿白色，凋萎时变黄色、白色，舟状，长圆形，略下弯，先端喙状，长10~30厘米，周围4~8厘米；肉穗花序芳香，雌花序白色，长2~4厘米；不育雄花序绿白色，长2.5~6厘米；能育雄花序淡黄色，长3~7厘米；附属器淡绿色至乳黄色，长3~5.5厘米，粗1~2厘米，圆锥状，具不规则的槽纹。浆果红色，卵状，长8~10毫米，粗5~8毫米。种子1~2粒。

分布 孟加拉国、印度、菲律宾、印度尼西亚及马来半岛、中南半岛国家有分布。我国产于江西、福建、台湾、湖南、广东、海南、广西、四川、贵州、云南等省份。目前三沙产于永兴岛、赵述岛、美济礁，不常见，生长于潮湿草地、绿化带、林缘、草坡。

价值 根茎入药，用于瘴疟、急剧吐泻、肠伤寒、风湿痛、疝气、赤白带下、痈疽肿毒、萎缩性鼻炎、瘰疬、疔疮、疥癣、蛇或犬咬伤。兽医用于牛伤风、猪丹毒。海芋用于园林绿化，能把造景和生态环境保护结合。注：本种有毒，用时需谨慎。

天南星科 Araceae | 麒麟叶属 *Epipremnum* Schott

绿萝 *Epipremnum aureum* (Linden & Andre) Bunting

别名 魔鬼藤、黄金葛、黄金藤、桑叶

形态特征 多年生藤本。茎攀缘；节间具纵槽；分枝多，悬垂；幼枝鞭状，细长，粗3~4毫米，节间长15~20厘米。幼枝上的叶：叶柄长8~10厘米，两侧具鞘且达顶部；鞘革质，宿存，下部宽近1厘米，向上渐狭；叶片纸质，宽卵形，短渐尖，基部心形，下部叶片大，长5~10厘米，上部的较小，长6~8厘米。成熟枝上的叶：叶柄粗壮，长30~40厘米，基部稍扩大，上部关节长2.5~3厘米、稍肥厚，腹面具宽槽；叶鞘长；叶片薄革质，卵形或卵状长圆形，长32~45厘米，宽24~36厘米，中肋两侧不等大，叶面颜色多样，因品种不同而异，全缘，先端短渐尖，基部深心形；I级侧脉8~9对，稍粗，两面略隆起，与中肋呈70°~90°角，II级侧脉较纤细，细脉微弱，与I、II级侧脉网结。花、果未见。

分布 原产所罗门群岛，现广植亚洲各热带地区。我国各地均有栽培，北方盆栽于室内，华南可以露天栽培，海南有逸为野生。目前三沙永兴岛、赵述岛、晋卿岛、甘泉岛、美济礁、永暑礁、渚碧礁、北岛、银屿、鸭公岛有栽培，常见，盆栽生于室内、庭园，偶见逸为野生。

价值 常盆栽于庭园、室内作观赏植物，净化空气；可做林荫下地被植物。注：本种汁液有毒，碰到皮肤会引起红痒，误食会造成喉咙疼痛，栽培管理需谨慎。

天南星科 Araceae | 麒麟叶属 *Epipremnum* Schott

麒麟叶 *Epipremnum pinnatum* (L.) Engler

别名 麒麟尾、百宿蕉、台湾麒麟叶、上树龙、百足藤、飞来凤、爬树龙、飞天蜈蚣

形态特征 多年生藤本植物。茎圆柱形，粗壮，下部粗2.5~4厘米，多分枝。气生根具发达的皮孔，平伸，紧贴于树皮或石面上。叶柄长25~40厘米，上部有长约2厘米膨大的关节；叶鞘膜质，上达关节部位，逐渐撕裂，脱落；叶片薄革质，幼叶狭披针形或披针状长圆形，基部浅心形；成熟叶宽长圆形，基部宽心形，沿中肋有2行星散的小穿孔，叶片长40~60厘米，宽30~40厘米，两侧不等的羽状深裂，裂片线形，基部和顶端等宽或略狭，裂片上有叶片的I级侧脉1~3条，II级侧脉与I级侧脉呈极小的锐角，后逐渐与之平行。花序柄圆柱形，粗壮，长10~14厘米，基部有鞘状鳞叶包围；佛焰苞外面绿色，内面黄色，长10~12厘米，渐尖；肉穗花序圆柱形，钝，长约10厘米，粗3厘米；雌蕊具棱，长5~6毫米，顶平；柱头无柄，线形，纵向。种子肾形，稍光滑。

分布 印度、菲律宾及马来半岛国家、大洋洲国家、太平洋诸岛都有分布。我国产于海南、广东、广西、云南、台湾。目前我国南海赵述岛有分布，少见，附生于椰子树上。

价值 常盆栽作观赏植物。茎叶入药，具有消肿止痛的功效，用于跌打损伤、风湿关节、痈肿疮毒。

天南星科 Araceae | 合果芋属 *Syngonium* Schott

合果芋 *Syngonium podophyllum* Schott

别名 长柄合果芋、紫梗芋、剪叶芋、丝素藤、白蝴蝶、箭叶

形态特征 多年生常绿攀缘植物。茎节具气生根，攀附他物生长。叶片呈两型性，异形叶性；幼叶为单叶，箭形或戟形；成熟叶为5~9裂的掌状叶，中间1片叶大型，叶基裂片两侧常着生小型耳状叶片；初生叶色淡，成熟叶呈深绿色，且叶质加厚。

分布 原产热带美洲地区，现世界各地广泛栽培。我国各地有栽培，华南地区可以露天栽培。目前三沙永兴岛、赵述岛有栽培，少见，生长于室内花盆、花坛。

价值 具有消化甲醛和苯的能力，可以净化室内空气；作室内、室外园林观赏植物；也可作为林荫下地被植物。注：本种有毒，用时需谨慎。

天南星科 Araceae | 犁头尖属 *Typhonium* Schott

犁头尖 *Typhonium blumei* Nicolson & Sivadasan

别名 地金莲、白附子、鼠尾巴、耗子尾巴、独角莲、山茨菇、芋叶半夏、田间半夏、犁头七、三角青、野慈姑、山半夏、生半夏、小野芋、坡芋、充半夏、狗半夏、小独脚莲

形态特征 多年生草本植物。块茎近球形、头状或椭圆形，直径1~2厘米，褐色，具环节，节间有黄色根迹；颈部生1~4厘米的黄白色须根，散生疣凸状芽眼。幼株叶1~2，叶片深心形、卵状心形至戟形，长3~5厘米，宽2~5厘米。多年生植株有叶4~8枚；叶柄长20~25厘米，基部约4厘米鞘状、莺尾式排列，淡绿色，上部圆柱形，绿色；叶片上面绿色，背淡绿色，戟状三角形，前裂片卵形，长7~10厘米，宽7~9厘米；后裂片长卵形，外展，长约6厘米，基部弯缺；中肋2面稍隆起，侧脉3~5对，最下1对基出，伸展为侧裂片的主脉。花序柄单一，从叶腋抽出，长9~11厘米，淡绿色，圆柱形，粗约2毫米，直立；佛焰苞管部绿色，卵形，长1.5~3厘米，粗0.8~1.5厘米，檐部绿紫色，卷成长角状，长12~18厘米，盛花时展开，后仰，卵状长披针形，中上部急狭成带状下垂，先端旋扭曲，外面绿紫色，内面深紫色；肉穗花序，雌花序圆锥形，长1.5~3毫米，粗3~4毫米，雌花子房卵形，黄色，柱头无柄，盘状具乳突，红色；中性花序长1.7~4厘米，下部7~8毫米具花，连花粗约4毫米，无花部分粗约1毫米，淡绿色，中性花同型，线形，长约4毫米，上升或下弯，两头黄色，腰部红色；雄花序长4~9毫米，粗约4毫米，橙黄色，雄花近无柄，雄蕊2，长圆状倒卵形；附属器深紫色，具强烈的臭味，长10~13厘米，具细柄，基部斜截形，向上渐狭成鼠尾状，近直立，下部1/3具疣皱，向上平滑。

分布 印度、缅甸、越南、泰国、印度尼西亚、日本有分布。我国产于长江以南各省。目前三沙产于永兴岛，少见，生长于潮湿绿化带草地。

价值 块茎入药，具有解毒消肿、散结、止血的功效，用于毒蛇咬伤、痈疖肿毒、血管瘤、淋巴结结核、跌打损伤、外伤出血。盆栽作室内装饰植物。注：本种有毒，用时需谨慎。

天南星科 Araceae | 雪铁芋属 *Zamioculcas* Schott

雪铁芋 *Zamioculcas zamiifolia* Engl.

别名 金钱树、龙凤木、美铁芋

形态特征 多年生常绿草本，株高 30~50cm。具地下块茎；地上无主茎。羽状复叶自块茎顶端抽生，小叶在叶轴上呈对生或近对生；小叶卵形，全缘，厚革质，先端急尖，有光泽。佛焰花苞绿色，反卷；肉穗花序较短，黄白色。

分布 原产于非洲热带地区。我国南北各省有栽培。目前三沙永兴岛、赵述岛、晋卿岛、美济礁、渚碧礁有栽培，不常见，种植于室内花盆。

价值 常为盆栽观叶植物，用于室内装饰；在园林中用于荫蔽的路边、假山石处作为观赏植物。

石蒜科 Amaryllidaceae | 文殊兰属 *Crinum* L.

文殊兰 ***Crinum asiaticum* L. var. *sinicum* (Roxb. ex Herb.) Baker**

别名 十八学士、罗裙带、文兰树、水蕉、海带七、郁蕉、海蕉、玉米兰

形态特征 多年生粗壮草本。鳞茎长柱形。叶20~30，多列，带状披针形，长可达1米，宽7~12厘米或更宽，顶端渐尖，具急尖头，边缘波状，暗绿色。花茎直立，近与叶等长；伞形花序有花10~24；佛焰苞状总苞片披针形，长6~10厘米，膜质；小苞片狭线形，长3~7厘米；花梗长0.5~2.5厘米；花高脚碟状，芳香；花被管纤细，伸直，长10厘米，直径1.5~2毫米，绿白色，花被裂片线形，长4.5~9厘米，宽6~9毫米，向顶端渐狭，白色；雄蕊淡红色，花丝长4~5厘米，花药线形，顶端渐尖，长1.5厘米或更长；子房纺锤形，长不及2厘米。蒴果近球形，直径3~5厘米。种子通常1粒。

分布 产于我国广东、广西、海南、福建、台湾。目前三沙永兴岛、赵述岛、美济礁有栽培，少见，栽培于庭园花盆、绿化带。

价值 园林绿化常用植物。叶与鳞茎入药，具有活血散瘀、消肿止痛的功效，用于跌打损伤、风热头痛、热毒疮肿等症。注：全株有毒，鳞茎毒性最强，用时需慎重。

石蒜科 Amaryllidaceae | 水鬼蕉属 *Hymenocallis* Salisb.

水鬼蕉 *Hymenocallis littoralis* (Jacq.) Salisb.

别名 蜘蛛兰

形态特征 多年生鳞茎草本植物。叶 10~12，剑形，长 45~75 厘米，宽 2.5~6 厘米，顶端急尖，基部渐狭，深绿色，多脉，无柄。花茎扁平，高 30~80 厘米；佛焰苞状总苞片长 5~8 厘米，基部极阔；花茎顶端生花 3~8，白色，有香气，无柄；花被管纤细，长短不等，长者可达 20 厘米以上，花被裂片线形，通常短于花被管；雄蕊杯钟形或阔漏斗形，长约 2.5 厘米，有齿，花丝分离部分长 3~5 厘米；花柱与雄蕊近等长或更长。蒴果卵圆形或环形，肉质状，成熟时裂开。种子海绵质状，绿色。

分布 原产美洲。我国华南地区广泛栽培。目前三沙永兴岛、赵述岛、西沙洲、北岛、晋卿岛、甘泉岛、羚羊礁、银屿、鸭公岛、石岛、美济礁、渚碧礁、永暑礁有栽培，常见，生长于空旷沙地、房前屋后、绿化带、花坛。

价值 叶入药，具有舒筋活血、消肿止痛的功效，用于风湿关节痛、甲沟炎、跌打肿痛、痈疽、痔疮。常以地被观赏植物进行栽培；抗逆性强，已作为南海岛礁常见地被植物之一。

石蒜科 Amaryllidaceae ｜ 葱莲属 *Zephyranthes* Herb.

葱莲 *Zephyranthes candida* (Lindl.) Herb.

别名 葱兰、玉帘、白花菖蒲莲、韭菜莲、肝风草、草兰

形态特征 多年生草本。鳞茎卵形，直径约 2.5 厘米，具有明显的颈部；颈长 2.5~5 厘米。叶狭线形，肥厚，亮绿色，长 20~30 厘米，宽 2~4 毫米。花茎中空；花单生于花茎顶端，下有带褐红色的佛焰苞状总苞，总苞片顶端 2 裂；花梗长约 1 厘米；花白色，外面常带淡红色；几无花被管；花被片 6，长 3~5 厘米，顶端钝或具短尖头，宽约 1 厘米，近喉部常有很小的鳞片；雄蕊 6，长约为花被的 1/2；花柱细长，柱头不明显 3 裂。蒴果近球形，直径约 1.2 厘米，3 瓣开裂。种子黑色，扁平。

分布 原产南美。我国华南地区有栽培。目前三沙永兴岛有栽培，不常见，生长于绿化带、花坛。

价值 常以地被观赏植物栽培；也可室内栽培观赏。鳞茎的全草入药，具有平肝、宁心、熄风镇静的功效，用于小儿惊风、癫痫病。注：葱莲全草含石蒜碱、多花水仙碱、尼润碱等生物碱，误食会引起呕吐、腹泻、昏睡、无力，用时需慎重。

鸢尾科 Iridaceae | 红葱属 *Eleutherine* Herb.

红葱 *Eleutherine plicata* Herb.

别名 红葱头、小红葱

形态特征 多年生草本。鳞茎卵圆形，直径约2.5厘米，鳞片肥厚，紫红色，无膜质包被。根柔嫩，黄褐色。叶宽披针形或宽条形，长25~40厘米，宽1.2~2厘米，基部楔形，顶端渐尖，4~5条纵脉平行而凸出，使叶表面呈现明显的皱褶。花茎高30~42厘米，上部有3~5个分枝，分枝处具叶状的苞片；聚伞花序生于花茎的顶端；花下苞片2，卵圆形，膜质；花白色，无明显的花被管；花被片6，2轮排列，内、外花被片近等大，倒披针形；花丝着生于花被片的基部；雄蕊3；子房长椭圆形；花柱顶端3裂。

分布 原产西印度群岛。我国广东、广西、海南、云南有栽培。目前三沙石岛有栽培，很少见，生长于菜地。

价值 全草、鳞茎入药，具有清热解毒、散瘀消肿、止血的功效，用于风湿性关节痛、跌打肿痛、疮毒、吐血、咯血、痢疾、闭经腹痛。鳞茎可作调味蔬菜。

薯蓣科 Dioscoreaceae ｜ 薯蓣属 *Dioscorea* L.

参薯 *Dioscorea alata* L.

别名 云饼山药、脚板薯、紫山药、银薯、土栾儿、香参、菜用土圞儿、地栗子、香芋、红牙芋

形态特征 缠绕草质藤本。块茎形态多样；外皮为褐色、紫黑色、淡灰黄色；断面白色带紫色、白色、白色带黄色。茎右旋，无毛，通常有4条狭翅，基部有时有刺。单叶，在茎下部的互生，中部以上的对生；叶片绿色或带紫红色，纸质，卵形至卵圆形，长6~20厘米，宽4~13厘米，顶端短渐尖、尾尖或突尖，基部心形、深心形至箭形，两耳钝；叶柄绿色或带紫红色。叶腋内有大小不等的珠芽。雌雄异株；雄花花序为穗状花序，通常2至数个簇生或单生于花序轴上，排列成圆锥花序，花序轴明显地呈"之"字状曲折，外轮花被片为宽卵形，雄蕊6；雌花花序为穗状花序，外轮花被片为宽卵形，内轮为倒卵状长圆形，退化雄蕊6。蒴果三棱状扁圆形，有时为三棱状倒心形，长1.5~2.5厘米，宽2.5~4.5厘米，成熟后顶端开裂。种子着生于每室中轴中部，有膜质翅。

分布 东南亚、非洲、美洲国家及太平洋热带岛屿有分布。我国浙江、江西、福建、台湾、湖北、湖南、广东、广西、海南、贵州、四川、云南、西藏等省份有栽培。目前三沙永兴岛有栽培，少见，生长于菜地、房前屋后。

价值 块茎作蔬菜，可与多种食品搭配食用，能增进食欲，预防心脑血管疾病，增强免疫力，预防类风湿性关节炎，还具有减肥、健美、降血压、利胆等作用。块茎入药，具有补气养阴、止泻涩精的功效，为补气益阴、涩精止泻的常用药。

薯蓣科 Dioscoreaceae | 薯蓣属 *Dioscorea* L.

甘薯 *Dioscorea esculenta* (Lour.) Burkill

别名 甜薯

形态特征 缠绕草质藤本。地下块茎顶端通常有多个分枝，各分枝末端膨大成卵球形的块茎；外皮淡黄色，光滑。茎左旋，基部有刺，被“丁”字形柔毛。单叶互生，阔心脏形，最大的叶片长达15厘米，宽17厘米，一般的长和宽不超过10厘米；顶端急尖，基部心形，基出9~13脉，被“丁”字形长柔毛，尤以背面较多；叶柄长5~8厘米，基部有刺。雌雄异株；雄花穗状花序，单生，长约15厘米，雄花无梗或具极短的梗，通常单生，稀有2~4朵簇生，苞片卵形，顶端渐尖，花被浅杯状，被短柔毛，外轮花被片阔披针形，长1~8毫米，内轮稍短，雄蕊6，着生于花被管口部，较裂片稍短；雌花穗状花序单生于上部叶腋，长达40厘米，下垂，花序轴稍有棱。蒴果三棱形，顶端微凹，基部截形，每棱翅状，长约3厘米，宽约1.2厘米。种子圆形，具翅。

分布 东南亚有分布。我国广东、海南、广西、云南有栽培。目前三沙永兴岛有栽培，少见，生长于菜地、房前屋后。

价值 块茎供食用。

薯蓣科 Dioscoreaceae | 薯蓣属 *Dioscorea* L.

薯蓣 *Dioscorea polystachya* Turcz.

别名 山药、淮山、面山药、野脚板薯、野山豆、野山药

形态特征 缠绕草质藤本。块茎长圆柱形，垂直生长，长可达 1 米以上，断面白色。茎通常带紫红色，右旋，无毛。单叶，茎下部的互生，中部以上的对生，很少 3 叶轮生；叶片形状变异大，卵状三角形至宽卵形或戟形，长 3~16 厘米，宽 2~14 厘米，顶端渐尖，基部深心形、宽心形或近截形，边缘常 3 浅裂至 3 深裂，中裂片卵状椭圆形至披针形，侧裂片耳状，圆形、近方形至长圆形；叶腋内常有珠芽。雌雄异株；雄花为穗状花序，长 2~8 厘米，近直立，2~8 个着生于叶腋，花序轴明显地呈“之”字状曲折，苞片和花被片有紫褐色斑点，外轮花被片为宽卵形，内轮卵形，较小，雄蕊 6；雌花为穗状花序，1~3 个着生于叶腋。蒴果三棱状扁圆形、三棱状圆形，长 1.2~2 厘米，宽 1.5~3 厘米，外面被白粉。种子着生于每室中轴中部，有膜质翅。

分布 朝鲜、日本有分布。我国黄河以南各省均有栽培。目前三沙永兴岛有栽培，少见，生长于菜地、房前屋后。

价值 块茎为蔬菜。块茎入药，具清热解毒、补脾胃亏损的功效，用于气虚衰弱、消化不良、遗精、遗尿、无名肿毒等。

龙舌兰科 Agavaceae | 龙舌兰属 *Agave* L.

金边龙舌兰 *Agave americana* var. *marginata* Trel.

别名 金边莲、金边假菠萝、黄边龙舌兰

形态特征 多年生常绿草本植物。茎短、稍木质。叶丛生，呈莲座状排列;叶片肉质剑状，主要呈绿色，边缘带有黄白色条，具1枚长2~5厘米红色或紫褐色顶刺；底层叶片较软，匍匐在地；较大叶片经常向后反折，少数叶片会向内折；叶长1~1.8米，宽12.5~20厘米，叶基部表面凹，背面凸，至叶顶端形成明显的沟槽；叶缘具向下弯曲的疏刺。圆锥花序大型，高4.5~8米，上部多分枝；花簇生，有浓烈的臭味；花被基部合生呈漏斗状，黄绿色；雄蕊长约为花被长的2倍。蒴果长圆形，长约5厘米。开花后花序上生成的珠芽极少。

分布 原产热带美洲。我国华南地区有栽培。目前三沙永兴岛、赵述岛、晋卿岛、北岛、西沙洲、石岛、银屿、羚羊礁、鸭公岛、美济礁、渚碧礁、永暑礁有栽培，很常见，生长于绿化带、庭园、道路旁、空旷沙地。

价值 观赏植物。能释放负离子，改善周围环境小气候，提高人体舒适度，增强人体的免疫力。叶入药，具有润肺、化痰、止咳、疏风除湿、清热祛风的功效，用于化痰定喘、咳嗽吐血、哮喘、慢性支气管炎、急性痛风性关节炎等。

龙舌兰科 Agavaceae | 龙舌兰属 *Agave* L.

剑麻 ***Agave sisalana* Perr. ex Engelm.**

别名 菠萝麻

形态特征 多年生植物。茎粗短。叶呈莲座式排列；开花之前，叶刚直，肉质，剑形，初被白霜，后渐脱落而呈深蓝绿色，长 1~1.5 米，表面凹，背面凸；叶缘无刺或偶具刺，顶端有 1 红褐色硬尖刺。圆锥花序粗壮，高可达 6 米；花黄绿色，有浓烈的气味；花梗长 5~10 毫米；花被管长 1.5~2.5 厘米；花被裂片卵状披针形；雄蕊 6，着生于花被裂片基部；花丝黄色；花药长 2.5 厘米，"丁"字形着生；子房长圆形；花柱线形；柱头稍膨大，3 裂。蒴果长圆形，长约 6 厘米，宽 2~2.5 厘米。

分布 原产墨西哥。我国华南及西南各省有栽培。目前三沙永兴岛、甘泉岛、赵述岛、石岛、晋卿岛、美济礁、永暑礁、渚碧礁有栽培，常见，生长于绿化带、庭园花坛。

价值 世界重要纤维植物，制海上舰船绳缆、机器皮带、各种帆布、人造丝、高级纸、渔网、麻袋、绳索等原料。麻叶渣为饲料及肥料；麻叶渣还可以制取乙醇、草酸、果胶等产品；剑麻的叶汁是制造避孕药的原材料；剑麻的头和短纤维被制作成人造丝、高级纸张、刷子、绝缘制品和爆炸品的填充物；剑麻的花和茎汁液还可用来酿酒及制糖。剑麻是重要的园林观赏和生态修复植物。叶入药，具有凉血止血、消肿解毒的功效，用于肺痨咯血、衄血、便血、痢疾、痈疮肿毒、痔疮。

龙舌兰科 Agavaceae | 龙血树属 *Dracaena* Vand. ex L.

海南龙血树 ***Dracaena cambodiana*** **Pierre ex Gagnep.**

别名 柬埔寨龙血树、云南龙血树、山海带、小花龙血树

形态特征 乔木，高达 3 米以上。茎不分枝或分枝；树干粗糙；树皮带灰褐色，纵裂；幼枝有密环状叶痕。叶墨绿色，聚生于茎、枝顶端，几呈套叠状，剑形，薄革质，长达 70 厘米，宽 1.5~3 厘米，向基部略变窄而后扩大，抱茎，无柄。圆锥花序长 30 厘米以上；花序轴无毛或近无毛；3~7 朵花簇生，绿白色或淡黄色；花梗长约 6 毫米，关节位于上部约 1/3 处；花被片 6，长约 6 毫米，下部 1/5~1/4 合生成短筒；雄蕊 6，花丝扁平；花柱丝状，稍短于子房，柱头头状，3 裂。浆果近球形，径约 1 厘米。

分布 越南、柬埔寨有分布。我国产于海南、广东、云南。目前三沙永兴岛、赵述岛、晋卿岛、甘泉岛、美济礁、永暑礁、渚碧礁有栽培，常见，生长于庭园、绿化带。

价值 庭园、公园和室内装饰植物。海南龙血树是生产血竭的重要树种之一，血竭具有活血、止痛、止血、生肌、行气的功效，用于跌打损伤、筋骨疼痛。

龙舌兰科 Agavaceae | 龙血树属 *Dracaena* Vand. ex L.

金心巴西铁 *Dracaena fragrans* (L.) ker Gawl. var. *massangeana* (Rodigas) E. Morren

别名 金心香龙血树、巴西千年木

形态特征 灌木，杆直立，在原产地可高达 6 米以上，引种盆栽常高 50~100 厘米，逸为野生的更高。茎粗大，多分枝；树皮灰褐色或淡褐色，剥落。叶片宽大，簇生于茎顶，长椭圆状披针形；叶长 40~90 厘米，宽 6~10 厘米，弯曲成弓状，叶缘呈波状起伏，顶端渐尖；叶片中央具金黄色宽条纹，两边绿色；柄无。圆锥花序生于茎枝顶端，花小，黄绿色，芳香。

分布 原产几内亚及加那利群岛。我国南方广泛引种栽培。目前三沙永兴岛有栽培，很少见，生长于庭园花盆。

价值 公园、室内重要的装饰植物之一。

龙舌兰科 Agavaceae | 龙血树属 *Dracaena* Vand. ex L.

富贵竹 ***Dracaena sanderiana* Sander ex Mast.**

别名 万寿竹、距花万寿竹、开运竹、富贵塔

形态特征 灌木状，高可达2米。茎直立，细长，上部有分枝。叶互生或近对生，纸质，长披针形，似竹叶，浓绿色，脉3~7条；具短柄；叶长10~25厘米，宽1.5~3.5厘米。花3~10朵形成伞形花序，生于叶腋或与上部叶对生；花被6，花冠钟状，紫色。浆果近球形，黑色。

分布 原产非洲和亚洲热带地区。我国南方广泛引种栽培。目前三沙永兴岛有栽培，少见，生长于庭园、室内花盆。

价值 为盆栽室内观赏植物，同时可以净化室内空气。

龙舌兰科 Agavaceae | 朱蕉属 *Cordyline* Comm. ex Juss.

朱蕉 *Cordyline fruticosa* (L.) A. Chevalier

别名 铁树、红铁树、红叶铁树、铁莲草、朱竹、也门铁

形态特征 灌木状，高可达3米。茎直立，径1~3厘米，有时于梢部分枝。叶聚生于茎或枝的上端，长圆形或长圆状披针形，长25~50厘米，宽5~10厘米，绿色或带紫红色；叶柄有槽，长10~30厘米，基部宽，抱茎。圆锥花序长30~60厘米，侧枝基部有大苞片，每花有3枚苞片；花淡红色、青紫色或黄色，长约1厘米；花梗通常很短，少有长达3~4毫米；外轮花被片下部紧贴内轮形成花被筒，上部盛开时外弯或反折；雄蕊生于筒的喉部，稍短于花被；花柱细长。

分布 广泛栽种于亚洲温暖地区。我国广东、广西、福建、海南、台湾等省份常见栽培。目前三沙永兴岛、赵述岛、北岛、晋卿岛、甘泉岛、鸭公岛、石岛、美济礁、永暑礁、渚碧礁有栽培，常见，生长于林园、绿化带。

价值 华南常见绿化美化植物之一，可用于室内、公园、道路美化装饰。

棕榈科 Palmae | 霸王棕属 *Bismarckia* Hildebr. & H. Wendl.

霸王棕 *Bismarckia nobilis* Hildebr. & H. Wendl.

别名 稗斯麦榈、美丽蒲葵

形态特征 高大乔木，高可达 70~80 米。茎单生，光滑，粗壮，灰绿色，基部径可达 80 厘米或更粗。叶鞘纵裂呈大的三角状缝隙；掌状叶，巨大，长约 3 米，扇形；1/4~1/3 浅裂，裂片坚韧直伸、先端二叉状，裂片间具纤维；蓝灰色，有白色的蜡及淡红色的鳞秕；叶基宿存，至老时脱落。雌雄异株，穗状花序；雌花序较短粗；雄花序较长，上有分枝。核果卵形。种子较大，近球形，黑褐色，具有坚厚的种壳，基部有 3 孔，其中 1 孔与胚相对，萌动时胚根由此穿出，其余 2 孔为假孔。

分布 原产马达加斯加。我国华南地区有栽培。目前三沙永兴岛、赵述岛有栽培，少见，生长于绿化带。

价值 珍贵的观赏树种。果实入药，具有收敛止血的功效，用于吐血、咯血、便血、崩漏。

棕榈科 Palmae | 鱼尾葵属 *Caryota* L.

短穗鱼尾葵 *Caryota mitis* Lour.

别名 丛生鱼尾葵、酒椰子

形态特征 丛生，小乔木状，高 5~8 米。茎绿色，直径 8~15 厘米，表面被微白色的毡状绒毛。叶长 3~4 米；羽片呈楔形或斜楔形，外缘笔直，内缘 1/2 以上弧曲成不规则的齿缺，且延伸成尾尖或短尖，淡绿色；叶柄被褐黑色的毡状绒毛；叶鞘边缘具网状的棕黑色纤维。佛焰苞与花序被糠秕状鳞秕，花序短，长 25~40 厘米，具密集穗状的分枝花序；雄花萼片宽倒卵形，顶端全缘，具睫毛，花瓣狭长圆形，长约 11 毫米，宽 2.5 毫米，淡绿色，雄蕊 15~25，几无花丝；雌花萼片宽倒卵形，顶端钝圆，花瓣卵状三角形，退化雄蕊 3，长为花瓣的 1/3~1/2。果球形，直径 1.2~1.5 厘米，成熟时紫红色。种子 1 粒。

分布 越南、缅甸、印度、马来西亚、菲律宾、印度尼西亚有分布。我国产于华南。目前三沙永兴岛有栽培，少见，生长于绿化带。

价值 热带公园、庭园常见观赏植物。茎的髓心含淀粉，可供食用；花序液汁含糖分，供制糖或酿酒。茎髓入药，用于小儿消化不良、腹痛泻下、赤白痢疾。

棕榈科 Palmae ｜ 散尾葵属 *Chrysalidocarpus* H. A. Wendl.

散尾葵 *Chrysalidocarpus lutescens* H. A. Wendl.

别名 黄椰子、紫葵、凤凰尾

形态特征 丛生灌木，高 2~5 米。茎粗 4~5 厘米，基部略膨大。叶羽状全裂，平展而稍下弯，长约 1.5 米；羽片 40~60 对，2 列，黄绿色，表面有蜡质白粉，披针形，长 35~50 厘米，宽 1.2~2 厘米，先端长尾状渐尖并具不等长的短 2 裂；顶端的羽片渐短，长约 10 厘米；叶柄及叶轴光滑，黄绿色，上面具沟槽，背面凸圆；叶鞘长而略膨大，通常黄绿色，初时被蜡质白粉，有纵向沟纹。花序生于叶鞘下，圆锥花序，长约 0.8 米，具 2~3 次分枝，分枝花序长 20~30 厘米，其上有 8~10 个小穗轴，长 12~18 厘米；花小，卵球形，金黄色，螺旋状着生于小穗轴上；雄花萼片和花瓣各 3 片，上面具条纹脉，雄蕊 6；雌花萼片和花瓣与雄花相似，具短的花柱和粗的柱头。果实略为陀螺形或倒卵形，长 1.5~1.8 厘米，直径 0.8~1 厘米，鲜时土黄色，干时紫黑色；外果皮光滑，中果皮具网状纤维。种子略为倒卵形，胚乳均匀，中央有狭长的空腔，胚侧生。

分布 原产马达加斯加。我国南方常见栽培。目前三沙永兴岛有栽培，少见，生长于绿化带。

价值 庭园绿化树种。叶鞘纤维入药，具有收敛止血的功效，用于吐血、咯血、便血、崩漏。

棕榈科 Palmae | 椰子属 Cocos L.

椰子 *Cocos nucifera* L.

别名 可可椰子、三角椰子

形态特征 高大，乔木状，高 15~30 米。茎粗壮，有环状叶痕；基部增粗，常有簇生小根。叶羽状全裂，长 3~4 米；裂片多数，外向折叠，革质，线状披针形，长 65~100 厘米或更长，宽 3~4 厘米，顶端渐尖;叶柄粗壮，长达 1 米以上。花序腋生，长 1.5~2 米，多分枝；佛焰苞纺锤形；雄花萼片 3，鳞片状，长 3~4 毫米，花瓣 3，卵状长圆形，长 1~1.5 厘米，雄蕊 6，花丝长 1 毫米，花药长 3 毫米；雌花基部有小苞片数枚，萼片阔圆形，宽约 2.5 厘米，花瓣与萼片相似，但较小。果卵球状或近球形，顶端微具 3 棱，长 15~25 厘米，外果皮薄，中果皮厚纤维质，内果皮木质坚硬，基部有 3 萌发孔，果腔含有胚乳、胚和汁液。

分布 亚洲热带海岸地区广泛分布。我国产于海南、广东、台湾、云南。目前三沙永兴岛、赵述岛、晋卿岛、甘泉岛、东岛、北岛、西沙洲、中沙洲、南沙洲、石岛、银屿、羚羊礁、鸭公岛、美济礁、渚碧礁、永暑礁有栽培，很常见，生长于绿化带、庭园、道路旁、防风林。

价值 全株各部分都有用途，可生产不同的产品，是热带地区独特的可再生、绿色、环保型资源。椰肉可榨油、生食、做菜，也可制成椰奶、椰蓉、椰丝、椰子酱罐头和椰子糖、饼干；椰子水可作清凉饮料。果肉入药，具有补虚强壮、益气祛风、消疳杀虫的功效，久食能令人面部润泽，益人气力及耐受饥饿，可用于小儿绦虫、姜片虫病；椰水入药，具有滋补、清暑解渴的功效，用于暑热类渴、津液不足之口渴；椰子油入药，用于癣、杨梅疮。

棕榈科 Palmae | 酒瓶椰属 *Hyophorbe* Gaertn.

酒瓶椰子 *Hyophorbe lagenicaulis* (L. H. Bailey) H. E. Moore.

别名 酒瓶椰、酒瓶棕、匏茎亥佛棕

形态特征 单生，小乔木状，高可达 3 米以上。茎短，似酒瓶，胸径达 38~60 厘米。羽状复叶，全裂，叶长 1.8~2.2 米，小叶披针形，中脉和侧脉突起；叶柄淡红色。雌雄同株；肉穗花序多分枝，油绿色；花柄长 60 厘米；佛焰苞柔软，长约 60 厘米。浆果椭圆形，长 3 厘米，宽 2.5 厘米，熟时黑褐色，常表面粗糙，形状不规则。种子小而扁平，长约 1.3 厘米。

分布 原产于马斯克林群岛。我国华南地区有引种栽培。目前三沙永兴岛、赵述岛、晋卿岛、美济礁、永暑礁有栽培，常见，生长于绿化带。

价值 优良的庭园、绿地或盆栽观赏植物。

棕榈科 Palmae | 蒲葵属 *Livistona* R. Br.

蒲葵 *Livistona chinensis* (Jacq.) R. Br.

别名 扇叶葵、葵树、华南蒲葵

形态特征 乔木状，高 5~20 米。茎直径 20~30 厘米，基部常膨大。叶阔肾状扇形，直径达 1 米以上；掌状深裂至中部，裂片线状披针形，基部宽 4~4.5 厘米，顶部长渐尖，2 深裂成长达 50 厘米的丝状下垂的小裂片，两面绿色；叶柄长 1~2 米，下部两侧有黄绿色或淡褐色下弯的短刺。圆锥花序，粗壮，长约 1 米；总梗上有 6~7 个佛焰苞，约 6 个分枝花序，分枝花序具 2~3 次分枝，小花枝长 10~20 厘米；花两性，长约 2 毫米；花萼裂至近基部成 3 个宽三角形近急尖的裂片，裂片有宽的干膜质的边缘；花冠裂至中部成 3 个半卵形急尖的裂片；雄蕊 6，花丝稍粗，宽三角形，花药阔椭圆形；花柱突变成钻状。果实椭圆形，长 1.8~2.2 厘米，直径 1~1.2 厘米，黑褐色。种子椭圆形，长 1.5 厘米，直径约 1 厘米。

分布 中南半岛有分布。我国产于南部各省。目前三沙永兴岛、赵述岛、银屿、西沙洲、北岛、晋卿岛、甘泉岛、永暑礁有栽培，常见，生长于绿化带、庭园。

价值 园林绿化植物。叶编制葵扇、蓑衣等；肋脉可制牙签。种子入药，具有败毒抗癌、消淤止血的功效，用于白血病、鼻癌、绒毛膜癌、食道癌。

棕榈科 Palmae ｜ 刺葵属 *Phoenix* L.

海枣 *Phoenix dactylifera* L.

别名 枣椰子、波斯枣、无漏子、番枣、海棕、伊拉克枣、枣椰、仙枣、椰枣、伊拉克蜜枣

形态特征 乔木状，高可达 35 米。茎具宿存的叶柄基部；上部的叶斜升，下部的叶下垂，形成一个较稀疏的头状树冠。叶长达 6 米；叶柄长而纤细，多扁平；叶羽状全裂，羽片线状披针形，长 18~40 厘米，顶端短渐尖，灰绿色，具明显的龙骨突起，2 或 3 片聚生，被毛，下部的羽片变成长而硬的针刺状。佛焰苞长、大而肥厚；密集的圆锥花序；雄花长圆形或卵形，具短柄，白色，质脆，花萼杯状，顶端具 3 钝齿，花瓣 3，斜卵形，雄蕊 6，花丝极短；雌花近球形，具短柄，花萼与雄花的相似，花瓣圆形，退化雄蕊 6，呈鳞片状。果实长圆球形或长圆状椭球形，长 3.5~6.5 厘米，成熟时深橙黄色，果肉肥厚。种子 1 粒，扁平，两端锐尖，腹面具纵沟。

分布 原产西亚和北非，东南亚、南亚及非洲南部广泛栽培。我国福建、广东、广西、云南、台湾等省份有引种栽培。目前三沙永兴岛有栽培，少见，生长于庭园花坛。

价值 果实有极高的营养价值，可以制成各种糖果、高级糖浆、饼干和菜肴及醋和酒精；花序、穗轴可以制作椅子、睡床和筐子；叶片可以用来编席子、捆扫帚、制托盘等，还可以作薪材；树干用来建造农舍、桥梁；种子可以作饲料；树干、花序浸出的汁液可以制成砂糖，还可以酿酒。常植于公园、庭园作景观树。果实入药，具有补中益气、除痰咳的功效，用于补虚损、消食、止咳。

棕榈科 Palmae | 刺葵属 *Phoenix* L.

江边刺葵 *Phoenix roebelenii* O. Brien

别名 美丽珍葵、美丽针葵、罗比亲王椰子、罗比亲王海枣、软叶刺葵

形态特征 野生茎常丛生，栽培常为单生，灌木状。高可达 3 米，少有更高。树干直径达 10 厘米，具宿存的三角状叶柄基部。叶长 1~2 米；羽状全裂，羽片线形，较柔软，长 20~40 厘米；两面深绿色，背面沿叶脉被灰白色的糠秕状鳞秕，呈 2 列排列；下部羽片变成细长软刺。佛焰苞长 30~50 厘米，仅上部裂成 2 瓣；雄花序与佛焰苞近等长；雌花序短于佛焰苞；分枝花序长而纤细，长达 20 厘米；雄花花萼长约 1 毫米，顶端具三角状齿，花瓣 3，针形，长约 9 毫米，顶端渐尖，雄蕊 6；雌花近卵形，长约 6 毫米，花萼顶端具明显的短尖头。果实长圆形，长 1.4~1.8 厘米，直径 6~8 毫米，顶端具短尖头，成熟时枣红色，果肉薄而有枣味。

分布 缅甸、越南、印度、泰国有分布。我国产于云南、广东、广西等省份。目前三沙永兴岛有栽培，少见，生长于庭园花坛。

价值 作庭园、公园观赏树种。

棕榈科 Palmae | 棕竹属 *Rhapis* L. f. ex Aiton

棕竹 *Rhapis excelsa* (Thunb.) A. Henry

别名 筋头竹、观音竹、虎散竹、裂叶棕竹

形态特征 丛生灌木，高2~3米。茎圆柱形，有节，直径1.5~3厘米，上部被叶鞘，但分解成稍松散的马尾状淡黑色粗糙而硬的网状纤维。叶掌状深裂，裂片4~10，不均等，具2~5条肋脉，在叶柄顶端连合；裂片长20~32厘米或更长，宽1.5~5厘米，宽线形或线状椭圆形，先端宽，截状而具多对稍深裂的小裂片；边缘及肋脉上具稍锐利的锯齿；横小脉多而明显；叶柄两面突起或上面稍平坦，边缘微粗糙，顶端的小戟突略呈半圆形或钝三角形，被毛。花序长约30厘米，总花序梗及分枝花序基部各有1枚佛焰苞包着，密被褐色弯卷绒毛；2~3个分枝花序，其上有1~2次分枝小花穗，花枝近无毛，花螺旋状着生于小花枝上；雄花花蕾时为卵状长圆形，具顶尖，成熟时花冠管伸长，开花时为棍棒状长圆形，长5~6毫米，花萼杯状，深3裂，裂片半卵形，花冠3裂，裂片三角形，花丝粗，上部膨大具龙骨突起，花药心形或心状长圆形，顶端钝或微缺;雌花短而粗，长4毫米。果实球状倒卵形，直径8~10毫米。种子球形。

分布 东南亚有分布。我国产于海南、广东、福建、贵州、云南。目前三沙永兴岛有栽培，少见，生长于庭园花坛。

价值 庭园、室内观赏绿化树种。叶入药，具有收敛止血功效，用于鼻衄、咯血、吐血、产后出血过多；根入药，具有祛风除湿、收敛止血的功效，用于风湿痹痛、鼻衄、咯血、跌打损伤。

棕榈科 Palmae | 王棕属 *Roystonea* O. F. Cook

王棕 *Roystonea regia* (Kunth) O. F. Cook

别名 大王椰子、王椰、大王椰

形态特征 茎直立，乔木状，高10~20米或更高。茎幼时基部膨大，老时近中部不规则地膨大，向上部渐狭。叶羽状全裂，弓形并常下垂，长4~5米；叶轴每侧的羽片多达250片，羽片呈4列，线状披针形，渐尖，顶端浅2裂，长90~100厘米，宽3~5厘米，顶部羽片较短而狭；中脉的每侧具粗壮的叶脉。花序长达1.5米，多分枝；佛焰苞在开花前像一根垒球棒；花小，雌雄同株；雄花长6~7毫米，雄蕊6，与花瓣等长；雌花长约为雄花的1/2。果实近球形至倒卵球形，长约1.3厘米，直径约1厘米，熟后暗红色至淡紫色。种子歪卵球形，一侧压扁。

分布 原产古巴。我国海南、广东、广西、云南、福建、台湾有引种栽培。目前三沙永兴岛、赵述岛、晋卿岛、美济礁有栽培，常见，生长于道路旁、绿化带。

价值 作行道树和园林绿化树种。果实含油，作家禽、家畜饲料。茎和叶为茅舍的建造材料。

棕榈科 Palmae | 丝葵属 *Washingtonia* H. Wendl.

丝葵 *Washingtonia filifera* (Lind. ex Andre) H. Wendl.

别名 老人葵、华棕、加州蒲葵、华盛顿棕、壮裙棕

形态特征 乔木状，高达 18~21 米。树干基部通常不膨大，向上为圆柱状，顶端稍细，被覆许多下垂的枯叶；树干去掉枯叶呈灰色，可见明显的纵向裂缝和不太明显的环状叶痕；叶基密集，不规则；叶大型，叶片直径可达 1.8 米，约 1/2 裂，裂片 50~80，在裂片之间及边缘具灰白色的丝状纤维，裂片灰绿色，无毛，中央的裂片较宽；两侧的裂片较狭和较短而更深裂；最外侧的裂片窄且最短；每裂片先端又再分裂；叶柄与叶片近等长，基部扩大成革质的鞘，近基部宽约 15 厘米，上面平扁，背面突起；老树叶柄下半部一边缘具小刺，小刺正三角形，稍具钩状或不具钩状，长 0.5~0.8 厘米，其余部分无刺或具极小的几个小刺；叶轴三棱形，伸长，长为宽的 2~2.5 倍；戟突三角形，边缘干膜质。花序大型，弓状下垂，长于叶；从管状的一级佛焰苞内抽出几个大的分枝花序；每个分枝花序由几个迭生的长 40~50 厘米的小分枝花序组成；小分枝花序上又着生许多丝状的长 6~8 厘米的小花枝；花蕾披针形渐尖;花萼管状钟形，基部截平，裂片 3，约 1/2 裂，阔卵形，具小圆齿，顶端稍被锈色鳞秕；花冠 2 倍长于花萼，下部 1/5 为管状，裂片披针形渐尖，略具芒尖；与花冠裂片对生的雄蕊粗纺锤形，与花冠裂片互生的雄蕊圆柱形，钻状，较细；花药披针状箭头形，急尖，顶端短 2 裂;子房小，陀螺形，3 裂，上部急缩成 1 个丝状的花柱；柱头具细点，不分裂。果实卵球形，长约 9.5 毫米，直径约 6 毫米，亮黑色,顶端具长 5~6 毫米刚毛状的宿存花柱。种子卵形，两端圆，长约 7 毫米，直径约 5 毫米。

分布 原产美国及墨西哥。我国福建、台湾、广东、海南及云南有引种栽培。目前三沙银屿、赵述岛有栽培，很少见，生长于沙地。

价值 庭园、道路、公园作景观树种;因抗污染性强，适宜作工厂绿化树种。

露兜树科 Pandanaceae | 露兜树属 *Pandanus* Parkinson

花叶露兜 *Pandanus sanderii* Hort. Sand.

别名 斑叶露兜树、黄斑叶桑氏露兜树

形态特征 灌木，高 1~3 米。茎具气根，支柱根放射状，斜插于土中。叶紧密螺旋状聚生于枝顶，带状，革质；叶边缘、中脉常呈黄色；叶边缘具小而密的锐刺；叶无柄，具鞘。花单性异株；雄花排成穗状花絮，无花被；雌花排成紧密的头状花序。聚合果椭圆形，由多数木质、有棱角的核果组成。

分布 原产马来西亚。我国海南、广东有引种栽培。目前三沙永兴岛有栽培，常见，生长于庭园花盆、道路花坛、绿化带。

价值 绿化美化植物。

露兜树科 Pandanaceae | 露兜树属 *Pandanus* Parkinson

露兜草 *Pandanus austrosinensis* T. L. Wu

别名 长叶露兜草、野菠萝

形态特征 多年生常绿草本。地下茎横卧，分枝，生有许多不定根；地上茎短，不分枝。叶近革质，带状，长达2米，宽约4厘米；先端渐尖成三棱形，具细齿的鞭状尾尖，基部折叠；边缘具向上的钩状锐刺，背面中脉隆起，疏生弯刺，除下部少数刺尖向下外，其余刺尖多向上；沿中脉两侧各有1条明显的纵向凹陷。花单性，雌雄异株；雄花由若干穗状花序组成雄花序，长达10厘米，雄花多数，雄蕊多为6，花丝下部联合成束，长约3毫米，着生在穗轴上，花丝上部离生，长约1毫米，伞状排列，花药线形，长约3毫米；雌花无退化雄蕊，心皮多数，子房上位，花柱短，柱头分叉或不分叉，角质。聚合果椭圆状圆柱形或近圆球形，长约10厘米，直径约5厘米，由多达250余个核果组成，成熟核果的果皮变为纤维，核果倒圆锥状，5~6棱，宿存柱头刺状，向上斜钩。

分布 我国华南各省有分布。目前三沙赵述岛、永暑礁有栽培，少见，生长于花坛、林缘。

价值 果实入药，可降血糖。叶编织草席、帽子、小篓等器物；包粽子。

露兜树科 Pandanaceae | 露兜树属 *Pandanus* Parkinson

露兜树 *Pandanus tectorius* Sol.

别名 露兜簕、簕芦、林投

形态特征 常绿灌木或小乔木。茎具多分枝或不分枝的气根；分枝常左右扭曲。叶簇生于枝顶，3 行紧密螺旋状排列，条形，革质，长达 1.5 米，宽约 4 厘米，先端渐狭成 1 长尾尖，叶缘和背面中脉均有粗壮的锐刺。雄花序由数个穗状花序组成，每一穗状花序长约 5 厘米，无总花梗；佛焰苞长披针形，长 10~26 厘米，宽 1.5~4 厘米，近白色，先端渐尖，边缘和背面隆起的中脉上具细锯齿；雄花芳香，雄蕊常为 10 余枚，多可达 25 枚，着生于长达 9 毫米的花丝束上，呈总状排列。雌花序头状，单生于枝顶，圆球形；佛焰苞多枚，乳白色，长 15~30 厘米，宽 1.4~2.5 厘米，边缘具疏密相间的细锯齿；心皮 5~12 枚合为 1 束，中下部联合，上部分离，子房上位，5~12 室，每室有 1 颗胚珠。聚花果大，向下悬垂，由 40~80 个核果束组成，圆球形或长圆形，长达 17 厘米，直径约 15 厘米，幼果绿色，成熟时橘红色；核果束倒圆锥形，高约 5 厘米，直径约 3 厘米，宿存柱头稍突起呈乳头状、耳状或马蹄状。

分布 亚洲热带地区国家及澳大利亚、太平洋岛屿有分布。我国产于广东、广西、海南、福建、台湾、贵州、云南。目前三沙产于永兴岛、赵述岛、甘泉岛、西沙洲、晋卿岛、美济礁、渚碧礁、永暑礁，常见，生长于沙地、林缘、园林绿地。

价值 根具有发汗解表、清热利湿、行气止痛的功效，用于感冒、高热、肝炎、肝硬化腹水、肾炎水肿、小便淋痛、眼结膜炎、风湿痹痛、疝气、跌打损伤；叶具有清热、凉血、解毒的功效，用于感冒发热、中暑、麻疹、发斑、丹毒、心烦尿赤、牙龈出血、阴囊湿疹、疮疡；花具有清热、利湿的功效，用于感冒咳嗽、淋虫、小便不利、热泄、疝气、对口疮；核果具有补脾益气、行气止痛、化痰利湿、明目的功效，用于痢疾、胃痛、咳嗽、疝气、睾丸炎、痔疮、小便不利、目生翳障。叶可以编制席、帽等工艺品；嫩芽可食；鲜花可提取芳香油。露兜树耐盐性强，生长速度快，是保护海岸线生态环境的重要植物。

露兜树科 Pandanaceae | 露兜树属 *Pandanus* Parkinson

红刺露兜 ***Pandanus utilis* Borg.**

别名 红刺林投、红章鱼树、旋叶露兜树、扇叶露兜

形态特征 常绿灌木或小乔木，树高2.5~5米，在原产地可高达20米。单干或分支，具环状叶痕；干基常长出多数气生根，入土则成为支柱根。叶革质，呈螺旋状常3~4列簇生于枝梢；剑状长披针形；无叶柄；边缘或叶背面中脉有红色锐刺；在同一个生长环境里，雌株的叶宽较雄株宽约1厘米。花单性，雌雄异株;圆锥花序或成密集的花簇，芳香，无花被，花瓣片遗存或缺，花序初为白色佛焰苞或叶状苞所包;雄花几乎难以各个区分开来，雄蕊多数，花丝短;雌花为圆锥头状花序，多结合成束。50~100个核果组成聚合果，椭圆状，形似菠萝，向下垂悬。

分布 原产于马达加斯加，全世界亚热带、热带地区均有栽培。我国华南地区有栽培。目前三沙永兴岛、赵述岛、甘泉岛、北岛、西沙洲、晋卿岛、石岛、鸭公岛、银屿、美济礁、渚碧礁、永暑礁有栽培，很常见，生长于绿化带、花坛。

价值 庭园绿化、公园绿地的优良树种；叶片可用来盖茅草屋、制帽子和大糖袋等；树干可做乐器、小型器具等。根入药，可用于肾炎、水肿。

兰科 Orchidaceae | 美冠兰属 *Eulophia* R. Br. ex Lindl.

美冠兰 *Eulophia graminea* Lindl.

形态特征 多年生地生草本。假鳞茎多样，卵球形、圆锥形、长圆形或近球形，长 3~7 厘米，直径 2~4 厘米，直立，常带绿色，多少露出地面，上部有数节；有时多个假鳞茎聚生，直径达 20~30 厘米。叶 3~5，线形或线状披针形，长 13~35 厘米，宽 7~10 毫米，先端渐尖，基部收狭成柄；叶柄套叠而成短的假茎，外有数枚鞘。花葶从假鳞茎一侧节上发出，中部以下有数枚鞘；总状花序直立，常有 1~2 个侧分枝，疏生多数花；花苞片草质，线状披针形；花橄榄绿色，唇瓣白色而具淡紫红色褶片；中萼片倒披针状线形；侧萼片与中萼片相似，常略斜歪而稍大；花瓣近狭卵形；唇瓣近倒卵形或长圆形，3 裂；侧裂片较小；中裂片近圆形；唇盘上有 3~5 条纵褶片；基部有距，圆筒状或后期略呈棒状，因中部缢缩而末端较粗；蕊柱较短，长 4~5 毫米；蕊柱足无；花药顶生。蒴果下垂，椭圆形，长 2.5~3 厘米，宽约 1 厘米；果梗长约 1 厘米。

分布 尼泊尔、印度、斯里兰卡、越南、老挝、缅甸、泰国、马来西亚、新加坡、印度尼西亚及琉球群岛有分布。我国产于安徽、台湾、广东、香港、海南、广西、贵州和云南。目前三沙产于永兴岛、石岛，少见，生长于绿化带草地。

价值 重要园艺植物，是华南草坪三宝之一。假鳞茎入药，具有止血定痛的功效，用于跌打损伤、血瘀疼痛、外伤出血、痈疽疮疡、虫蛇咬伤。

莎草科 Cyperaceae | 莎草属 *Cyperus* L.

扁穗莎草 *Cyperus compressus* L.

别名 扁穗莎

形态特征 多年生草本。无根状茎;茎丛生,稍纤细,高 5~25 厘米,锐三棱形,无毛。基部具较多叶;叶短于秆,或与秆近等长,宽 2~4 毫米,折合或平张,灰绿色;叶鞘紫褐色。苞片 3~5,叶状,长于花序;长侧枝聚伞花序简单,具 2~7 个辐射枝,辐射枝最长达 12 厘米;穗状花序近头状;花序轴很短,具 3~10 个小穗紧密排列于花序轴;小穗,线状披针形,压扁,长 1~2.5 厘米,宽 2~3 毫米,具 10~40 朵花;小穗轴具白色、膜质的鞘;鳞片覆瓦状紧密排列,卵形,长约 3 毫米,背面具龙骨状突起,中间较宽部分为绿色,两侧苍白色或浅黄色,有时有锈色斑纹,具脉 9~13 条,顶端具长突尖;雄蕊 3;花药线形;花柱长,柱头 3,较短。小坚果倒卵形,三棱形,侧面凹陷,长约为鳞片长的 1/3,深棕色,表面具密的细点。

分布 广布于亚洲、大洋洲和非洲的热带地区。我国南北各省均有分布,但长江以南较为常见。目前三沙产于永兴岛、东岛,少见,生长于绿化带草地。

价值 全草入药,用于养心、调经行气;外用于跌打损伤。

莎草科 Cyperaceae | 莎草属 *Cyperus* L.

风车草 *Cyperus involucratus* Rottboll

别名 伞草、旱伞草、台湾竹

形态特征 多年生草本。根状茎短，粗大。秆粗壮，高 30~150 厘米，近圆柱状或扁三棱柱状，具棱和纵条纹，平滑或上部稍粗糙，基部以无叶的鞘包裹；鞘闭合，鞘口截形，顶端渐尖或急尖，棕色。苞片 10~24，叶状，螺旋状排列，近等长，长达 20 厘米，宽 5~10 毫米，顶端急尖，斜展或最后反折。长侧枝聚伞花序复出，具多数长短不等的辐射枝，长 4~8 厘米，平滑坚挺；二次辐射枝广歧，长约 1.5 厘米，具槽；小穗 3~7 枚指状排列于第二次辐射枝上端，椭圆形或长圆状披针形，长 3~8 毫米，宽 1.5~3 毫米，压扁，无柄；小穗具 10~30 朵小花；小穗轴不具翅；鳞片覆瓦状紧密排列，后期展开，膜质，卵形，背面中部绿色，两侧苍白色或黄褐色，具 3~5 条脉；雄蕊 3；花药线形，顶端具刚毛状附属物；花柱短，柱头 3。小坚果椭圆形，近三棱形，长为鳞片长的 1/3，褐棕色，具密的细点。

分布 原产于非洲。我国南北各省均见栽培。目前三沙西沙洲有栽培，少见，生长于海边空旷沙地。

价值 作为绿化观赏植物；可用于净化水体；也可用于造纸。目前我国南海西沙洲有引种栽培于干旱沙地，用于防风固沙，但长势较弱。

莎草科 Cyperaceae | 莎草属 *Cyperus* L.

羽穗砖子苗 *Cyperus javanicus* Houtt.

别名 爪哇砖子苗

形态特征 多年生草本。根状茎，粗短，木质；秆散生，粗壮，高可达 1 米，钝三棱形，下部具叶，基部膨大。叶稍硬，革质，通常长于秆，宽 8~10 毫米，基部折合，向上渐成为平张，横脉明显，边缘具锐刺，叶鞘黑棕色。苞片 5~6，叶状，较花序长很多，斜展；长侧枝聚伞花序复出或多次复出，具 6~10 个第一次辐射枝；辐射枝最长达 10 厘米，斜展，每个辐射枝具 3~7 个第二次辐射枝；穗状花序圆柱状，长 1.5~3 厘米，宽 8~12 毫米，具多数小穗；小穗排列稍密，平展或稍下垂，长圆状披针形，肿胀，长 4.5~5.5 毫米，宽 1.8~2 毫米，具 4~6 朵花；小穗轴具宽翅；鳞片较密地覆瓦状排列，革质，宽卵形，顶端急尖，无短尖，凹形，淡棕色或麦秆黄色，具绣色条纹，边缘白色半透明，背面无龙骨状突起，具多条脉；雄蕊 3，花药线形；花柱长，柱头 3。小坚果宽椭圆形、倒卵状椭圆形或三棱形，长约为鳞片长的 1/2，黑褐色，具密的微突起细点。

分布 分布于热带非洲国家及缅甸、马来西亚、菲律宾、澳大利亚及琉球群岛。我国产于海南、广东、台湾、香港。目前三沙产于永兴岛、赵述岛、甘泉岛、北岛、西沙洲、晋卿岛、东岛、石岛、美济礁、渚碧礁、永暑礁，很常见，生长于绿化带、花坛、空旷沙地、林缘。

价值 抗逆性强，可作为热带岛礁防风固沙的先锋植物。

莎草科 Cyperaceae | 莎草属 *Cyperus* L.

辐射砖子苗 *Cyperus radians* Nees & Meyen ex Kunth

别名 多花砖子苗

形态特征 一年生草本。根状茎短缩；秆丛生，粗短，高可达5厘米，平滑，钝三棱形，常为丛生的狭叶所隐藏。叶基生，革质，厚而稍硬，宽2~7毫米，基部常向内折合；叶鞘紫褐色。苞片3~7，叶状，等长或短于最长辐射枝；长侧枝聚伞花序简单或复出，具5~8个辐射枝，其最长达15厘米；辐射枝顶端具小伞梗，小伞梗一般不超过1厘米；头状花序具5~15个小穗，球形，基部常具叶状小苞片；小穗卵形或披针形，具3~8朵花；小穗轴宽阔而无翅；鳞片密覆瓦状排列，厚纸质，宽卵形，长3.5~4毫米，顶端具延伸出向外弯的硬尖，背面龙骨状突起，绿色，两侧苍白色，具紫红色条纹，或为紫红色，具11~13条明显的脉；雄蕊3，花药线形；花柱细长，柱头3。小坚果为宽椭圆形或卵形，黑褐色。

分布 印度、越南、马来西亚有分布。我国产于山东、浙江、广东、海南等省。目前三沙产于晋卿岛，很少见，生长于海边沙质草坡、木麻黄林下。

价值 不详。

莎草科 Cyperaceae | 莎草属 *Cyperus* L.

香附子 *Cyperus rotundus* L.

别名 香头草、回头青、雀头香、香附

形态特征 多年生草本。具长匍匐块状茎、椭圆形块茎。秆稍细弱，高10~40厘米，锐三棱形，平滑，基部呈块茎状。叶较多，短于或等长于秆，宽2~5毫米，平张，上部边缘和中部粗糙；叶鞘棕色，常裂成纤维状。叶状苞片2~4，常长于花序，或有时短于花序；长侧枝聚伞花序简单或复出，具3~10个辐射枝；辐射枝最长可达12厘米；穗状花序卵形或阔卵形，具3~10个小穗稍疏松排列而成；小穗斜展开，线形或披针形，两面压扁，具10~25朵花；小穗轴具白色或稍带褐色短条纹、长圆形的翅；鳞片稍密地覆瓦状排列，膜质，卵形或长圆状卵形，长约3毫米，顶端急尖或钝，无短尖，中间绿色，两侧紫红色或红棕色，具5~7条脉；雄蕊3，花药长，线形，暗血红色，药隔凸出于花药顶端；花柱长，柱头3，细长，伸出鳞片外。小坚果长圆状倒卵形，近三棱形，长为鳞片长的2/3，黑褐色，具细点。

分布 广布于世界温带和热带各地。我国产于华南、华东、西南、西北各省。目前三沙产于永兴岛、赵述岛、甘泉岛、北岛、西沙洲、晋卿岛、东岛、石岛、南沙洲、银屿、羚羊礁、美济礁、渚碧礁、永暑礁，很常见，生长于绿化带、花坛、空旷沙地、林缘。

价值 块茎入药，具有行气解郁、调经止痛的功效，用于肝郁气滞，胸、胁、脘腹胀痛，消化不良，胸脘痞闷，寒疝腹痛，乳房胀痛，月经不调，经闭痛经。抗逆性强，根茎发达，可作为热带岛礁防风固沙、植被构建的先锋植物。

莎草科 Cyperaceae | 莎草属 *Cyperus* L.

粗根茎莎草 *Cyperus stoloniferus* Retz.

形态特征 多年生草本植物。根状茎长而粗，木质化，具块茎；秆高 8~20 厘米，钝三棱形，平滑，基部叶鞘通常分裂成纤维状；叶常短于秆，少长于秆，宽 2~4 毫米，常折合，少平张。叶状苞片 2~3，通常下面 2 枚苞片长于花序；简单长侧枝聚伞花序具有 3~4 个辐射枝；辐射枝很短，一般不超过 2 厘米，每个辐射枝具有 3~8 个小穗；小穗长圆状披针形或披针形，稍肿胀，具 10~18 朵花；小穗轴具狭的翅；鳞片紧密覆瓦状排列，纸质，宽卵形，顶端急尖或近于钝，土黄色，有时带有红褐色斑块，具 5~7 条脉；雄蕊 3，花药长，线形；柱头 3，具锈色斑点。小坚果椭圆形或倒卵形，近三棱形，黑褐色。

分布 分布于越南、印度、马来西亚、印度尼西亚、澳大利亚热带地区。我国产于海南、广东、广西、云南、福建、台湾。目前三沙产于永兴岛、赵述岛、甘泉岛、北岛、西沙洲、晋卿岛、东岛、石岛、美济礁、渚碧礁、永暑礁，很常见，生长于绿化带、空旷沙地、林缘。

价值 抗逆性强，根茎发达，可作为热带岛礁防风固沙、植被构建的先锋植物。

莎草科 Cyperaceae | 飘拂草属 *Fimbristylis* Vahl

黑果飘拂草 *Fimbristylis cymosa* (Lam.) R. Br.

别名 佛焰苞飘拂草、叶状苞飘拂草

形态特征 一年生或多年生草本。根状茎短，无匍匐根状茎。秆扁钝三棱形，具槽，上部细，基部粗，高 10~60 厘米。基生多数叶，叶宽 1.5~4 毫米，极坚硬，平张，顶端急尖，边缘有稀疏细锯齿。苞片 1~3，短于花序；长侧枝聚伞花序简单或近复出，少有减缩为头状，辐射枝张开；小穗多数簇生成头状，小穗长圆形或卵形，顶端钝，小穗无柄，密生多数花；鳞片近膜质，卵形，顶端钝，红褐色，具白色干膜质宽边，背面有不明显的 3 条脉；雄蕊 3，花药线形；花柱细，基部稍粗，无毛，成熟时呈紫黑色，柱头 3。小坚果宽倒卵形，其上有三棱，长约 0.7 毫米，具不明显的疣状突起，表面网纹呈方形或横长圆形，或有时近平滑，成熟时紫黑色。

分布 日本、印度、斯里兰卡、泰国、越南、马来西亚及非洲国家有分布。我国产于海南、福建、台湾、广西。目前三沙产于永兴岛、赵述岛、甘泉岛、北岛、北沙洲、南岛、南沙洲、中沙洲、中岛、西沙洲、晋卿岛、银屿、东岛、石岛、羚羊礁、美济礁、渚碧礁、永暑礁等，很常见，生长于干旱空旷沙地、林缘。

价值 抗逆性强，可作热带岛礁防风固沙、绿化的先锋地被植物。

莎草科 Cyperaceae | 飘拂草属 *Fimbristylis* Vahl

两歧飘拂草 *Fimbristylis dichotoma* (L.) Vahl

别名 线叶两歧飘拂草

形态特征 多年生草本。根状茎缩短；茎多数丛生，粗壮，高5~50厘米，无毛或被疏柔毛，扁三棱形或上部三棱形，具纵槽纹。基部具多数的叶；叶线形，略短于茎或与茎等长，宽1~3毫米，无毛，顶端渐尖或钝；鞘革质，腹侧膜质，浅棕色，无毛，鞘口斜形，叶舌呈1圈短毛。苞片3~4，叶状，通常下面的1~2枚长于花序，其余的短于花序，无毛或被毛；长侧枝聚伞花序简单，具3~8个伞梗，伞梗长可达10厘米，坚挺或稍纤细；小穗单生于伞梗顶端，长圆状卵形、长圆状披针形或长圆形、圆柱形，长4~12毫米，宽约2.5毫米，顶端稍尖，具多数花；鳞片螺旋状排列，卵形、长圆状卵形或长圆形，长2~2.5毫米，灰褐色，有光泽，脉3~5条，顶端具短尖；雄蕊1~2，花丝较短；花柱扁平，具缘毛，柱头2。小坚果宽倒卵形，双凸状，长约1毫米，白色或淡褐色，具显著纵肋7~9条，具横长圆形网纹，具褐色的柄。

分布 广布于世界温带地区。我国几乎各地均有分布。目前三沙产于永兴岛、南沙洲，少见，生长于绿化带草地、空旷沙地。

价值 抗逆性强，可作热带岛礁防风固沙、绿化的先锋地被植物。

莎草科 Cyperaceae | 飘拂草属 *Fimbristylis* Vahl

锈鳞飘拂草 *Fimbristylis sieboldii* Miq.

形态特征 多年生草本。具木质短根状茎,水平生长;秆丛生,细而坚挺,高10~65厘米,扁三棱形,平滑,灰绿色,具纵槽,基部稍膨大,具少数叶。下部的叶仅具叶鞘,而无叶片,鞘灰褐色;上部的叶短,仅为秆长的1/3,线形,顶端钝,宽约1毫米。苞片2~3,叶状,线形,短于或稍长于花序,近直立,基部稍扩大;长侧枝聚伞花序简单,少有近复出,具3~5个辐射枝,辐射枝短,最长不及2厘米;小穗单生于辐射枝顶端,长圆状卵形、长圆形或长圆状披针形,顶端急尖,少有钝,长7~20毫米,宽约3毫米,具多数密生的花;鳞片近膜质,卵形或椭圆形,顶端钝,具短尖,灰褐色,中部具深棕色条纹,背面具1条明显的中肋,上部被灰白色短柔毛,边缘具缘毛;雄蕊3,花药线形;花柱长而扁平,基部稍宽,具缘毛,柱头2。小坚果倒卵形或宽倒卵形,扁双凸状,表面近平滑,成熟时棕色或黑棕色,有很短的柄。

分布 分布于印度、日本及世界温暖地区的沿海。我国产于福建、台湾、广东、海南。目前三沙产于永兴岛、东岛、美济礁,少见,生长于绿化带草地、沙地草坡。

价值 抗逆性强,可作热带岛礁防风固沙、绿化的先锋地被植物。

莎草科 Cyperaceae | 水蜈蚣属 *Kyllinga* Rottb.

短叶水蜈蚣 *Kyllinga brevifolia* Rottb.

别名 水蜈蚣、金钮草、土香头、三夹草、发汗草、疟疾草、白香附、无头香

形态特征 多年生草本。根状茎纤细，长而匍匐；外被膜质、褐色的鳞片叶，具多节；每一节上抽1茎；茎成列地散生，细弱，高5~30厘米或有的可达50厘米；茎扁三棱形，平滑，基部膨大。具4~5个圆筒状叶鞘，最下面1~2个叶鞘常为干膜质，无叶；棕色，鞘口斜截形，顶端渐尖；上面2~3个叶鞘顶端具叶片。叶片线形，长短不等，长5~15厘米，宽1.5~4毫米，上部边缘和背面中脉具细刺。叶状苞片3~4，极展开，后期常向下反折；穗状花序单生，卵球形，长5~11毫米，宽4~6毫米，具极多数密生小穗；小穗长圆状披针形或披针形，压扁，长约3毫米，宽约1毫米，具1朵两性花；鳞片膜质，卵形，长约3毫米，下面鳞片短于上面鳞片，白色，具锈斑，少为麦秆黄色，背面的龙骨状突起绿色，具刺，顶端延伸成外弯的短尖，具脉3~4条；雄蕊1~3，花药线形；花柱细长，柱头2。小坚果倒卵状长圆形，扁双凸状，长约为鳞片长的1/2，表面具密的细点。

分布 分布于非洲西部热带国家，大洋洲、美洲国家，印度、缅甸、越南、马来西亚、印度尼西亚、菲律宾、日本。我国产于湖北、湖南、贵州、四川、云南、安徽、浙江、江西、福建、广东、海南、广西等省份。目前三沙产于永兴岛、赵述岛、美济礁，常见，生长于绿化带、菜地。

价值 全草入药，具有疏风解表、清热利湿、止咳化痰、祛瘀消肿的功效，用于感冒风寒、寒热头痛、筋骨疼痛、咳嗽、疟疾、黄疸、痢疾、疮疡肿毒、跌打刀伤。

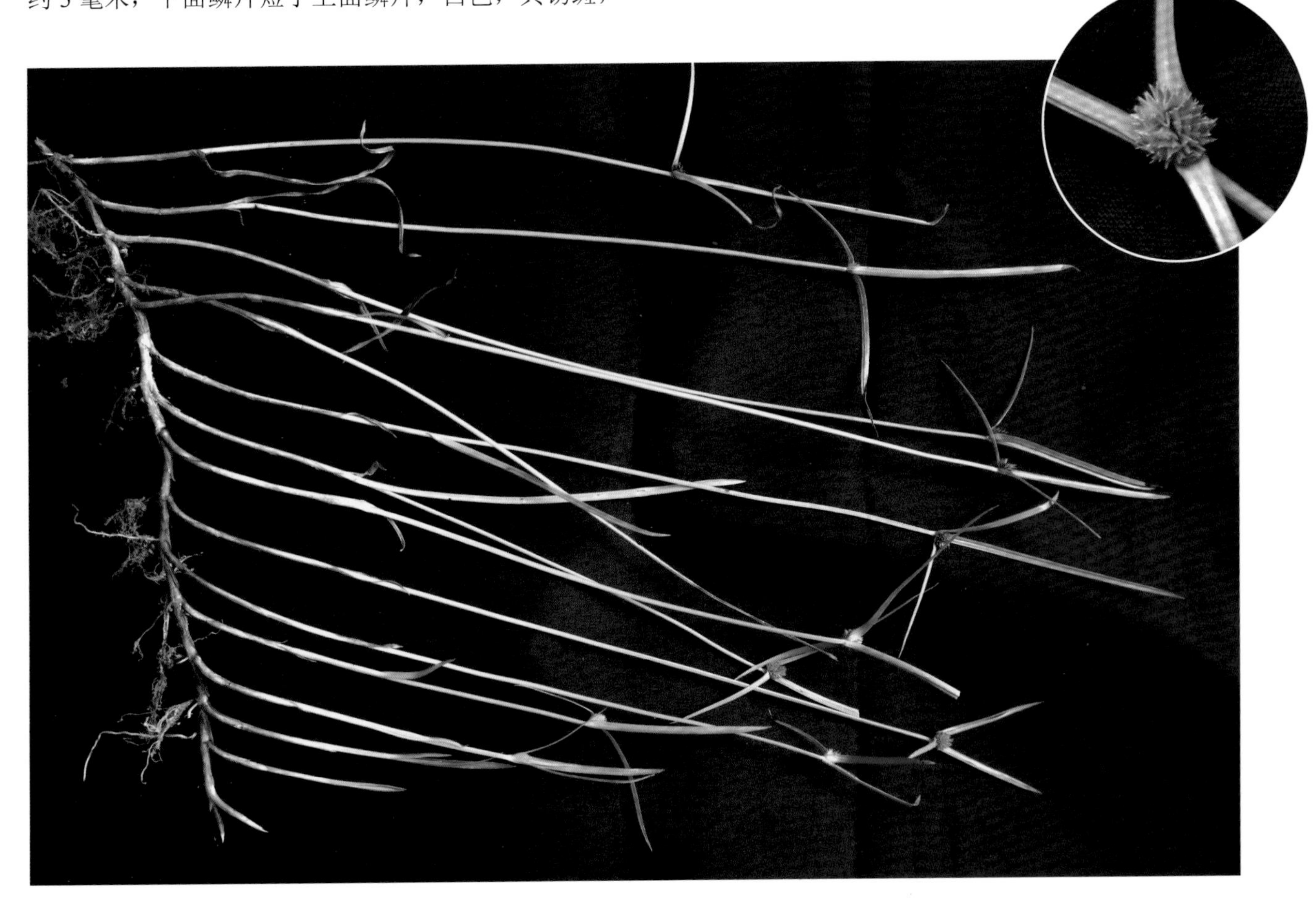

莎草科 Cyperaceae | 水蜈蚣属 *Kyllinga* Rottb.

单穗水蜈蚣 *Kyllinga nemoralis* (J. R. Forster & G. Forster) Dandy ex Hutchinson & Dalziel

别名 猴子草、水百足、三角草、三叶珠、单打槌、公芋头草、一箭球

形态特征 多年生草本。具匍匐、细长、多节的根状茎；茎由根状茎的每节上抽出；高10~40厘米，细弱，平滑，扁锐三棱形，基部不膨大。叶通常短于茎，长15~20厘米，宽1.5~4.5毫米，平张，柔弱，边缘具疏锯齿。叶鞘短，褐色，或具紫褐色斑点，最下面的叶鞘无叶片。苞片3~4，叶状，斜展，较花序长很多；穗状花序单生，偶有2~3个聚生，圆卵形或球形，长5~9毫米，宽5~7毫米，具极多数小穗；小穗近倒卵形或披针状长圆形，顶端渐尖，压扁，长2.5~3毫米，具花2朵，上面的1朵不发育；鳞片膜质，半月形，苍白色或浅黄色，具锈色斑点，两侧各具3~4条脉，背面龙骨状突起具翅，翅延伸出鳞片顶端成稍外弯的短尖，翅边缘具缘毛状细刺；雄蕊3；花柱长，柱头2。小坚果长圆形或倒卵状长圆形，平凸状，长约为鳞片长的1/2，约1.5毫米，棕色，具密的细点，顶端具很短的短尖。

分布 分布于印度、缅甸、泰国、越南、马来西亚、印度尼西亚、菲律宾、日本、澳大利亚，美洲热带国家。我国产于广东、广西、海南、云南。目前三沙产于永兴岛、美济礁，少见，生长于绿化带草地。

价值 全草入药，具有宣肺止咳、清热解毒、散瘀消肿、杀虫截疟的功效，用于感冒咳嗽、百日咳、咽喉肿痛、痢疾、毒蛇咬伤、疟疾、跌打损伤、皮肤瘙痒。

莎草科 Cyperaceae | 海滨莎属 *Remirea* Aubl.

海滨莎 *Remirea maritima* Aubl.

别名 海滨莎草

形态特征 多年生草本。匍匐根状茎延伸，上部有时分枝；茎高5~15毫米，有纵槽，近三棱柱形，无毛，基部具多数叶。叶革质，披针形或线形，稍短于或等长于茎，宽4.5~6.5毫米，叶面中脉下凹，在背面隆起；叶鞘膜质，棕色，闭合。苞片叶状，2~6枚，长于花序；穗状花序通常2~7个成簇，着生于茎的顶端；小穗密聚，纺锤状椭圆形，长约5毫米；小穗基部的小苞片鳞片状，卵状披针形，顶端急尖，长3毫米左右，有明显的中脉和棕色短条纹；鳞片3，基部2枚内无花，卵形，长约4毫米，顶端急尖，顶生1枚内具两性花，厚而木栓质，长约3毫米，顶端突尖，无脉，有棕色小斑点；雄蕊3；花柱细长，柱头3。小坚果长椭圆形，三棱形，长约2.5毫米，黑棕色，无柄，无毛，具微细的小点。

分布 广布于全球热带地区海边。我国产于广东、海南和台湾。目前三沙西沙洲有栽培，很少见，生长于高潮带附近沙地。

价值 可作热带岛礁海岸防风固沙的先锋地被植物之一。

莎草科 Cyperaceae ｜ 扁莎属 *Pycreus* P. Beauv.

多枝扁莎 ***Pycreus polystachyus*** **(Rottb.) P. Beauv**

别名 多穗扁莎、扁莎、多柱扁莎、细样席草

形态特征 多年生草本。秆密丛生，高15~60厘米，扁三棱形，坚挺，平滑。叶通常较茎短，有时与茎等长，宽2~4毫米，平张，或有时折合，稍硬。苞片4~6，叶状，长于花序或等长于花序；复出长侧枝聚伞花序，具5~8个辐射枝，伞梗长达3.5厘米，有时缩短，具多数小穗；小穗排列紧密，近直立，线形，长7~18毫米，宽约1.5毫米，有10~30朵花，或有时更多；小穗轴稍呈“之”字形曲折，具狭翅，小穗鳞片密覆瓦状排列，膜质，卵状长圆形，长约2毫米，背面具3条脉，绿色，两侧麦秆色或红棕色，无脉，顶端有时具极短的短尖；雄蕊2，偶有3，花药线形；花柱细长，柱头2。小坚果近长圆形或卵状长圆形，双凸状，长为鳞片长的1/2，顶端具短尖，表面具微突的细点。

分布 越南、印度、朝鲜、日本及大洋洲、非洲、美洲国家有分布。我国产于海南、广东、福建、台湾。目前三沙产于永兴岛、赵述岛、美济礁，生长于绿化带草地。

价值 不详。

莎草科 Cyperaceae | 扁莎属 *Pycreus* P. Beauv.

红鳞扁莎 *Pycreus sanguinolentus* (Vahl) Nees

别名 黑扁莎、矮红鳞扁莎

形态特征 一年生草本。茎直立、丛生，高 15~50 厘米，扁三棱柱形，平滑。叶多，线形，常短于茎，少有长于茎，宽 2~4 毫米，平张，边缘具白色透明的细刺。苞片 3~4，叶状，近平展，或有时柔软下垂，长于花序；长侧枝聚伞花序简单，具 3~5 个辐射枝；辐射枝有时可长达 4.5 厘米，有时极短，顶端具 3~10 个小穗密聚排列成长约 2 厘米的穗状花序；小穗辐射展开，长圆形、线状长圆形或长圆状披针形，长 5~12 毫米，宽 2.5~3 毫米，具 6~24 朵花；小穗轴稍呈“之”字形弯折，四棱形，无翅；鳞片稍疏松，覆瓦状排列，膜质，卵形，顶端钝，长约 2 毫米，背面中间部分黄绿色，具 3~5 条脉，两侧浅黄色或褐黄色，具宽槽，边缘暗红色或褐红色；雄蕊 3，少 2 枚；花药线形；花柱长，柱头 2，细长，伸出于鳞片之外。小坚果圆倒卵形或长圆状倒卵形，双凸状，稍肿胀，长为鳞片长的 1/2~1/3，成熟时黄褐色，表面密被微突起的细点。

分布 分布于印度、日本、菲律宾、印度尼西亚、俄罗斯及非洲。我国南北各地均产。目前三沙产于永兴岛，生长于绿化带、菜地。

价值 不详。

竹亚科 Bambusaceae | 簕竹属 *Bambusa* Schreb.

孝顺竹 *Bambusa multiplex* (Lour.) Raeuschel ex J. A. & J. H. Schult.

别名 凤尾竹、凤凰竹、蓬莱竹、慈孝竹

形态特征 多年生草本。竿高 4~7 米，直径 1.5~2.5 厘米，尾梢近直或略弯，下部挺直，绿色；节间长 30~50 厘米，幼时薄被白蜡粉，上半部被棕色小刺毛，近节以下尤为较密集，老时变光滑无毛，竿壁稍薄；节处稍隆起，无毛；分枝自竿基部第 2 或第 3 节即开始，数至多枝簇生，主枝稍粗长。竿箨幼时薄被白蜡粉，早落；箨鞘呈梯形，背面无毛，先端稍向外缘倾斜，呈不对称的拱形；箨耳极微小，边缘有少许縫毛；箨舌长 1~1.5 毫米，边缘呈不规则的短齿裂；箨片直立，易脱落，狭三角形，背面散生暗棕色小刺毛，腹面粗糙，先端渐尖，基部与箨鞘先端近等宽。叶鞘无毛，纵肋稍隆起，背部具脊；叶耳肾形，边缘具波曲状细长縫毛；叶舌圆拱形，短小，边缘微齿裂；叶片线形，长 5~16 厘米，宽 7~16 毫米，上面无毛，下面粉绿且密被短柔毛，先端渐尖具细尖头，基部近圆形或宽楔形。假小穗单生或数枝簇生于花枝各节，基部托有鞘状苞片，线形至线状披针形，长 3~6 厘米；常具 1 或 2 片芽苞片，卵形至狭卵形，长 4~7.5 毫米，无毛，先端钝或急尖；小穗含小花 3~13 朵，中间小花为两性；小穗轴节间扁，无毛；颖不存在；外稃两侧稍不对称，长圆状披针形，长约 18 毫米，无毛，先端急尖；内稃线形，长 14~16 毫米，具 2 脊，脊上被短纤毛，脊一边具 4 脉，另一边具 3 脉，先端两侧各伸出 1 被毛的细长尖头；鳞被 3，两侧 2 片半卵形，后方 1 片披针形，边缘无毛；花药紫色，先端具 1 簇白色画笔状毛；子房卵球形，柱头羽毛状。

分布 原产东南亚和日本、中国。我国华南、西南直至长江流域均有分布。目前三沙永兴岛、赵述岛有栽培，不常见，生长于绿化带。

价值 作绿篱、庭园观赏植物；作为造纸原料；竹叶供药用，有解热、清凉的功效，用于止鼻血。

禾亚科 Poaceae | 地毯草属 *Axonopus* P. Beauv.

地毯草 *Axonopus compressus* (Sw.) Beauv.

别名 大叶油草

形态特征 多年生草本。具长匍匐枝。秆压扁，一侧具沟槽，高 8~60 厘米，节密生灰白色柔毛。叶鞘松弛，基部者互相跨覆，压扁，背部具脊，近鞘口处常疏生毛；叶舌短，膜质，无毛；叶片扁平，线状长圆形，质地柔薄，顶端钝，基部心形，通常上面疏生疣基毛，边缘被细柔纤毛，近顶端部边缘无毛而粗糙，秆生叶长 10~25 厘米，宽 6~10 毫米，匍匐茎上的叶较短。总状花序有明显的总梗，与先出叶共同簇生于枝端的叶鞘内，总状花序长 4~10 厘米，通常 3 枚着生于秆顶，其中最上 2 枚常对生；穗轴三角形，一面扁平，无毛；小穗长圆状披针形，长 2.2~2.5 毫米，疏生柔毛，单生；第一颖缺；第二颖卵形，略短于小穗，顶端尖，具 5 脉；第一小花退化，仅存与第二颖同质同形的外稃；第二小花两性，外稃革质，卵形、椭圆形至长圆形，长约 1.7 毫米，先端钝而疏生细毛，边缘稍厚，包着同质内稃，表面具细点状皱纹；雄蕊 3；鳞片 2；颖果椭圆形。

分布 原产热带美洲，世界各热带、亚热带地区有引种栽培。我国台湾、广东、广西、云南、海南有分布。目前三沙产于永兴岛、赵述岛、晋卿岛、甘泉岛、永暑礁、渚碧礁、美济礁，常见，生长于草地、路边。

价值 该种的匍匐枝蔓延迅速，每节上都生根和抽出新植株，植物体平铺地面呈毯状，可作为铺建草坪的草种之一；根有固土作用，是一种良好的保土植物；秆叶柔嫩，家畜喜食，为优良牧草。在我国南海岛礁已作为铺建草坪、绿化岛礁的主要草种之一。

禾亚科 Poaceae | 孔颖草属 *Bothriochloa* Kuntze

白羊草 *Bothriochloa ischaemum* (L.) Keng

形态特征 多年生从生草本。秆直立或基部倾斜而节上生根，常有分枝；高25~80厘米，径1~2毫米，具3至多节，节上无毛或具白色髯毛。叶鞘无毛，多密集于基部而相互跨覆，茎生者常短于节间；叶舌膜质，白色，长约1毫米，具纤毛；叶片线形，长3~15厘米，宽2~4毫米，顶生者常退化，先端渐尖，基部圆形，两面疏生疣基柔毛或背面无毛。总状花序4至多数着生于秆顶呈亚指状，长3~7厘米，纤细，灰绿色或带紫褐色；具光滑无毛的短总梗；穗轴节间与小穗柄两侧具白色丝状毛；无柄小穗长圆状披针形，长4~5毫米，基盘具髯毛；第一颖草质，背部中央略下凹，具5~7脉，下部1/3具丝状柔毛，边缘内卷成2脊，脊上粗糙，先端钝而带膜质；第二颖舟形，脊上粗糙，边缘亦膜质，中部以上具纤毛；第一外稃长圆状披针形，膜质透明，长约3毫米，先端尖，边缘上部疏生纤毛；第二外稃线形，先端延伸成1膝曲扭转的芒，芒长10~15毫米；第一内稃长圆状披针形，长约0.5毫米；第二内稃退化；鳞被2，楔形；雄蕊3，长约2毫米；有柄小穗雄性，无芒；第一颖背部无毛，具9脉；第二颖具5脉，背部扁平，两侧内折，边缘具纤毛。

分布 全球热带、温带地区广布。我国大部分省份有分布。目前三沙产于永兴岛，不常见，生长于干旱路旁沙地。

价值 可作牧草。抗逆性强，可作南海岛礁绿化地被植物。

禾亚科 Poaceae | 臂形草属 *Brachiaria* (Trin.) Griseb.

四生臂形草 *Brachiaria subquadripara* (Trin.) Hitchc.

别名 疏穗臂形草

形态特征 一年生草本。秆纤细，基部平卧地面或常倾斜，节上生根，节膨大而生柔毛，常分枝，节间具凹槽，高20~60厘米。叶鞘松弛，具脊，无毛或疏生疣基毛，边缘被纤毛；叶片披针形至线状披针形，长4~15厘米，宽4~10毫米，顶端渐尖或急尖，基部近圆形，无毛或稀生短毛，边缘增厚而粗糙，常呈微波状，近基部边缘上常被疣基纤毛；叶舌极短，常被约1毫米的纤毛。圆锥花序顶生，由3~6枚总状花序沿主轴排列组成；主轴长达8厘米，有凹槽，无毛或疏生长柔毛；总状花序疏离，广展，长2~5厘米，穗轴粗糙或有稀疏的长毛；小穗通常单生，近无柄，绿色或略带紫色，无毛，长圆形，长3.5~4毫米，顶端具小突尖；第一颖广卵形，长约为小穗的一半，具5~7脉，包着小穗基部；第二颖与小穗等长，具7脉；第一小花退化，仅具外稃，外稃与第二颖等长，具5脉；第二小花两性，外稃革质，椭圆形，长2.5~3毫米，顶端钝，表面具细横皱纹，边缘稍内卷；内稃革质；鳞被2，长约0.6毫米，折叠；雄蕊3；花柱基分离。

分布 分布于亚洲热带地区和大洋洲。我国产于江西、湖南、贵州、福建、台湾、广东、广西、海南。目前三沙产于永兴岛、赵述岛、甘泉岛、北岛、西沙洲、晋卿岛、银屿、东岛、石岛、美济礁、渚碧礁、永暑礁，常见，生长于岛礁绿化带、房前屋后。

价值 家畜喜食，是一种优质牧草。

禾亚科 Poaceae | 蒺藜草属 *Cenchrus* L.

蒺藜草 *Cenchrus echinatus* L.

别名 野巴夫草

形态特征 一年生草本。秆高15~50厘米，秆压扁，一侧具深沟，常带紫色，无毛，基部常外倾节处生根，下部节间短且常具分枝成丛。叶鞘松弛，压扁具脊，无毛或顶端边缘处被纤毛；叶舌短小，具长约1毫米的白色纤毛；叶片线形或狭长披针形，质地柔软，长5~40厘米，宽4~10毫米，上面粗糙，疏生疣基长柔毛或无毛，下面近平滑无毛，先端长渐尖，基部圆形，中脉两面不明显，边缘稍粗糙。总状花序直立，长4~8厘米，宽1~1.5厘米；花序主轴具棱，粗糙，棱间宽阔，无毛或有微毛；刺苞呈扁圆球形，直径5~7毫米，刚毛在刺苞上轮状着生，直立或向内反曲，刺苞背部具较密的细毛和长绵毛，刺苞裂片于中部以下连合；总梗甚短，密被短柔毛；每个刺苞内簇生小穗1~4个，稀有6个，小穗椭圆状披针形，无柄，顶端长渐尖，长5~6毫米，含2小花；第一颖卵状披针形至披针形，薄膜质，具1脉，长约为小穗长的1/3，第二颖卵状披针形，具3~5脉，长为小穗长的2/3~3/4；第一小花雄性或中性，其稃与小穗近等长，具5脉，其内稃狭长，近等长于外稃；第二小花两性，内外稃均与小穗近等长，披针形，成熟时均变硬，外稃包卷同质的内稃；雄蕊3，花药长约1毫米；鳞被未见。颖果椭圆状扁球形，长2~3毫米；种脐点状。

分布 原产北美洲热带，日本、印度、缅甸、巴基斯坦均有分布。我国产于海南、台湾、云南、广东。目前三沙产于赵述岛、永兴岛、北岛、东岛、西沙洲、美济礁、渚碧礁、永暑礁，常见，生长于沙地、草地、菜地、花坛。

价值 抽穗前期质地柔软，营养丰富，牛、羊极喜食，是一种优质牧草。

禾亚科 Poaceae | 虎尾草属 *Chloris* Sw.

台湾虎尾草 *Chloris formosana* (Honda) Keng

形态特征 一年生草本植物。秆直立或基部匍匐，节生根，秆高20~100厘米，光滑无毛。叶鞘两侧压扁，背部具脊，无毛；叶舌长约1毫米，无毛；叶片线形，平展或折合，长可达45厘米，叶面及边缘粗糙，背面光滑。花序由4~11枚偏生穗轴一侧的穗状花序组成，指状簇生于秆顶，穗状花序长3~8厘米，在穗轴一侧呈2行覆瓦状排列；穗轴被微柔毛；小穗长约3毫米，草绿色带紫红色，含1朵两性小花及2朵不孕小花；颖膜质，不等长，第一颖长1~2毫米，第二颖长2~3毫米，具小尖头或无芒；第一小花长约3毫米，与小穗近等长，倒卵状披针形，具3脉，侧脉靠近边缘，被稠密白色柔毛，上部之毛甚长而向下渐变短，顶端有4~6毫米的芒，芒自背面近端之下伸出，基盘被毛，毛长约1毫米；内稃倒长卵形，透明膜质，先端钝，具2脉，第二小花的外稃长约2毫米，顶端截平而被毛，芒长约4毫米，具内稃；第三小花仅存外稃，倒梨形，长约1毫米，具长约2毫米的芒；雄蕊3，花药淡黄色。颖果纺锤形，长约2毫米。

分布 产于福建、台湾、广东、海南。目前三沙产于永兴岛、赵述岛、北岛、晋卿岛、北沙洲、银屿、鸭公岛、石岛、东岛、渚碧礁、美济礁、永暑礁，常见，生长于空旷干旱沙地、绿化带。

价值 台湾虎尾草抗逆性强，在热带岛礁可作为岛礁绿化、防沙固沙的先锋植物。台湾虎尾草幼嫩时可作为家畜饲料。

禾亚科 Poaceae | 金须茅属 *Chrysopogon* Trin.

竹节草 *Chrysopogon aciculatus* (Retz.) Trin.

别名 黏人草、鸡谷草、紫穗茅香、草子花、黏身草、蜈蚣草、过路蜈蚣草、鬼谷草

形态特征 多年生草本。具粗壮发达的根状茎和匍匐茎。秆的基部常膝曲，抽穗时高20~50厘米，光滑无毛，上部节上分枝。叶鞘疏松抱茎，或位于上部秆紧密抱茎，无毛或在边缘及近鞘口处疏生长硬毛，叶鞘多聚集跨覆状生于匍匐茎和秆的基部，秆生叶鞘稀疏且短于节间；叶舌短小，膜质，啮蚀状；叶片条形，基部圆形，先端钝，长3~5厘米，宽2~5毫米，两面无毛或基部疏生柔毛，边缘粗糙，秆生上部叶片短小或不明显。圆锥花序直立，顶生，长圆形，通常带紫色，长5~10厘米；分枝细弱，多数轮生，直立或斜升，长1.5~3厘米；穗轴顶端倾斜面无毛；无柄小穗两侧略压扁，长约4毫米，绿白色至紫褐色，基盘针状，长约5毫米，被锈色短柔毛，先端以一长斜面贴生于穗轴节间上，常与有穗小柄一同脱落；第一颖披针形，边缘内折成2脊，沿脊2/3部分有小刺状毛，下部背面圆形，无毛；第二颖舟形，纸质，等长于第一颖，具脊，沿脊及其附近有小刺毛，具白色膜质边缘，先端渐尖或具短芒；第一外稃膜质，线状长圆形，稍短于颖；第二外稃膜质，等长或稍短于第一外稃，但较第一外稃窄，先端全缘，具长4~7毫米的直芒；内稃小，先端钝，无脉；鳞被膜质，顶端截形；有柄小穗背腹压扁，狭椭圆形，较无柄小穗长而窄，长约6毫米，极易从小穗柄先端脱落，中性或雄性，雄蕊3；小穗柄纤细无毛，长2~3毫米。颖果长圆形，压扁。

分布 分布于亚洲、大洋洲的热带地区。我国产于广东、广西、云南、海南、台湾。目前三沙产于赵述岛，少见，生长于空旷沙地。

价值 全草或根入药，具有清热利湿、解毒的功效，主治感冒发热、腹痛泄泻、暑热小便赤涩、风火牙痛、金疮肿痛、毒蛇咬伤。幼嫩时可作牧草。竹节草由于根状茎十分发达，可用于覆盖地面、水土保持。

禾亚科 Poaceae | 狗牙根属 *Cynodon* Rich.

狗牙根 *Cynodon dactylon* (L.) Pers.

别名 绊根草、爬根草、咸沙草、铁线草

形态特征 多年生低矮草本。具根茎及匍匐茎，常形成成片的草皮。秆细而坚韧，直立部分高10~40厘米，光滑无毛，稍压扁。叶鞘松弛，压扁具脊，无毛或有疏柔毛，鞘口常具柔毛；叶舌退化，仅为1轮白色纤毛；叶片线形，长1~12厘米，宽1~4毫米，通常无毛。穗状或穗形总状花序长2~5厘米，通常3~6枚指状排列于秆顶；穗轴具棱，棱上被短纤毛；小穗卵状披针形，绿色或淡紫色，长2~2.5毫米，仅含1小花；颖狭披针形，长1.2~1.5毫米，具1脉，背部成脊，两侧膜质；外稃宽，革质，背部明显成脊，脊上被柔毛；内稃与外稃近等长。鳞被2，上缘近截平；花药3，黄色带紫色；柱头2，紫红色。颖果长圆柱形，通常肿胀。

分布 全世界温暖地区均有。我国黄河以南各省均有。目前三沙产于永兴岛、赵述岛、晋卿岛、甘泉岛、北岛、石岛、西沙洲、羚羊礁、银屿、东岛、永暑礁、渚碧礁、美济礁，很常见，生长于空旷沙地、草地、林缘、路边、花坛。

价值 根茎蔓延力强，生长迅速，为优良保土植物，也是铺设停机坪、运动场、公园、庭园及绿化城市、美化环境的良好植物。叶量丰富，草质柔软，适口性好，家畜喜食，可作饲草。耐放牧，为良好的牧场草种。根茎入药，具有清血功效。

禾亚科 Poaceae | 龙爪茅属 *Dactyloctenium* Willd.

龙爪茅 *Dactyloctenium aegyptium* (L.) Beauv.

别名 竹目草、埃及指梳茅

形态特征 一年生草本。秆膝曲斜升或横卧地面，节处生根而形成匍匐茎，高15~60厘米。叶鞘松弛，常短于节间，有瘤基毛或无毛；叶舌膜质，长1~2毫米，上缘截平，有近等长的纤毛；叶片扁平，长5~18厘米，宽2~6毫米，顶端尖或渐尖，两面被疣基毛。花序由2~5枚穗状花序指状排列于秆顶，长1~6厘米，宽3~6毫米；穗轴粗壮，光滑无毛，背部有脊；小穗无柄，阔卵形，长3~5毫米，含3或4花，草绿色，成熟时稍带褐色；颖具1脉，脉突起成脊，脊上被短硬纤毛，两颖不等长；第一颖近披针形，背部加厚微弯，先端急尖，边缘膜质；第二颖椭圆或近倒卵形，顶端具短芒，芒长1~2毫米；外稃狭卵形至卵形，长2.5~4毫米，偏侧囊肿，具3脉，中脉成脊，脊上被短硬毛，顶端具短芒，侧脉不明显；第一外稃长约2.5毫米；内稃较外稃略短，顶端2裂，长约3毫米，背部具2脊，背缘有翼，翼缘具细纤毛；鳞被2，楔形，折叠，具5脉；雄蕊3，花药长约0.5毫米，黄色。囊果宽倒卵形至倒三棱形，有横皱纹，红黄色，长约1毫米。

分布 全世界热带、亚热带地区均有分布。我国长江以南各省均有分布。目前三沙产于永兴岛、赵述岛、北岛、晋卿岛、甘泉岛、北沙洲、银屿、鸭公岛、石岛、东岛、渚碧礁、美济礁、永暑礁，很常见，生长于海边空旷沙地、花坛、房前屋后、路边、菜地、林下。

价值 全草入药，具有补气健脾的功效，用于脾气不足、劳倦伤脾、气短乏力、纳食减少。家畜喜食，可作饲草。谷粒可食用。植株常匍匐生根，须根发达，是保土固沙的优良草种，可作为草坪草之一。由于抗逆性强，可作为热带岛礁绿化、防风固沙的先锋植物。

禾亚科 Poaceae | 马唐属 *Digitaria* Haller

长花马唐 *Digitaria longiflora* (Retz.) Pers.

形态特征 多年生草本。具长匍匐茎，其节间长1~2厘米，节处生根及分枝。秆直立部分高10~40厘米，纤细，无毛。叶鞘具柔毛或无毛，短于其节间；叶舌膜质，长1~1.5毫米；叶片长2~5厘米，宽2~4毫米，线形至披针形，无毛或基部具疣柔毛。总状花序2~3枚，长3~7厘米，对生或指状排列，指状排列时主轴长不及1厘米；穗轴扁平，边缘具翼，连翼宽0.5~0.8毫米，翼绿色，边缘近光滑；小穗椭圆形，长约1.5毫米，通常3枚簇生；小穗柄圆柱状，稍弯，光滑，顶端膨大如浅盘状；第一颖缺；第二颖与小穗近等长，先端急尖，具3~5脉，其中3脉明显，脉间及边缘贴生短柔毛；第一外稃与小穗近等长，具5~7脉，被贴生短柔毛或脉间无毛；第二外稃短于小穗，成熟时黄褐色或黑褐色，革质，有光泽，先端急尖至渐尖。

分布 分布于旧大陆热带、亚热带及美洲热带。我国产于海南、广西、福建、台湾、江西、湖南、四川、贵州、云南。目前三沙产于甘泉岛、赵述岛、北岛、美济礁、渚碧礁，少见，生长于空旷沙地、绿化带草坡。

价值 优质牧草，家畜喜食；可作水土保持或护坡植物。

禾亚科 Poaceae | 马唐属 *Digitaria* Haller

异马唐 *Digitaria bicornis* (Lam.) Roem. & Schult.

形态特征 一年生草本。秆下部匍匐，节上生根，少数丛生，常分枝，高 30~60 厘米。叶鞘松弛抱茎，短于节间，散生瘤基长柔毛或无毛；叶舌长 1~3 毫米，上缘截平，膜质，边缘呈啮蚀状；叶片线状披针形或线形，长 5~20 厘米，宽 3~8 毫米，质地稍软，基部生疣基柔毛，其余部分无毛。总状花序 5~10 枚，长 4~10 厘米，指状排列或沿一长达 5 厘米的主轴簇生或轮生，斜升呈伞房状；穗轴具翼，翼绿色，边缘粗糙，中脉白色；孪生小穗异型；短柄小穗近无毛，第一颖微小，第二颖长为小穗的 1/2~2/3，具 3 脉，脉间及边缘生柔毛，第一外稃与小穗近等长；长柄小穗与短柄小穗相同，第一外稃等长于小穗，中脉两侧的脉间距较宽，侧脉与侧脉甚靠近，脉间距较窄，在第 1 条和第 2 条侧脉间密生 1 列柔毛，果期此列柔毛向外伸开呈篦齿状，第二外稃亚革质，稍短于小穗，成熟时浅绿色或稍带黄色。

分布 印度、缅甸、马来西亚等热带亚洲有分布，非洲较少。我国产于福建及海南。目前三沙产于永兴岛、赵述岛、北岛、晋卿岛、美济礁，不常见，生长于草地、花坛、菜地。

价值 家畜喜食，为良等牧草。

禾亚科 Poaceae | 马唐属 *Digitaria* Haller

紫马唐 *Digitaria violascens* Link

别名 五指草

形态特征 一年生直立草本。秆直立或基部倾斜，光滑无毛，高 20~80 厘米。叶鞘松弛，通常短于节间，通常无毛；叶舌膜质，顶端截平，长 1~3 毫米；叶片线形至线状披针形，质地较软，扁平，长 5~20 厘米，宽 2~10 毫米，基部圆形，无毛或叶面疏生柔毛。总状花序长 5~13 厘米，4~13 枚呈指状排列于茎顶；穗轴连翼宽 0.5~0.8 毫米；翼绿色，边缘微粗糙；小穗椭圆形，长 1.5~2 毫米，先端急尖，常被微柔毛，通常 3 枚簇生；小穗柄不等长，稍粗糙，近圆柱形或稍有棱，无毛；第一颖缺；第二颖稍短于小穗，具 3 脉，脉间及边缘被灰色柔毛；第一外稃与小穗近等长，有 5~7 脉，脉间及边缘被灰色柔毛或于中脉两侧的脉间有时几无毛；第二小花与小穗近等长，成熟时内外稃革质，深棕色或黑紫色，有光泽。

分布 美洲及亚洲的热带地区有分布。我国除西藏东北及内蒙古外大部分省份都有。目前三沙产于永兴岛、赵述岛，不常见，生长于绿化带草地。

价值 秆叶可作为牲畜饲草。

禾亚科 Poaceae | 马唐属 *Digitaria* Haller

红尾翎 *Digitaria radicosa* (Presl) Miq.

别名 小马唐

形态特征 一年生草本。秆纤细，下部匍匐地面，下部节上生根，基部多分枝，花枝斜向上升，高20~60厘米，全株形成1垫状群丛。叶鞘松弛，短于节间，无毛至密生或散生柔毛或疣基柔毛；叶舌膜质，长1~2.5毫米，顶端截平；叶片较小，线形或狭披针形，长2~10厘米，宽2~7毫米，腹面被毛或无毛，边缘稍增厚。总状花序纤细，长4~10厘米，基部膨大，被微柔毛，通常2或3枚呈指状排列于秆顶；穗轴具3棱，具狭翼，无毛，翼缘近全缘；小穗狭披针形，长约3毫米，宽约0.6毫米，孪生，具不等长的穗柄，穗柄顶端截平，粗糙；第一颖微小，近三角形，膜质，无脉，长约0.2毫米；第二颖披针形，长为小穗长的1/3~2/3，具3脉，先端急尖或稍钝，脉间及边缘无毛或被短毛；第一外稃与小穗近等长，具5~7脉，侧脉靠近边缘，中脉与其两侧的脉间距离较宽而无毛，沿边及内折部分被短而贴生的柔毛；第二外稃狭披针形，稍短于小穗，成熟时淡黄色，厚纸质，表面有细粒状条纹；花药3，长0.5~1毫米。

分布 东半球热带，印度、缅甸、菲律宾、马来西亚、印度尼西亚，大洋洲国家均有分布。我国产于台湾、福建、广东、广西、江苏、海南和云南。目前三沙产于永兴岛、赵述岛、晋卿岛、永暑礁、渚碧礁、美济礁，常见，生长于干旱空旷沙地、草地、林缘、路边、花坛。

价值 为一种优良牧草，秆、叶可作牲畜的饲料。

禾亚科 Poaceae | 马唐属 *Digitaria* Haller

海南马唐 *Digitaria setigera* Roth ex Roem & Schult.

别名 短颖马唐

形态特征 一年生或多年生草本。秆光滑无毛，基部外倾，节上生根，具多数节，分枝细而上升，花枝斜向升起或直立，全株常形成1个小群丛，高30~120厘米。叶鞘松弛，短于或稍长于节间，多少被疣基糙毛；叶舌膜质，长2~3毫米，顶端钝圆；叶片线状披针形，长5~20厘米，宽3~12毫米，无毛或基部被疣毛，顶端渐尖，边缘及两面粗糙。总状花序4~20枚，长5~20厘米，指状排列或簇生或轮生于主轴，主轴长1~7厘米，腋间无毛或具长刚毛；穗轴具翼，翼中脉白色，边缘有细齿；小穗长圆状披针形，长约3毫米，先端急尖，孪生，具不等长的柄，柄三棱形，无毛，小穗脱节后呈截平形；第一颖通常不存在；第二颖三角形，长0.5~1毫米，约小于小穗长的1/3，具3脉，有时脉不明显，边缘具柔毛；第一外稃与小穗等长，具5~7脉，脉间距不等，中脉两侧最宽，无毛或有柔毛；第二外稃与小穗等长或略短，成熟时浅黄色至淡褐色，表面有细粒状条纹。

分布 广泛分布于亚洲热带地区。我国产于福建、台湾、云南、广西、广东、海南等省份。目前三沙产于永兴岛、赵述岛、北岛、晋卿岛、美济礁，不常见，生长于潮湿绿化带、路边。

价值 家畜喜食，是优质牧草。

禾亚科 Poaceae | 稗属 *Echinochloa* P. Beauv.

光头稗 *Echinochloa colonum* (L.) Link

别名 芒稷、扒草、穇草

形态特征 一年生草本。秆较细弱，压扁，无毛，基部各节可具分枝，外倾，有时节上还生不定根，高10~80厘米。叶鞘压扁，背具脊，无毛；叶舌缺；叶片扁平，线形，长3~30厘米，宽3~8毫米，先端渐尖或长渐尖，基部圆形，无毛，边缘稍粗糙。圆锥花序狭窄，长5~10厘米;主轴三棱形，通常无毛，棱上稍粗糙；分枝为短、偏生穗轴一侧的穗形总状花序，长1~2厘米，穗轴粗糙;稀疏排列于主轴一侧，上举或贴主轴；小穗卵圆形，长2~2.5毫米，具小硬毛或短柔毛，无芒，较规则地呈4行排列于穗轴的一侧；第一颖三角形，长约为小穗长的1/2，具3脉；第二颖与第一小花的外稃等长而同形，顶端具小尖头，具5~7脉，间脉常不达基部；第一小花常中性，外稃具7脉，内稃膜质，稍短于外稃，顶端钝，具2脊，脊上被短纤毛;第二小花的外稃椭圆形，平凸状，长约2毫米，边缘内卷，包卷内稃，单内稃顶端露出；鳞被2，膜质。

分布 全世界温暖地区有分布。我国产于西南、华南及华东。目前三沙产于永兴岛、赵述岛、美济礁、渚碧礁，常见，生长于草地、菜地、花坛。

价值 全草可作为家畜的饲草；籽粒富含淀粉，可制作糖或酿酒。

禾亚科 Poaceae | 穇属 *Eleusine* Gaertn.

牛筋草 *Eleusine indica* (L.) Gaertn.

别名 蟋蟀草

形态特征 一年生草本。秆丛生，直立或基部倾斜，下部节上常分枝，高10~90厘米。叶鞘两侧压扁而具脊，松弛，无毛或疏生疣毛；叶舌膜质，长约1毫米，上缘截平，有纤毛；叶片平展，线形，长10~25厘米，宽3~6毫米，无毛或上面被疣基柔毛。花序由1~10枚穗状花序指状或近指状排列于秆顶，其中常有1或2枚单生于其花序下方，很少单生；穗状花序长4~12厘米，宽3~5毫米；小穗长4~8毫米，宽2~3毫米，含3~9小花；颖披针形，具脊，脊粗糙；第一颖较小，长1.5~2毫米，第二颖长2~3毫米；外稃披针形，长2.5~3.5毫米，先端急尖，脊的上部两侧常见侧脉，中上部加厚；第一外稃长3~4毫米，卵形，膜质，具脊，脊上有狭翼；内稃短于外稃，具脊，脊上被短纤毛；雄蕊3。囊果卵形或长卵形，基部下凹，具钝3棱，有明显的波状皱纹；鳞被2，折叠，具5脉。

分布 分布于全世界温带和热带地区。我国产于南北各省。目前三沙产于永兴岛、赵述岛、北岛、晋卿岛、北沙洲、银屿、甘泉岛、石岛、东岛、渚碧礁、美济礁、永暑礁，很常见，生长于空旷沙地。

价值 根系极发达，为优良保土植物。可作牛羊饲草。全草煎水服，可防治乙型脑炎。

禾亚科 Poaceae | 画眉草属 *Eragrostis* Wolf

鲫鱼草 *Eragrostis tenella* (L.) Beauv. ex Roem. & Schult.

形态特征 一年生草本。秆纤细，直立或基部膝曲，高 10~60 厘米，具 3~4 节，常有分枝。叶鞘松弛，常短于节间，鞘口和边缘均具长柔毛；叶舌甚短，退化为 1 圈参差不齐的纤毛；叶片平展，线形或线状披针形，长 3~13 厘米，宽 2~5 毫米，两面无毛，上面及边缘粗糙，下面光滑。圆锥花序开展，长 5~16 厘米，分枝单一或簇生，通常开展，斜升或多少有些平展，长 1~5 厘米，腋间有长柔毛；小枝和小穗柄上具黄色腺体；小穗具长柄，卵形至长圆状卵形，长 1.2~3 毫米，宽约 1.5 毫米，含小花 2~10 朵，成熟时小穗轴自上而下逐节断落；颖膜质，稍不等长，具 1 脉，脊上部粗糙，先端尖；第一外稃长约 1 毫米，有明显紧靠边缘的侧脉，内稃和外稃近等长，位于下部的迟落，脊上具有长纤毛；雄蕊 3，花药长约 0.3 毫米。颖果长圆形，深红色，长约 0.5 毫米。

分布 分布于东半球热带地区。我国产于湖北、福建、台湾、广东、广西、海南等南部省份。目前三沙产于永兴岛、赵述岛、晋卿岛、甘泉岛、东岛、西沙洲、石岛、银屿、永暑礁、渚碧礁、美济礁，常见，生长于干旱空旷沙地、草地、林缘、路边。

价值 全草入药，具有清热凉血、平肝养目的功效，可用于痢疾；外用于皮肤湿疹、顽癣、乌疱、妇女乳痈乳痛、跌打损伤。草质柔软，各种草食家畜喜食，为优良牧草。

禾亚科 Poaceae | 画眉草属 *Eragrostis* Wolf

长画眉草 *Eragrostis zeylanica* Nees & Mey.

形态特征 多年生草本。秆纤细，单生或分枝，直立或基部稍膝曲，具3~5节，高15~50厘米，径0.5~1毫米。叶鞘短于节间或与节间近等长，光滑无毛，鞘口疏生白色长柔毛；叶舌膜质，截平，长约0.2毫米；叶片质较硬，常集生于基部，线形，内卷或平展，长3~10厘米，宽1~3毫米，叶面疏生瘤基柔毛或无毛。狭圆锥花序开展或紧缩，常直立，长3~7厘米，宽1.5~4厘米，分枝单生，疏离，常自基部着生小分枝或小穗，腋间无毛或疏生柔毛；侧生小穗柄常不及1毫米；小穗线状长圆形，长4~15毫米，宽1.5~2毫米，暗棕而带紫红色，含小花7至多朵；颖卵状披针形，顶端尖，第一颖稍短，长约1.2毫米，具1脉，第二颖长约1.8毫米；外稃卵形，顶端锐尖，长约2毫米，具3脉，由下而上渐次脱落，第一外稃长约2毫米；内稃稍短于外稃，宿存，脊具短纤毛，顶端钝、微缺凹；雄蕊3，花药长0.3~1.3毫米。颖果长圆形或椭圆形，深棕色。

分布 东南亚、大洋洲各地有分布。我国产于华东、华南、西南各省。目前三沙产于永兴岛、赵述岛、晋卿岛、甘泉岛、永暑礁、渚碧礁、美济礁，常见，生长于花坛、路边、草地、林下。

价值 家畜喜食，为良等牧草。

禾亚科 Poaceae | 野黍属 *Eriochloa* Kunth

高野黍 *Eriochloa procera* (Retz.) Hubb.

形态特征 一年生草本。秆丛生、直立，高 30~150 厘米，具分枝，节被微毛。叶鞘松弛，上部具脊，无毛；叶舌短，被长不及 1 毫米的纤毛；叶片线形，长 10~20 厘米，宽 2~8 毫米，无毛，顶端渐尖，基部收窄，干时常卷折。圆锥花序顶生，长 10~20 厘米，由数枚总状花序组成；总状花序长 3~7 厘米，直立或斜举，无毛，不分枝或基部有时具短枝；小穗长圆状披针形，长约 3 毫米，孪生或少数簇生，在上部稀可单生，基盘长约 0.3 毫米，常紫红色；第一颖微小；第二颖与第一小花的外稃等长同质，均贴生白色丝状毛，顶端渐尖，第一内稃缺；第二外稃长圆形，灰白色，具细点微波状，长约 2 毫米，顶端具长约 0.5 毫米的小尖头。

分布 分布于东半球热带地区。我国产于广东、福建、海南、台湾。目前三沙产于永兴岛、赵述岛、晋卿岛、北岛、美济礁、渚碧礁、永暑礁，常见，生长于草地、花坛、林缘、空旷沙地。

价值 家畜喜食，为优质牧草。

禾亚科 Poaceae | 蜈蚣草属 *Eremochloa* Buse

假俭草 *Eremochloa ophiuroides* (Munro) Hack.

别名 爬根草

形态特征 多年生草本。具强壮的匍匐茎。秆基部倾斜，直立部分高10~30厘米。叶鞘密集跨生于秆基，压扁，边缘膜质，鞘口常有短毛，其余无毛；叶片线形，无毛，长2~8厘米，宽2~4毫米，顶端钝，生在秆上部的叶较退化，顶生叶常退化为小尖头。总状花序顶生，直立或稍弯曲，长4~6厘米，宽约2毫米；穗轴节间具短柔毛；无柄小穗长圆形，覆瓦状偏生排列于穗轴一侧，长约4毫米；第一颖近革质，长圆形，无毛，5~7脉，脊的上部有宽翼，下部两侧有篦状短刺毛；第二颖舟形，厚膜质，具3脉，边缘窄内卷；第一小花雄性或中性，内外稃均为膜质透明，长圆形，均与第一颖等长，内稃稍窄；第二小花两性，外稃顶端钝，内稃稍短于外稃且较窄；花药长约2毫米；柱头红棕色；有柄小穗退化、仅存一小穗柄，线形，扁平。

分布 中南半岛有分布。我国产于江苏、浙江、安徽、湖北、湖南、福建、台湾、广东、广西、贵州、海南等省份。目前三沙产于永兴岛、赵述岛、渚碧礁、美济礁、永暑礁，常见，生长于空旷沙地、草地、林缘。

价值 可作为牧草。匍匐茎强壮，蔓延力强而迅速，为优良的草皮铺建及保土护堤草种。

禾亚科 Poaceae | 黄茅属 *Heteropogon* Pers.

黄茅 *Heteropogon contortus* (L.) P. Beauv. ex Roem. & Schult.

别名 黄菅、菅根、地筋、土筋、毛针子草、茅刺草、扭黄茅、毛锥子

形态特征 多年生丛生草本。须根质地较坚韧。秆基部常膝曲，上部直立，光滑无毛，常分枝，高40~100厘米。叶鞘压扁而具脊，无毛，鞘口常具柔毛；叶舌短，膜质，顶端具纤毛，下部浅褐色，质较硬；叶片线形，长5~30厘米，宽2~6毫米，顶端渐尖或急尖，基部稍收窄，两面均粗糙或上面基部疏生柔毛。总状花序单生于主枝或分枝顶，芒除外长2~7厘米，直立或稍弯曲，芒常于花序顶扭卷成1束；花序下部有3~10个同性小穗对，花序上部有3~12个异性小穗对；结果小穗无柄，线形，含基盘长6~8毫米，褐色，基盘 尖锐，密生棕褐色髯毛；第一颖狭长圆形，革质顶端钝，背部圆形，被短硬毛，边缘包卷同质的第二颖；第二颖较窄，顶端钝，具2脉，背部被短硬毛，边缘膜质；第一小花外稃长圆形，远短于颖；第二小花外稃极窄，退化成向上延伸2回膝曲的芒，芒长6~10厘米，芒柱扭转而被短硬毛；内稃常缺；雄蕊3；子房线形，花柱2；不育小穗有柄，常偏斜扭转覆盖无柄小穗，长圆状披针形，长可达15毫米，无芒，绿色或带紫色；第一颖长圆状披针形，草质，背部被疣基毛或无毛；基盘长2~3毫米。

分布 全世界温热地区有分布。我国产于长江以南各省。目前三沙产于永兴岛，不常见，生长于干旱沙地。

价值 花果期前作为优良饲料。秆叶可供造纸、编织。根茎或全草入药，具有清热止渴、祛风除湿的功效，用于治疗内热消渴、风湿痹痛、咳嗽、吐泻。

禾亚科 Poaceae | 千金子属 *Leptochloa* P. Beauv.

千金子 *Leptochloa chinensis* (L.) Nees

形态特征 一年生草本。秆少数丛生，直立或基部膝曲或倾斜，高 30~100 厘米，平滑无毛，基部节上生根。叶鞘松弛抱茎，无毛，大多短于节间；叶舌膜质，长 1~2 毫米，常撕裂具小纤毛；叶片扁平或稍卷折，线形，先端渐尖，两面微粗糙或下面平滑，长 5~25 厘米，宽 2~6 毫米。圆锥花序长 10~30 厘米，开展，由多数纤细、偏生序轴一侧的穗形总状花序沿主轴排列而成，主轴粗壮，中上部有棱和槽，无毛，稍粗糙；总状花序纤细，直立或开展，长达 10 厘米；小穗多带紫色，含 3~7 小花；小穗柄短；第一颖较短，披针形，长 1~1.5 毫米；第二颖长圆形，长 1.2~1.8 毫米，具 3 脉，中脉成脊；第一外稃长 1.5 毫米，顶端钝，无毛或下部被微毛；内稃长圆形，比外稃略短，膜质透明，具 2 脊，脊上微粗糙，边缘内折，表面疏被微毛；花药 3。颖果近球形，长约 1 毫米。

分布 东半球温暖地区有分布。我国产于东南部、南部和西南部诸省。目前三沙产于永兴岛、赵述岛、北岛、美济礁、渚碧礁，常见，生长于路边潮湿沙地。

价值 千金子耐盐碱性强，可用于盐碱地利用和修复；适口性好，可作为饲草；可以用于生产沼气、酒精、肥料、纤维板、纸浆。

禾亚科 Poaceae | 千金子属 *Leptochloa* P. Beauv.

虮子草 *Leptochloa panicea* (Retz.) Ohwi

形态特征 一年生草本。秆少数丛生，直立或基部膝曲或倾斜，具 3~6 节，高 20~100 厘米，平滑无毛，基部节上生根，通常仅在基部分枝。叶鞘松弛抱茎，疏被疣基毛，大多短于节间；叶舌膜质，长约 2 毫米，白色，常撕裂或近流苏状；叶片扁平，线形，质薄，先端渐尖，基部近圆形，长 5~25 厘米，宽 2~7 毫米。圆锥花序长 10~35 厘米，开展，由多数纤细、偏生序轴一侧的穗形总状花序沿主轴排列而成，主轴粗壮，有棱和槽，无毛，稍粗糙；总状花序纤细，直立或开展，长达 4~12 厘米；小穗灰绿色或带紫色，含 2~5 朵小花，通常为 3 朵小花；小穗柄短或近无柄；第一颖狭窄，顶端渐尖，长约 1 毫米；第二颖较宽，长约 1.5 毫米，顶端钝，具 3 脉，脉上被细短毛；稃长椭圆状长圆形，具 3 脉，脉上及背部常有微柔毛，先端钝；内稃阔卵形，比外稃短，具脊，脊上被纤毛。颖果阔椭圆形，长约 0.5 毫米，横切面近三角形。

分布 全世界热带、亚热带地区有分布。我国产于东南部、南部和西南部诸省。目前三沙产于永兴岛、赵述岛、北岛、美济礁、渚碧礁，常见，生长于路边潮湿沙地。

价值 本种草质柔软，牛羊喜食，为良等牧草。

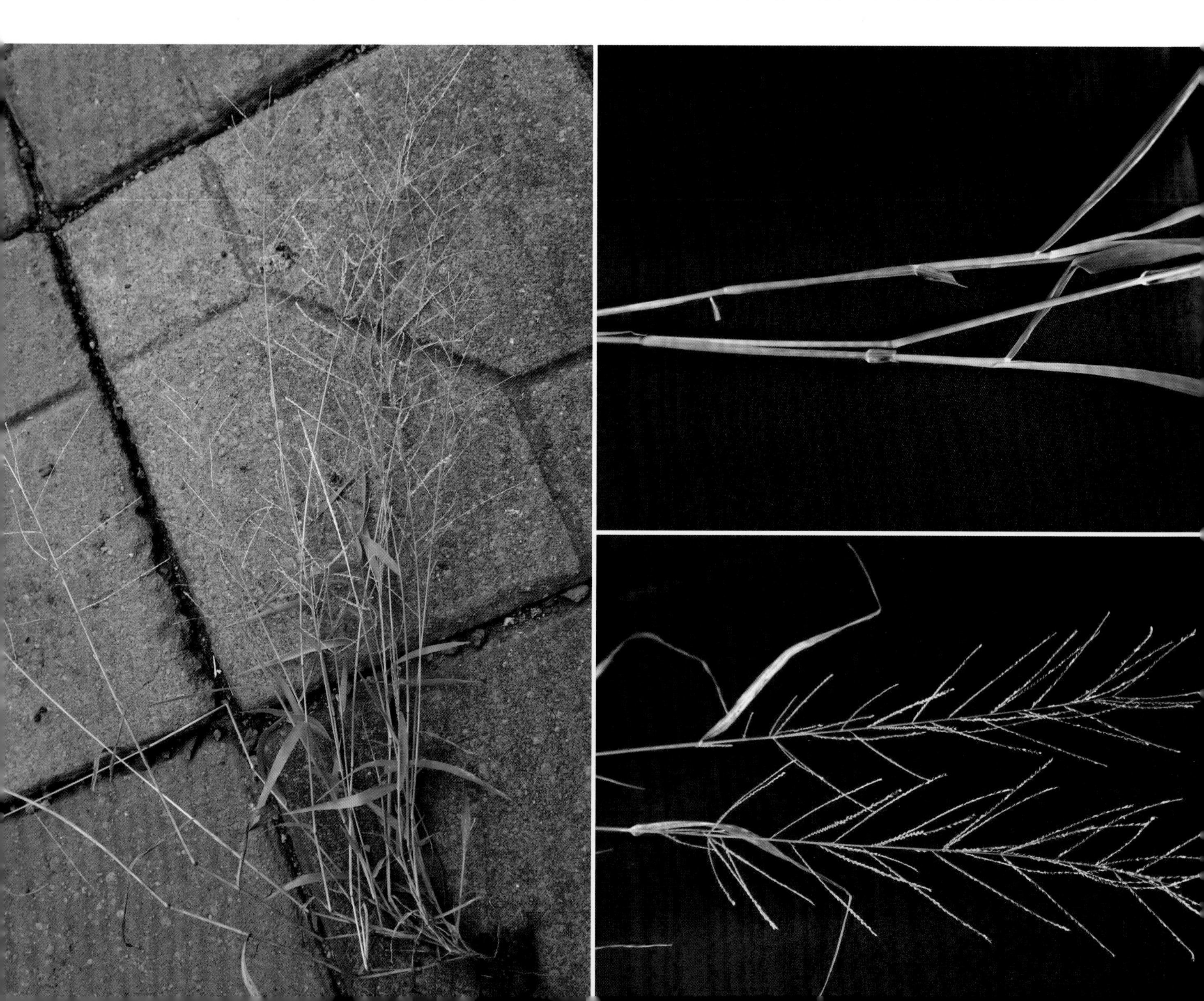

禾亚科 Poaceae | 细穗草属 *Lepturus* R. Br.

细穗草 *Lepturus repens* (G. Forst.) R. Br.

形态特征 多年生草本。匍匐茎长，秆丛生，坚硬，高20~40厘米，具分枝，基部各节常生根呈匍茎状。叶鞘无毛，因其内具分枝而松弛；叶舌长0.3~0.8毫米，纸质，上端截形且具纤毛；叶片质硬，线形，无毛或上面通常近基部具柔毛，叶片通常内卷，长3~20厘米，宽2.5~5毫米，先端呈锥状，边缘呈小刺状粗糙。穗状花序直立，长5~10厘米，径约1.5毫米；小穗含2小花，长约12毫米，常超过穗轴节间的1倍；第二小花退化仅剩1短小的外稃，小穗覆瓦状排列于穗轴两侧，颖尖成一直线；第一颖向轴而生，三角形，薄膜质，第二颖革质，披针形，先端渐尖或锥状锐尖，上部具膜质边缘且内卷，多少反曲；第一小花外稃长约4毫米，宽披针形，具3脉，两侧脉近边缘，先端尖，基部具微细毛；内稃长椭圆形，几与外稃等长；鳞被2，颖形。颖果长1.6~2毫米，椭圆形。

分布 印度、斯里兰卡、马来西亚及中南半岛、大洋洲国家有分布。我国产于台湾、海南。目前三沙产于永兴岛、赵述岛、晋卿岛、甘泉岛、东岛、西沙洲、北岛、南岛、中岛、中沙洲、南沙洲、鸭公岛、羚羊礁、石岛、银屿、永暑礁、渚碧礁、美济礁，很常见，生长于海边空旷沙地、林缘。

价值 根系发达，有较强的地表覆盖能力，可作为滩涂改良的先锋草种。牛羊可采食，是一种具有中等饲用价值的牧草。

禾亚科 Poaceae | 糖蜜草属 *Melinis* P. Beauv.

红毛草 *Melinis repens* (Willd.) Zizka

别名 地韭菜、天芒针、地蓝花、鸭舌头、地潭花、山海带、红茅草

形态特征 多年生草本。秆直立，常分枝，高可达1米，节间常具疣毛，节具软毛。叶鞘松弛，常短于节间，叶鞘下部散生疣毛；叶舌由长约1毫米的柔毛组成；叶片线形，长可达20厘米，宽2~5毫米。圆锥花序开展，长10~15厘米，分枝纤细，长可达8厘米；小穗长约5毫米，常被粉红色绢毛，小穗柄纤细弯曲，顶端稍膨大，疏生长柔毛；第一颖小，长约为小穗长的1/5，长圆形，被粉红色柔毛；第二颖等长于小穗，被疣基长绢毛，革质，帽状，上部延伸成喙，顶端微裂，裂片间生约1毫米的细短芒；第一小花雄性，其外稃与第二颖等长，同质、同形，但稍狭，内稃膜质，具2脊，脊上有睫毛；第二外稃近软骨质，平滑光亮，内外稃近等长，稍宽，具2脊；鳞被2；雄蕊3；花丝极短，花药长约2毫米；花柱分离，柱头羽毛状。

分布 原产南非。我国20世纪50年代作为牧草引种，后逃逸为野生，已成为归化种。目前三沙产于永兴岛、赵述岛、北岛、晋卿岛、西沙洲、永暑礁、渚碧礁、美济礁，常见，生长于空旷沙地。

价值 牛羊喜食，是一种良等牧草；也是一种良好的观赏草种。

禾亚科 Poaceae | 类芦属 *Neyraudia* Hook. f.

类芦 *Neyraudia reynaudiana* (Kunth) Keng ex Hitchc.

别名 假芦

形态特征 多年生草本。秆直立，高1~4米，径3~10毫米，通常节具分枝，节间幼时被白粉。叶鞘紧密抱茎，短于节间，仅沿颈部具柔毛，其余无毛；叶舌甚短，仅为1圈长达3毫米的密生纤毛；叶片细长，长25~70厘米，宽5~10毫米，扁平或卷折，顶端长渐尖，基部稍抱茎，两面无毛或上面有时疏被柔毛。圆锥花序大型，直立或常下弯，稠密，长30~80厘米，银灰色或常带褐绿色；主轴粗壮，无毛，中上部有棱，稍粗糙；分枝簇生，其轴较纤细，无毛，长达28厘米，常再分出多数小枝；小穗两侧压扁，含5~8朵小花，长6~8毫米，具短柄；颖膜质，无毛，宿存，长约3毫米；第一小花仅存与颖相似的外稃，长约3.5毫米，无毛；其他小花的外稃长约4毫米，近边缘的侧脉上被与稃体近等长的白色长柔毛，顶端具向外反曲的短芒，脊上被极短的纤毛；内稃比外稃稍短，膜质透明，有2脊，脊上有很小的纤毛；基盘及小穗轴顶部有白色短柔毛；花药黄色。

分布 尼泊尔、印度、缅甸、泰国、马来西亚、日本有分布。我国产于长江以南和西南各省份。目前三沙晋卿岛、永暑礁有栽培，很少见，生长于海边防护林。

价值 类芦极耐干旱、高温、瘠薄土壤，根茎发达，是优良的水土保持、固堤防沙草种。茎叶可供造纸和人造丝。

禾亚科 Poaceae | 稻属 *Oryza* L.

水稻 *Oryza sativa* L.

别名 谷子、稻谷

形态特征 一年生、簇生、水生草本。秆直立，高约1米。叶鞘松弛，无毛；叶舌膜质，披针形，顶端尖，长10~25毫米，两侧基部下延至叶鞘边缘，具2枚镰形抱茎的叶耳；叶片线状披针形，长30~60厘米，宽6~15毫米，无毛，粗糙。圆锥花序大型疏展，直立或弯垂，长15~30厘米，分枝多；小穗长圆形，长7~8毫米，两侧甚压扁，具脊，脊上有小刚毛或无毛，顶端具芒或无芒；2朵退化不孕小花仅存外稃，近等长，狭披针形，长3~4毫米；孕性小花外稃质厚，具5脉，中脉成脊；内稃与外稃同质，具3脉，先端尖而无喙；雄蕊6。颖果离生，长圆形至阔椭圆形，两侧稍压扁。

分布 原产亚洲热带地区，现广泛种植于全世界热带至温带地区。我国南北各省均有栽培。目前三沙永兴岛有栽培，很少见，仅见于少量盆栽。

价值 是最重要的粮食作物之一。秸秆常作为食草家畜粗饲料；可用于编席、草帽和工艺品等；可作肥料、人工菌栽培基质；谷糠作为家畜、家禽饲料的重要组成部分。

禾亚科 Poaceae | 弓果黍属 *Cyrtococcum* Stapf

弓果黍 *Cyrtococcum patens* (L.) A. Camus

别名 瘤穗弓果黍

形态特征 一年生草本，高 10~60 厘米。秆较纤细，圆柱形，稍软，无毛，下部平卧地面，节上生根。叶鞘常短于节间，无毛或被疣基毛，边缘被纤毛；叶舌膜质，长 0.5~2 毫米，顶端圆；叶片线状披针形，长 3~8 厘米，宽 3~10 毫米，顶端长渐尖，基部稍收狭或近圆形，两面贴生短毛，老时渐脱落，边缘加厚，稍粗糙，有时近基部边缘具疣基纤毛。花枝高 15~30 厘米；圆锥花序自上部秆顶抽出，长 5~15 厘米，开展；分枝纤细，腋内无毛；小穗柄长于小穗；小穗半卵形，长 1.3~1.8 毫米，被细毛或无毛；第一颖卵形，长约为小穗长的 1/2，具 3 脉；第二颖舟形，长约为小穗长的 2/3，具 3 脉；第一小花外稃约与小穗等长，具 5 脉，顶端钝，边缘具纤毛；第二小花外稃长约 1.5 毫米，背部弓状隆起；第二内稃长椭圆形，包于外稃中；雄蕊 3。

分布 东南亚各地广布。我国产于广东、广西、福建、台湾、云南、海南。目前三沙产于永兴岛，少见，生于花坛林下荫蔽处。

价值 家畜喜食，为良等牧草。

禾亚科 Poaceae | 黍属 *Panicum* L.

短叶黍 *Panicum brevifolium* L.

形态特征 一年生草本。秆基部常伏卧地面，节上生根。叶鞘短于节间，松弛，被柔毛或边缘被纤毛；叶舌膜质，长约 0.2 毫米，顶端被纤毛；叶片卵形或卵状披针形，长 2~10 厘米，宽 1~3 厘米，先端尖，基部心形而包秆，两面疏被粗毛或粗糙，边缘粗糙或基部具疣基纤毛。花枝长 10~100 厘米；圆锥花序卵形，开展，长 5~15 厘米，主轴直立，常被柔毛，通常在分枝和小穗柄的着生处下具黄色腺点；小穗椭圆形，一面近平直，一面隆起，长 1.5~2 毫米，具蜿蜒的长柄；颖背部被疏刺毛；第一颖近膜质，长圆状披针形，稍短于小穗，具 3 脉；第二颖薄纸质，较宽，与小穗等长，背部突起，先端喙尖，具 5 脉；第一外稃长圆形，与第二颖近等长，先端喙尖，具 5 脉，有近等长且薄膜质的内稃；第二小花卵圆形，平滑光亮，顶端尖，具不明显的乳突；鳞被薄而透明，局部折叠，具 3 脉；雄蕊 3。

分布 非洲、亚洲热带地区有分布。我国产于贵州、广东、广西、云南、福建、海南。目前三沙产于永兴岛、赵述岛，很少见，生长于草地、花坛、林缘。

价值 家畜喜食，为良等牧草。

禾亚科 Poaceae | 黍属 *Panicum* L.

铺地黍 *Panicum repens* L.

别名 枯骨草、匍地黍、硬骨草

形态特征 多年生草本。根茎粗壮发达。秆直立，坚挺，具多节，高 50~100 厘米。叶鞘光滑，边缘被纤毛，有明显的纵行脉纹；叶舌极短，约 0.5 毫米，膜质，上缘具微细短纤毛；叶片质硬，坚挺，线形，长 5~25 厘米，宽 2.5~5 毫米，先端渐尖或长渐尖，基部近心形或圆形，两面均被瘤基毛或叶被常无毛，叶面较粗糙，叶背较光滑，边缘稍粗糙，干时常内卷。圆锥花序开展，长 5~20 厘米，分枝斜升，常单生，且再一或二次分出小枝，具棱，棱上粗糙，具棱槽；小穗长圆形，长约 3 毫米，无毛，顶端尖，绿色或带紫色；第一颖薄膜质，长约为小穗长的 1/4，基部包卷小穗基部，顶端截平或圆钝，脉常不明显；第二颖与小穗近等长，顶端喙尖，具 7 脉；第一小花雄性，其外稃与第二颖等长，但较宽，内稃膜质，与外稃近等长而较狭窄，雄蕊 3，花丝极短，花药暗褐色；第二小花两性，外稃长圆形，长约 2 毫米，平滑光亮，顶端尖。颖果椭圆形，淡棕色。

分布 世界热带、亚热带广布。我国产于东南部各省。目前三沙产于永兴岛、赵述岛、晋卿岛、北岛、东岛、西沙洲、美济礁、渚碧礁、永暑礁，常见，生长于空旷沙地、草地、花坛。

价值 一种高产牧草。根系发达，繁殖力强，抗逆性强，可作为南海岛礁防风固沙的先锋植物。

禾亚科 Poaceae | 雀稗属 *Paspalum* L.

两耳草 *Paspalum conjugatum* P. J. Bergius.

形态特征 多年生草本。植株具长可达1~2米的匍匐茎。秆纤细，压扁，有时数秆丛生，直立部分高15~60厘米；节被粗毛。叶鞘松弛，压扁，背部具脊，无毛或上部边缘及鞘口具柔毛；叶舌极短，膜质，与叶片交接处具长约1毫米的1圈纤毛；叶片披针形至线状披针形，平展而质薄，长5~20厘米，宽5~14毫米，先端渐尖，基部楔形或近圆形，两面无毛或边缘具疣柔毛。总状花序2枚，纤细，长6~13厘米，通常2个对生而广展；穗轴三棱形，宽约1毫米，一面扁平，无毛，边缘有锯齿；小穗柄长约0.5毫米；小穗卵形，黄绿色，单生，稍平凸，顶端稍尖，长1.5~1.8毫米，宽约1.2毫米，2行覆瓦状排列于穗轴一侧；第一颖退化，仅存与第二颖相似的外稃；第二颖质地较薄，且脉不明显，边缘具长丝状柔毛，毛与小穗近等长或更长；第一小花退化，第二小花两性，长约与小穗相等，扁平或一面略突起；第二外稃薄革质，色淡，背面略隆起，卵形，边缘内卷，包卷同质的内稃。颖果长约1.2毫米。

分布 原产拉丁美洲，现全球热带及温暖地区广布。我国产于台湾、云南、海南、广西等省份。目前三沙产于永兴岛、赵述岛，不常见，生长于花坛。

价值 秆叶柔嫩，是一种优质牧草。两耳草匍匐茎蔓延迅速，生长力强，可用作草坡草种或保土植物。

禾亚科 Poaceae | 雀稗属 *Paspalum* L.

海雀稗 ***Paspalum vaginatum*** **Sw.**

别名 海滨雀稗

形态特征 多年生草本植物。具根状茎与长匍匐茎，节间长约4厘米，节上抽出直立的秆，秆高10~50厘米；叶鞘长约3厘米，具脊，大多长于其节间，并在基部形成跨覆状，鞘口具长柔毛。叶舌长约1毫米；叶片长5~10厘米，宽2~5毫米，线形，顶端渐尖，内卷。总状花序大多2枚，长2~5厘米，对生，少有1枚或3枚，直立，开展后大多反折；穗轴宽约1.5毫米，平滑无毛；小穗卵状披针形或卵状椭圆形，顶端尖；第一颖通常缺，第二颖中脉不明显，近边缘有2侧脉；第一外稃具5脉，中脉存在；第二外稃软骨质，较短于小穗，顶端有白色短毛；花药长约1.2毫米。

分布 全世界热带、亚热带地区有分布。我国产于云南、海南、广东、台湾。目前三沙产于永兴岛、赵述岛，常见，调查过程中记录到野生种和人工选育的‘Salam’品种，有的于空旷沙地成片生长，有的于绿化草地与细叶结缕草混生。

价值 本种为优良牧草，家畜喜采食。海雀稗抗逆性强，根系发达，是一种优良保土植物，在我国南海岛礁可作为绿化草坪和防风固沙的先锋植物。

禾亚科 Poaceae | 雀稗属 *Paspalum* L.

鸭乸草 *Paspalum scrobiculatum* L.

别名 宽叶雀稗

形态特征 多年生或一年生草本。秆丛生，粗壮，直立或基部常膝曲，节上生根，高30~150厘米。叶鞘大多无毛或被疏瘤基长毛，长于节间或上部者短于节间，常压扁成脊；叶舌长0.5~1毫米；叶片线形或线状披针形，长10~40厘米，宽0.4~1.2厘米，通常无毛，边缘微粗糙，顶端渐尖，基部近圆形。总状花序2~8枚，沿秆顶互生或近指状排列；主轴长3~10厘米，直立或开展；小穗通常单生，呈2行覆瓦状排列于穗轴上，有时中部小穗孪生而呈不完全4行；穗轴宽1.5~3毫米，有棱，边缘粗糙；小穗圆形至宽椭圆形，较大，长2.5~3毫米；第一颖不存在；第二颖膜质，5~9脉；第一小花退化，仅存与第二颖同质、同形、等长的膜质外稃，具5~9脉；第二小花两性，外稃与小穗近等长，第二外稃成熟后呈棕色，革质，顶端钝，表面有纤细脉。

分布 旧大陆热带均有分布，东南亚及世界热带地区有分布。我国产于云南、广东、广西、福建及台湾。目前三沙产于永兴岛、美济礁，生长于空旷沙地。

价值 家畜喜食，是一种优良牧草；有时也作谷物栽培。生长快，根系发达，抗逆性强，可作为南海岛礁绿化、固沙植物。

禾亚科 Poaceae | 雀稗属 *Paspalum* L.

圆果雀稗 *Paspalum scrobiculatum* L. var. *orbiculare* (G. Forster) Hackel

形态特征 多年生草本。秆直立，丛生，高 40~100 厘米。叶鞘长于其节间，无毛，鞘口被少量长柔毛；叶舌长约 1.5 毫米；叶片线形，细长，平展或卷折，长 10~35 厘米，宽 3~10 毫米，通常光滑无毛或叶面有稀疏毛。总状花序长 3~8 厘米，2~10 枚近指状排列；主轴长 1~3 厘米，分枝腋间有长柔毛；小穗椭圆形至近圆形，长 2~2.3 毫米，单生于穗轴一侧，覆瓦状排列成 2 行；穗轴宽 1.5~2 毫米，边缘微粗糙；小穗柄微粗糙，长约 0.5 毫米；第二颖与第一小花的外稃等长，具 3~5 脉，脉绿色，背部苍白色，顶端稍尖；第二外稃成熟后呈棕黄色或棕色，革质，有光泽，具细点状粗糙。

分布 旧大陆热带及亚热带有分布。我国产于江南各省及台湾。目前三沙产于西沙洲、永兴岛、赵述岛，不常见，生长于空旷沙地、花坛。

价值 家畜喜食，为优良牧草。在我国南海岛礁长势较好，可作为岛礁绿化植物之一。

禾亚科 Poaceae | 甘蔗属 *Saccharum* L.

斑茅 *Saccharum arundinaceum* Retz.

别名 大密、芭茅

形态特征 多年生高大丛生草本。秆粗壮，绿色、淡黄色，高 2~6 米，下部径 0.8~3 厘米或更粗，具多数节，无毛。下部叶鞘长于节间，上部叶鞘短于节间，叶鞘基部或上部边缘生柔毛，鞘口具柔毛，其余均无毛；叶舌膜质，长 1~2 毫米，顶端截平，无纤毛；叶线状披针形，长 60~150 厘米，宽 3~6 厘米，顶端长渐尖，基部渐变窄，中脉粗壮，两面无毛或上面基部生柔毛，边缘有小锯齿。圆锥花序大型，稠密，长 20~100 厘米，宽 5~10 厘米，主轴无毛，粗壮，有棱角；分枝轮生或簇生，长 10~30 厘米，2~3 回分出，腋间被微毛，最后分枝为一纤细的总状花序；穗轴节间纤细，长 4~9 毫米，被长丝状柔毛；小穗孪生，无柄狭披针形，长 3.5~4 毫米，基盘小，被白色丝状毛，长为小穗长的 1/5~1/3；颖密被白色丝状长毛，长为小穗长的 1~2 倍；第一颖卵状长圆形，顶端渐尖，边缘下部内卷，上部内折成 2 脊，脊间有 1 脉；第二颖舟形，顶端渐尖，主脉在上部对折成脊，侧脉明显或不明显；第一外稃与颖等长或稍短，披针形，具 1 脉，顶端尖，上部边缘具小纤毛；第二外稃与第一外稃近等长，披针形，顶端渐尖或具小尖头，上部边缘有纤毛；内稃长圆形，长约为其外稃的一半，被纤毛；有柄小穗与无柄小穗相似，两性，通常 2 个颖片均具长毛；小穗柄长 3~4 毫米，具长丝状毛。颖果长圆形，长约 3 毫米。

分布 印度、缅甸、泰国、越南、老挝、柬埔寨、马来西亚有分布。我国产于秦岭以南各省。目前三沙产于永兴岛、赵述岛、西沙洲、美济礁、渚碧礁、永暑礁，少见，生长于空旷沙地、林缘、草地。

价值 根入药，具有通窍利水、破血通经的功效，主治跌打损伤、筋骨风痛、妇人闭经、水肿蛊胀；花穗入药，具有止血功效，主治咯血、呕血、衄血、创伤出血。嫩叶可作为牛马的饲料。秆可编席和造纸，也可制成人造棉。甘蔗杂交育种中可作为亲本之一。抗逆性强，在我国南海岛礁可作为防风固沙、绿化岛礁的先锋植物。

禾亚科 Poaceae | 甘蔗属 *Saccharum* L.

甘蔗 *Saccharum officinarum* L.

别名 秀贵甘蔗、薯蔗、糖蔗、黄皮果蔗

形态特征 多年生大型丛生草本。秆直立，高 2~4 米，直径 2~7 厘米，多节，绿色、黄绿色、紫色或褐色，表面全部或至少在节下被有白粉。叶鞘长于其节间，除鞘口具柔毛外其余无毛；叶舌圆钝，长约 6 毫米，内面密被白色绒毛；叶片阔线形，长达 1 米，宽 2.5~6 厘米，两面平滑无毛或稍粗糙，中脉粗壮，白色，边缘具锯齿状粗糙。圆锥花序大型，顶生，长 40~80 厘米，白色或略带紫色；主轴及总花梗有柔毛，穗轴节间长 5~6 毫米，线状，先端稍膨胀，节上有长柔毛；无柄小穗长 3~4.5 毫米，基盘微小，被白色丝状长毛；2 颖均无毛，第一颖近纸质，光滑无毛，2 脉内折成 2 脊；第二颖舟形，与第一颖近等长，主脉对折成脊，近边缘各有 1 不明显的脉；第一外稃膜质，与颖近等长，无毛，第二外稃微小或完全退化；内稃披针形，长约 1.5 毫米；雄蕊 3，花药黄色；柱头淡黄色；有柄小穗和无柄小穗相似，小穗柄无毛。

分布 原产于印度，现广泛种植于热带及亚热带地区。我国主要在云南、广西、广东、福建、海南大量栽培，其他亚热带地区也有广泛栽培。目前三沙永兴岛、赵述岛、美济礁有栽培，少见，生长于菜地。

价值 秆主要用于制糖；甘蔗渣可用于造纸、食用菌栽培；糖蜜用于加工乙醇及生产酵母等；秆梢及嫩叶可作家畜饲料；甘蔗具有清热解毒、生津止渴、和胃止呕、滋阴润燥等功效，用于口干舌燥、津液不足、小便不利、大便燥结、消化不良、反胃呕吐、呃逆、高热烦渴等。

禾亚科 Poaceae | 狗尾草属 *Setaria* P. Beauv.

莠狗尾草 *Setaria geniculata* (Lam.) Beauv.

别名 幽狗尾草

形态特征 多年生丛生草本。秆直立或基部膝曲，平滑无毛，高30~100厘米。叶鞘压扁具脊，平滑无毛，多密集叠生于植株基部；叶舌极短，仅为1圈长约1毫米的短纤毛；叶片线形，质硬，常卷折，长5~30厘米，宽2~7毫米，无毛或腹面近基部具长柔毛，先端渐尖，基部圆形。圆锥花序紧密排列，呈圆柱状，顶端稍狭，长2~9厘米，宽连刚毛8~15毫米，主轴粗壮，具短细毛；分枝缩短，每分枝上有1枚正常发育小穗，其下有刚毛7~13根，刚毛直立，长短不等，最长可达9毫米，最短2毫米，向上粗糙，初时金黄色，后转褐色或淡紫色到紫色；小穗椭圆形或近卵形，长2~2.5毫米，先端尖；第一颖卵形，长为小穗的1/3，先端尖，具3脉；第二颖宽卵形，长约为小穗的1/2，具5脉；第一小花中性或雄性，其外稃与小穗等长，具5脉，其内稃膜质，具2脊；第二小花两性，外稃软骨质或革质，具较细的横皱纹，先端短尖，边缘狭内卷包裹同质扁平的内稃；鳞被楔形，顶端较平，具多数脉纹；花柱基部联合。

分布 全球热带、亚热带地区广布。我国产于广东、广西、湖南、江西、福建、台湾、海南。目前三沙产于永兴岛，少见，生长于绿化带草地。

价值 可作牧草；全草入药，具有清热利湿的功效。

禾亚科 Poaceae ｜ 鼠尾粟属 *Sporobolus* R. Br.

鼠尾粟 *Sporobolus fertilis* (Steud.) W. D. Glayt.

形态特征 多年生草本。秆直立，丛生，纤细，质较坚硬，平滑无毛，具2节，基部常有分枝，高20~100厘米，径粗2~3毫米。叶鞘疏松裹茎，通常平滑无毛或边缘具稀疏短纤毛；叶舌极短，厚膜质，长约0.3毫米，上缘截平，具细小纤毛；叶片线形，质较硬，两面无毛或腹面近基部疏生柔毛，平展或干时内卷，先端长渐尖，长10~45厘米，宽2~5毫米。圆锥花序紧缩呈细圆柱形，长10~45厘米；主轴粗壮，光滑无毛；分枝单生或簇生，稍坚硬，直立，与主轴贴生或倾斜，基部者较长可达7厘米，常再分枝，中部者长约2.5厘米，基部稍裸露或自基部密生小穗；小穗密集，灰绿色或略带紫色，长约2毫米；颖膜质，透明；第一颖小，长约0.5毫米，顶端钝或截平；第二颖卵圆形或卵状披针形，长约1毫米，顶端钝或尖；外稃等长于小穗，先端稍尖，具1条中脉及2条不明显侧脉；内稃与外稃近等长；雄蕊3，花药黄色。囊果倒卵状长圆形或椭圆形，成熟后红褐色，长1~1.2毫米，顶端截平。

分布 印度、斯里兰卡、尼泊尔、缅甸、泰国、马来西亚、日本、俄罗斯有分布。我国产于长江以南及陕西、甘肃、西藏等省份。目前三沙产于美济礁、东岛，少见，生长于干旱沙地、草坡。

价值 家畜采食，为良等牧草。

禾亚科 Poaceae | 鼠尾粟属 *Sporobolus* R. Br.

盐地鼠尾粟 *Sporobolus virginicus* (L.) Kunth

形态特征 多年生草本。秆细，质较硬，直立或基部倾斜，光滑无毛，高 15~60 厘米，基部径 1~2 毫米，上部多分枝，基部节上生根。叶鞘紧裹茎，光滑无毛，仅鞘口处疏生短毛；叶舌甚短，长约 0.2 毫米，纤毛状；叶片质较硬，新叶和下部者扁平，老叶和上部者内卷呈针状，长 3~10 厘米，宽 1~3 毫米，两面无毛，腹面粗糙。圆锥花序紧缩呈细圆柱状，长 3~10 厘米，宽 4~10 毫米；分枝短，直立，贴生，下部即分出小枝并着生小穗；小穗灰绿色或变草黄色，披针形，排列较密，长 2~3 毫米，小穗柄稍粗糙，短，贴生；颖质薄，光滑无毛，先端尖，具 1 脉；第一颖长为小穗长的 2/3 以上；第二颖与小穗等长或稍长；外稃宽披针形或卵形，稍短于第二颖，先端钝，具 1 明显中脉及 2 不明显的侧脉；内稃与外稃等长，具 2 脉；雄蕊 3，花药黄色。

分布 印度、斯里兰卡、澳大利亚有分布。我国产于广东、福建、浙江、台湾、海南。目前三沙产于永兴岛、赵述岛、晋卿岛、北岛、美济礁，不常见，生长于空旷沙地、草地、花坛。

价值 家畜采食，为中等牧草。根茎发达，抗逆性强，可作为南海岛礁防沙固土植物。

禾亚科 Poaceae | 钝叶草属 *Stenotaphrum* Trin.

锥穗钝叶草 *Stenotaphrum micranthum* (Desvaux) C. E. Hubbard

形态特征 多年生草本。秆下部平卧，上部直立，节着土生根和抽出花枝，花枝高约35厘米。叶鞘松弛，长于节间，边缘一侧具毛；叶舌微小，具长约1毫米的纤毛；叶片披针形，扁平，长4~8厘米，宽5~10毫米，顶端尖，无毛。花序主轴圆柱状，长6~14厘米，径2~3毫米，坚硬，无翼；穗状花序嵌生于主轴的凹穴内，长5~10毫米，具2~4小穗，穗轴边缘及小穗基部有细毛，顶端延伸于顶生小穗之上而成一小尖头；小穗长圆状披针形，一面扁平，一面突起，长约3毫米；两颖膜质，微小，长为小穗长的1/5~1/4，第二颖略长，脉不明显，顶端钝圆或近截平；第一外稃厚纸质，与小穗等长，具2脊，脊间扁平，主脉两侧具细纵沟；第二外稃与小穗等长，顶端尖而几无毛，平滑。

分布 太平洋诸岛、大洋洲有分布。目前三沙产于永兴岛、赵述岛、北岛、甘泉岛、晋卿岛、西沙洲、南岛、石岛、美济礁，常见，生长于路边、沙滩或林下。

价值 抗逆性强，可作南海岛礁绿化、生态建设重要地被植物。

禾亚科 Poaceae | 蒭雷草属 *Thuarea* Pers.

蒭雷草 *Thuarea involuta* (Forst.) R. Br. ex Roem.

别名 常宫草、沙丘草

形态特征 多年生草本植物。秆匍匐地面，节处向下生根，向上抽出叶和花序，直立部分高4~10厘米；叶鞘松弛，长1~2.5厘米，约为节间长的一半，疏被柔毛，或仅边缘被毛；叶舌极短，有长0.5~1毫米的白色短纤毛；叶片披针形，长2~3.5厘米，宽3~8毫米，通常两面有细柔毛，边缘常部分波状皱折。穗状花序长1~2厘米；佛焰苞长约2厘米，顶端尖，背面被柔毛，基部的毛尤密，脉多而粗；穗轴叶状，两面密被柔毛，具多数脉，下部具1两性小穗，上部具4~5雄性小穗，顶端延伸成1尖头；两性小穗卵状披针形，长3.5~4.5毫米，含2小花，仅第二小花结实；第一颖退化或狭小而为膜质，第二颖与小穗几等长，革质，具7脉，背面被毛；第一外稃草质，具5~7脉，背面有毛，内稃膜质，具2脉，有3雄蕊；第二外稃厚纸质，具7脉，除顶部被毛外其余几平滑无毛，内稃具2脉；雄性小穗长圆状披针形，长3~4毫米；两颖均正常发育；第一小花的外稃纸质，宽披针形，具7脉，内稃透明膜质；第二外稃纸质，具5脉，内稃具2脉；成熟后雄小穗脱落，叶状穗轴内卷包围结实小穗。

分布及生境 日本、马达加斯加及东南亚、大洋洲国家有分布。我国产于海南、广东、台湾等省。目前三沙产于永兴岛、赵述岛、晋卿岛、甘泉岛、东岛、西沙洲、北岛、中岛、羚羊礁、银屿、永暑礁、渚碧礁、美济礁，常见，生长于海边干旱空旷沙地，偶见生长于绿化草坪。

价值 家畜采食，可作为良等牧草。蒭雷草耐盐、耐旱、耐热，且匍匐茎发达，是一种优良固沙植物，在我国南海岛礁可应用于防风固沙的先锋植物。

禾亚科 Poaceae | 玉蜀黍属 *Zea* L.

玉蜀黍 *Zea mays* L.

别名 玉米、包谷、珍珠米、苞芦

形态特征 一年生高大草本。秆直立，粗壮，径1~4厘米，通常不分枝，高1~4米，光滑无毛，基部各节常具气生支柱根。叶鞘有明显的纵行纹，其间具小横脉；叶舌膜质，长约2毫米；叶片剑形或线状披针形，长30~80厘米，宽3~10厘米，顶端渐尖，基部圆形呈耳状，两面无毛或具瘤基毛或疏长柔毛，中脉粗壮明显，边缘微粗糙且常呈波状皱折。雄性圆锥花序大型，顶生，长15~40厘米，分枝长达30厘米；穗轴延续，粗壮，粗糙；主轴与总状花序轴腋间均被细柔毛；雄性小穗孪生，长达12毫米，含2小花，小穗柄不等长；两颖近等长，膜质，具7~9脉，脉常突起，被短纤毛；外稃及内稃均透明膜质，稍短于颖；花药橙黄色；雌花序被多数鞘状苞片所包藏；雌小穗孪生，仅含1朵小花，成多纵行紧密排列于粗壮而木质化的轴上；两颖等长，宽大，无脉，具纤毛；第一小花不育，外稃膜质透明，似颖而较小，且不具纤毛，具内稃或否；第二外稃与第一外稃相似，常具内稃；雌蕊具极细长的线形花柱，远远伸出鞘包之外。颖果球形或扁球形，成熟后露出颖片和稃片之外，其大小随生长条件不同产生差异，有白、黄、红、紫、蓝等色。

分布 原产中美和南美，全世界热带、温带地区广泛种植。我国各地有栽培。目前三沙永兴岛、赵述岛、晋卿礁、美济礁有栽培，常见，生长于菜地。

价值 人类主要粮食之一；重要饲料作物；主要工业原料。秸秆可作肥料、食用菌栽培基质。玉米须有广泛的预防保健用途，可作为利尿剂，同时也是胆囊炎、胆结石、肝炎性黄疸病的良药。

禾亚科 Poaceae | 尾稃草属 *Urochloa* P. Beauv.

光尾稃草 *Urochloa reptans* (L.) Stapf var. *glabra* S. L. Chen & Y. X. Jin

形态特征 一年生草本。秆纤细，下部横卧地面，节处生根，花枝斜向上升，高 15~60 厘米，节上被毛或近无毛。叶鞘短于节间，无毛，边缘一侧密生纤毛；叶舌极短小，具长约 1 毫米的纤毛；叶片卵状披针形，长 2~7 厘米，宽 3~15 毫米，无毛或有时疏生短硬毛，基部疏被疣基毛，边缘稍粗糙并常呈波状皱折。圆锥花序由 3~10 枚总状花序组成，主轴长 1~8 厘米，有纵向凹槽；总状花序长 1~4 厘米，在主轴上互生或有时近对生或轮生，穗轴三棱形，无毛；小穗卵状椭圆形，绿色或稍带紫色，长 1.5~2.5 毫米，通常无毛，孪生；一孪生小穗具长柄，另一孪生小穗具短柄，柄无毛；第一颖短小，膜质，长约 0.5 毫米，先端钝圆，有时截平或稍下凹，脉不明显，基部包着小穗；第二颖与小穗等长，纸质，具 7 脉；第一外稃与第二颖同形同质，具 5 脉，内稃膜质；第二外稃椭圆形，长约 1.8 毫米，表面具横皱纹，顶端有一微小的尖头，边缘稍内卷，包着同质的内稃；鳞被 2，膜质，折叠，具细脉。

分布 云南、海南有分布。目前三沙产于永兴岛、赵述岛、北岛、羚羊礁、银屿、美济礁，不常见，生长于林缘、花坛。

价值 家畜喜食，为优质牧草。

禾亚科 Poaceae | 结缕草属 *Zoysia* Willd.

沟叶结缕草 *Zoysia matrella* (L.) Merr.

别名 老虎皮草、锥子草

形态特征 多年生草本。具横走根茎，须根细弱。秆直立，高 7~20 厘米，基部节间短，每节具 1 至数个分枝。叶鞘长于节间，除鞘口具长柔毛外，其余无毛；叶舌短而不明显，顶端撕裂为短柔毛；叶片质硬，平展或常内卷，上面具沟，无毛或上面疏生柔毛，长 2~8 厘米，宽 1~4 毫米，顶端锐尖，基部近圆形。穗形总状花序细小，线柱形，长 1.5~3 厘米，宽 2~3 毫米；小穗卵状披针形，黄绿色或略带紫褐色，长 2~3 毫米，宽约 1 毫米；小穗柄长约 1.5 毫米，紧贴穗轴；第一颖退化，第二颖革质，沿中脉两侧压扁；外稃膜质，长 2~2.5 毫米，宽约 1 毫米，具 1 脉，沿中脉两侧压扁；花药黄色，长约 1.5 毫米。颖果长卵形，棕褐色。

分布 亚洲、大洋洲的热带地区有分布。我国产于台湾、广东、海南。目前三沙永兴岛、赵述岛、晋卿岛、甘泉岛、东岛、北岛、石岛、永暑礁、渚碧礁、美济礁有栽培，常见，作为草坪草栽培于路边、房前屋后。

价值 草质柔嫩，适口性好，家畜喜食，为优等牧草。根茎发达而植物矮小，可作固堤、固沙植物。为良好的草坪草，我国三沙各岛礁已引种栽培为绿地草坪。

禾亚科 Poaceae | 结缕草属 *Zoysia* Willd.

细叶结缕草 *Zoysia pacifica* (Goudswaard) M. Hotta & S. Kuroki

别名 天鹅绒草

形态特征 多年生草本。匍匐茎细长。秆纤细，分枝丛生，高5~10厘米。叶鞘无毛，紧密裹茎，仅鞘口有丝状柔毛；叶舌短，膜质，长约0.3毫米，顶端撕裂为纤毛状；叶片长3~5厘米，宽约1毫米，常内卷成针状，质稍硬，叶背平滑，叶面粗糙。穗形总状花序纤细，长约1厘米，花序上的小穗通常不超过10枚；小穗披针形，黄绿色，或有时略带紫色，长约3毫米，宽约0.6毫米；第一颖退化；第二颖与小穗等长，革质，顶端及边缘膜质，具不明显的5脉；外稃与第二颖近等长，具1脉；内稃膜质，长约为小穗长的2/3，或有时退化；无鳞被；花药长约0.8毫米；花柱2，柱头帚状。颖果长椭圆形，与稃体分离，长约1.8毫米。

分布 分布于热带亚洲。我国产于南部各省。目前三沙永兴岛、赵述岛、晋卿岛、甘泉岛、东岛、北岛、石岛、银屿、永暑礁、渚碧礁、美济礁有栽培，常见，作为草坪草栽培于路边、房前屋后。

价值 铺建草坪、机场、球场、公园等的主要草种。

禾亚科 Poaceae | 结缕草属 *Zoysia* Willd.

结缕草 *Zoysia japonica* Steud.

别名 锥子草、延地青

形态特征 多年生草本。匍匐茎纤细。秆直立，高15~20厘米，基部常有宿存枯萎的叶鞘。叶鞘无毛，下部者松弛而互相跨覆，上部者紧密裹茎；叶舌短，长约1.5毫米，顶端纤毛状；叶片扁平或稍内卷，长2.5~5厘米，宽2~4毫米，腹面疏生柔毛，背面近无毛。穗形总状花序，长2~4厘米，宽3~5毫米；小穗柄通常弯曲，长可达5毫米；小穗卵形，长2.5~3.5毫米，宽1~1.5毫米，淡黄绿色或带紫褐色；第一颖退化；第二颖质硬，略有光泽，具1脉，顶端钝头或渐尖，近顶端处由背部中脉延伸成小刺芒；外稃膜质，长圆形，长2.5~3毫米；雄蕊3；花柱2，柱头帚状。颖果卵形，长1.5~2毫米。

分布 日本、朝鲜有分布。我国产于东北及河北、山东、江苏、安徽、浙江、福建、台湾。目前我国南海永兴岛、赵述岛、晋卿岛、北岛、永暑礁、渚碧礁、美济礁有引种栽培，常见，与沟叶结缕草、细叶结缕草混生成草坪，偶见生长于空旷沙地。

价值 运动场、公园、机场等草坪和家畜放牧草场的主要草种之一。

禾亚科 Poaceae | 白茅属 *Imperata* Cyrillo

白茅 *Imperata cylindrica* (L.) Beauv.

别名 毛启莲、红色男爵白茅、茅针、茅根

形态特征 多年生草本。秆直立，高30~90厘米，具1~3节，节上通常有长柔毛。叶鞘无毛或有时上部边缘及鞘口具毛，枯萎后在基部破碎呈纤维状；叶舌干膜质，长约2毫米；叶片线形或线状披针形，长15~60厘米，宽5~9毫米，硬而直立，边缘有小锯齿，顶端渐尖或急尖，腹面及边缘粗糙，背面光滑。圆锥花序穗状圆柱形，稠密，长5~30厘米，宽可达3厘米；小穗圆柱状披针形，长3~4毫米，基盘具长为小穗长的3~5倍的白色丝状柔毛；小穗通常孪生，具不等长的柄，柄的顶端呈杯状；两颖近等长，下部近草质，上部近膜质，背部疏生丝状长柔毛；第一颖较狭，具3或4脉，背面脉稍隆起；第二颖略宽，具4~6脉；第一小花退化，仅存1卵形长圆形透明膜质外稃；第二小花两性，内外稃近等长，均为透明膜质，内稃宽阔，先端截平，近方形或宽度大于长度，顶端凹入或具大小不等的齿；雄蕊2；花药黄色，长2~3毫米；花柱细长，基部多少连合；柱头2，羽状，紫色，成熟后带黑色且伸出小穗之外。颖果椭圆形，长约1毫米。

分布 分布于东半球温带、亚热带及热带地区。我国各省有分布。目前三沙产于永兴岛、赵述岛、北岛、西沙洲、美济礁，常见，生长于草坡、空旷沙地。

价值 家畜采食，为中等牧草。根入药，具有凉血、止血、清热利尿的功效，用于吐血、衄血、尿血、小便不利、小便热淋、反胃、热淋涩痛、急性肾炎、水肿、湿热黄疸、胃热呕吐、肺热咳嗽、气喘；花序入药，具有止血的功效，用于衄血、吐血、外伤出血。注：本种侵占性强，岛礁注意防控。

主要参考文献

陈焕镛. 1964. 海南植物志(第一卷). 北京: 科学出版社.

陈焕镛. 1965. 海南植物志(第二卷). 北京: 科学出版社.

陈翼胜, 郑硕. 1987. 中国有毒植物. 北京: 科学出版社.

段瑞军, 郭建春, 马子龙, 等. 2014. 海南滨海滩涂植物(第一册). 昆明: 云南人民出版社.

段瑞军, 郭建春, 马子龙, 等. 2018. 海南滨海滩涂植物(第二册). 昆明: 云南人民出版社.

广东省植物研究所. 1974. 海南植物志(第三卷). 北京: 科学出版社.

广东省植物研究所. 1977. 海南植物志(第四卷). 北京: 科学出版社.

国家药典委员会. 2015. 中华人民共和国药典(2015版 一~四部). 北京: 中国医药科技出版社.

国家中医药管理局《中华本草》编委会. 1999. 中华本草(1~10). 上海: 上海科学技术出版社.

刘国道, 白昌军. 2012. 海南莎草志. 北京: 科学出版社.

刘国道. 2010. 海南禾草志. 北京: 科学出版社.

马金双, 李惠茹. 2018. 中国外来入侵植物名录. 北京: 高等教育出版社.

南京中医药大学. 1986. 中药大辞典(第二版 缩印本 上、下册). 上海: 上海科学技术出版社.

《全国中草药汇编》编写组. 1975. 全国中草药汇编(上、下册). 北京: 人民卫生出版社.

王祝年, 王清隆, 戴好富. 2020. 南海岛礁野生植物图集. 北京: 中国农业出版社.

邢福武, 陈红锋, 秦新生, 等. 2014. 中国热带雨林地区植物图鉴—海南植物(第一册~第三册), 武汉: 华中科技大学出版社.

邢福武, 周劲松, 王发国, 等. 2012. 海南植物物种多样性编目. 武汉: 华中科技大学出版社.

叶华谷, 邢福武, 廖文波, 等. 2018. 广东植物图鉴(上、下册). 武汉: 华中科技大学出版社.

中国科学院北京植物研究所. 1976. 中国高等植物图鉴(第五册). 北京: 科学出版社.

中国科学院植物研究所. 1972. 中国高等植物图鉴(第二册). 北京: 科学出版社.

中国科学院植物研究所. 1982. 中国高等植物图鉴(补编第一册). 北京: 科学出版社.

中国科学院植物研究所. 1983. 中国高等植物图鉴(补编第二册). 北京: 科学出版社.

中国科学院植物研究所. 1983. 中国高等植物图鉴(第三册). 北京: 科学出版社.

中国科学院植物研究所. 1994. 中国高等植物图鉴(第四册). 北京: 科学出版社.

中国科学院植物研究所. 1994. 中国高等植物图鉴(第一册). 北京: 科学出版社.

中国科学院中国植物志编辑委员会. 1959~2006. 中国植物志(第1~126册). 北京: 科学出版社.

http: //www.iplant.cn/

https: //www.tropicos.org/home

Xing F W. 2018. Flora of the South China Sea Islands. Beijing: China Forestry Publishing House.

中文名索引

J

拉丁名索引

A

B

C

D

J

K

L

M

N

O

P

J

K

L

M

N

O

P

Q

R

S